普通高等教育“十一五”国家级规划教材
高等职业教育机电类专业系列教材
高职高专“十三五”系列教材

PLC 应用技术

第 2 版

主　编　徐国林　刘晓磊
副主编　孙丽君　李　江
参　编　钟苏丽　王　莹　白　静

机 械 工 业 出 版 社

本书是普通高等教育“十一五”国家级规划教材。全书共分 12 章，第 1 章介绍 PLC 的硬软件组成及基本工作原理；第 2 章至第 9 章以西门子公司生产的 S7-200 系列 PLC 为样机，介绍 PLC 的内外部结构、指令类型及其寻址方式，PLC 的基本控制功能、数据处理功能、中断处理功能、顺序控制功能、过程控制功能、运动控制功能、通信功能等知识及应用；第 10 章介绍 PLC 控制系统硬件电路的设计及软件程序的编程要点；第 11 章介绍 PLC 控制系统故障诊断与维护知识；第 12 章介绍 S7-200 SMART 系列 PLC 的有关知识及应用。

本书可作为高等职业院校及高等专科学校机电类专业教材，也可作为成人教育有关专业的教材，还可作为拟从事 PLC 技术工作的工程技术人员自学用书。

为方便教学，本书配有免费电子课件、习题解答、训练项目参考答案等教学参考材料，凡选用本书作为授课教材的老师，均可来电索取，咨询电话：010-88379375，Email：cmpgaozhi@sina.com

图书在版编目（CIP）数据

PLC 应用技术/徐国林，刘晓磊主编. —2 版. —北京：机械工业出版社，2017.7（2021.6 重印）

普通高等教育“十一五”国家级规划教材　高等职业教育机电类专业系列教材

ISBN 978-7-111-56908-4

Ⅰ.①P…　Ⅱ.①徐…　②刘…　Ⅲ.①PLC 技术-高等职业教育-教材
Ⅳ.①TM571.61

中国版本图书馆 CIP 数据核字（2017）第 112184 号

机械工业出版社（北京市百万庄大街 22 号　邮政编码 100037）
策划编辑：于　宁　责任编辑：于　宁　责任校对：肖　琳
封面设计：鞠　杨　责任印制：郜　敏
北京中科印刷有限公司印刷
2021 年 6 月第 2 版第 5 次印刷
184mm×260mm · 19.5 印张 · 523 千字
标准书号：ISBN 978-7-111-56908-4
定价：49.80 元

电话服务	网络服务
客服电话：010-88361066	机　工　官　网：www.cmpbook.com
010-88379833	机　工　官　博：weibo.com/cmp1952
010-68326294	金　　书　　网：www.golden-book.com
封底无防伪标均为盗版	机工教育服务网：www.cmpedu.com

前　言

可编程序控制器（PLC）作为现代化的自动控制装置已普遍应用于工业企业的各个领域，是实现中国制造 2025 战略规划不可或缺的生产过程自动化控制设备。掌握 PLC 的组成原理及编程方法，熟悉 PLC 的应用技巧，是每一位机电类专业技术人员必须具备的基本能力之一。

本书以能力培养为目标，力求突出 PLC 技术的实用性。在编写过程中吸取大量已版 PLC 技术教科书的优点，从实际应用角度出发组织教材内容，形成了独特的内容体系，现分述如下：

第 1 章首先向读者介绍 PLC 的硬软件组成及基本工作原理，为读者了解 PLC、进一步学习 PLC 进行必要的准备。

第 2 章以西门子公司生产的 S7-200 系列 PLC 为样机，介绍 PLC 输入输出接线、内部存储器（软元件）分配、指令类型及其寻址方式等知识，为进一步深入学习第 3~10 章提供基础。

第 3 章在了解 PLC 内外部结构的基础上，特别是在掌握存储器寻址方式的基础上介绍 PLC 的基本控制功能，并通过大量的举例及上机实践，使读者对 PLC 在逻辑控制方面的应用有所认识和理解，并能够初步使用 PLC 解决实际问题。

第 4 章介绍了 PLC 的数据处理功能，包括各种数据处理指令及其应用举例和上机实践。通过对这一章的学习，读者可提高使用 PLC 进行数据传送、比较、运算及存储的能力。

第 5 章介绍了 PLC 的中断控制功能，包括中断的概念及实现的方法。通过本章的学习，读者可利用 PLC 的中断功能解决一些实时控制问题。

第 6 章介绍了 PLC 的顺序控制功能，包括顺序功能图的绘制、程序实现方法及顺序继电器指令的格式及应用。通过本章的学习，读者可轻松地编制出具有一定复杂程度的顺序控制应用程序。

第 7 章介绍了 PLC 的过程控制功能，包括模拟量模块的使用及 PID 指令的应用知识。通过本章的学习，读者可利用 PLC 实现对温度、流量、压力、液位等过程变量的信号处理、整定以及对过程变量的 PID 控制。

第 8 章介绍了 PLC 的运动控制功能，包括用于检测的高速计数器指令和用于运动控制驱动的高速脉冲输出指令 PLS、MAP 库指令及其应用。通过本章的学习，读者可在运动控制领域得心应手地处理步进电动机、伺服电动机的控制问题。

第 9 章介绍了 PLC 的通信功能，包括 PLC 的各种通信协议以及变频器、人机界面、文本显示器等智能设备在 PLC 系统中的应用。通过本章的学习，读者可以根据生产需要选择合适的通信协议，实现网络控制的要求。同时还能通过 OPC 设备，实现对 PLC 系统的监控。

第 10 章介绍了 PLC 控制系统硬件电路的设计及软件程序的编程要点。为读者提供了 PLC 控制系统的整体解决方案。

第 11 章介绍了 PLC 控制系统故障诊断与维护知识，为提高 PLC 控制系统的可靠性及使用寿命，为读者了解故障发生的根源，有目的的诊断排除故障提供技术指导。

第 12 章介绍了 SIMATIC S7-200 SMART 系列 PLC 的基本结构与特性，通过与 S7-200 系

列 PLC 比较以及具体实例，使读者能尽快获得应用 S7-200 SMART 的能力。

本教材知识结构清晰，各章（模块）相对独立，举例充分，并配有上机实践课题及项目训练内容，在理论与实践的结合上进行了有效探索。力求为初学 PLC 的读者提供一本有价值的学习资料，同时也为广大同仁提供一本与生产实践紧密结合的又便于实际操作的实用教材。

对有一定电气控制基础的读者，可直接从第 3 章入手学习，但需要结合 1、2 章的内容，深入理解 PLC 的内外部结构及工作原理。学习中如能对本书的举例及上机实践进行一一的上机调试练习，那将会使读者在理解指令功能及应用方面事半功倍。采用项目教学的师生使用本教材时，可根据项目教学内容的需要，直接选用相应的 PLC 功能进行学习，在学习过程中需要结合 PLC 内外部结构及工作原理，不断深化对 PLC 各种控制功能的理解，同时提高其应用能力。

本书中的训练项目，为读者提供了一系列的 PLC 综合应用课题，可在学习各章的基础上，作为综合训练题目使用。

本书由徐国林、刘晓磊任主编，孙丽君、李江任副主编，钟苏丽、王莹、白静参编。其中第 1、3、10 章由徐国林编写，第 8、9 章由刘晓磊编写，第 5、6 章由孙丽君编写，第 7、11 章由李江编写，第 12 章由钟苏丽编写，第 2 章由王莹编写，第 4 章由白静编写，全书由徐国林、刘晓磊统稿，由山东省首席技师张宁生高工审稿。

本书编写过程中得到了烟台职业学院电气工程系、威海职业学院机电工程系、烟台工程职业技术学院电气与新能源工程系领导和老师的大力支持和帮助，还得到了西门子公司区域经理刘磊和北京昆仑通态自动化软件科技有限公司区域经理许笑恒的热心指导，在此一并表示感谢。

由于编者水平有限，书中难免有错漏之处，恳请读者批评指正。作者电子邮箱：xgl04@163.com。

编　者

目　录

第1章　PLC基本工作原理

学习目标

了解 PLC 的产生及发展状况；理解 PLC 的性能规格、结构类型及控制功能；掌握 PLC 的基本组成及工作原理。

1.1　PLC 的产生和发展

1.1.1　PLC 的产生

传统的继电接触器控制系统具有结构简单、价格低廉、容易操作、技术难度较小等优点，被长期广泛地使用在工业控制的各种领域中。由于这种系统存在着如下缺点：

1）继电器触点间、触点与线圈间存在着大量的连接导线，因而使控制功能单一，更改困难。

2）大量的继电器元器件需集中安装在控制柜内，因而使设备体积庞大，不宜搬运。

3）继电器触点的接触不良、导线的连接不牢等会导致设备故障的大量存在，且查找、排除故障困难，使系统的可靠性降低。

4）继电器动作时固有的电磁时间，使系统的动作速度较慢。

因此继电接触器控制系统越来越不能满足现代化生产的控制要求，特别当产品更新换代时，生产加工线的改变，迫使对旧的继电接触器控制系统进行改造，为此所带来的经济损失是相当可观的。

20 世纪 60 年代末期，美国汽车制造工业竞争十分激烈，为了适应市场从少品种大批量生产向多品种小批量生产的转变，为了尽可能减少转变过程中控制系统的设计制造时间，减少经济成本，1968 年美国通用汽车公司（General Motors，GM）公开招标，要求用新的控制装置取代生产线上的继电接触器控制系统，其具体要求是：

1）程序编制、修改简单，采用工程技术语言。

2）系统组成简单、维护方便。

3）可靠性高于继电接触器控制系统。

4）与继电接触器控制系统相比，体积小、能耗小。

5）购买、安装成本可与继电器控制柜相竞争。

6）能与中央数据收集处理系统进行数据交换，以便监视系统运行状态及运行情况。

7）采用市电输入（美国标准系列电压值 AC 115V），可接受现场的按钮、行程开关信号。

8）采用市电输出（美国标准系列电压值 AC 115V），具有驱动电磁阀、交流接触器、小功率电动机的能力。

9）能以最小的变动及在最短的停机时间内，从系统的最小配置扩展到系统的最大配置。

10）程序可存储，存储器容量至少能扩展到 4000B。

1969 年美国数字设备公司根据上述要求，首先研制出了世界上第一台可编程序控制器 PDP-14，用于通用汽车公司的生产线，取得了满意的效果。由于这种新型工业控制装置可以通过编程改变控制方案，且专门用于逻辑控制，所以人们称这种新的工业控制装置为可编程序逻辑控制器（Programmable Logic Controller），简称为 PLC。

1.1.2 PLC 的发展

PLC 的出现引起了世界各国的普遍重视，日本日立公司从美国引进了 PLC 技术并加以消化后，于 1971 年试制成功了日本第一台 PLC，1973 年德国西门子公司独立研制成功了欧洲第一台 PLC，我国从 1974 年开始研制，1977 年开始工业应用。

从 PLC 产生到现在，已发展到第四代产品。其过程基本可分为：

第一代 PLC（1969~1975 年）：大多用一位机或 4 位微处理器开发，用磁心存储器存储，只具有单一的逻辑控制功能，机种单一，没有形成系列化。

第二代 PLC（1976~1982 年）：采用了 8 位微处理器及半导体存储器，增加了数字运算、传送、比较等功能，能实现模拟量的控制，开始具备自诊断功能，初步形成系列化。

第三代 PLC（1983~1990 年）：随着 8 位微处理器性能的提高及 16 位微处理器的推出，PLC 的处理速度大大提高，从而促使它向多功能及联网通信方向发展，增加了多种特殊功能，如浮点数的运算、三角函数、表处理、脉宽调制输出等，自诊断功能及容错技术发展迅速。

第四代 PLC（1991 年~现在）：不仅全面使用 16 位、32 位高性能微处理器，高性能位片式微处理器，RISC（Reduced Instruction Set Computer）精简指令系统 CPU 等高级 CPU，而且在一台 PLC 中配置多个微处理器，进行多通道处理，同时生产了大量内含微处理器的智能模块，使得第四代 PLC 产品成为具有逻辑控制功能、过程控制功能、运动控制功能、数据处理功能、联网通信功能的真正名符其实的多功能控制器。

正是由于 PLC 具有多种功能，并集三电（电控装置、电仪装置、电气传动控制装置）于一体，使得 PLC 在工厂中备受欢迎，用量高居首位，成为现代工业自动化的三大支柱（PLC、机器人、CAD/CAM）之一。

由于 PLC 的发展，使其功能已经远远超出了逻辑控制的范围，因而用“PLC”已不能描述其多功能的特点。1980 年，国际电气制造业协会（NEMA）给它起了一个新的名称，叫“Programmable Controller”，简称 PC。由于 PC 这一缩写在我国早已成为个人计算机（Personal Computer）的代名词，为避免造成名词术语混乱，因此在我国仍沿用 PLC 表示可编程序控制器。

随着微处理器、网络通信、人机界面等技术的迅速发展，PLC 也处在不断地发展之中，其功能不断增强，控制方式更为开放，在大型工业网络控制系统中占有不可动摇的地位，其应用面之广、普及程度之高，也是其他计算机控制设备不可比拟的。

1.2 PLC 的组成和基本工作原理

PLC 是以微处理器为核心的计算机控制系统，虽然各厂家产品种类繁多，功能和指令系统存在差异，但其组成和基本工作原理大同小异。

1.2.1 PLC 的组成

由于 PLC 的核心是微处理器，因此它的组成也就同计算机有些相似，由硬件系统和软件系统组成。

1. PLC 的硬件系统

PLC 的硬件系统一般主要由中央处理单元、输入/输出接口、I/O 扩展接口、编程器接口、编程器和电源等几个部分组成，如图 1-1 所示。

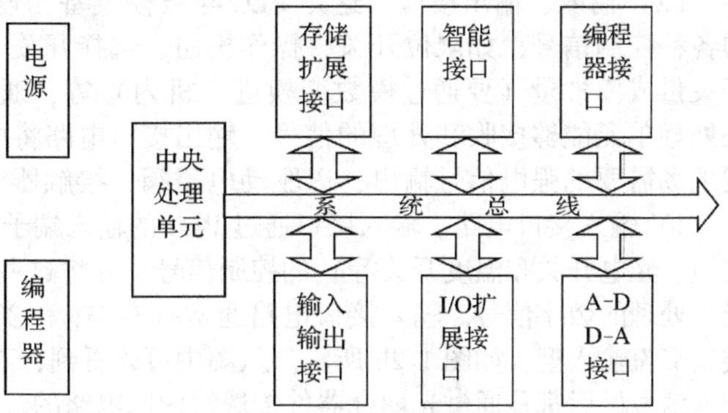

图 1-1 PLC 的一般结构

（1）中央处理单元 PLC 的中央处理单元主要由微处理器 CPU、存储器 ROM/RAM 和微处理器 I/O 接口组成。

1）微处理器 CPU。CPU 作为整个 PLC 的核心起着总指挥的作用，是 PLC 的运算和控制中心。它的主要任务是：

① 诊断 PLC 电源、内部电路的工作状态及编制程序中的语法错误。

② 用扫描方式采集由现场输入装置送来的状态或数据，并存入输入映像寄存器或数据寄存器中。

③ 在运行状态时，按用户程序存储器中存放的先后顺序逐条读取指令，经编译解释后，按指令规定的任务完成各种运算和操作，根据运算结果存储相应数据，并更新有关标志位的状态和输出映像寄存器的内容。

④ 将存于数据寄存器中的数据处理结果和输出映像寄存器的内容送至输出电路。

⑤ 按照 PLC 中系统程序所赋予的功能接收并存储从编程器输入的用户程序和数据，响应各种外部设备（如编程器、打印机、上位计算机、图形监控系统和条码判读器等）的工作请求。

2）存储器 ROM/RAM。存储器是具有记忆功能的半导体电路，用来存放系统程序、用户程序、逻辑变量和其他一些信息。在 PLC 中使用的存储器有两种类型，它们分别是只读存储器 ROM 和随机存储器 RAM，现简述如下。

只读存储器（ROM，又称系统程序存储器），用以存放系统程序（包括系统管理程序、监控程序、模块化应用功能子程序以及对用户程序做编译处理的编译解释程序等）。系统程序根据 PLC 功能的不同而不同，生产厂家在 PLC 出厂前已将其固化在只读存储器（ROM）或 PROM 中，用户不能更改。

随机存储器（RAM，又称用户存储器），包括用户程序存储区及工作数据存储区。RAM 是可读可写存储器，读出时，RAM 中的内容不被破坏；写入时，刚写入的信息就会消除原来的信息。RAM 中一般存放以下内容：用户程序存储区主要存放用户已编制好或正在调试的应用程序；数据存储区则存储包括各输入端状态采样结果和各输出端状态运算结果的输入/输出映像寄存器区（或称输入输出状态寄存器区）、定时器/计数器的设定值和现行值存储区、各种内部编程元件（内部辅助继电器、计数器、定时器等）状态及特殊标志位存储区、存放暂存数据和中间运算结果的数据寄存器区等。

不同型号的 PLC 存储器的容量是不相同的，在技术说明书中，一般都给出与用户编程和使用有关的指标，如输入、输出继电器的数量；内辅继电器数量；定时器和计数器的数量；允许用户程序的最大长度（一般给出允许的最多指令字）等。这些指标都间接地反映了 RAM 的容量，而 ROM 的容量与 PLC 的功能强弱有关。

3）微处理器 I/O 接口。它一般由数据输入寄存器、选通电路和中断请求逻辑电路构成，负责微处理器及存储器与外部设备的信息交换。

（2）输入、输出接口　这是PLC与被控设备相连接的接口电路。用户设备需输入PLC的各种控制信号，如限位开关、操作按钮、选择开关、行程开关以及其他一些传感器输出的开关量或模拟量（要通过模数变换进入机内）等，通过输入接口电路将这些信号转换成中央处理单元能够接收和处理的信号。输出接口电路将中央处理单元送出的弱电控制信号转换成现场需要的强电信号输出，以驱动电磁阀、接触器等被控设备的执行元件。

1）输入接口电路。输入接口通过PLC的输入端子接受现场输入设备（如限位开关、操作按钮、光电开关和温度开关等）的控制信号，并将这些信号转换成中央处理单元CPU所能接受和处理的数字信号。输入接口电路通常有两类，一类为直流输入型，如图1-2a所示；另一类是交流输入型，如图1-2b所示。从图中可以看到，不论是直流输入电路还是交流输入电路，输入信号最后都是通过光耦合器件传送给内部电路的，采用光耦合电路与现场输入信号相连是为防止现场的强电干扰进入PLC。光耦合电路的关键器件是光耦合器，一般由发光二极管和光敏晶体管组成。光耦合器的信号传感原理是：在光耦合器的输入端加上变化的电信号，发光二极管就产生与输入信号变化规律相同的光信号。光敏晶体管在光信号的照射下导通，导通程度与光信号的强弱有关。在光耦合器的线性工作区，输出信号与输入信号有线性关系。光耦合器的抗干扰性能：由于输入和输出端是靠光信号耦合的，在电气上是完全隔离的，因此输出端的信号不会反馈到输入端，也不会产生地线干扰或其他串扰。由于发光二极管的正向阻抗值较低，而外界干扰源的内阻一般较高，根据分压原理可知，干扰源能馈送到输入端的干扰噪声很小。正是由于PLC在现场信号的输入环节采用了光耦合，才增强了抗干扰能力。

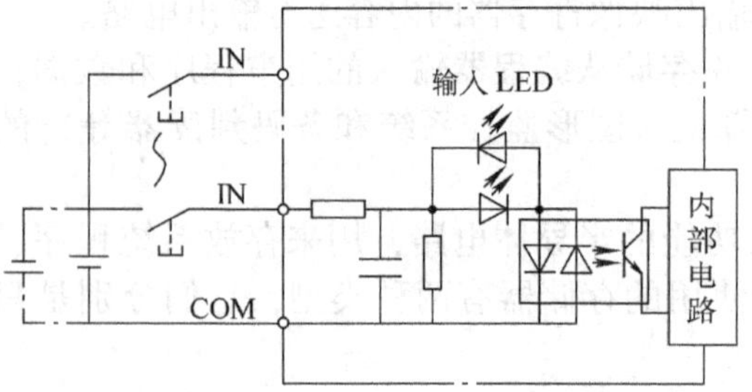

a) 直流输入接口电路示意图

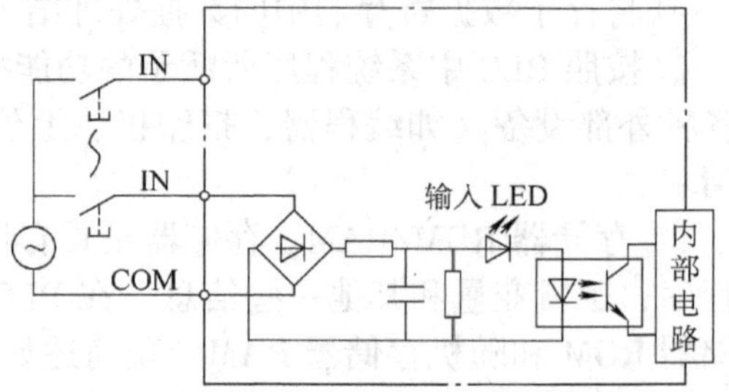

b) 交流输入接口电路示意图

图1-2　输入接口电路示意图

2）输出接口电路。输出接口将经中央处理单元CPU处理过的输出数字信号（1或0）传送给输出端的电路元件，以控制其接通或断开，从而驱动接触器、电磁阀、指示灯等输出设备获得或失去工作所需的电压或电流。

为适应不同类型的输出设备负载，PLC的输出接口类型有继电器输出型、双向晶闸管输出型和晶体管输出型3种，分别如图1-3、图1-4和图1-5所示。其中继电器输出型为有触点输出方式，可用于接通或断开开关频率较低的直流负载或交流负载回路，这种方式存在继电器触点的电气寿命和机械寿命问题；双向晶闸管输出型和晶体管输出型皆为无触点输出方式，开关动作快、寿命长，可用于接通或断开开关频率较高的负载回路，其中双向晶闸管输出型只用于带交流电源负载，晶体管输出型则只用于带直流电源负载。

从3种类型的输出电路可以看出，继电器、双向晶闸管和晶体管作为输出端的开关元件受PLC的输出指令控制，完成接通或断开与相应输出端相连的负载回路的任务，它们并不向负载提供工作电源。

负载工作电源的类型、电压等级和极性应该根据负载要求以及PLC输出接口电路的技术性能指标确定。

(3) I/O 扩展接口　小型的 PLC 输入输出接口都是与中央处理单元 CPU 制造在一起的，为了满足被控设备输入输出点数较多的要求，常需要扩展数字量输入输出模块；为了满足模拟量控制的需要，常需要扩展模拟量输入输出模块，如 A-D、D-A 转换模块等；I/O 扩展接口就是为连接各种扩展模块而设计的。

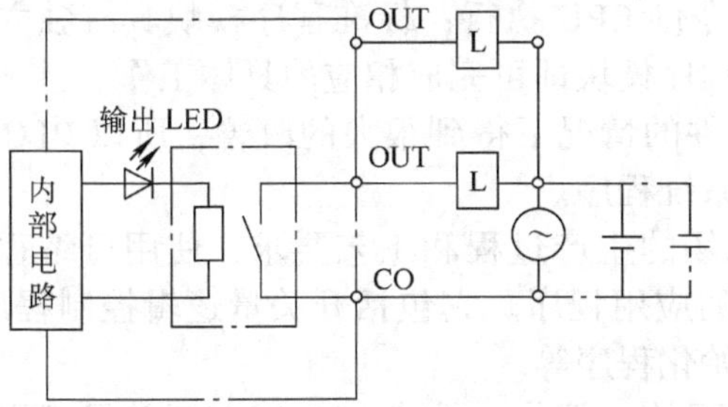

图 1-3　继电器输出接口电路示意图

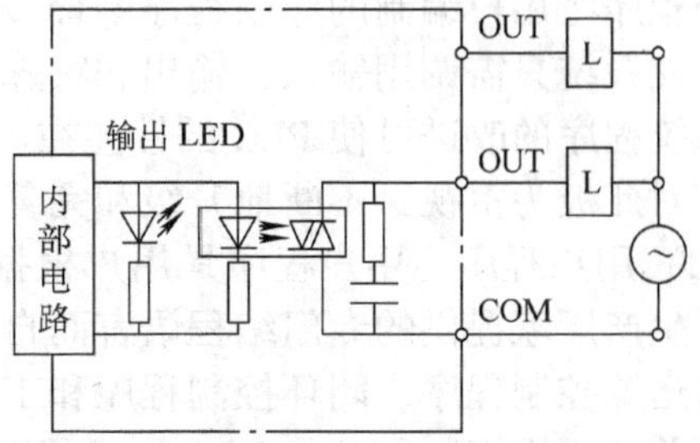

图 1-4　双向晶闸管输出接口电路示意图

(4) 通信接口　用于 PLC 与计算机、PLC、变频器和触摸屏等智能设备之间的连接，以实现 PLC 与智能设备之间的数据传送。

(5) 编程器　编程器用作用户程序的编制、编辑、调试和监视，还可以通过其键盘去调用和显示 PLC 的一些内部状态和系统参数，它经过编程器接口与中央处理器单元联系，完成人机对话操作。

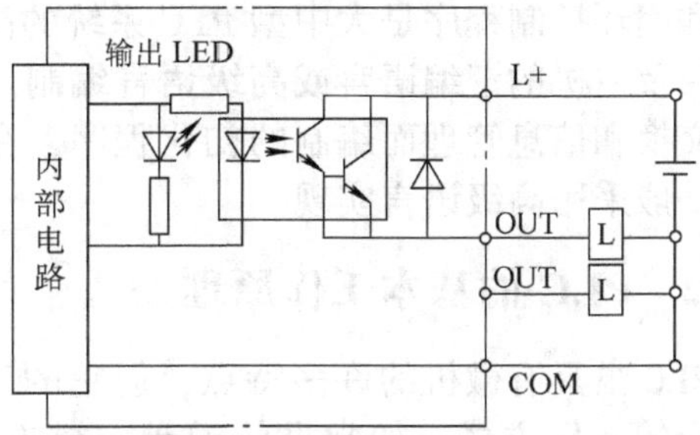

图 1-5　晶体管输出接口电路示意图

编程器的结构形式主要有两种。一种是 PLC 专用编程器，由手持式或台式等形式，具有编辑程序所需的显示器、键盘及工作方式设置开关，编程器通过电缆与 PLC 的中央处理单元 CPU 相连。编程器具备程序编辑、编译和程序存储管理等功能。一些手持式的小型 PLC 编程器，本身无法独立工作，需和 PLC 的 CPU 连起来后才能使用。另一种 PLC 编程器是基于个人计算机系统的编程系统。在通用计算机系统中，配置 PLC 的编程及监控软件，通过 RS232 串行接口与 PLC 的 CPU 相连。PLC 语言的编译软件已包含在编程软件系统中。目前许多 PLC 产品都有自己的个人计算机 PLC 编程软件系统，如用于西门子 S7-200 系列 PLC 的编程软件 STEP 7 MicroWIN SP9、松下电工 EP 系列 PLC 的编程软件 EPWIN GR 和 OMRON 公司 C 系列 PLC 的编程软件 CX-Programmer 等。

编程器的程序输入输出界面一般有两种形式。一种是图形编辑界面，另一种是字符编辑界面。梯形图语言、功能图语言等直观的图形编辑语言程序，通过 PLC 编程器的图形编辑界面定义。语句表语言编辑的程序，可直接用简易的字符型编程器编辑操作，这种字符型编程器小巧实用、成本低。

(6) 电源　电源部件将交流电源转换成供 PLC 的中央处理器、存储器等电子电路工作所需要的直流电源，使 PLC 能正常工作，PLC 内部电路使用的电源是整机的能源供给中心，它的好坏直接影响 PLC 的功能和可靠性，因此目前大部分 PLC 均采用开关式稳压电源供电，同时还向各种扩展模块提供 24V 直流电源。

2. PLC 的软件系统

PLC 由硬件系统组成，由软件系统支持，硬件和软件共同构成了 PLC 系统。PLC 的软件系统可分为系统程序和用户程序两大部分。

（1）系统程序 系统程序是用来控制和完成PLC各种功能的程序，这些程序是由PLC制造厂家用相应CPU的指令系统编写的，并固化到ROM中。它包括系统管理程序、用户指令解释程序和供系统调用的标准程序模块等。

系统管理程序主要功能是运行时序分配管理、存储空间分配管理和系统自检等；用户指令解释程序将用户编制的应用程序翻译成机器指令供CPU执行；标准程序模块具有独立的功能，使系统只需调用输入、输出和特殊运算等程序模块即可完成相应的具体工作。

系统程序的改进可使PLC的性能在不改变硬件的情况下得到很大的改善，所以PLC制造厂商对此极为重视，不断地升级和完善产品的系统程序。

（2）用户程序 用户程序是用户根据工程现场的生产过程和工艺要求、使用可编程序控制器生产厂家提供的专门编程语言而自行编制的应用程序。它包括开关量逻辑控制程序、模拟量运算控制程序、闭环控制程序和工作站初始化程序等。

开关量逻辑控制程序是PLC用户程序中最重要的一部分，是将PLC用于开关量逻辑控制的软件，一般采用PLC生产厂商提供的如梯形图、语句表等编程语言编制。模拟量运算控制和闭环控制程序是大中型PLC系统的高级应用程序，通常采用PLC厂商提供的相应程序模块及主机的汇编语言或高级语言编制。工作站初始化程序是用户为PLC系统网络进行数据交换和信息管理而编制的初化程序，在PLC厂商提供的通信程序的基础上进行参数设定，一般采用高级语言实现。

1.2.2 PLC的基本工作原理

PLC虽具有微机的许多特点，但它的工作方式却与微机有很大不同。微机一般采用等待命令的工作方式。如常见的键盘扫描方式或I/O扫描方式，有键按下或I/O动作则转入相应的子程序，无键按下则继续扫描。PLC则采用循环扫描工作方式，在PLC中，用户程序按先后顺序存放，如：CPU从第一条指令开始执行程序，直至遇到结束符后又返回第一条。如此周而复始不断循环。这种工作方式是在系统软件控制下，顺次扫描各输入点的状态，按用户程序进行运算处理，然后顺序向输出点发出相应的控制信号。整个工作过程可分为5个阶段：自诊断，通信处理，扫描输入，执行程序，刷新输出，其工作过程示意图如图1-6所示。

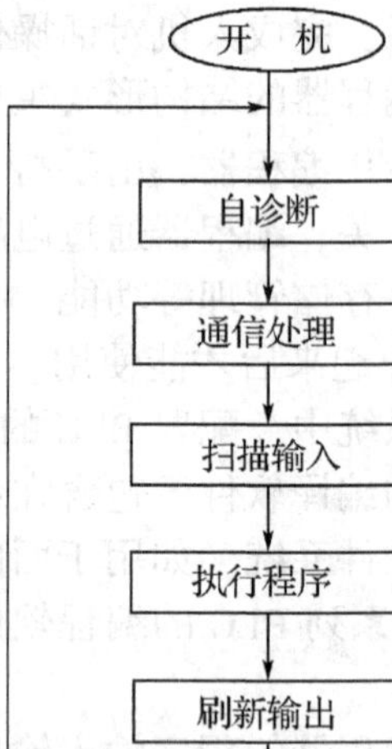

图1-6 PLC工作过程

1）每次扫描用户程序之前，都先执行故障自诊断程序。自诊断内容为I/O部分、存储器、CPU等，若发现异常停机，则显示出错；若自诊断正常，则继续向下扫描。

2）PLC检查是否有与编程器、计算机等的通信请求，若有则进行相应处理，如接收由编程器送来的程序、命令和各种数据，并把要显示的状态、数据、出错信息等发送给编程器进行显示。如果有与计算机等的通信请求，也在这段时间完成数据的接受和发送任务。

3）PLC的中央处理器对各个输入端进行扫描，将所有输入端的状态送到输入映像寄存器。

4）中央处理器（CPU）将逐条执行用户指令程序，即按程序要求对数据进行逻辑、算术运算，再将正确的结果送到输出状态寄存器中。

5）当所有的指令执行完毕时，集中把输出映像寄存器的状态通过输出部件转换成被控设备所能接受的电压或电流信号，以驱动被控设备。

PLC 经过这 5 个阶段的工作过程，称为一个扫描周期，完成一个扫描周期后，又重新执行上述过程，扫描周而复始地进行。在不考虑第二个因素（通信处理）时，扫描周期 T 的大小为

$$T=(读入一点时间\times输入点数)+(运算速度\times程序步数)+(输出一点时间\times输出点数)+故障诊断时间$$

显然扫描周期主要取决于程序的长短，一般每秒钟可扫描数十次以上，这对于工业设备通常没有什么影响。但对控制时间要求较严格，响应速度要求快的系统，就应该精确地计算响应时间，细心编排程序，合理安排指令的顺序，以尽可能减少扫描周期造成的响应延时等不良影响。

PLC 与继电接触器控制的重要区别之一就是工作方式不同。继电接触器是按“并行”方式工作的，也就是说是按同时执行的方式工作的，只要形成电流通路，就可能有几个电器同时动作。而 PLC 是以反复扫描的方式工作的，它是循环地连续逐条执行程序，任一时刻它只能执行一条指令，这就是说 PLC 是以“串行”方式工作的。这种串行工作方式可以避免继电接触器控制的触点竞争和时序失配问题。

总之，采用循环扫描的工作方式也是 PLC 区别于微机的最大特点，使用者应特别注意。

1.3 PLC 的性能、特点及分类

1.3.1 PLC 的性能指标

1. I/O 总点数

I/O 总点数是衡量 PLC 接入信号和可输出信号的数量。PLC 的输入输出有开关量和模拟量两种。其中开关量用最大 I/O 点数表示，模拟量用最大 I/O 通道数表示。

2. 存储器容量

存储器容量是衡量可存储用户应用程序多少的指标，通常以字或千字为单位。约定 16 位二进制数为一个字（即两个 8 位的字节），每 1024 个字为 1 千字。PLC 中通常以字为单位来存储指令和数据，一般的逻辑操作指令每条占 1 个字，定时器、计数器、移位操作等指令占 2 个字，而数据操作指令占 2~4 个字。有些 PLC 的用户程序存储器容量用编程的步数来表示，每一条语句占一步长。

3. 编程语言

编程语言是 PLC 厂家为用户设计的用于实现各种控制功能的编程工具，它有多种形式，常见的是梯形图编程语言及语句表编程语言，另还有逻辑图编程语言、布尔代数编程语言等，它的功能强否主要取决于该机型指令系统的功能强否。一般来讲，指令的种类和数量越多，功能越强。

4. 扫描时间

扫描时间是指执行 1000 条指令所需要的时间。一般为 150μs 左右，小型机还会大一些。

5. 内部寄存器的种类和数量

内部寄存器的种类和数量是衡量 PLC 硬件功能的一个指标。它主要用于存放变量的状态、中间结果和数据等，还提供大量的辅助寄存器如定时器/计数器、移位寄存器和状态寄存器等，以便用户编程使用。

6. 通信能力

通信能力是指可编程序控制器与可编程序控制器、可编程序控制器与计算机、可编程序

控制器与其他智能设备之间的数据传送及交换能力，它是工厂自动化的必备基础。目前生产的可编程序控制器不论是小型机还是中大型机，都配有一至两个、甚至多个通信端口。

7. 智能模块

智能模块是指具有自己的 CPU 和系统的模块。它作为 PLC 中央处理单元的下位机，不参与 PLC 的循环处理过程，但接受 PLC 的指挥，可独立完成某些特殊的操作。如常见的位置控制模块、温度控制模块、PID 控制模块和模糊控制模块等等。

1.3.2 PLC 的特点

PLC 是一种工业控制系统，在结构、性能、功能及编程手段等方面有独到的特点。

在构成上，具有模块结构特点。其基本的控制输入、输出和特殊功能处理模块等均可按积木式组合，有利于维护，并且使功能扩充很方便。其体积小，重量轻，结构紧凑，便于安装。

在性能上，可靠性高。PLC 的平均无故障时间一般可达 3~5 万小时，通过良好的整机结构设计、元器件选择、抗干扰技术的使用、先进电源技术的采用，以及监控、故障诊断、冗余等技术的采用，同时配以严格的制造工艺，使 PLC 在工业环境中能够可靠地工作。

在功能上，可进行开关逻辑控制、闭环过程控制、位置控制、数据采集及监控、多 PLC 分布式控制等功能。适用于机械、冶金、化工、轻工、服务和汽车等行业的工程领域，通用性强。

在编程手段上，直观、简单、方便，易于各行业工程技术人员掌握。编程语言可有多种形式，可针对不同的应用场合，供不同的开发和应用人员选择使用。其中最常用的是从继电器原理图引伸出来的梯形图语言。另一种是顺序功能图语言，特别适合于描述顺序控制问题。第三种是模仿过程流程的功能块语言。每一种语言都适合一定的应用领域。语言编辑及编译处理由 PLC 专用编程器或基于通用个人计算机的 PC 编程系统完成。编程语言的多样化使 PLC 的使用更方便。

1.3.3 PLC 的分类

1. 根据其外形和安装结构分

(1) 单元式结构（整体式） 单元式结构的特点是结构非常紧凑。它把可编程序控制器的 3 大组成部分都装在一个金属或塑料外壳之中，即它将所有的电路都装入一个模块内，构成一个整体。这样，体积小，成本低，安装方便。为了达到输入/输出点数灵活配置及易于扩展的目的，某一系列的产品通常都由不同点数的基本单元和扩展单元构成。其中的某些单元为全输入或全输出型。单元的品种越丰富，其配置就越灵活。西门子的 S7-200 系列 PLC、三菱的 FX 系列 PLC、欧姆龙的 CPM2C、CPM2AE 系列 PLC 就属于这种形式，它们都属于小型可编程序控制器。必须指出，小型可编程序控制器结构的最新发展也开始吸收模块式结构的特点。各种不同点数的可编程序控制器都做成同宽、同高、不同长度的模块，几个模块装起来后就成了一个整齐的长方体结构。

单元式的可编程序控制器可以直接装入机床或电控柜中。现在，可编程序控制器还有许多专用的特殊功能单元。在小型可编程序控制器中，也可以根据需要配置各种特殊功能单元。例如，西门子 S7-200 系列产品就可配置热电阻、热电偶、模拟量输入输出模块等，三菱 FX 系列产品就可配置模拟量 I/O 单元、高速计数单元、位置控制单元、凸轮控制单元、数据输入/输出单元等。大多数单元都是通过主单元的扩展口与可编程序控制器主机相连的。有部分特殊功能单元通过可编程序控制器的编程器接口相连接。还有的通过主机上并联的适配器接入，不影响原系统的扩展。

小型可编程序控制器主要是指输入/输出点数较少的系统，而小型系统都是采用这种单元式结构的形式。S7-200系列PLC的最大输入/输出点数为128/120点。为了构成点数较多的系统，还可采用点对点通信方式，将两台机器连接起来，构成总点数多一倍的系统。

S7-200系列PLC属典型的单元式结构，它由基本单元、扩展单元、扩展模块及特殊适配器等4种产品构成，仅用基本单元或将上述各种产品组合起来使用均可。不管用何种基本单元与扩展单元或扩展模块组合，均可使所控制的输入/输出点数达128个。

（2）模块式结构 模块式可编程序控制器采用搭积木的方式组成系统，在一个机架上插上CPU、电源、I/O模块及特殊功能模块，构成一个总I/O点数很多的大规模综合控制系统。

这种结构形式的特点是CPU为独立的模块，输入、输出也是独立的模块，因此配置很灵活，可以根据不同的系统规模选用不同档次的CPU及各种I/O模块、功能模块。其模块尺寸统一、安装整齐，对于I/O点数很多的系统选型、安装调试、扩展、维修等都非常方便。目前大型系统多采用这种形式，如S7-400系列PLC等。这种结构形式的可编程序控制器除了各种模块以外，还需要用机架（主机架、扩展机架）将各模块连成整体；有多块机架时，则还要用电缆将各机架连在一起。

（3）叠装式 以上两种结构各有特色。前者结构紧凑，安装方便，体积小巧，易于与机床、电控柜相连成一体，但由于其点数有搭配关系，加之各单元尺寸大小不一致，因此不易安装整齐。后者点数配置灵活，又易于构成较多点数的大系统，但尺寸较大，难于与小型设备相连。为此，有些公司开发出叠装式结构的PLC，它的结构也是各种单元、CPU自成独立的模块，但安装不用机架，仅用电缆进行单元间连接，且各单元可以一层层地叠装。这样，既达到了配置灵活的目的，又可以做得体积小巧。

2. 按点数、功能分

按功能、输入输出点数和存储器容量不同，PLC可分为小型、中型和大型3类。

（1）小型PLC 小型PLC又称为低档PLC。这类PLC的规模较小，它的输入输出点数一般从20点到128点。其中输入输出点数小于64点的PLC又称为超小型机。用户存储器容量小于2KB，具有逻辑运算、定时、计数、移位及自诊断、监控等基本功能，有些还有少量的模拟量I/O、算术运算、数据传送、远程I/O和通信等功能，可用于开关量控制、定时/计数控制、顺序控制及少量模拟量控制等场合，通常用来代替继电接触器控制，在单机或小规模生产过程中使用。常见的小型PLC产品有三菱公司的FX，欧姆龙CPM＊系列、西门子公司的S7-200系列和施耐德电气公司的Twido系列等。

（2）中型PLC 中型PLC的I/O点数通常在120~512点之间，用户程序存储器的容量为2~8KB，除具有小型机的功能外，还具有较强的模拟量I/O、数字计算、过程参数调节如PID（比例、积分、微分）调节、数据传送与比较、数制转换、中断控制、远程I/O及通信联网功能。适用于既有开关量又有模拟量的较为复杂的控制系统，如大型注塑机控制、配料和秤重等中小型连续生产过程控制，常见的机型有三菱公司的Q系列，立石公司的（欧姆龙）C200H、C500，西门子公司的S7-300等。

（3）大型PLC 大型PLC又称为高档PLC，I/O点数在512点以上，其中I/O点数大于8192点的又称为超大型PLC，用户程序存储器容量在8KB以上，除具有中型机的功能外，还具有较强的数据处理、模拟调节、特殊功能函数运算、监视、记录、打印等功能，以及强大的通信联网、中断控制、智能控制和远程控制等功能。由于大型PLC具有比中小型PLC更强大的功能，因此一般用于大规模过程控制、分布式控制系统和工厂自动化网络等场合。如三菱公司的Q，立石公司的C100H、C2000H、AB公司的Control Logix 5000以及西门子公司 S7-400 等都属于大型 PLC。

1.4 PLC 的应用领域

PLC 的应用范围极其广阔，经过 40 多年的发展，目前 PLC 已经广泛应用于冶金、石油、化工、建材、电力、矿山、机械制造、汽车、交通运输、轻纺和环保等各行各业。几乎可以说，凡是有控制系统存在的地方就有 PLC。

1. 逻辑量控制

这是 PLC 最基本的应用领域，可用 PLC 取代传统的继电器控制系统，实现逻辑控制和顺序控制。在单机控制、多机群控和自动生产线控制方面都有很多成功的应用实例，如机床电气控制、起重机、带运输机和包装机械的控制、注塑机的控制、电梯的控制、饮料灌装生产线、家用电器（电视机、冰箱、洗衣机等）自动装配线的控制以及汽车、化工、造纸、轧钢自动生产线的控制等。

2. 模拟量控制

目前，很多 PLC 都具有模拟量处理功能，通过模拟量 I/O 模块可对温度、压力、速度、流量等连续变化的模拟量进行控制，而且编程和使用都很方便。大、中、小型的 PLC 均具有 PID 闭环控制功能，运用 PID 子程序或使用专用的智能 PID 模块，可以实现对模拟量的闭环过程控制。随着 PLC 规模的扩大，控制的回路已从几个增加到几十个甚至上百个，可以组成较复杂的闭环控制系统。PLC 的模拟量控制功能已广泛应用于工业生产各个行业，例如自动焊机控制、锅炉运行控制、连轧机的速度和位置控制等都是典型的闭环过程控制的应用场合。

3. 运动控制

运动控制是指 PLC 对直线运动或圆周运动的控制，也称为位置控制，采用 PLC 的专用运动控制指令以及专用的运动控制模块实现精确的运动控制来得非常容易。目前，PLC 的运动控制功能广泛应用在金属切削机床、电梯、机器人等各种机械设备上，典型的如 PLC 和计算机数控装置（CNC）组合成一体，构成先进的数控机床。

4. 数据处理

现代 PLC 都具有不同程度的数据处理功能，能够完成数学运算（函数运算、矩阵运算和逻辑运算）、数据的移位、比较、传递以及数值的转换和查表等操作，对数据进行采集、分析和处理。数据处理通常用在大、中型控制系统中，如柔性制造系统、机器人的控制系统等。

5. 通信联网

通信联网是指 PLC 与 PLC 之间、PLC 与上位计算机或其他智能设备间的通信，利用 PLC 和计算机的 RS-232 或 RS-422 接口、PLC 的专用通信模块，用双绞线和同轴电缆或光缆将它们联成网络，可实现相互间的信息交换，构成“集中管理、分散控制”的多级分布式控制系统，建立工厂的自动化网络。

本章小结

本章介绍了 PLC 的产生及发展情况，介绍了 PLC 的基本组成、工作原理、性能规格、结构类型及控制功能等。

1. PLC 的发展过程是随着微型计算机的发展而不断发展的。

2. PLC 是以微型计算机为核心辅以输入输出接口电路组成的一种微型计算机工业控制设备，它主要包括中央处理单元 CPU、输入/输出接口、I/O 扩展接口、通信接口、编程器和电源等几个部分组成。

3. PLC 的工作方式区别于微型计算机的工作方式，它是周期扫描工作方式。在每个扫描周期中，PLC 都要按自诊断、通信处理、扫描输入、执行程序、输出刷新的顺序依次不断循环工作。也正是由于 PLC 的这种“串行”工作方式，从而大大提高了 PLC 的抗扰性能。

4. PLC 的性能主要包括 I/O 点数、存储容量、编程语言、扫描时间、内部寄存器数量及种类、通信能力、智能模块几方面，它们是选择使用 PLC 的依据。

5. PLC 的控制功能基本可涵盖自动控制领域，如逻辑量的控制、模拟量的控制、运动控制和网络通信控制等。

6. PLC 的种类可按结构类型、点数多少和功能强弱来划分。

思考与练习题

1-1 什么是可编程序控制器？它有哪些主要特点？

1-2 简述 PLC 的发展过程。

1-3 简述 PLC 的组成。

1-4 简述 PLC 的工作原理。

1-5 在一个扫描周期中，如果在程序执行期间输入状态发生变化，则输入映像寄存器的状态是否也随之改变？为什么？

1-6 PLC 的控制功能可从哪几方面描述？

1-7 PLC 如何分类？

1-8 PLC 主要有哪些性能指标及特点？

第2章 PLC内外部结构及编程软件的使用

学习目标

了解S7-200系列PLC的外部结构、各部件的作用及CPU性能和输入输出性能；了解STEP7-Micro/WIN编程软件的界面及使用方法。

理解S7-200系列PLC内部存储器的种类、作用及指令系统的类型。

掌握S7-200系列PLC的输入输出接线及指令寻址方式。

2.1 S7-200系列PLC的外部结构

2.1.1 各部件的作用

S7-200系列PLC有CPU 21X、CPU 22X和SMART等产品。图2-1所示为CPU 22X系列PLC的外部结构图，是典型的整体式结构，输入输出模块、CPU模块、电源模块及通信模块等均组装在一个机壳内，在CPU 224XP中还集成有模拟量输入输出模块。

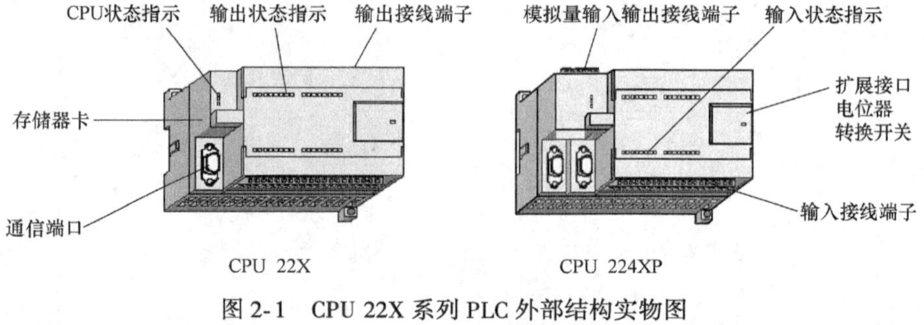

图2-1 CPU 22X系列PLC外部结构实物图

（1）输入接线端子 用于连接外部控制信号。在底部端子盖下是输入接线端子和为传感器提供的24V直流电源。

（2）输出接线端子 用于连接被控设备。在顶部端子盖下是输出接线端子和PLC的工作电源。

（3）CPU状态指示 CPU状态指示灯有SF/DIAG、STOP、RUN 3个，其作用见表2-1。

表2-1 CPU状态指示灯的作用

名称		状态及作用	
SF/DIAG	系统故障/诊断	亮	严重的出错或硬件故障
STOP	停止状态	亮	不执行用户程序，可以通过编程装置向PLC装载程序或进行系统设置
RUN	运行状态	亮	执行用户程序

（4）输入状态指示 用于显示是否有控制信号（如控制按钮、行程开关、接近开关、光电开关等数字量信息）接入PLC。

（5）输出状态指示　用于显示 PLC 是否有信号输出到执行设备（如接触器、电磁阀、指示灯等）。

（6）扩展接口　通过扁平电缆线，连接数字量 I/O 扩展模块、模拟量 I/O 扩展模块、热电偶模块和通信模块等，如图 2-2 所示。

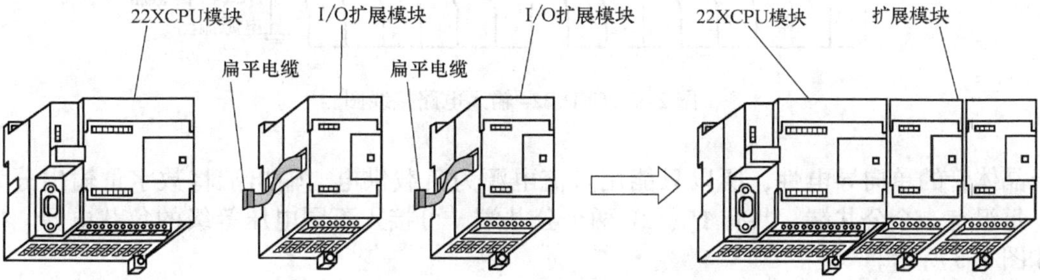

图 2-2　CPU 与扩展模块的连接

（7）通信端口　支持 PPI、MPI 通信协议，有自由口通信能力。用以连接编程器（手持式或 PC 机）、文本/图形显示器以及 PLC 网络等外部设备，如图 2-3 所示。

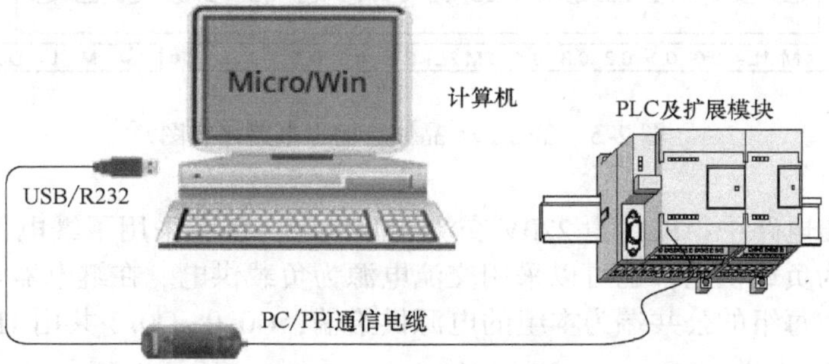

图 2-3　个人电脑与 S7-200 的连接示意图

（8）模拟电位器　模拟电位器用来改变特殊寄存器（SMB28、SMB29）中的数值，以改变程序运行时的参数。如定时器、计数器的预置值，过程量的控制参数等。

2.1.2　输入输出接线

输入输出接口电路是 PLC 与被控对象（外部设备）间传递输入输出信号的接口部件。各输入/输出点的通/断状态用发光二极管（LED）显示，外部接线一般接在 PLC 的接线端子上。

S7-200 系列 CPU 22X 主机的数字量输入回路为直流双向光耦合输入电路，数字量输出回路有继电器和晶体管两种类型。如 CPU 224PLC，一种是 CPU 224 AC/DC/RELAY 型，其含义为交流电源供电，14 点直流输入，10 点继电器输出；一种是 CPU 224 DC/DC/DC，其含义为直流 24V 电源供电，14 点直流输入，10 点直流输出。CPU224XP 还配有 2 路模拟量输入和 1 路模拟量输出接口电路。

1. 数字量输入接线

CPU 224 的主机共有 14 个输入点（I0.0～I0.7、I1.0～I1.5）和 10 个输出点（Q0.0～Q0.7，Q1.0～Q1.1）。CPU 224 输入电路接线图如图 2-4 所示。系统设置 1M 为输入端子 I0.0～I0.7 的公共端，2M 为 I1.0～I1.5 输入端子的公共端。

2. 数字量输出接线

CPU 224 的输出电路有晶体管输出电路和继电器输出电路两种。在晶体管输出电路中，

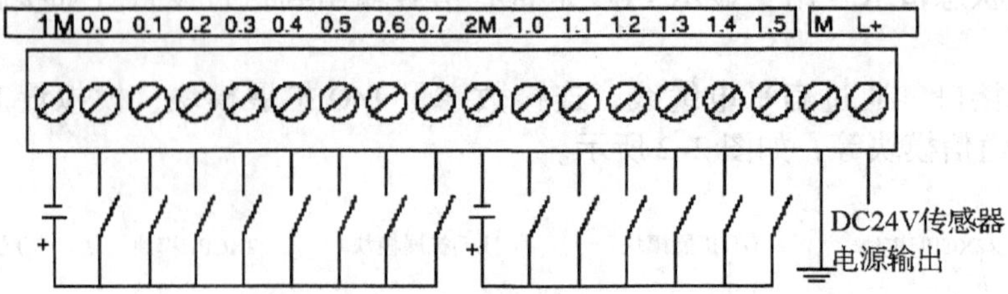

图 2-4 CPU 224 输入电路接线图

由于晶体管的单向导电性，所以只能用直流电源为负载供电。输出端将数字量输出分为两组，每组有一个公共端，共有 1L、2L 两个公共端，可接入不同电压等级的负载电源。接线图如图 2-5 所示。

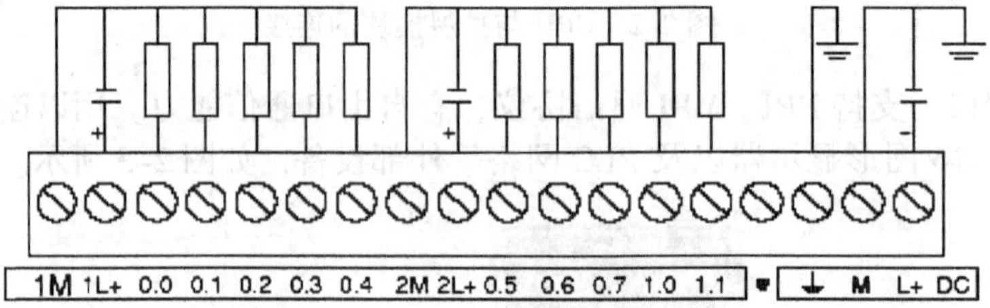

图 2-5 CPU 224 晶体管输出电路接线图

在继电器输出电路中，PLC 由 220V 交流电源供电，负载采用了继电器驱动，所以既可以选用直流电源为负载供电，也可以采用交流电源为负载供电。在继电器输出电路中，数字量输出分为 3 组，每组的公共端为本组的电源供给端，Q0. 0~Q0. 3 共用 1L，Q0. 4~Q0. 6 共

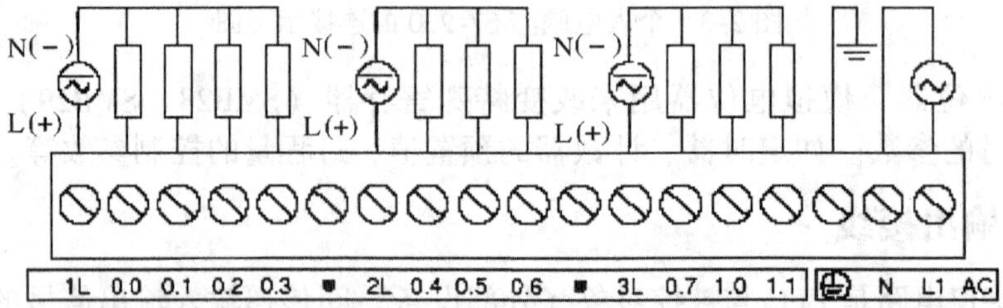

图 2-6 CPU 224 继电器输出电路的接线图

用 2L，Q0. 7~Q1. 1 共用 3L，各组之间可接入不同电压等级、不同电压性质的负载电源，如图 2-6 所示。

3. 模拟量输入输出接线

CPU 224XP 模拟量输入输出接口有 2 路模拟量信号输入端，均可接入各类变送器输出的 ±10V 标准电压信号；1 路模拟量信号输出端，可输出 0~10V 电压或 0~20mA 电流，连接电压负载时接 V、M 端，连接电流负载时接 I、

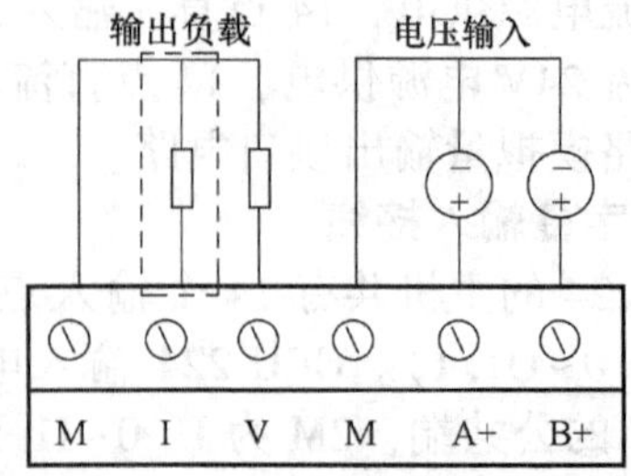

图 2-7 CPU 224XP 模拟量接口接线图

M 端，其接线如图 2-7 所示。

2.2　S7-200 系列 PLC 的性能

2.2.1　CPU 性能

PLC 的 CPU 性能主要描述 PLC 的存储器能力、指令运行时间及各种特殊功能等。SIMATIC CPU 22X 模块的主要性能技术指标见表 2-2。

表 2-2　CPU 22X 模块的主要性能技术指标

项目＼型号	CPU 221	CPU 222	CPU 224	CPU 224XP	CPU 226
程序存储器：可在运行模式下编辑 可在非运行模式下编辑	4096B 4096B	4096B 4096B	8192B 12288B	12288B 16384B	16384B 24576B
数据存储区	2048B	2048B	8192B	10240B	10240B
掉电保持时间	50	50	100	100	100
本机数字量 I/O 点数	6/4	8/6	14/10	14/10	24/16
本机模拟量 I/O 点数	0	0	0	2/1	0
数字 I/O 映像区	256(128 入/128 出)				
模拟 I/O 映像区	无	32	64(32 输入/32 输出)		
扩展模块数量	0	2	7	7	7
24V 传感器电源最大电流/电流限制/mA	180/600	180/600	280/600	/1500	400/约 1500
AC 240V 电源 CPU 输入电流/最大负载电流/mA	15/60	20/70	30/100	35/100	40/160
DC 24V 电源 CPU 输入电流/最大负载/mA	80/450	85/500	110/700	120/900	150/1050
内置高速计数器	4(30kHz) 2(20kHz)	4(30kHz) 2(20kHz)	6(30kHz) 4(20kHz)	4(30kHz) 2(200kHz) 3(20kHz) 1(100kHz)	6(30kHz) 2(20kHz)
定时器/计数器	256	256	256	256	256
高速脉冲输出	2(20kHz)	2(20kHz)	2(20kHz)	2(100kHz)	2(20kHz)
布尔指令执行时间/μs	0.22				
模拟量调节电位器	1 个		2 个		
实时时钟	有(时钟卡)		有(内置)		
RS-485 通信口	1			2	
浮点数运算	有				

2.2.2　I/O 性能

PLC 的 I/O 特性主要描述 I/O 接口电路的电气性能，诸如电压电流大小、通断时间、隔离方式等等。SIMATIC CPU 22X 系列 PLC 机型的输入特性见表 2-3，输出特性见表 2-4。

表 2-3 CPU 22X 系列 PLC 机型的输入特性

项目 \ 型号	CPU 221	CPU 222	CPU 224	CPU 224XP	CPU 226
输入类型	汇型/源型	汇型/源型	源型/汇型	漏型/源型	漏型/源型
输入点数	6	8	14	14	24
输入电压 DC/V	24	24	24	24	24
输入电流/mA	4	4	4	4	4
逻辑 1 信号/V	15~35	15~35	15~35	15~35	15~35
逻辑 0 信号/V	0~5	0~5	0~5	1	0~5
高速输入频率/kHz	30	30	30	20~200	20~30
隔离方式	光电	光电	光电	光电	光电
隔离组数	2/4	4	6/8	6/8	11/13

表 2-4 CPU 22X 系列 PLC 机型的输出特性

项目 \ 型号		CPU 221		CPU 222		CPU 224		CPU 226	
输出类型		晶体管	继电器	晶体管	继电器	晶体管	继电器	晶体管	继电器
输出点数		4	4	6	6	10	10	16	16
负载电压		DC 20.4~28.8V	DC 5~30V/AC 5~250V	DC 20.4~28.8V	DC 5~30V/AC 5~250V	DC 20.4~28.8V	DC 5~30V/AC 5~250V	DC 20.4~28.8V	DC 5~30V/AC 5~250V
输出电流	1 信号	0.75A	2A	0.75A	2A	0.75A	2A	0.75A	2A
	0 信号	10mA	—	10mA	—	10μA	—	10μA	—
公共端输出电流总和		3.02A	6.0A	4.5A	6.0A	3.75A	8.0A	6A	10A
接通延时	标准	15μs	10ms	15μs	10ms	15μs	10ms	15μs	10ms
	脉冲	2μs	—	2μs	—	2μs	—	2μs	—
关断延时	标准	100μs	10ms	100μs	10ms	100μs	10ms	100μs	10ms
	脉冲	10μs	—	10μs	—	10μs	—	10μs	—
隔离方式		光电	电磁	光电	电磁	光电	电磁	光电	电磁
隔离组数		4	1/3	6	3/3	5/5	3/3/4	8/8	4/5/7

2.3 S7-200 系列 PLC 的内存结构及寻址方式

PLC 的内存分为程序存储区和数据存储区两大部分。程序存储区用于存放用户程序，它由机器自动按顺序存储程序，用户不必为哪条程序存放在哪个存储器地址而费心。数据存储区用于存放输入输出状态及各种各样的中间运行结果，是用户实现各种控制任务所必须了如指掌的内部资源，故本节重点研究 S7-200 系列 PLC 的数据存储区及寻址方式。

2.3.1 内存结构

S7-200 系列 PLC 的数据存储区按存储器存储数据的长短可划分为字节存储器、字存储器和双字存储器 3 类。字节存储器有 7 个，它们分别是输入映像寄存器 I、输出映像寄存器 Q、变量存储器 V、内部位存储器 M、特殊存储器 SM、顺序控制状态寄存器 S 和局部变量存储器 L；字存储器有 4 个，它们是定时器 T、计数器 C、模拟量输入寄存器 AI 和模拟量输出寄存器 AQ；双字存储器有 2 个，它们是累加器 AC 和高速计数器 HC。

1. 输入映像寄存器 I（输入继电器）

输入映像寄存器 I 存放 CPU 在输入扫描阶段采样输入接线端子的结果。通常工程技术人员常把输入映像寄存器 I 称为输入继电器，它由输入接线端子接入的控制信号驱动，当控制信号接通时，输入继电器得电，即对应的输入映像寄存器的位为“1”态；当控制信号断开时，输入继电器失电，对应的输入映像寄存器的位为“0”态。输入接线端子可以接常开触点或常闭触点，也可以是多个触点的串并联。

输入继电器地址的编号范围为 I0.0~I15.7。

2. 输出映像寄存器 Q（输出继电器）

输出映像寄存器 Q 存放 CPU 执行程序的结果，并在输出扫描阶段，将其复制到输出接线端子上。工程实践中，常把输出映像寄存器 Q 称为输出继电器，它通过 PLC 的输出接线端子控制执行电器完成规定的控制任务。

输出继电器地址的编号范围为 Q0.0~Q15.7。

3. 变量存储器 V

变量存储器 V 用于存放用户程序执行过程中控制逻辑操作的中间结果，也可以用来保存与工序或任务有关的其他数据。

变量存储区的编号范围根据 CPU 型号不同而不同，CPU 221/222 为 V0~V2047 共 2KB 存储容量，CPU 224XP/226 为 V0~V10240 共 10KB 存储容量。

4. 内部位存储器 M（中间继电器）

内部位存储器 M 作为控制继电器用于存储中间操作状态或其他控制信息，其作用相当于继电接触器控制系统中的中间继电器。

内部位存储器地址的编号范围为 MB0~MB31，共 32 个字节。

5. 特殊存储器 SM

特殊存储器 SM 用于 CPU 与用户之间交换信息，其特殊存储器位提供大量的状态和控制功能。CPU 224 的特殊存储器 SM 编址范围为 SMB0~SMB549 共 550 个字节，其中 SMB0~SMB29 的 30 个字节为只读型区域。其地址编号范围随 CPU 的不同而不同。

特殊存储器 SM 的只读字节 SMB0 为状态位，在每个扫描周期结束时，由 CPU 更新这些位。各位的定义如下：

SM0.0：运行监视。SM0.0 在 PLC 运行时始终为“1”状态，可以用于驱动输出继电器。

SM0.1：初始化脉冲，仅在执行用户程序的第一个扫描周期为 1 状态，可以用于初始化程序。

SM0.2：当 RAM 中数据丢失时，导通 1 个扫描周期，用于出错处理。

SM0.3：PLC 上电进入 RUN 方式，导通一个扫描周期，可用在启动操作之前给设备提供一个预热时间。

SM0.4：该位是 1 个周期为 1min、占空比为 50%的时钟脉冲。

SM0.5：该位是 1 个周期为 1s、占空比为 50%的时钟脉冲。

SM0.6：该位是 1 个扫描时钟脉冲。本次扫描时置 1，下次扫描时置 0。可用作扫描计数器的输入。

SM0.7：该位指示 CPU 工作方式开关的位置。在 TERM 位置时为 0，可同编程设备通信；在 RUN 位置时为 1，可使自由端口通信方式有效。

特殊存储器 SM 的只读字节 SMB1 提供了不同指令的错误提示，部分位的定义如下：

SM1.0：零标志位，运算结果等于0时，该位置1。

SM1.1：溢出标志，运算溢出或查出非法数值时，该位置1。

SM1.2：负数标志，数学运算结果为负时，该位置1。

特殊存储器SM字节SMB28和SMB29用于存储模拟量电位器0和模拟量电位器1的调节结果。

特殊存储器SM的全部功能可查阅相关手册。

6. 局部变量存储器L

局部变量存储器L用来存放局部变量，它和变量存储器V很相似，主要区别在于全局变量是全局有效，即同一个变量可以被任何程序访问，而局部变量只在局部有效，即变量只和特定的程序相关联。

S7-200有64个字节的局部变量存储器，其中60个字节可以作为暂时存储器，或给子程序传递参数，后4个字节作为系统的保留字节。

7. 高速计数器HC

高速计数器用来累计比CPU的扫描速率更快的事件，计数过程与扫描周期无关。

高速计数器的地址编号范围根据CPU的型号有所不同，CPU 221/222各有4个高速计数器，CPU 224/226各有6个高速计数器，编号为HC0~HC5。

8. 累加器AC

累加器是用来暂存数据的寄存器，它可以用来存放运算数据、中间数据和结果，S7-200提供了4个32位的累加器，其地址编号为AC0~AC3。

9. 定时器T

定时器相当于继电接触器控制系统中的时间继电器，用于延时控制。S7-200有3种定时器，它们的时基增量分别为1ms、10ms和100ms。

定时器的地址编号范围为T0~T255，它们的分辨率和定时范围各不相同，用户应根据所用CPU型号及时基，正确选用定时器的编号。

10. 计数器C

计数器用来累计输入端接收到的脉冲个数，S7-200有3种计数器：加计数器、减计数器和加减计数器。

计数器的地址编号范围为C0~C255。

11. 模拟量输入寄存器AI

模拟量输入寄存器AI用于接收模拟量输入模块转换后的16位数字量。其地址编号以偶数表示，如AIW0、AIW2…。模拟量输入寄存器AI为只读存储器。

12. 模拟量输出寄存器AQ

模拟量输出寄存器AQ用于暂存模拟量输出模块的输入值，该值经过模拟量输出模块（D/A）转换为现场所需要的标准电压或电流信号。其地址编号为AQW0、AQW2…。模拟量输出值是只写数据，用户不能读取模拟量输出值。

13. 顺序控制状态寄存器S

顺序控制状态寄存器S又称状态元件，与顺序控制继电器指令配合使用，用于组织设备的顺序操作，顺序控制状态寄存器的地址编号范围为S0.0~S31.7。

2.3.2 指令寻址方式

1. 编址方式

在计算机中使用的数据均为二进制数，二进制数的基本单位是1个二进制位，8个二进制位组成1个字节，2个字节组成一个字，2个字组成一个双字。

存储器的单位可以是位（bit）、字节（Byte）、字（Word）、双字（Double Word），编址方式也可以是位、字节、字、双字。存储单元的地址由区域标识符、字节地址和位地址组成。

位编址：寄存器标识符+字节地址+. +位地址，如 I0. 0、M0. 1、Q0. 2 等。

字节编址：寄存器标识符+字节长度 B+字节号，如 IB1、VB20、QB2 等。

字编址：寄存器标识符+字长度 W+起始字节号，如 VW20 表示 VB20 和 VB21 这 2 个字节组成的字。

双字编址：寄存器标识符+双字长度 D+起始字节号，如 VD20 表示从 VB20 到 VB23 这 4 个字节组成的双字。

位字节、字和双字编址如图 2-8 所示。

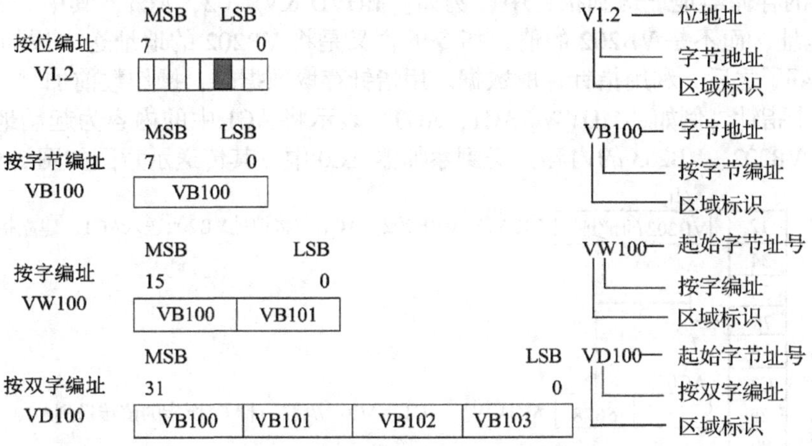

图 2-8 位字节、字和双字的编址

2. 寻址方式

在编写 PLC 程序时，我们会用到寄存器的某一位，或某一个字节，或某一个字，或某一个双字。怎样让指令正确地找到我们所需要的位、字节、字、双字的数据信息？这就要求我们正确了解位、字节、字、双字寻址的方法，以便在编写程序时，使用正确的指令规则。

S7-200 系列 PLC 指令系统的数据寻址方式有立即数寻址、直接寻址和间接寻址 3 大类。

（1）立即数寻址 对立即数直接进行读写操作的寻址称为立即数寻址。立即数寻址的数据在指令中以常数形式出现。常数的大小由数据的长度（二进制数的位数）决定。其表示的相关整数的范围见表 2-5。

表 2-5 数据的大小范围

数据大小	无符号整数范围		有符号整数范围	
	十进制	十六进制	十进制	十六进制
字节 B(8 位)	0~ 255	0~FF	-128~+127	80~7F
字 W(16 位)	0~65,535	0~FFFF	-32,768~+32,767	8000~7FFF
双字 D(32 位)	0~4,294,967,295	0~FFFFFFFF	-2,147,483,648~ +2,147,483,647	800000000~ 7FFFFFFF

在 S7-200 系列 PLC 中，常数值可为字节、字或双字。存储器以二进制方式存储所有常数。指令中可用二进制、十进制、十六进制或 ASCII 码形式来表示常数，其具体的格式是：

二进制格式：用二进制数前加 2#表示，如 2#1001。

十进制格式：直接用十进数表示，如 20047。

十六进制格式：用十六进制数前加 16#表示，如 16#4E4F。

ASCII 码格式：用单引号 ASCII 码文本表示，如 ‘good by’。

（2）直接寻址方式　直接寻址方式是指在指令中直接使用存储器或寄存器的地址编号，直接到指定的区域读取或写入数据，如 I0.0、MB20、VW100 等。

（3）间接寻址　间接寻址时操作数不提供直接数据位置，而是通过使用地址指针来存取存储器中的数据。在 S7-200 系列 PLC 中允许使用指针对 I、Q、M、V、S、T（仅当前值）、C（仅当前值）寄存器进行间接寻址。

使用间接寻址之前，要先创建一个指向该位置的指针，指针为双字值，用来存放一个存储器的地址，只能用 V、L 或 AC 做指针。建立指针时，必须用双字传送指令（MOVD）将需要间接寻址的存储器地址送到指针中，例如：MOVD &VB202，AC1，其中“&VB202”表示 VB202 的地址，而不是 VB202 的值，指令的含义是将 VB202 的地址送入累加器 AC1 中。

指针建立好了之后，利用指针存取数据。用指针存取数据时，操作数前加“*”号，表示该操作数为一个指针。例如“MOVW*AC1，AC0”表示将 AC1 中的内容为起始地址的一个字长的数据（即 VB202、VB203 的内容）送到累加器 AC0 中，其传送示意图如图 2-9 所示。

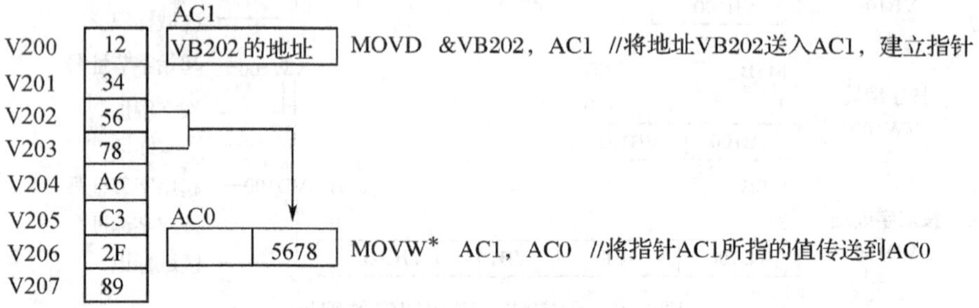

图 2-9　使用指针的间接寻址

S7-200 系列 PLC 的存储器寻址范围见表 2-6。

表 2-6　S7-200 系列 PLC 的存储器寻址范围

寻址方式	CPU 221	CPU 222	CPU 224	CPU 224XP	CPU 226
位存取（字节,位）	I0.0~I15.7　Q0.0~Q15.7　M0.0~M31.7　T0~T255　C0~C255　L0.0~L59.7				
	V0.0~V2047.7		V0.0~V8191.7	V0.0~V10239.7	
	SM0.0~SM179.7	SM0.0~SM299.7	SM0.0~SM549.7		
字节存取	IB0~IB15　QB0~QB15　MB0~MB31　SB0~SB31　LB0~LB59　AC0~AC3				
	VB0~VB2047		VB0~VB8191	VB0~VB10239	
	SMB0~SMB179	SMB0~SMB299	SMB0~SMB549		
字存取	IW0~IW14　QW0~QW14　MW0~MW30　SW0~SW30　T0~T255　C0~C255　LW0~LW58　AC0~AC3				
	VW0~VW2046		VW0~VW8190	VW0~VW10238	
	SMW0~SMW178	SMW0~SMW298	SMW0~SMW548		
	AIW0~AIW30　AQW0~AQW30		AIW0~AIW62　AQW0~AQW62		
双字存取	ID0~ID12　QD0~QD12　MD0~MD28　SD0~SD28　LD0~LD56　AC0~AC3				
	VD0~VD2044		VD0~VD8188	VD0~VD10236	
	SMD0~SMD176	SMD0~SMD296	SMD0~SMD546		

2.4　S7-200系列PLC指令系统的类型

SIMATIC S7-200系列PLC的指令系统，分为梯形图程序指令、语句表程序指令和功能块图程序指令3种形式。不论哪一种指令形式，都由某种图形符号或操作码以及操作数组成。下面就这3种类型的程序指令作一简介。

1. 梯形图（LAD）程序指令

梯形图程序指令的基本逻辑元素是触点、线圈、功能框和地址符。触点有常开、常闭等类型，用于代表输入控制信息，当一个常开触点闭合时，能流可从此触点流过；线圈代表输出，当线圈有能流流过时，输出便被接通；功能框代表一种复杂的操作，它可以使程序大大简化；地址符用于说明触点、线圈和功能框的操作对象。

2. 语句表（STL）程序指令

语句表程序指令由操作码和操作数组成，类似于计算机的汇编语言，它的图形显示形式即为梯形图程序指令，语句表程序指令则显示为文本格式。

3. 功能块图（FBD）程序指令

功能块图程序指令由功能框元素表示。与（AND）/或（OR）功能块图程序指令如同梯形图程序指令中的触点一样用于操作布尔信号；其他类型的功能块图与梯形图程序指令中的功能框类似。

3种程序指令的类型可以相互转换，如图2-10所示。

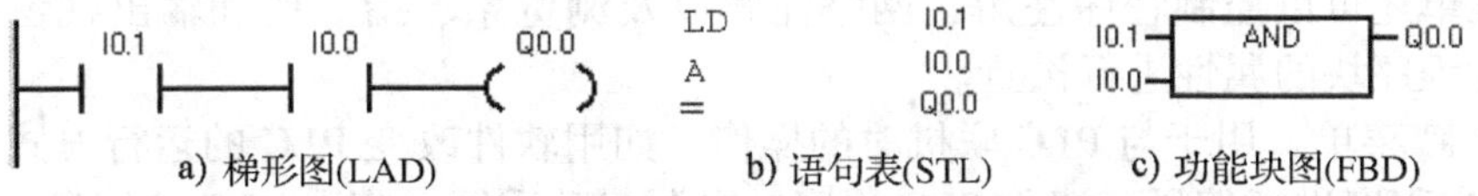

a) 梯形图(LAD)　b) 语句表(STL)　c) 功能块图(FBD)

图2-10　同一功能的梯形图、语句表、功能块图程序指令

2.5　STEP 7-Micro/WIN编程软件介绍

S7-200系列PLC使用STEP 7-Micro/WIN编程软件进行编程。STEP 7-Micro/WIN编程软件是基于Windows的应用软件，功能强大，主要用于开发程序，也可用于实时监控用户程序的执行状态。该软件的4.0以上版本，有包括中文在内的多种语言使用界面可选。

2.5.1　STEP 7-Micro/WIN窗口组件

STEP 7-Micro/WIN的主界面如图2-11所示。

主界面一般可以分为以下几个部分：菜单条、工具条、浏览条、指令树、用户窗口、输出窗口和状态条。除菜单条外，用户可以根据需要通过检视菜单和窗口菜单决定其他窗口的取舍和样式的设置。

1. 主菜单

包括文件、编辑、查看、PLC、调试、工具、窗口和帮助8个主菜单项。各主菜单项的功能如下：

（1）文件菜单　包含有对文件进行新建/打开/关闭、保存/另存、设置密码、导入/导出、上载/下载、新建库/添加/删除库、页面设置/打印/预览和退出等操作的项目。

（2）编辑菜单　可以实现剪切/复制/粘贴、插入/删除、查找/替换/转至等操作。

（3）查看菜单　用于选择各种编辑器，如程序编辑器、数据块编辑器、符号表编辑器、

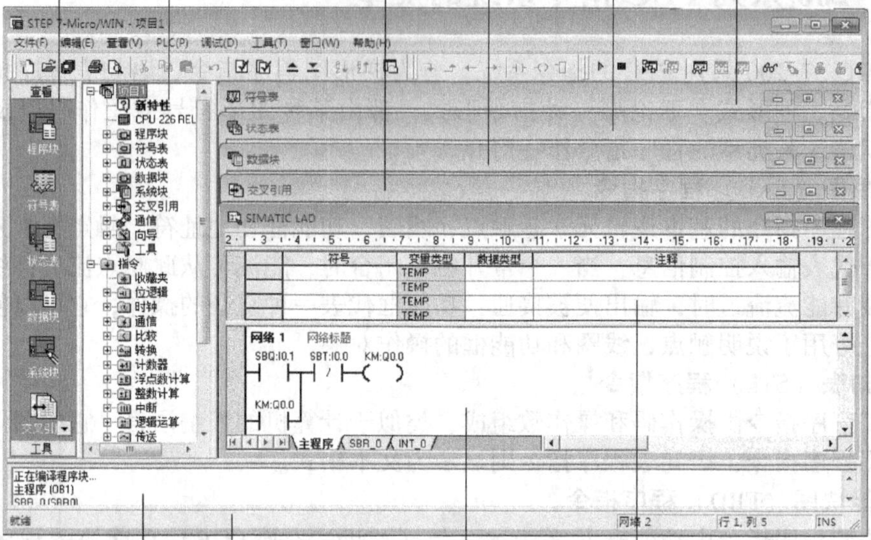

图 2-11 STEP 7-Micro/WIN 编程软件的主界面

状态图编辑器、交叉引用查看以及系统块和通信参数设置等。

查看菜单还可以控制程序注解、网络注解以及浏览条、指令树和输出视窗的显示与隐藏，可以对程序块的属性进行设置。

（4）PLC 菜单　用于与 PLC 联机时的操作。如用软件改变 PLC 的运行方式（运行、停止），对用户程序进行编译，清除 PLC 程序、电源起动重置、查看 PLC 的信息、时钟、存储卡的操作、程序比较、PLC 类型选择等操作。其中对用户程序进行编译可以离线进行。

（5）调试菜单　用于联机时的动态调试。调试时可以指定 PLC 对程序执行有限次数扫描（从 1 次扫描到 65 535 次扫描）。通过选择 PLC 运行的扫描次数，可以在程序改变过程变量时对其进行监控。

（6）工具菜单　提供复杂指令向导（PID、HSC、NETR/NETW 指令），使复杂指令编程时的工作简化；提供文本显示器 TD 设置向导；定制子菜单可以更改 STEP 7-Micro/WIN 工具条的外观或内容，以及在“工具”菜单中增加常用工具；选项子菜单用以设置各种编辑器的风格，如字体、颜色、指令盒的大小等样式，还可选择界面语言。

（7）窗口菜单　可以设置窗口的排放形式，如层叠、水平、垂直。

（8）帮助菜单　可以提供 S7-200 的指令系统及编程软件的所有信息，并提供在线帮助、网上查询和访问等功能。

2. 工具条

（1）标准工具条　各快捷按钮从左到右分别为：新建项目、打开现有项目、保存当前项目、打印、打印预览 、剪切选项并复制至剪贴板、将选项复制至剪贴板、在光标位置粘贴剪贴板内容、撤销最后一个条目、编译程序块或数据块（任意一个现用窗口）、全部编译（程序块、数据块和系统块）、将项目从 PLC 上载至 STEP 7-Micro/WIN、从 STEP 7-Micro/WIN 下载至 PLC、符号表名称列按照 A-Z 从小至大排序、符号表名称列按照 Z-A 从大至小排序、选项（配置程序编辑器窗口）。

（2）调试工具条　各快捷按钮从左到右分别为：PLC 运行/停止、程序状态监控/暂停程序状态监控、状态表监控/趋势图/暂停趋势图、状态表单次读取/状态表全部写入 、强制/

取消强制/全部取消强制/全部读取强制数值。

（3）公用工具条　公用工具条各快捷按钮从左到右分别为：插入网络/删除网络、程序注释/网络注释/网络符号表隐藏与显示、插入取消书签/下一个书签/前一个书签/清除全部书签、在项目中应用所有的符号/建立表格未定义符号。其中程序注释、网络注释、符号信息表、书签的显示结果如图 2-12 所示。

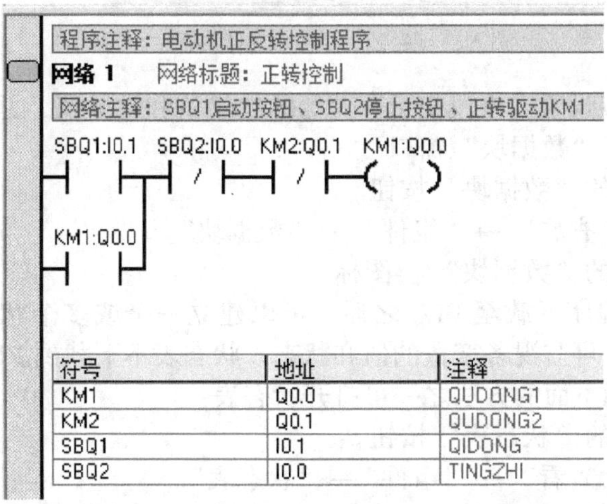

图 2-12　程序注释、网络注释、符号信息表、书签的显示结果

（4）LAD 指令工具条　各快捷按钮从左到右分别为：插入向下直线，插入向上直线，插入左行，插入右行，插入接点，插入线圈，插入指令盒。

3. 浏览条

为编程提供按钮控制，可以实现窗口的快速切换，即对编程工具执行直接按钮存取，包括程序块、符号表、状态表、数据块、系统块、交叉引用和通信。单击上述任意按钮，则主窗口切换成此按钮对应的窗口。

4. 指令树

以树形结构提供编程时用到的所有快捷操作命令和 PLC 指令。可分为项目分支和指令分支。项目分支用于组织程序项目，指令分支用于输入程序。

5. 用户窗口

可同时或分别打开 6 个用户窗口，分别为：交叉引用、数据块、状态表、符号表、程序编辑器和局部变量表。

（1）交叉引用　在程序编译成功后，可用下面的方法之一打开“交叉引用”窗口：

1）用菜单命令：“查看”→“组件”→“交叉引用”。

2）单击浏览条中的“交叉引用”按钮。

如图2-13所示，“交叉引用”表列出在程序中使用的各操作数所在的程序单元（POU）、网络或行位置，以及每次使用各操作数的语句表指令。通过交叉引用表还可以查看哪些内存区域已经被使用，作为位还是作为字节使用。在运行方式下编辑程序时，可以查看程序当前正在使用的跳变信号的地址。交叉引用表不下载到可编程序控制器，在程序编译成功后，才能打开交叉引用表。在交叉引用表中双击某操作数，可以显示出包含该操作数的那一部分程序。

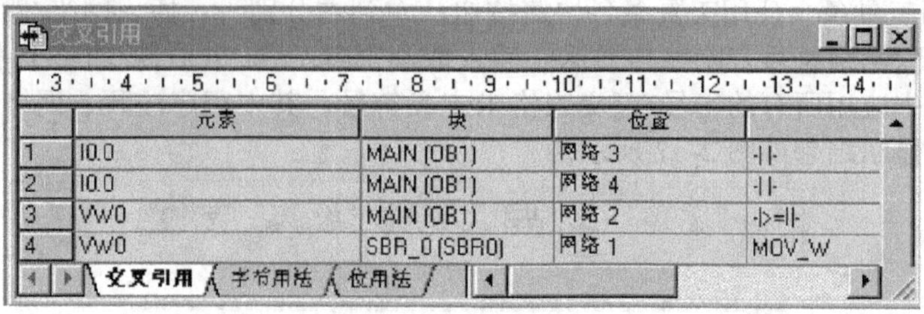

图2-13 交叉引用表

（2）数据块 可以设置和修改变量存储器的初始值和常数值，并加注必要的注释说明。用下面的方法之一打开“数据块”窗口：

1）单击浏览条上的“数据块”按钮。

2）用菜单命令：“查看”→“组件”→“数据块”。

3）单击指令树中的“数据块”图标。

（3）状态表 将程序下载至PLC之后，可以建立一个或多个状态表，在联机调试时，进入状态表监控状态，可监视各变量的值和状态。状态表不下载到PLC，它只是监视用户程序运行的一种工具。用下面的方法之一可打开状态表：

1）单击浏览条上的“状态表”按钮。

2）用菜单命令：“查看”→“组件”→“状态表”。

3）打开指令树中的“状态表”文件夹，然后双击“用户定义”图标。

若在项目中有一个以上状态表，使用位于“状态表”窗口底部的标签在状态表之间切换。

（4）符号表 符号表是程序员用符号编址的一种工具表。在编程时不采用元件的直接地址作为操作数，而用有实际含义的自定义符号名作为编程元件的操作数，这样可使程序更容易理解。符号表则建立了自定义符号名与直接地址编号之间的关系。程序被编译后下载到可编程序控制器时，所有的符号地址被转换成绝对地址，符号表中的信息不下载到可编程序控制器。用下面的方法之一可打开符号表：

1）单击浏览条中的“符号表”按钮。

2）用菜单命令：“查看”→“组件”→“符号表”。

3）打开指令树中的符号表文件夹，然后双击“用户定义”图标。

（5）程序编辑器

1）“程序编辑器”窗口的打开

① 单击浏览条中的“程序块”按钮，打开程序编辑器窗口，单击窗口下方的主程序、子程序、中断程序标签，可自由切换程序窗口。

② 指令树→程序块→双击主程序图标、子程序图标或中断程序图标。

2）程序编辑器的设置

① 菜单命令“工具”→“选项”→“程序编辑器”标签，设置编辑器选项。

② 使用选项快捷按钮→设置“程序编辑器”选项。

3）指令语言的选择

① 菜单命令“查看”→ STL、梯形图、FBD，更改编辑器类型。

② 菜单命令“工具”→“选项”→“常规”标签，可更改编辑器（梯形图、FBD 或 STL）和编程模式（SIMATIC 或 IEC 1131-3）。

（6）局部变量表　程序中的每个程序块都有自己的局部变量表，局部变量存储器（L）有 64 个字节。局部变量表用来定义局部变量，局部变量只在建立该局部变量的程序块中才有效。在带参数的子程序调用中，参数的传递就是通过局部变量表传递的。

在用户窗口将水平分裂条下拉即可显示局部变量表，将水平分裂条拉至程序编辑器窗口的顶部，局部变量表不再显示，但仍旧存在。

6. 输出窗口

用来显示 STEP 7-Micro/WIN 程序编译的结果，如编译结果有无错误、错误编码和位置等。通过菜单命令“查看”→“框架”→“输出窗口”，可打开或关闭输出窗口。

7. 状态条

提供有关在 STEP 7-Micro/WIN 中操作的信息。

2.5.2 STEP 7-Micro/WIN 主要编程功能

1. 编程元素及项目组件

STEP7-Micro/WIN 的一个基本项目包括程序块、数据块、系统块、符号表、状态表和交叉引用表。程序块、数据块、系统块须下载到 PLC，而符号表、状态表、交叉引用表不下载到 PLC。

程序块由可执行代码和注释组成，可执行代码由一个主程序和可选子程序或中断程序组成。程序代码被编译并下载到 PLC，程序注释被忽略。在“指令树”中右击“程序块”图标可以插入子程序和中断程序。

数据块由数据（包括初始内存值和常数值）和注释两部分组成。数据被编译后，下载到 PLC，注释被忽略。

系统块用来设置系统的参数，包括通信口配置信息、保存范围、模拟和数字输入过滤器、背景时间、密码表、脉冲截取位和输出表等选项。单击“浏览栏”上的“系统块”按钮，或者单击“指令树”内的“系统块”图标，可查看并编辑系统块。系统块的信息须下载到 PLC，为 PLC 提供新的系统配置。

2. 梯形图程序的输入

（1）建立项目　通过菜单命令“文件”→“新建”或单击工具栏中“新建”快捷按钮，可新建一个项目。

（2）输入程序　在程序编辑器中使用的梯形图元素主要有触点、线圈和功能块，梯形图的每个网络必须从触点开始，以线圈或没有布尔输出（ENO）的功能块结束。线圈不允许串联使用。

在程序编辑器中输入程序可有以下方法：在指令树中选择需要的指令，拖放到需要位置；将光标放在需要的位置，在指令树中双击需要的指令；将光标放到需要的位置，单击工具栏指令按钮，打开一个通用指令窗口，选择需要的指令；使用功能键：F4 = 接点，F6 = 线圈，F9 = 功能块，打开一个通用指令窗口，选择需要的指令。

当编程元件图形出现在指定位置后，再点击编程元件符号的???，输入操作数。红色字样显示语法出错，当把不合法的地址或符号改变为合法值时，红色消失。若数值下面出现红色的波浪线，则表示输入的操作数超出范围或与指令的类型不匹配。

在梯形图 LAD 编辑器中可对程序进行注释。注释级别共有 4 个：程序注释、网络标题、网络注释和程序属性。

“属性”对话框中有两个标签：“常规”和“保护”。选择“常规”可为子程序、中断程序和主程序块重新编号和重新命名，并为项目指定一个作者。选择“保护”则可以选择一个密码保护程序，以使其他用户无法看到该程序，并在下载时加密。若用密码保护程序，则选择“用密码保护该 POU”复选框。输入一个 4 个字符的密码并核实该密码。

（3）编辑程序

① 剪切、复制、粘贴或删除多个网络。通过用 Shift 键+鼠标单击或在程序编辑器左侧按住鼠标左键拖动鼠标，可以选择多个相邻的网络，进行剪切、复制、粘贴或删除等操作。

② 编辑单元格、指令、地址和网络。用光标选中需要进行编辑的单元，单击右键，弹出快捷菜单，可以进行插入或删除行、列、垂直线或水平线的操作。删除垂直线时把方框放在垂直线左边单元上，删除时选“行”，或按“DEL”键。进行插入编辑时，先将方框移至欲插入的位置，然后选“列”。

（4）程序的编译　程序编译操作用于检查程序块、数据块及系统块是否存在错误。程序经过编译后，方可下载到 PLC。单击“编译”按钮或选择菜单命令“PLC”→“编译”，编译当前被激活的窗口中的程序块或数据块；单击“全部编译”按钮或选择菜单命令“PLC”→“全部编译”，编译全部项目元件（程序块、数据块和系统块）。使用“全部编译”，与哪一个窗口是否活动窗口无关。编译的结果显示在主窗口下方的输出窗口中。

3. 程序的上传下载

（1）下载　如果已经成功地在运行 STEP 7-Micro/WIN 的个人计算机和 PLC 之间建立了通信，就可以将编译好的程序下载至该 PLC。如果 PLC 中已经有该内容，则原内容将被覆盖。单击工具条中的“下载”按钮，或用菜单命令“文件”→“下载”，将弹出“下载”对话框。根据默认值，在初次发出下载命令时，“程序代码块”、“数据块”和“CPU 配置”（系统块）复选框都被选中。如果不需要下载某个块，可以清除该复选框。单击“确定”，开始下载程序。如果下载成功，则出现一个确认框会显示以下信息：下载成功。下载成功后，单击工具条中的“运行”按钮，或“PLC”→“运行”，PLC 进入 RUN（运行）工作方式。

注意：下载程序时 PLC 必须处于停止状态，可根据提示进行操作。

（2）上传　可用下面的几种方法从 PLC 将项目文件上传到 STEP 7-Micro/WIN 程序编辑器：单击“上载”按钮；选择菜单命令“文件”→“上载”；按快捷键组合 Ctrl+U。执行的步骤与下载基本相同，选择需上传的块（程序块、数据块或系统块），单击“上传”按钮，上传的程序将从 PLC 复制到当前打开的项目中，随后即可保存上传的程序。

4. 选择工作方式

PLC 有运行和停止两种工作方式。单击工具栏中的“运行”按钮或“停止”按钮可以进入相应的工作方式。

5. 程序的调试与监控

在 STEP 7-Micro/WIN 编程设备和 PLC 之间建立通信并向 PLC 下载程序后，可使 PLC 进入运行状态，进行程序的调试和监控。

（1）程序状态监控　在程序编辑器窗口，显示希望测试的部分程序和网络，将 PLC 置于 RUN 工作方式，单击工具栏中“程序状态监控”按钮或用菜单命令“调试”→“开始程序状态监控”，将进入梯形图监控状态。在梯形图监控状态，用高亮显示位操作数的线圈得电或触点通断状态。触点或线圈通电时，该触点或线圈高亮显示。运行中梯形图内的各元件状态将随程序执行过程连续更新变换。

（2）状态表监控　单击浏览条上的“状态表”按钮或使用菜单命令“查看”→“组

件”→“状态表”，可打开状态图编辑器，在状态图地址栏输入要监控的数字量地址或数据量地址，点击工具栏中的“状态表监控”按钮或调试菜单中的“开始状态表监控”，可进入“状态表”监控状态。在此状态，可通过工具栏强制 I/O 点的操作，观察程序的运行情况，也可通过工具栏对内部位及内部存储器进行“写”操作来改变其状态，进而观察程序的运行情况。

2.5.3 编程软件使用上机实践

1. 实践内容

1）认识 S7-200 系列 PLC 及其与 PC 的通信。

2）练习使用 STEP 7-Micro/WIN 编程软件。

3）学会程序的输入和编辑方法。

4）初步了解程序调试步骤。

2. 实践指导

1）认识 PLC。记录所使用 PLC 的型号、输入输出点数，观察主机面板的结构以及 PLC 和 PC 之间的连接。

2）开机（打开 PC 和 PLC）启动 STEP 7-Micro/WIN 编程软件，并新建一个项目。

3）程序录入

① 在梯形图编辑器中输入、编辑图 2-14 所示的梯形图，并转换成语句表指令。

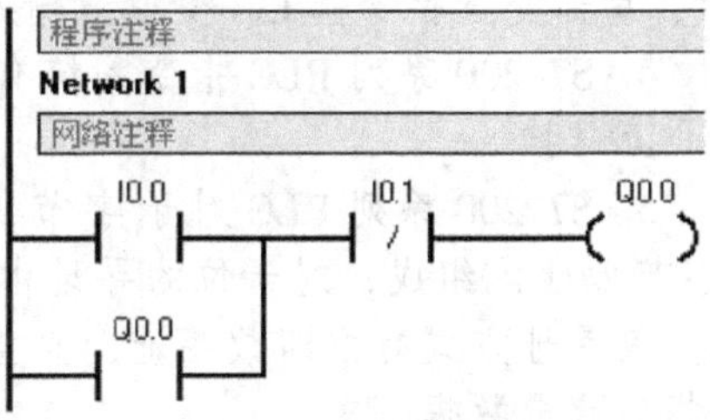

图 2-14　练习梯形图

② 给梯形图加 POU 注释、网络标题、网络注释。

4）建立图 2-15 所示的符号表，并选择操作数显示形式为：符号和地址同时显示。

	符号	地址	注释
1	起动按钮	I0.0	
2	停止按钮	I0.1	
3	灯1	Q0.0	

图 2-15　符号表的建立

5）编译程序并观察编译结果，若提示错误，则修改，直到编译成功。

6）下载程序到 PLC。

7）建立图 2-16 所示的状态表。

	地址	格式	当前值	新数值
1	I0.0	位		
2	I0.1	位		
3	Q0.0	位		

图 2-16　状态表

8）运行程序。

9）进入状态表监控状态

① 输入强制操作。因为不带负载进行运行调试，所以采用强制功能模拟物理条件。对 I0.0 进行强制 ON，在对应 I0.0 的新数值列输入 1，对 I0.1 进行强制 OFF，在对应 I0.1 的新数值列输入 0。然后单击工具条中的“强制”按钮。

② 监视运行结果，在状态表中观察数据的变化情况。

10）梯形图程序状态监视。通过工具栏进入“程序状态监控”监视环境。根据触点线圈的高亮显示情况，了解触点线圈的工作状态。

本章小结

1. S7-200系列PLC外部结构主要由输入输出接线端子、状态指示灯、通信接口和扩展接口等组成。

2. S7-200系列PLC的CPU性能描述存储容量、扫描速度、I/O点数、指令系统、可扩展性和通信功能等；输入输出性能描述输入输出的额定电压、电流等电气性能。

3. S7-200系列PLC的内部存储器分为输入映像寄存器I、输出映像寄存器Q、变量存储器V、内部位存储器M、定时器T、计数器C、高速计数器HC、累加器AC、特殊存储器SM、局部变量存储器L、模拟量输入输出存储器AI/AQ、顺序控制继电器S等。

4. S7-200系列PLC指令系统有3种表现形式：梯形图、语句表和功能块图，它们之间可相互转换。

5. S7-200系列PLC对于字节、字和双字的寻址由（区域标识符）+（数据长度）+（字节地址）组成，对于位的寻址由（区域标识符）+（字节地址）+（.）+（位地址）组成。其寻址方式有立即数寻址、直接寻址和间接寻址3大类。间接寻址要创建地址指针，利用指针存取数据。

6. STEP 7-Micro/WIN是S7-200系列PLC用户程序的开发软件。利用这个软件可以实现程序的编辑、调试以及PLC运行过程的监控等工作。

思考与练习题

2-1 S7-200系列PLC的指令系统有几种表现形式？

2-2 S7-200系列PLC的组成部件有哪一些？

2-3 S7-200系列PLC输入输出地址是如何编号的？

2-4 S7-200系列PLC是如何编址的？

2-5 S7-200系列PLC的寻址方式有哪几种？

2-6 S7-200系列PLC指令的间接寻址是如何操作的？

第3章　PLC的基本控制功能及应用

学习目标

掌握触点线圈指令、置位复位指令、正负跃变指令的格式及应用；掌握定时器、计数器指令的格式及应用；掌握位移位寄存器指令的格式及应用；掌握跳转指令、子程序指令的格式及应用。会使用上述指令编写具有一定复杂程度的用户程序；能熟练地使用编程软件调试程序。

PLC 的基本控制功能主要用于取代继电接触器控制系统的组合逻辑控制与顺序逻辑控制。通过利用 PLC 触点指令的串并联连接及定时、计数功能和程序控制功能，可以很容易地实现各种生产设备的基本控制要求。

3.1　布尔指令及应用

布尔指令即位操作指令，是 PLC 常用的基本指令，运算结果用二进制数字 1 和 0 表示，可以实现基本的位逻辑运算和控制。

3.1.1　触点线圈指令

1. 触点指令

触点指令代表 CPU 对存储器位的读操作，常开触点和存储器的位状态一致，常闭触点和存储器的位状态相反。当存储器中对应的位状态为 1 时，常开触点闭合，常闭触点断开；当存储器中对应的位状态为 0 时，则相反。触点指令的格式及功能见表 3-1。

表 3-1　触点指令的格式及功能

梯形图 LAD	语句表 STL		功　能	
	操作码	操作数	梯形图含义	语句表含义
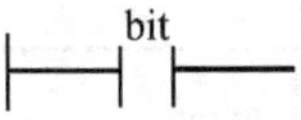	LD	bit	将一常开触点 bit 与母线相连接	将 bit 装入栈顶
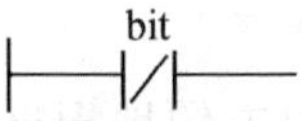	LDN	bit	将一常闭触点 bit 与母线相连接	将 bit 取反后装入栈顶
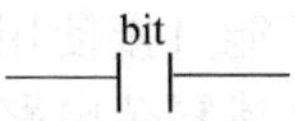	A	bit	将一常开触点 bit 与上一触点串联，可连续使用	将 bit 与栈顶相与后存入栈顶
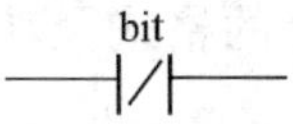	AN	bit	将一常闭触点 bit 与上一触点串联，可连续使用	将 bit 取反与栈顶相与后存入栈顶
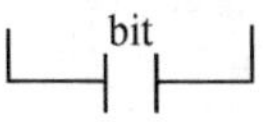	O	bit	将一常开触点 bit 与上一触点并联，可连续使用	将 bit 与栈顶相或后存入栈顶
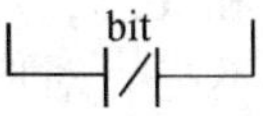	ON	bit	将一常闭触点 bit 与上一触点并联，可连续使用	将 bit 取反与栈顶相或后存入栈顶

说明：

1）梯形图程序的触点指令有常开和常闭触点两类，类似于继电接触器控制系统的电器触点，可自由地串并联。所不同的是触点指令可以无限次地使用。

2）语句表程序的触点指令由操作码和操作数组成。在语句表程序中，控制逻辑的执行通过 CPU 中的一个逻辑堆栈来实现，这个堆栈有 9 层深度，每层只有一位宽度。语句表程序的触点指令运算全部都在栈顶进行。

3）表中操作数 bit 寻址寄存器 I、Q、M、SM、T、C、V、S、L 的位值。

2. 输出线圈指令

输出线圈指令代表 CPU 对存储器位的写操作，若线圈左侧的逻辑运算结果为“1”，则 CPU 将该线圈所对应的存储器的位置“1”，相当于继电器的线圈得电；若线圈左侧的逻辑运算结果为“0”，则 CPU 将该线圈所对应的存储器位写入“0”，相当于继电器的线圈断电。输出线圈指令的格式及功能见表 3-2。

表 3-2 输出线圈指令的格式及功能

梯形图 LAD	语句表 STL		功能	
	操作码	操作数	梯形图含义	语句表含义
bit —( )	=	bit	当线圈左侧运算结果为 1 时，线圈所对应的操作数 bit 置“1”	复制栈顶的值到 bit

说明：

1）输出线圈指令的操作数 bit 寻址寄存器 I、Q、M、SM、T、C、V、S、L 的位值。

2）在编写控制程序时，输出线圈指令对同一元件（操作数）一般只能使用一次。

3. 逻辑取反指令

逻辑取反指令用于对其左侧的逻辑结果取反，即左侧逻辑运算结果为“1”时，取反为“0”；左侧逻辑运算结果为“0”时，取反为“1”。逻辑取反指令的格式及功能见表 3-3。

表 3-3 逻辑取反指令的格式及功能

梯形图 LAD	语句表 STL		功能
	操作码	操作数	
—|NOT|—	NOT	无	对该指令前面的逻辑运算结果取反

说明：该指令在使用梯形图指令编程时，串联在需要取反的逻辑运算结果后面。

4. 堆栈操作指令

采用梯形图程序指令编写程序时，程序由一系列图形组合而成，用户可以方便地根据需要进行编程（绘图）。但在使用语句表程序指令编程时，如遇复杂电路则将不能直接使用触点“与”或触点“或”指令进行描述，为此各种类型的 PLC 均有专门用于描述复杂电路的语句表指令，它们称为堆栈操作指令。对于 S7-200 系列 PLC，堆栈操作指令的格式及功能见表 3-4。

5. 触点线圈指令编程举例

例 1 触点串联指令编程

假定有 3 个开关控制 1 盏灯，3 个开关分别接 PLC 的输入端子 I0.1、I0.2 和 I0.3，灯接 PLC 的输出端子 Q0.0。要求当 3 个开关全部闭合时灯才能点亮，其他情况都不亮。对应的梯形图及语句表程序如图 3-1 所示。

表 3-4　堆栈操作指令的格式及功能

指令名称	语句表 STL		功　能
	操作码	操作数	
栈装载与指令(电路块串联指令)	ALD	无	将堆栈中第一层和第二层的值进行逻辑与操作,结果存入栈顶,堆栈深度减 1
栈装载或指令(电路块并联指令)	OLD	无	将堆栈中第一层和第二层的值进行逻辑或操作,结果存入栈顶,堆栈深度减 1
逻辑推入栈指令	LPS	无	复制栈顶的值并将其推入栈,栈底的值被推出并丢失
逻辑读栈指令	LRD	无	复制堆栈中的第二个值到栈顶,堆栈没有推入栈或弹出栈操作,但旧的栈顶值被新的复制值取代
逻辑弹出栈指令	LPP	无	弹出栈顶的值,堆栈的第二个值成为栈顶的值

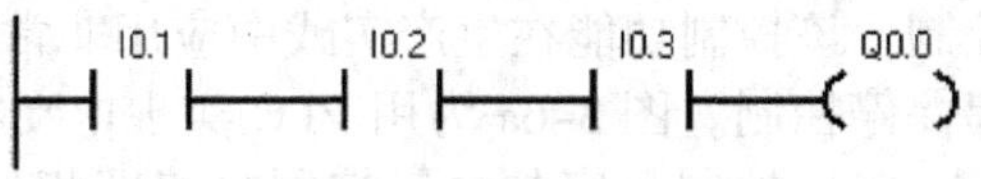

a) 梯形图

```
LD   I0.1
A    I0.2
A    I0.3
=    Q0.0
```

b) 语句表

图 3-1　逻辑与操作编程举例

例 2　触点并联指令编程

仍然是 3 个开关控制 1 盏灯，3 个开关分别接 PLC 的输入端子 I0.0、I0.3 和 I0.4，灯接 PLC 的输出端子 Q0.0。要求 3 个开关任意一个闭合均可使灯点亮，则对应的梯形图及语句表程序如图 3-2 所示。

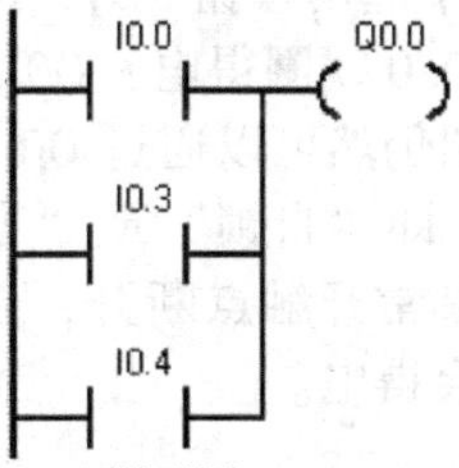

a) 梯形图

```
LD   I0.0
O    I0.3
O    I0.4
=    Q0.0
```

b) 语句表

图 3-2　逻辑或操作编程举例

例 3　取反指令编程

假定输入 I0.0 闭合，输出 Q0.0 失电；输入 I0.0 断开，输出 Q0.0 得电。则对应的梯形图及语句表程序如图 3-3 所示。

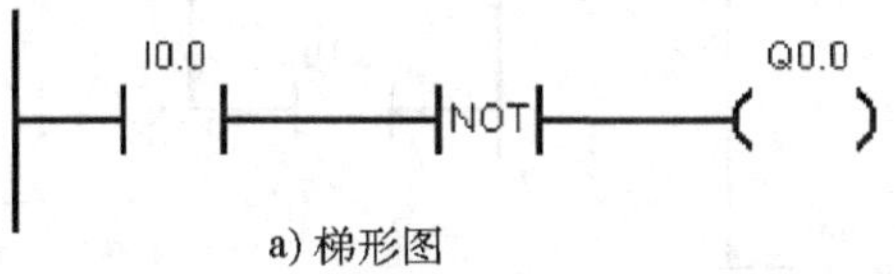

a) 梯形图

```
LD   I0.0
NOT
=    Q0.0
```

b) 语句表

图 3-3　逻辑取反指令操作编程举例

例 4　逻辑块并联指令编程

用两个开关在两地控制一盏灯的亮灭。设两个开关分别接在 PLC 的输入端子 I0.0 与 I0.1 上，灯泡接在 PLC 的输出端子 Q0.0 上，则对应的梯形图及语句表程序如图 3-4 所示。

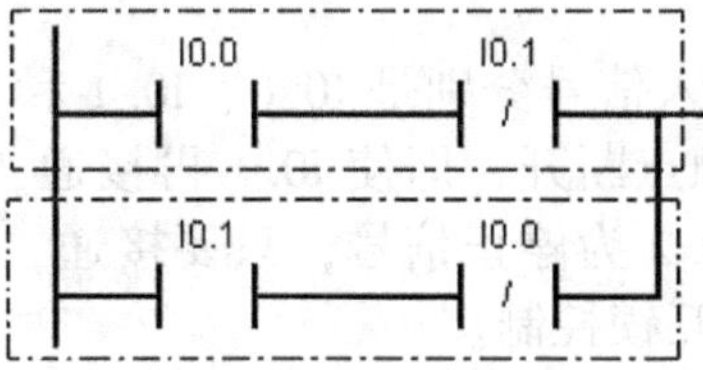

a) 梯形图

```
LD   I0.0
AN   I0.1
LD   I0.1
AN   I0.0
OLD
=    Q0.0
```

b) 语句表

图 3-4　逻辑块“或”操作编程举例

例5 逻辑块串联指令编程

假定输入I0.0常开与I0.1常闭并联，I0.2常开与I0.3常开并联，并联后再串联输出到Q0.0，则对应的梯形图程序及语句表程序如图3-5所示。

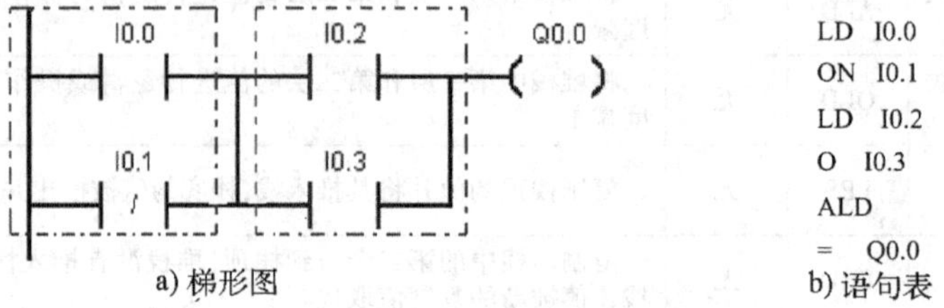

图3-5 逻辑块“与”操作编程举例

例6 起动保持停止控制

起动保持停止控制简称起保停控制，该控制功能在生产实践中应用非常广泛，电动机的单向连续运转控制就是一个典型的起保停控制。图3-6a为用PLC实现电动机单向连续运转控制的接线图（不考虑有关保护），其PLC控制程序与电气控制电路图相似，如图3-6b所示。图中PLC的输出端子Q0.0连接接触器KM1，用以驱动电动机的运行与停止；PLC的输入端子I0.0和I0.1分别连接起动按钮SB1和停止按钮SB2。起保停控制的主要特点是具有“记忆”功能，按下起动按钮SB1，I0.0常开触点接通，由于未按停止按钮，I0.1常闭触点处于接通状态，Q0.0线圈得电；Q0.0得电后，它的常开触点接通，这时，即使松开起动按钮SB1，Q0.0线圈仍然可以通过Q0.0常开触点和I0.1常闭触点得电，这就是起保停控制的“记忆”功能，即“自锁”或“自保持”功能。按下停止按钮SB2，I0.1常闭触点断开，Q0.0线圈断电，其常开触点断开，以后即使松开停止按钮，I0.1常闭触点恢复接通状态，Q0.0线圈仍然不会得电。

图3-6 电动机单向连续运转PLC控制接线图和梯形图

起保停控制的时序分析如图3-7所示。在复杂的程序控制中，起动和停止信号可由多个触点组成的串、并联逻辑提供。

例7 互锁控制

互锁控制程序如图3-8所示，程序的输入信号分别是I0.0、I0.1和I0.2，若I0.0先接通，M0.0线圈得电并自保持，同时其常闭触点断开，即使I0.1再接通，也不能使M0.1动作。若I0.1先接通，则情形与上述相反。I0.2为停止信号，只要接通，不管谁处于接通状态，都将失电。此程序的这种约束控制称为互锁控制。

例8 堆栈操作指令编程

假定某逻辑控制梯形图程序如图3-9a所示，则与此对应的语句表指令如图3-9b所示。

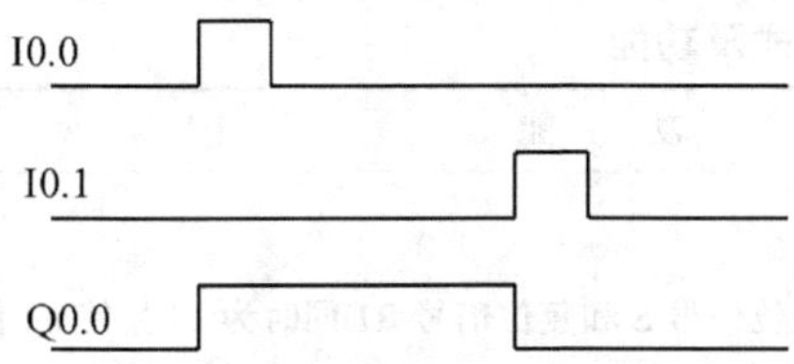

图 3-7 起保停控制工作时序图

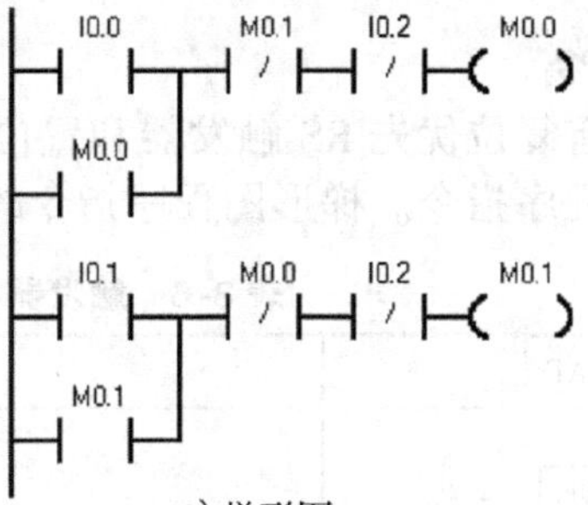

a) 梯形图

```
LD  I0.0
O   M0.0
AN  I0.1
AN  I0.2
=   M0.0
LD  I0.1
O   M0.1
AN  M0.0
AN  I0.2
=   M0.1
```

b) 语句表

图 3-8 互锁电路控制程序

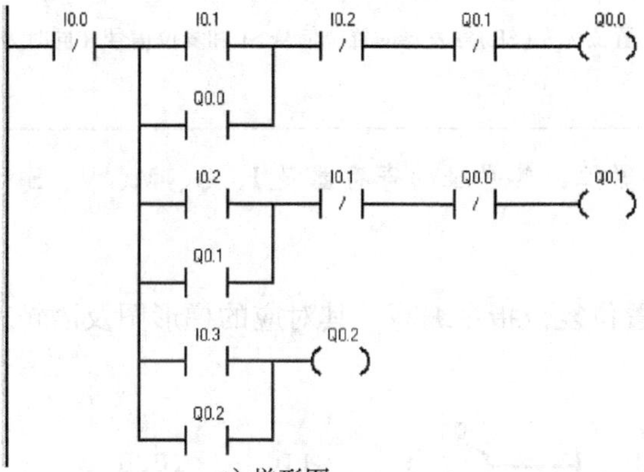

a) 梯形图

```
LDN   I0.0
LPS
LD    I0.1
O     Q0.0
ALD
AN    I0.2
AN    Q0.1
=     Q0.0
LRD
LD    I0.2
O     Q0.1
ALD
AN    I0.1
AN    Q0.0
=     Q0.1
LPP
LD    I0.3
O     Q0.2
ALD
=     Q0.2
```

b) 语句表

图 3-9 逻辑堆栈操作指令编程举例

3.1.2 置位复位指令与触发器指令

1. 置位复位指令

置位复位指令可直接实现对指定的寄存器位进行置 1 或清 0 的操作。其格式及功能见表 3-5。

表 3-5 置位复位指令的格式及功能

梯形图 LAD	语句表 STL		功　能
	操作码	操作数	
bit ——(S) N	S	bit，N	条件满足时，从 bit 开始的连续的 N 个位被置“1”
bit ——(R) N	R	bit，N	条件满足时，从 bit 开始的连续的 N 个位被清“0”

说明：

1）bit 指定操作的起始位地址，寻址寄存器 I、Q、M、S、SM、V、T、C、L 的位值。

2）N 指定操作的位数，其范围是 0~255，可立即数寻址，也可寄存器寻址（IB，QB，MB，SMB，SB，LB，VB，AC，* AC，* VD）。

3）当对同一位地址进行操作的复位、置位指令同时满足执行条件时，写在后面的指令被有效执行。

2. 触发器指令

触发器指令有复位优先 RS 触发器和置位优先 SR 触发器梯形图程序指令两个，它们没有对应的语句表程序指令。梯形图程序指令的格式及功能见表 3-6。

表 3-6 触发器指令的格式及功能

梯形图 LAD	功　能
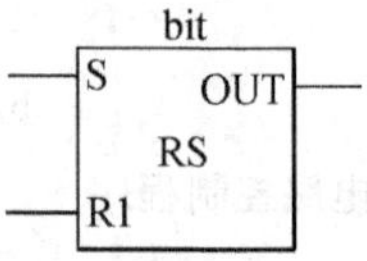	复位优先(RS)触发器的置位信号 S 和复位信号 R1 同时为 1 时，使 bit 位置 0
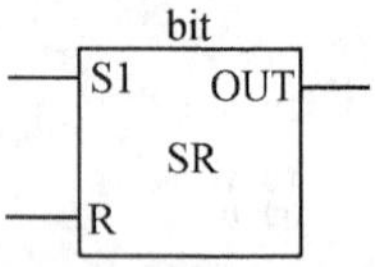	置位优先(SR)触发器的置位信号 S1 和复位信号 R 同时为 1 时，使 bit 位置 1

说明： bit 指定被操作的寄存器位，其寻址的寄存器是 I、Q、M、V、S 的位值。

3. 指令编程举例

例 9 置位复位指令编程

图 3-6 中的起保停程序可由置位复位指令编写，其对应的梯形图及语句表程序如图 3-10 所示。

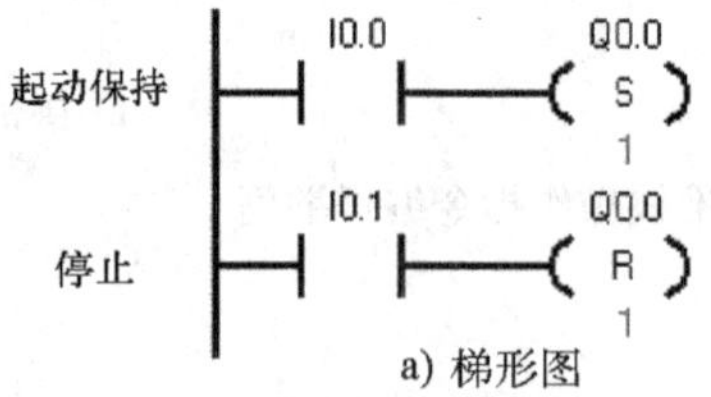

a) 梯形图

```
LD    I0.0
S     Q0.0, 1
LD    I0.1
R     Q0.0, 1
```

b) 语句表

图 3-10 置位复位指令实现的起保停程序

例 10 触发器指令编程

假定输入 I0.0、I0.1 同时闭合，则 SR 指令将使 Q0.1 置位，而 RS 指令则使 Q0.1 复位。对应的梯形图及语句表程序如图 3-11 所示。

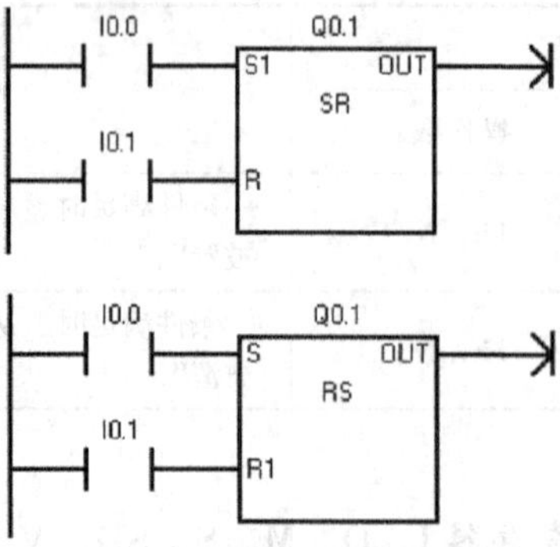

a) 梯形图

```
LD     I0.0
LD     I0.1
NOT
A      Q0.1
OLD
=      Q0.1

LD     I0.0
LD     I0.1
NOT
LPS
A      Q0.1
=      Q0.1
LPP
ALD
O      Q0.1
=      Q0.1
```

b) 语句表

图 3-11 RS 触发器指令操作编程举例

3.1.3　正负跃变指令

正负跃变是指电平信号的突变过程，如图3-12所示。

当信号从0变为1时，将产生一个上升沿（或正跳沿），通常称为正跃变，若信号由1变为0，则产生一个下降沿（或负跳沿），通常称为负跃变。

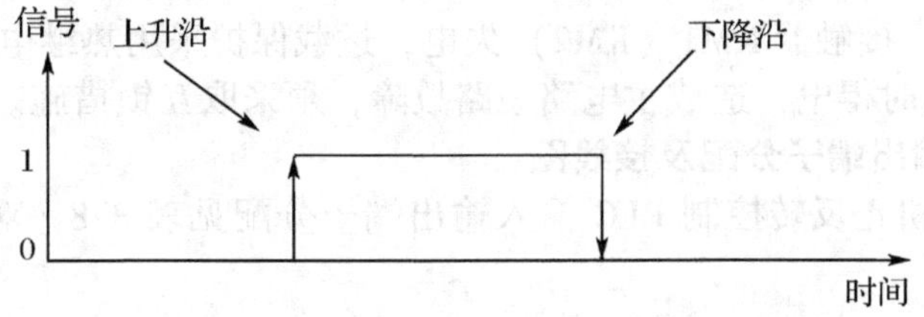

图3-12　跳变沿

1. 正负跃变指令的格式及功能

正负跃变指令在检测到信号的上升沿或下降沿时将使输出产生一个扫描周期宽度的脉冲。其指令的格式及功能见表3-7。

表3-7　正负跃变指令的格式及功能

梯形图LAD	语句表STL		功　　能
	操作码	操作数	
—|P|—	EU	无	正跃变指令检测到每一次输入的上升沿出现时，都将接通一个扫描周期
—|N|—	ED	无	负跃变指令检测到每一次输入的下降沿出现时，都将接通一个扫描周期

说明： 该指令在程序中检测其前方逻辑运算状态的改变，将一个长信号变为仅有一个扫描周期的短信号。

2. 正负跃变指令编程举例

例11　采用一个按钮控制两台电动机的依次起动。控制要求是：按下按钮，第一台电动机起动，松开按钮，第二台电动机起动。这样可以使两台电动机的起动时间分开，从而防止两台电动机同时起动造成对电网的不良影响。设I0.0为起动按钮，I0.1为停止按钮，Q0.0、Q0.1分别驱动两个接触器，其梯形图及语句表程序如图3-13所示。

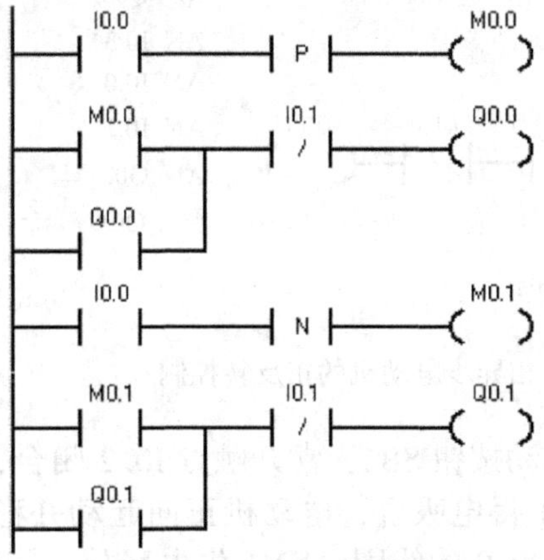


```
LD    I0.0
EU
=     M0.0
LD    M0.0
O     Q0.0
AN    I0.1
=     Q0.1
LD    I0.0
ED
=     M0.1
LD    M0.1
O     Q0.1
AN    I0.1
=     Q0.1
```

a) 梯形图　　b) 语句表

图3-13　一个按钮控制两台电动机依次起动的程序

3.1.4 布尔指令上机实践

实践1 三相异步电动机的正反转控制

1. 控制要求

按下正转起动按钮SB2，接触器KM1得电，按下反转起动按钮SB3，接触器KM2得电，按下停止按钮SB1，接触器KM1（KM2）失电，过载保护采用热继电器FR实现。为防止接触器KM1、KM2同时得电，造成主电路短路故障，须采取互锁措施。

2. PLC输入输出端子分配及接线图

三相异步电动机正反转控制PLC输入输出端子分配见表3-8，对应的PLC接线图如图3-14所示。

表3-8 三相异步电动机的正反转控制PLC输入输出端子分配表

PLC地址		说　明
输入	I0.2	正转起动按钮SB2
	I0.3	反转起动按钮SB3
	I0.1	停止按钮SB1
	I0.0	过载保护继电器FR
输出	Q0.0	接触器KM1
	Q0.1	接触器KM2

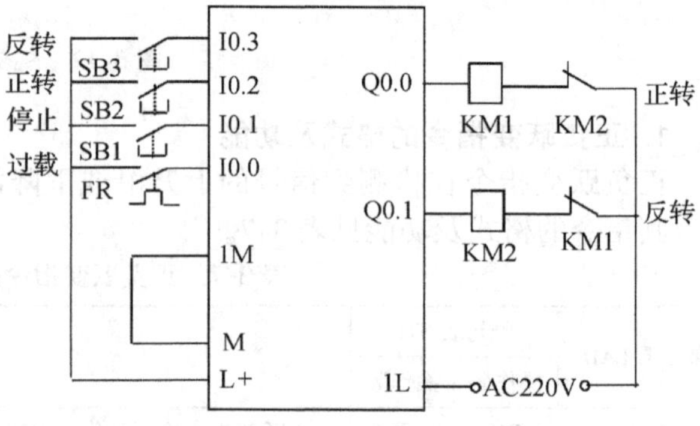

图3-14 输入输出配置及外部接线图

3. 程序设计

在进行三相异步电动机正反转控制程序设计时，要考虑的问题有三点，一是如何保证电动机的正向起动（或反向起动）运行，二是如何实现电动机的停止，三是如何防止正反向切换时出现的短路故障。为解决上述问题，可依据起保停控制、互锁控制的思路进行设计。其设计的结果如图3-15所示。图中为防止正反转换接时的相间短路，用I0.2与I0.3常闭触点实现按钮互锁；用Q0.0与Q0.1常闭触点实现线圈互锁。

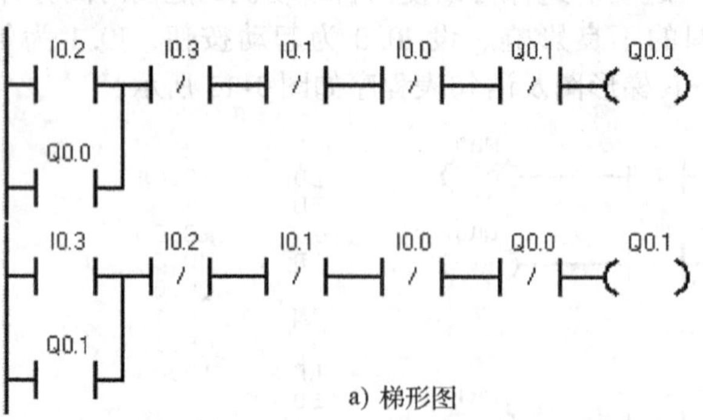

a) 梯形图

```
LD  I0.2        LD  I0.3
O   Q0.0        O   Q0.1
AN  I0.3        AN  I0.2
AN  I0.0        AN  I0.0
AN  I0.1        AN  I0.1
AN  Q0.1        AN  Q0.0
=   Q0.0        =   Q0.1
```

b) 语句表

图3-15 三相异步电动机的正反转控制

系统处于运行状态时，按下正转起动按钮SB2，常开触点I0.2闭合，驱动线圈Q0.1接通并自锁，通过输出电路，接触器KM1得电吸合，电动机正向起动并稳定运行；按下反转起动按钮SB3时，常闭触点I0.3断开Q0.0的线圈，KM1失电释放，同时I0.3的常开触点闭合接通Q0.0线圈并自锁，通过输出电路，控制KM2得电吸合，电动机反转起动，并稳定运行；按下停止按钮 SB1，或过载保护 FR 动作，都可使 KM1 或 KM2 失电释放，电动机停止运行。

4. 上机操作步骤及要求

1）连接 PLC 输入输出接线，启动 STEP 7-Micro/MIN 编程软件。

2）打开符号表编辑器，根据表 3-8 要求，将相应的符号与地址分别录入符号表的符号栏和地址栏。如符号栏写“反转按钮”，相应的地址栏则写“I0.3”。

3）打开梯形图编辑器，录入程序并下载到 PLC 中，使 PLC 进入运行状态。

4）使 PLC 进入梯形图监控状态。

① 不做任何操作，观察 I0.0、I0.1、I0.2、I0.3、Q0.0、Q0.1 的状态。

② 交替按下正反转按钮及停止按钮，观察 I0.0、I0.1、I0.2、I0.3、Q0.0、Q0.1 的状态。

5）操作过程中同时观察输入输出状态指示灯的亮灭情况。

实践 2 抢答器的 PLC 控制

1. 控制要求

有 3 组抢答台和 1 个主持台，每个抢答台上各有 1 个抢答按钮和一盏抢答指示灯，主持台上设有一个复位按钮。参赛者在允许抢答时，第一个按下抢答按钮的抢答台上的指示灯将会亮，且释放抢答按钮后，指示灯仍然亮；此后另外两个抢答台上即使再按各自的抢答按钮，其指示灯也不会亮。这样主持人就可以轻易地知道谁第一个按下了抢答按钮。答题结束后，主持人按下主持台上的复位按钮，则指示灯熄灭，又可以进行下一题的抢答比赛。

2. PLC I/O 端子分配及接线图

抢答器控制的 PLC I/O 端子分配见表 3-9，对应的接线图如图 3-16 所示。

表 3-9 抢答器控制的 PLC I/O 端子分配表

PLC 输入地址	说 明	PLC 输出地址	说 明
I0.0	主持人复位按钮 S0	Q0.1	1#指示灯 H1
I0.1	1#抢答按钮 S1	Q0.2	2#指示灯 H2
I0.2	2#抢答按钮 S2	Q0.3	3#指示灯 H3
I0.3	3#抢答按钮 S3		

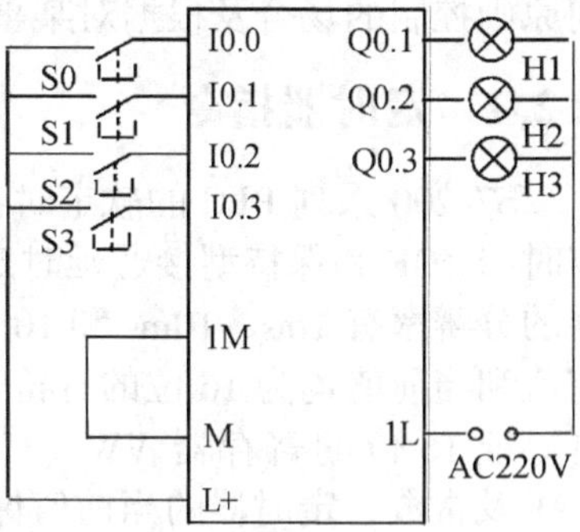

图 3-16 抢答器控制 PLC 接线图

3. 抢答器的控制程序设计

设计抢答器的控制程序时，要根据抢答器的控制要求，首先解决抢答器指示灯的“自锁”问题，即当某一抢答台抢答成功后，即使释放其抢答按钮，其指示灯仍然亮，直至主持人进行复位，灯才熄灭；其次解决 3 个抢答台之间的“互锁”问题，即只要有一个抢答台灯亮，另外两个抢答台上即使再按各自的抢答按钮，其指示灯也不会亮。其设计结果如图 3-17 所示。

4. 上机操作步骤及要求

1）根据题目要求，连接 PLC 输入输出接线，将程序录入到梯形图编辑器中，下载梯形图程序，并使 PLC 进入运行状态。

2）使 PLC 进入梯形图监控状态，交替按下抢答按钮、主持人按钮观察 Q0.1、Q0.2、Q0.3 的值。

3）打开状态图编辑器，分别将 I0.0、I0.1、I0.2、I0.3、IB0、Q0.1、Q0.2、Q0.3、

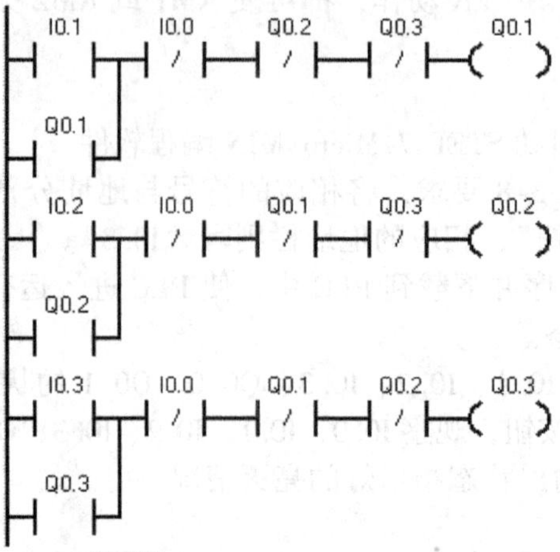

a) 梯形图

```
LD    I0.1
O     Q0.1
AN    I0.0
AN    Q0.2
AN    Q0.3
=     Q0.1

LD    I0.2
O     Q0.2
AN    I0.0
AN    Q0.1
AN    Q0.3
=     Q0.2

LD    I0.3
O     Q0.3
AN    I0.0
AN    Q0.1
AN    Q0.2
=     Q0.3
```

b) 语句表

图 3-17 抢答器程序设计

QB0 写入状态图的地址栏，并将 IB0、QB0 的数据格式设置为二进制。

4）进入状态图监控状态，交替按下抢答按钮、主持人按钮，观察 I0.0、I0.1、I0.2、I0.3、IB0、Q0.1、Q0.2、Q0.3、QB0 的值的变化。

3.2 定时器/计数器指令及应用

定时器和计数器指令在控制系统中主要用来实现定时操作及计数操作。可用于需要按时间原则控制的场合及根据对某事件计数要求控制的场合。

3.2.1 定时器指令

S7-200 系列 PLC 的软定时器有 3 种类型，它们分别是接通延时定时器 TON、断开延时定时器 TOF 和保持型接通延时定时器 TONR，其定时时间等于分辨率与设定值的乘积。定时器的分辨率有 1ms、10ms 和 100ms 三种，取决于定时器号码，如表 3-10 所示。定时器的设定值和当前值均为 16 位的有符号整数（INT），允许的最大值为 32767。定时器的预设值 PT 可寻址 16 位的寄存器 VW 、IW、QW、MW、SMW、SW、LW、AC、AIW、T、C、*VD、*AC及常数，定时器的当前值保存在定时器自身的地址（定时器号 Txxx）中。

表 3-10 定时器的类型

工作方式	时基/ms	最大定时范围/s	定时器号
TONR	1	32.767	T0,T64
	10	327.67	T1-T4,T65-T68
	100	3276.7	T5-T31,T69-T95
TON/TOF	1	32.767	T32,T96
	10	327.67	T33-T36,T97-T100
	100	3276.7	T37-T63,T101-T255

1. 接通延时定时器（TON）

接通延时定时器（TON）在输入信号接通（为“1”）时，开始计时，当其达到整定值（预设值）时，输出动作，类似于继电接触器系统的通电延时时间继电器。

（1）指令格式及功能（见表 3-11）

表 3-11　接通延时定时器指令的格式及功能

梯形图 LAD	语句表 STL		功　能
	操作码	操作数	
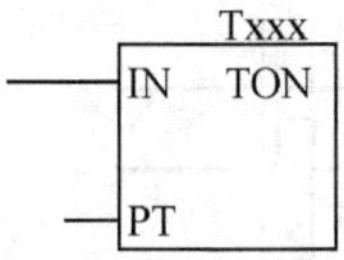	TON	Txxx,PT	使能输入端 IN 为“1”时,TON 定时器开始定时;当定时器的当前值大于预定值 PT 时,定时器位变为 ON(该位为“1”); 当 TON 定时器的使能输入端 IN 由“1”变“0”时,TON 定时器复位

说明：接通延时定时器 TON 用于单一间隔的定时。

（2）指令编程举例

例 12　用接在 I0.0 输入端的光敏开关检测传送带上通过的产品，有产品通过时 I0.0 为 ON，如果在 10s 内没有产品通过，说明产品传递出现故障，这时由 Q0.0 发出报警信号，报警信号的解除用 I0.1 输入端外接的复拉按钮实现。其 PLC 程序及时序图如图 3-18 所示。

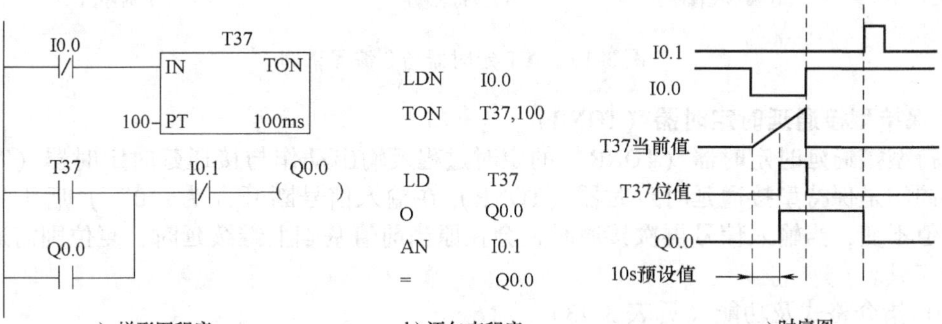

a) 梯形图程序　　b) 语句表程序　　c) 时序图

图 3-18　TON 定时器指令编程举例

2. 断开延时定时器（TOF）

断开延时定时器（TOF）输入端 IN 接通（由“0”变“1”）时，输出接通（为“1”态），输入端断开（由“1”变“0”）时，定时器开始延时，当延时时间达到预设值（整定值）时，定时器输出断开（为“0”态）。

（1）指令格式及功能（见表 3-12）

表 3-12　断开延时定时器指令格式及功能

梯形图 LAD	语句表 STL		功　能
	操作码	操作数	
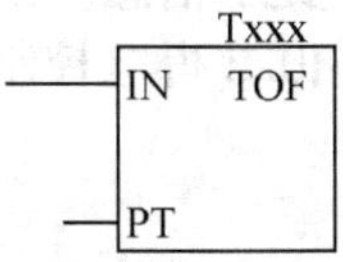	TOF	Txxx,PT	使能输入端 IN 为“1”时,TOF 定时器位变 ON,当前值被清 0;当定时器的使能输入端 IN 为“0”时,TOF 定时器开始计时;当当前值达到预定值 PT 时,定时器位变为 OFF(该位为“0”)

说明：利用断开延时定时器 TOF 的工作特点，可实现某一事件（故障）发生后的时间延时。

（2）指令编程举例

例 13 某加热炉起动后，冷却风扇便立即启动，但当加热炉停止后，冷却风扇还需继续运行 30s。设 PLC 的输入端子 I0.0 连接起动按钮，I0.1 连接停止按钮，输出端子 Q0.0 连接接触器 KM1 驱动加热炉，Q0.1 连接接触器 KM2 驱动冷却风扇，对应的梯形图、语句表程序及时序图如图 3-19 所示。

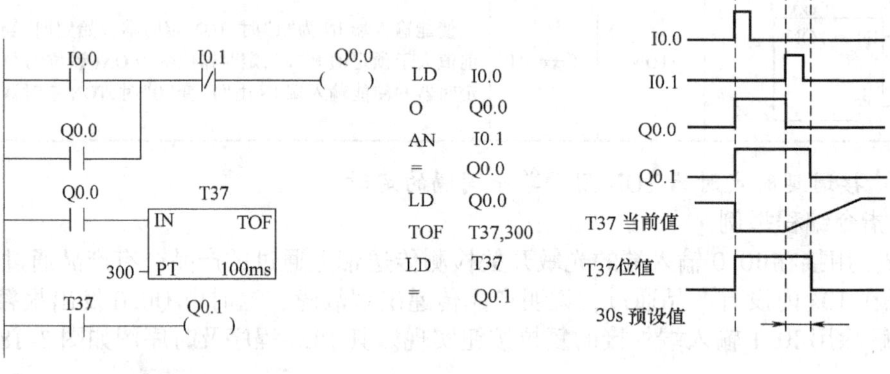

a) 梯形图程序　　b) 语句表程序　　c) 时序图

图 3-19 TOF 定时器指令编程举例

3. 保持型接通延时定时器（TONR）

保持型接通延时定时器（TONR）的定时过程及输出动作与接通延时定时器（TON）相同，不同的是保持型接通延时定时器（TONR）在输入信号断开（为“0”）后不复位，保持当前值不变，当输入信号再次接通时，会在原当前值基础上继续延时，复位则需通过复位指令来完成。

（1）指令格式及功能（见表 3-13）

表 3-13 保持型接通延时定时器指令格式及功能

梯形图 LAD	语句表 STL		功能
	操作码	操作数	
Txxx IN TONR PT	TONR	Txxx,PT	使能输入端 IN 为“1”时，TONR 定时器开始延时；为“0”时，定时器停止计时，并保持当前值不变；当定时器当前值达到预定值 PT 时，定时器位变为 ON（该位为“1”）

说明：

1）TONR 定时器的复位只能用复位指令来实现。

2）利用 TONR 定时器指令的时间记忆功能，可实现对多次输入接通时间的累加。

（2）指令编程举例

例 14 某设备间歇性工作，要求总工作时间累积达 300s 后系统发出提示信息。工作时 I0.1 得电，累积工作时间到达则由 Q0.1 发出提示信息，提示信息复位由 I0.2 得电控制。由此对应的 PLC 程序及时序图如图 3-20 所示。

3.2.2 计数器指令

计数器对检测到的输入脉冲上升沿个数进行计数。S7-200 系列 PLC 有 256 个计数器，其编号为 C0~255，它们可以分别用于以下 3 类计数器：加计数器 CTU、减计数器 CTD 和加减计数器 CTUD。计数器的预设值和当前值均为 16 位的有符号整数（INT），允许的最大值

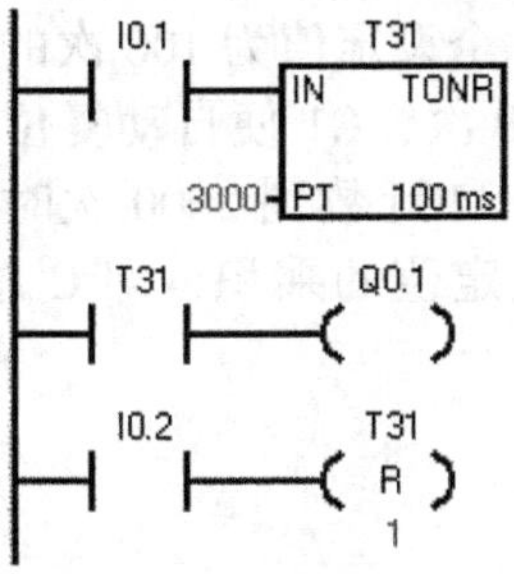

a) 梯形图程序

```
LD      I0.1
TONR    T31, 3000
LD      T31
=       Q0.1
LD      I0.2
R       T31, 1
```

b) 语名表程序

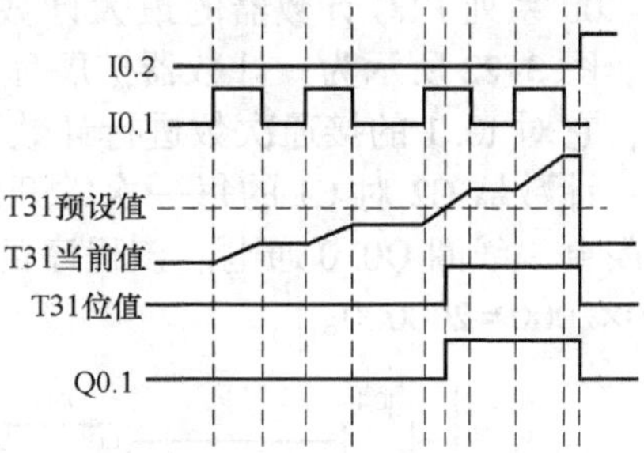

c) 时序图

图 3-20　TONR 定时器指令编程举例

为 32767。计数器的当前值保存在自身的计数器编号地址中，计数器的预设值可通过 16 位的存储器地址（VW、IW、QW、MW、SMW、SW、LW、AC、AIW、T、C、* VD、* AC）赋值，也可直接赋常数值。

1. 加计数器 CTU

加计数器（CTU）对输入信号（CU）的上升沿进行加计数，当计数的当前值大于等于预设值时，输出动作。

（1）指令格式及功能（见表 3-14）

表 3-14　加计数器指令的格式及功能

梯形图 LAD	语句表 STL		功　能
	操作码	操作数	
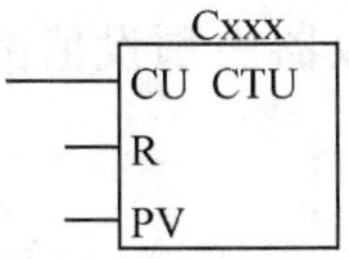	CTU	Cxxx,PV	加计数器对 CU 的上升沿进行加计数；当计数器的当前值大于等于设定值 PV 时，计数器位被置 1；当计数器的复位输入 R 为 ON 时，计数器被复位，计数器被清 0，位值变为 0

说明：

1）CU 为计数器的计数脉冲输入端；R 为计数器的复位输入端；PV 为计数器的预设值，取值范围在 1~32767 之间。

2）计数器的号码 Cxxx 在 0~255 范围内任选。

3）计数器也可通过复位指令为其复位。

（2）指令编程举例

例 15　药片自动数粒装瓶控制

采用光敏开关检测药片，每检测到 100 片药片后自动发出换瓶指令。设光敏开关输入信号连接 I0.1，换瓶信号由 Q0.1 发出，则对应的 PLC 程序如图 3-21 所示。在系统正式工作前，首先将加计数器清 0，然后 I0.1 每检测到一片药片，加计数器自动加 1，当计数器的当前值等于预设值 100 时，加计数器位得电，使 Q0.1 得电发出换瓶信号。换瓶结束，通过 I0.2 使加计数器复位，即可进入下一瓶的计数装瓶工作。

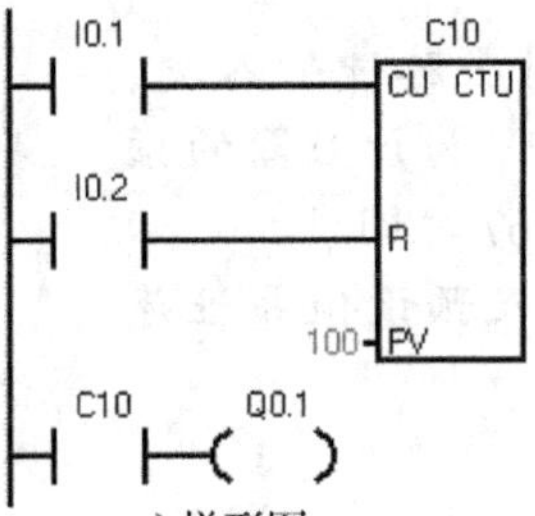

a) 梯形图

```
LD      I0.1
LD      I0.2
CTU     C10, 100
LD      C10
=       Q0.1
```

b) 语句表

图 3-21　加计数器指令编程举例

例 16　计数器扩展程序

S7-200系列PLC计数器的最大计数范围是32767，若需要更大的计数范围，则必须进行扩展。图3-22所示为一计数器扩展程序，图中计数器C1是一个设定值为100次的自复位计数器，它对I0.1的接通次数进行计数，I0.1的触点每闭合100次，C1便自动复位重新开始计数；计数器C2对C1的每一次常开触点闭合进行计数，当C2计数到2000次时，其常开触点闭合，线圈Q0.0通电。该程序的计数值为两个计数器设定值的乘积，即C总=C1×C2=100×2000=200000。

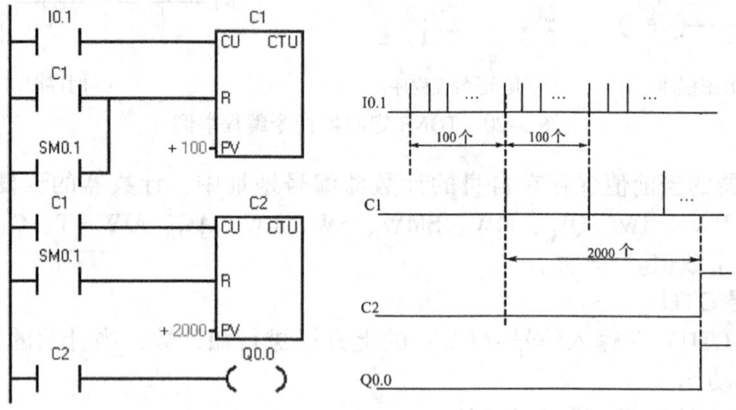

a) 梯形图　　b) 时序图

图3-22　计数器的扩展程序

2. 减计数器CTD

减计数器（CTD）对输入信号（CD）的上升沿进行减计数，当计数器由预设值减到0时，输出动作。

（1）指令格式及功能（见表3-15）

表3-15　减计数器指令的格式及功能

梯形图LAD	语句表STL		功　能
	操作码	操作数	
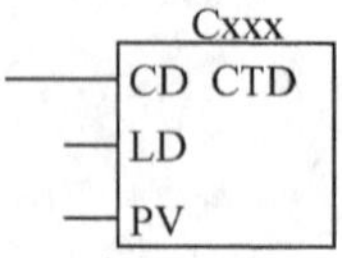	CTD	Cxxx,PV	减计数器对计数输入端CD的上升沿进行减计数；当当前值等于0时，该计数器的位值被置位，同时停止计数；当计数装载端LD为1时，当前值恢复为预设值，位值置0

说明：

1）CD为计数器的计数脉冲输入端；LD为计数器的装载端；PV为计数器的预设值，取值范围在1~32767之间。

2）减计数器的编号及预设值寻址范围同加计数器。

（2）指令编程举例

例17　例15药片数粒装瓶控制，也可采用减计数器指令CTD来实现，其对应

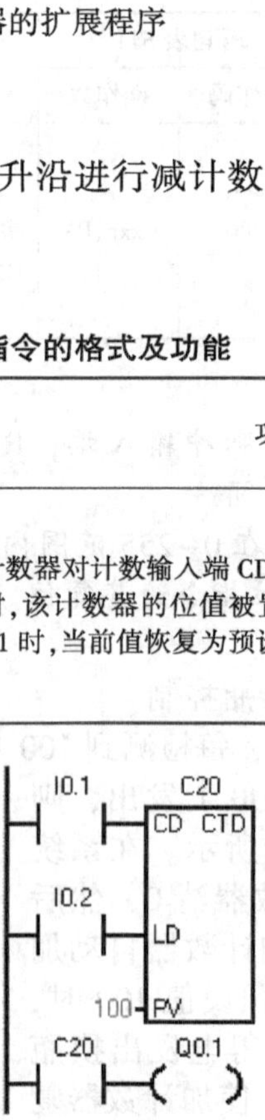


```
LD      I0.1
LD      I0.2
CTD     C20, 100
LD      C20
=       Q0.1
```

a) 梯形图　　b) 语句表

图3-23　减计数器指令编程举例

的 PLC 程序如图 3-23 所示。装瓶计数之前，首先通过 I0.2 使减计数器的预定值装载至当前值，当 I0.1 检测到药片到来后，减计数器减 1，直到减计数器的当前值减到 0 时，减计数器位置 1，换瓶信号 Q0.1 得电。

3. 加减计数器 CTUD

加减计数器（CTUD）可对加减信号输入端脉冲的上升沿进行加减计数，当计数器的当前值大于等于预设值时，计数器输出动作（由 0 变 1）。

（1）指令格式及功能（见表 3-16）

表 3-16 加减计数器指令的格式及功能

梯形图 LAD	语句表 STL		功 能
	操作码	操作数	
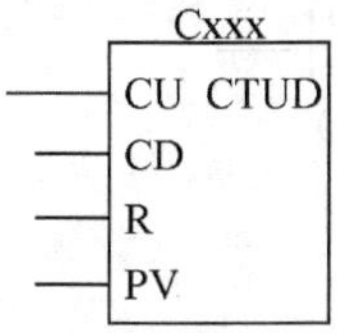	CTUD	Cxxx,PV	在加计数脉冲输入 CU 的上升沿，计数器的当前值加 1，在减计数脉冲输入 CD 的上升沿，计数器的当前值减 1，当前值大于等于设定值 PV 时，计数器位被置位。若复位输入 R 为 ON 时或对计数器执行复位指令 R 时，计数器被复位

说明：

1）当计数器的当前值达到最大计数值（32767）后，下一个 CU 上升沿将使计数器当前值变为最小值（-32768）；同样在当前计数值达到最小计数值（-32768）后，下一个 CD 输入上升沿将使当前计数值变为最大值（32767）。

2）加减计数器的编号及预设值寻址范围同加计数器。

（2）指令编程举例

例 18 停车场自动停车控制。假定停车场有停车位 200 个，在 200 辆车以内，车辆可以自由出入，满 200 辆后，可出不进。设 I0.0、I0.1 为系统起动停止按钮，I0.3、I0.4 用于检测进出场车辆，Q0.0 用于驱动起落杆的起落，Q0.1 用作车位已满指示灯的驱动。其对应的程序如图 3-24 所示。

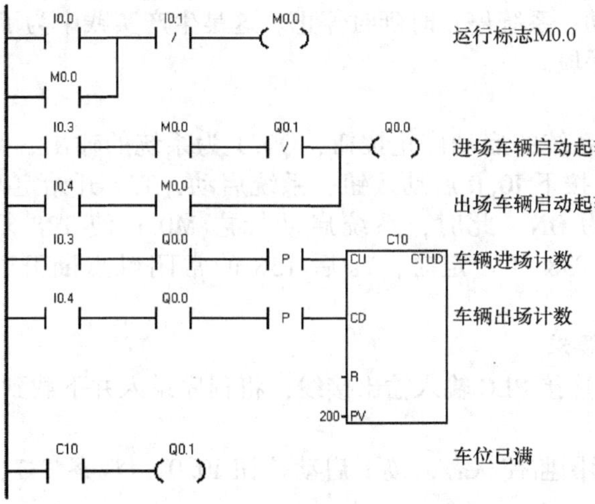

图 3-24 加减计数器指令编程举例

3.2.3 定时器/计数器指令上机实践

实践3 延时断开控制

1. 控制要求

I0.0 用于启动 Q0.0，Q0.0 启动后，不论如何操作 I0.0，Q0.0 总是在 I0.0 断电后 20s 断电。

2. 程序设计

对应的梯形图程序及时序图如图3-25 所示。

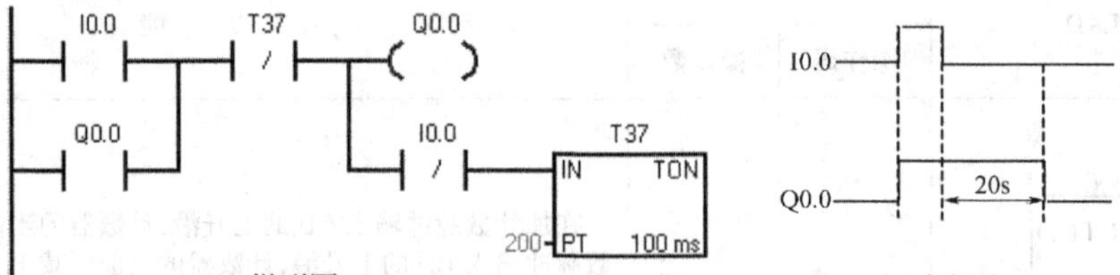

a) 梯形图　　b) 时序图

图3-25 延时断开控制程序及时序图

3. 上机操作步骤及要求

1）根据题目要求，连接 PLC 输入输出接线，将程序录入并下载到 PLC 中，使 PLC 进入运行状态。

2）进入梯形图监控状态，反复按下启动按钮 I0.0，观察 T37 及 Q0.0 的工作状态。

3）打开状态图编辑器，分别将 I0.0、IB0、Q0.0、QB0、T37（位）、T37（当前值）写入状态图的地址栏，并将 IB0、QB0 的数据格式设置为二进制、T37（当前值）的数据格式设置为整数。

4）进入状态图监控状态，反复按下启动按钮 I0.0，观察 T37 及 Q0.0 的工作状态。

实践4 延时通断控制

1. 控制要求

系统启动时延时启动、系统停止时延时停止。这是生产实践中为了协调各设备之间的正常工作常用的一种控制手段。

2. 程序设计

假定 I0.0、I0.1 为系统的启动停止按钮，Q0.1 为系统的输出，则对应的 PLC 程序及时序图如图3-26 所示。按下 I0.0 启动按钮，系统启动，T37 开始定时，9s 后 T37 的常开触点接通，使 Q0.1 变为 ON；此时，系统启动标志 M0.0 使 T38 复位；按下停止按钮 I0.1，M0.0 变为 OFF，T38 开始定时，7s 后 T38 的常闭触点断开，使 Q0.1 变为 OFF，T38 复位。

3. 上机操作步骤及要求

1）根据题目要求，连接 PLC 输入输出接线，将程序录入并下载到 PLC，然后使 PLC 进入运行状态。

2）使 PLC 进入梯形图监控状态，按下启动按钮 I0.0，观察 T37、T38 及 Q0.1 的工作状态。

3）打开状态图编辑器，分别将 I0.0、I0.1、M0.0、T37（位）、T37（当前值）、T38

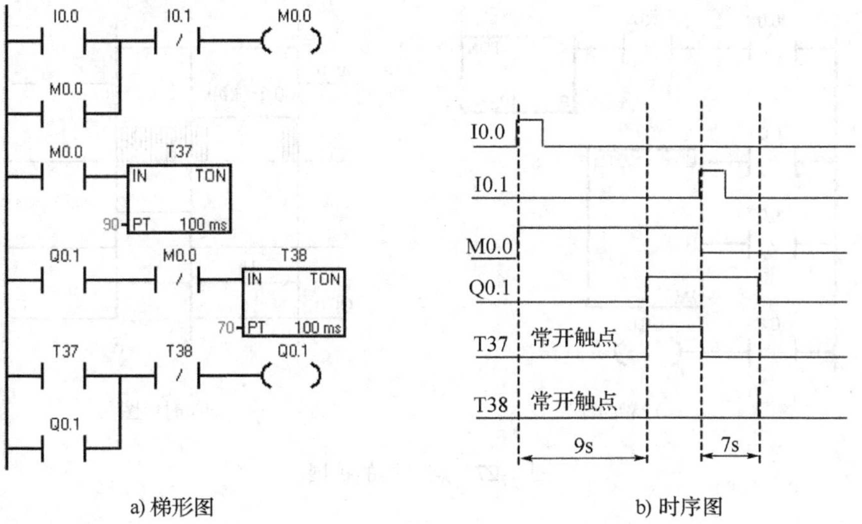

图 3-26　延时通断 PLC 控制程序及时序图

(位)、T38（当前值)、Q0.1 写入状态图的地址栏，并将 T37、T38（当前值）的数据格式设置为整数。

4）进入状态图监控状态，顺序按下启动按钮 I0.0、停止按钮 I0.1，观察 M0.0、T37、T38 及 Q0.1 的工作状态。

实践 5　定时器的扩展

1. 程序设计

S7-200 定时器的最长定时时间为 3276.7s，如果需要更长的定时时间，可使用图3-27所示的电路。图中最上面一行电路是一个脉冲信号发生器，脉冲周期等于 T37 的设定值(60s)。I0.0 为 OFF 时，100ms 定时器 T37 和计数器 C4 处于复位状态，它们不能工作。I0.0 为 ON 时，其常开触点接通，T37 开始定时，60s 后 T37 定时时间到，其当前值等于设定值，它的常闭触点断开，使它自己复位，复位后 T37 的当前值变为 0，同时它的常闭触点接通，使它自己的线圈重新“通电”又开始定时，T37 将这样周而复始地工作，直到 I0.0 变为 OFF。

T37 产生的脉冲送给 C4 计数器，记满 60 个数（即 1h）后，C4 当前值等于设定值 60，它的常开触点闭合。设 T37 和 C4 的设定值分别为 KT 和 KC，对于 100ms 定时器总的定时时间为：T=0.1KT·KC（s）。

2. 上机操作步骤及要求

1）根据题目要求，连接 PLC 输入输出接线，将程序录入并下载到 PLC，然后使 PLC 进入运行状态。

2）打开状态图编辑器，分别将 I0.0、T37（位)、T37（当前值)、C4（位)、C4（当前值)、Q0.1 写入状态图的地址栏，并将 T37、C4（当前值）的数据格式设置为整数。

3）进入状态图监控状态，使用强制、取消强制操作 I0.0，观察 T37、C4 及 Q0.0 的工作状态。

4）上机时，为观察结果，T37 和 C4 的预设值可设为 10 及 20。

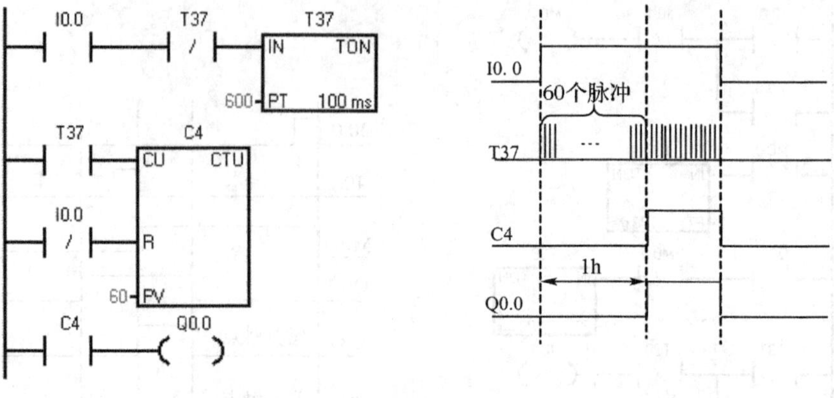

a) 梯形图　　b) 时序图

图 3-27　定时器的扩展

实践 6　闪烁计数的 PLC 控制

1. 控制要求

按下启动按钮 I0. 0，Q0. 0 以灭 2s、亮 3s 的工作周期得电 20 次后自动停止；不论系统工作状况如何，按下停止按钮 I0. 1，Q0. 0 将立即停止工作。

2. 程序设计

起停控制在设计中通常都采用起保停电路来实现。非 50%占空比振荡输出的控制一般采用两个定时器配合来完成。为实现 Q0. 0 得电 20 次后自动停止的控制，设置一个加计数器 C10。根据控制要求，闪烁 20 次自动停止的控制程序如图 3-28 所示。

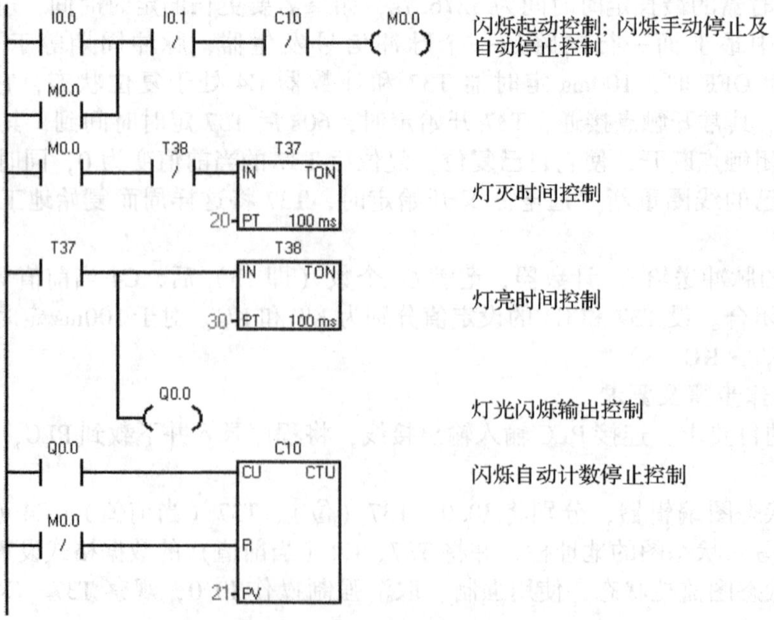

图 3-28　闪烁计数控制程序

按下启动按钮 I0.0，M0.0 得电并自保，T37 开始定时。T37 延时 2s 时间到，其常开触点接通，使 Q0.0 变为 ON，计数器 C10 加 1，同时，T38 开始定时，T38 定时 3s 时间到，它的常闭触点断开，使 T37 复位，Q0.0 变为 OFF，同时，T38 也被复位，其常闭触点再次使 T37 开始定时，系统进入起始状态，Q0.0 线圈就这样周期性地“通电”和“断电”，直到计数器 C10 达到计数设定值或按下停止按钮 I0.1 时，M0.0 断电，Q0.0 停止工作。

Q0.0 的工作周期等于 T38 和 T37 的设定值之和，改变 T37 的设定值可改变 Q0.0 的断电时间，改变 T38 的设定值可改变 Q0.0 的得电时间。

3. 上机操作步骤与要求

1）将程序录入并下载到 PLC，然后使 PLC 进入运行状态。

2）打开状态图编辑器，分别将 I0.0、I0.1、M0.0、Q0.0、T37（位）、T37（当前值）、T38（位）、T38（当前值）、C10（位）、C10（当前值）写入状态图的地址栏，并将 T37、T38（当前值）的数据格式设置为整数。

3）进入状态图监控状态，利用编程软件的强制、取消强制操作功能顺序操作 I0.0 和 I0.1，操作过程中注意观察 T37、T38、C10 及 Q0.0 工作情况。

3.3　位移位寄存器指令及应用

3.3.1　位移位寄存器指令

1. 位移位寄存器指令的格式及功能（见表 3-17）

表 3-17　位移位寄存器指令的格式及功能

梯形图 LAD	语句表 STL		功　能
	操作码	操作数	
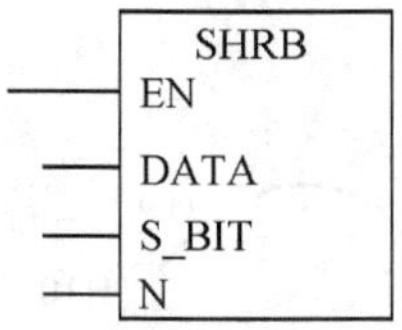	SHRB	DATA,S_BIT,N	当使能位 EN 为 1 时,数据位 DATA 在每一个程序扫描周期均移入寄存器的最低位(N 为正时)或最高位(N 为负时),寄存器的其他位则依次左移(N 为正时)或右移(N 为负时)一位

说明：

1）S_BIT 和 N 定义一个位移位寄存器。寄存器的长度为 N;寄存器的移位方向由 N 的符号决定,N 为正值寄存器左移(由低位向高位移动),N 为负值寄存器右移(由高位向低位移动);寄存器的起始位由 S_BIT 指定,N 为正时 S_BIT 为最低位,N 为负时 S_BIT 为最高位。

2）DATA 和 S_BIT 寻址 I、Q、M、SM、T、C、V、S、L 的位值；N 为字节寻址，可寻址的寄存器为 VB、IB、QB、MB、SB、SMB、LB、AC，也可立即数寻址。

3）位移位寄存器指令影响特殊内部标志位 SM1.1（移出位移位寄存器的数据进入溢出标志位 SM1.1）。

2. 位移位寄存器指令编程举例

例 19　设 I0.0 为移位控制输入，I0.4 为数据输入，V100.0 为位移位寄存器的最低位，移位位数为+4。与此所对应的程序及工作过程如图 3-29 所示。

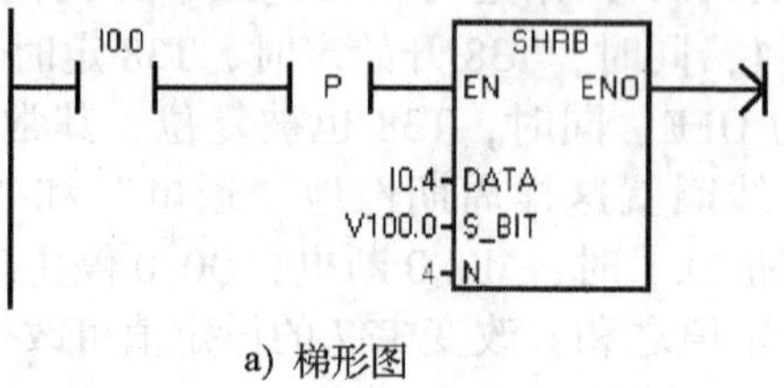

a) 梯形图

```
LD    I0.0
EU
SHRB  I0.4, V100.0, 4
```

b) 语句表

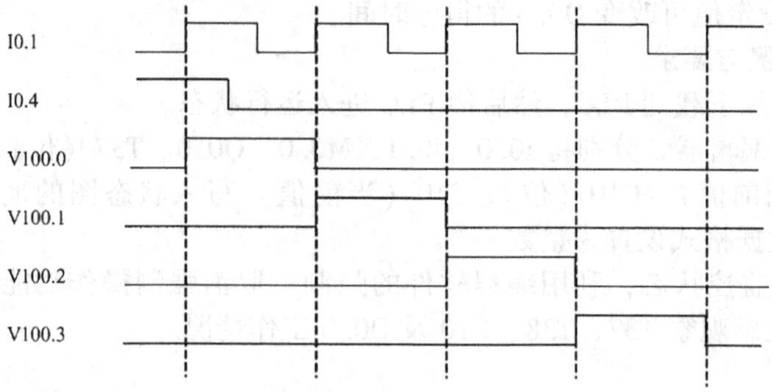

c) 工作时序图

图 3-29 位移位寄存器编程举例

3.3.2 位移位寄存器指令上机实践

实践 7 灯光喷泉的 PLC 控制

用 12 只彩灯轮流点亮模拟灯光喷泉，其示意图如图 3-30 所示。

1. 控制要求

按下启动按钮后，H1、H2、H3、H4 依次点亮 0.5s，接着 H5 和 H9、H6 和 H10、H7 和 H11、H8 和 H12 依次点亮 0.5s，然后再从 H1 开始点亮，不断循环下去，直至按下停止按钮。

2. PLC 的输入输出端子分配（见表 3-18）

表 3-18 灯光喷泉 PLC 控制 I/O 分配表

PLC 地址	说 明	PLC 地址	说 明
I0.0	启动按钮	Q0.3	H4
I0.1	停止按钮	Q0.4	H5、H9
Q0.0	H1	Q0.5	H6、H10
Q0.1	H2	Q0.6	H7、H11
Q0.2	H3	Q0.7	H8、H12

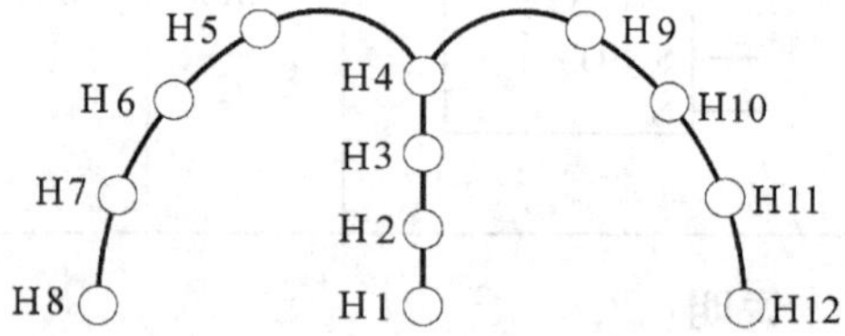

图 3-30 喷泉控制示意图

3. 程序设计

根据灯光喷泉控制要求，可采用位移位寄存器指令来实现。位移位寄存器指令的移位控制使能端 EN 接 T37 的位输出，位移位寄存器的数据输入端接 M0.1，位移位寄存器由 Q0.0~Q0.7 组成。对应的梯形图程序如图 3-31 所示。

1）启动 STEP 7-Micro/WIN，将程序录入并下载到 PLC 中。

2）打开状态图编辑器，在地址栏中依次输入 I0.0、I0.1、M0.0、M0.1、Q0.0、Q0.1、Q0.2、Q0.3、Q0.4、Q0.5、Q0.6、Q0.7、QB0、T37。

3）使 PLC 进入状态图监控状态，通过强制、取消强制操作，使启动按钮 I0.0 得电，并观察各个变量的工作情况；使停止按钮 I0.1 得电，观察各个变量的工作情况。

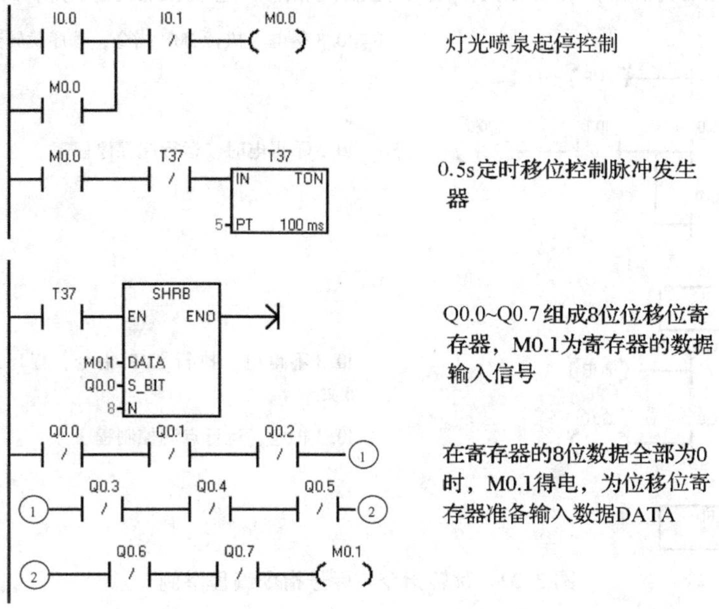

图 3-31　移位寄存器应用举例

4）通过强制、取消强制 I0.0、I0.1 的状态，在梯形图监控状态下，观察程序的工作情况。

3.4　程序控制指令及应用

程序控制指令的作用是控制程序的运行方向，如程序的跳转、程序的循环以及按步序进行控制等。在工程实践中常用来解决一些生产流程的选择性分支控制、并行分支控制等。

3.4.1　跳转与跳转标号指令

1. 指令格式及功能（见表 3-19）

表 3-19　跳转与跳转标号指令的格式及功能

梯形图 LAD	语句表 STL		功　能
	操作码	操作数	
n ——(JMP)	JMP	n	条件满足时，跳转指令(JMP)可使程序转移到同一程序的具体标号(n)处
n ├ LBL	LBL	n	跳转标号指令(LBL)标记跳转目的地的位置(n)

说明：

1）跳转标号 n 的取值范围是 0~255。

2）跳转指令及跳转标号指令只能用于同一程序段中，不能在主程序段中用跳转指令，而在子程序段中用跳转标号指令。

2. 指令编程举例

例 20　设 I0.3 为点动/连动控制选择开关，当 I0.3 得电时，选择点动控制；当 I0.3 不得电时，选择连续运行控制。采用跳转指令控制的点动/连动控制程序如图 3-32 所示。

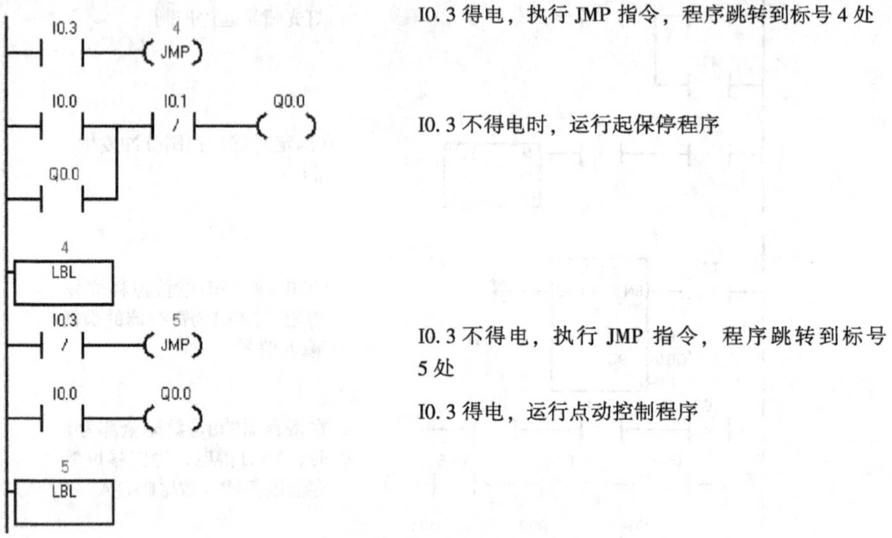

图 3-32 跳转指令与标号指令编程举例

3.4.2 子程序调用与子程序标号、子程序返回指令

将具有特定功能，并且多次使用的程序段作为子程序。当主程序调用子程序并执行时，子程序执行全部指令直至结束。然后返回到主程序的子程序调用处。子程序用于程序的分段和分块，使其成为较小的、更易于管理的块，只有在需要时才调用，可以更加有效地使用 PLC。

1. 指令格式及功能（见表 3-20）

表 3-20 子程序调用与子程序标号、子程序返回指令的格式及功能

梯形图 LAD	语句表 STL		指 令 功 能
	操作码	操作数	
SBR_n / EN	CALL	SBR _ n	子程序调用与标号指令(CALL)把程序的控制权交给子程序(SBR _ n)
——(RET)	CRET	—	有条件子程序返回指令(CRET)根据该指令前面的逻辑关系，决定是否终止子程序(SBR _ n) 无条件子程序返回指令(RET)立即终止子程序的执行

说明：

1）子程序调用指令编写在主程序中，子程序返回指令编写在子程序中。

2）子程序标号 n 的范围是 0~63。

3）子程序可以不带参数调用，也可以带参数调用。带参数调用的子程序必须事先在局部变量表里对参数进行定义，最多可以传递 16 个参数，参数的变量名最多为 23 个字符。传递的参数有 IN、IN _ OUT、OUT 3 类，IN（输入）是传入子程序的输入参数；IN _ OUT（输入/输出）将参数的初始值传给子程序，并将子程序的执行结果返回给同一地址；OUT（输出）是子程序的执行结果，它被返回给调用它的程序。被传递参数的数据类型有 BOOL、BYTE、WORD、INT、DWORD、DINT、REAL、STRINGL 8 种。

4）在现行的编程软件中，无条件子程序返回指令（RET）为自动默认，不需要在子程序结束时输入任何代码。执行完子程序以后，控制程序回到子程序调用前的下一条指令。子程序可嵌套，嵌套深度最多为8层。

2. 指令编程举例

例21　不带参数子程序调用的编程

点动/连续运转控制程序的点动部分及连续运转部分可分别作为子程序编写，在主程序中根据需要调用也可很好地完成控制任务。与此相对应的梯形图程序如图3-33所示。

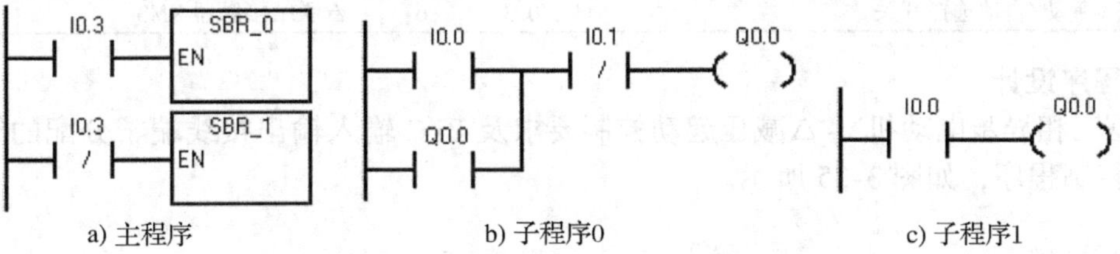

图3-33　不带参数子程序调用指令的编程

例22　带参数子程序调用的编程

假定输入参数VW2、VW10到子程序中，则在子程序0的局部变量表里定义IN1和IN2，其数据类型选为WORD。在带参数调用子程序指令中，需将要传递到子程序中的数据VW2、VW10与IN1、IN2进行连接。这样，数据VW2、VW10在主程序调用子程序0时就被传递到子程序的局部变量存储单元LW0、LW2中，子程序中的指令便可通过LW0、LW2使用参数VW2、VW10。程序如图3-34所示。

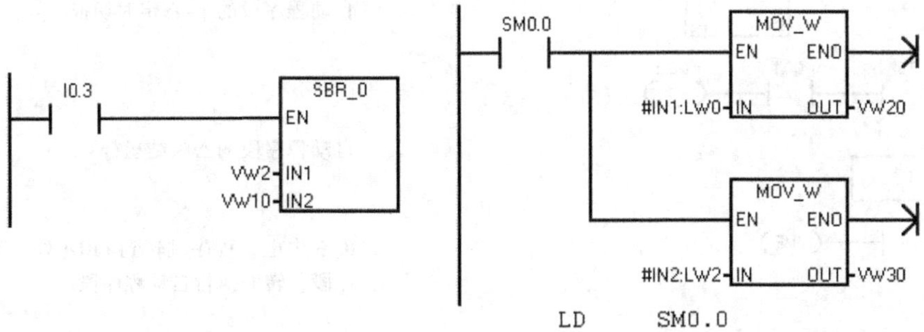


```
LD      I0.3
CALL    SBR_0:SBR0, VW2, VW10
```

a) 主程序

```
LD      SM0.0
MOVW    #IN1:LW0, VW20
MOVW    #IN2:LW2, VW30
```

b) 子程序

图3-34　带参数子程序调用指令的编程

3.4.3　程序控制指令上机实践

实践8　三相异步电动机Y-△减压起动的PLC控制

采用PLC控制三相异步电动机Y-△减压起动时，其Y-△切换方式可以根据生产的实际情况或负载的大小选择手动切换或自动切换，而其接线较继电接触器系统要简化很多。

1. 控制要求

系统设有起动停止按钮各一个，手动/自动选择开关一个。当选择开关接通时，系统进入手动控制方式，Y-△切换必须通过手动完成；当选择开关断开时，系统为自动控制方式，Y-△切换通过定时器自动进行。为防止Y-△接法可能出现的短路故障，系统必须设有Y-△

互锁措施。

2. PLC 输入输出端子分配（见表 3-21）

表 3-21 带有手动/自动切换的电动机Y-△减压起动控制 I/O 分配表

输入			输出		
序号	名　称	PLC 端子	序号	名　称	PLC 端子
1	SB1 手动/自动起动按钮，兼手动切换控制	I0.0	4	电源接触器 KM1	Q0.1
2	SB2 停止按钮	I0.1	5	Y联结接触器 KM2	Q0.2
3	SA 手动/自动选择开关	I0.3	6	△联结接触器 KM3	Q0.3

3. 程序设计

根据三相异步电动机Y-△减压起动控制要求及 PLC 输入输出接线端子分配的结果，编写 PLC 控制程序，如图 3-35 所示。

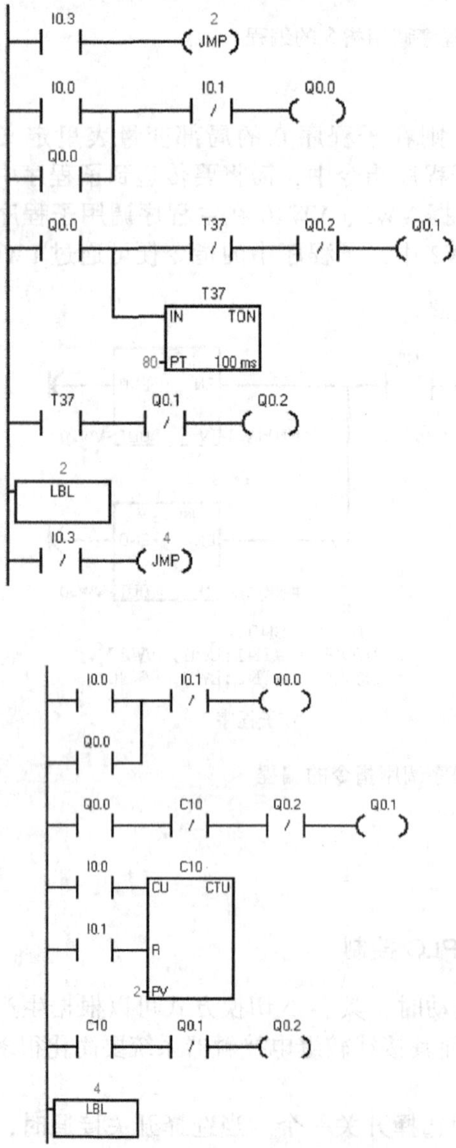

I0.3 得电，程序跳转到 LBL2 处，执行手动切换程序段

自动程序段的起动停止控制

自动程序段的Y联结控制

自动程序段的Y-△定时切换

自动程序段的△联结运行

I0.3 失电，程序跳转到 LBL4 处，不执行手动程序段，转而执行自动程序段

手动程序段的起动停止控制

手动程序段的Y联结

利用计数器手动切换Y-△转换

手动程序段的△联结

图 3-35 三相异步电动机Y-△减压起动控制梯形图程序

在图3-35中，当手动/自动选择开关SA选择在闭合状态（I0.3=1）时，程序跳转到标号LBL 2处顺序向下执行，由于I0.3常闭触点处于断开状态，故程序不会向LBL 4跳转，而是顺序执行下面的手动程序段，电动机的起动必须通过操作手动按钮进行Y-△切换；若SA选择在断开状态（I0.3=0），则程序将跳转到LBL 4后顺序往下执行，并不断循环，此时电动机将实现自动定时Y-△切换起动控制。

4. 上机操作步骤及要求

1）根据输入输出端子分配表的要求，进行输入输出接线。

2）启动STEP 7-Micro/WIN，将程序录入并下载到PLC中，然后使PLC进入运行状态。

3）根据手动/自动控制的要求，分别进行手动和自动操作。

4）使PLC进入梯形图监控状态，观察操作后程序的运行情况。

5）打开状态图编辑器，在状态图监控状态下，通过强制、取消强制操作，进一步了解程序的运行情况。

3.5　项目训练

项目一　摇臂钻床控制

摇臂钻床用旋转的钻头对工件进行加工，它由底座、内外立柱、摇臂、主轴箱和工作台组成。主轴箱安装在摇臂上，可以沿摇臂径向运动。摇臂借助丝杠，可以做升降运动，也可以与外立柱固定在一起，沿内立柱旋转。切削加工时，通过夹紧装置，主轴箱紧固在摇臂上，摇臂紧固在外立柱上，外立柱紧固在内立柱上。摇臂钻床主轴的旋转运动为主运动，主轴的轴向运动为进给运动，钻削加工时，钻头一面旋转一面作纵向进给。主轴箱沿摇臂的横向移动、摇臂沿外立柱的上下移动和摇臂与外立柱一起绕内立柱的回转运动为摇臂钻床的辅助运动，辅助运动可实现钻削加工前的对刀调整。摇臂钻床的基本结构、运动形式及电器元件布置如图3-36所示。

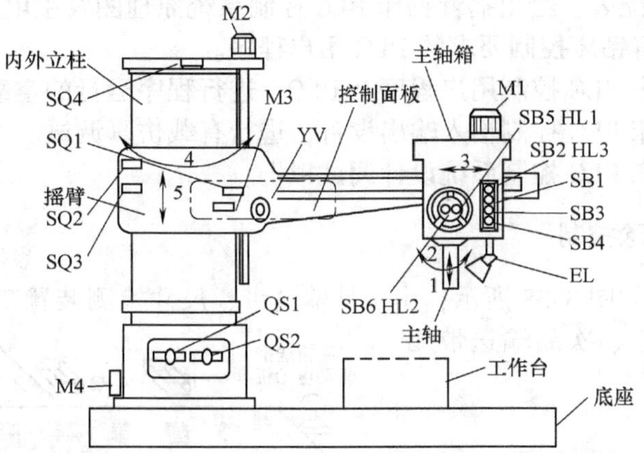

图3-36　摇臂钻床结构、运动形式及电器元件布置示意图

1—主轴纵向进给　2—主轴旋转主运动　3—主轴箱沿摇壁径向运动

4—摇臂回转运动　5—摇臂垂直运动

1. 控制要求

1）主轴的旋转运动与进给运动由一台单向运转的三相交流异步电动机（3kW）驱动，主轴的转动方向及转动速度由机械及液压装置控制。

2）摇臂沿外立柱的升降运动由一台正反向运转的三相异步电动机（1.1kW）拖动；主轴箱沿摇臂方向的水平移动以及外立柱带动摇臂沿内立柱的回转运动，均采用手动进行。

3）摇臂与外立柱之间、主轴箱与摇臂导轨之间、外立柱与内立柱之间的夹紧与放松由液压系统完成，如图3-37所示。

摇臂钻床液压系统由液压泵电动机（0.6kW）正反转提供压力油，正转时执行夹紧操作，反转时执行放松操作。液压系统分为两个回路，一个用于摇臂与外立柱之间的夹紧与放松，一个用于主轴箱与摇臂导轨之间、外立柱与内立柱之间的夹紧与放松，两个回路的工作由电磁阀YA得失电状态来选择，YA得电摇臂夹紧或放松，YA失电主轴箱及立柱夹紧或放松。

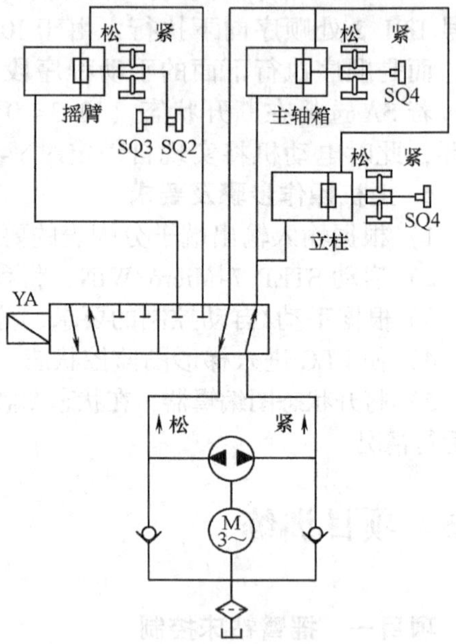

图3-37 摇臂钻床液压系统示意图

4）钻削加工时，为了冷却刀具及工件，系统设有冷却泵电动机（0.125kW）一台。

5）为防止过载，主轴电动机及液压泵电动机设有过载保护。

6）摇臂升降操作时，必须先松开，才能进行升降操作，升降操作停止时，需延时1~3s再夹紧。为防止摇臂撞顶或坐底，需进行升降的极限保护。

7）主轴箱、立柱的夹紧与放松需设置夹紧放松指示灯，以便操作人员操作。

8）为便于光线不好时的操作，设工作台照明灯一盏。

2. 训练任务

1）根据摇臂钻床的控制要求，选择电器元件，给出PLC的I/O分配表。

2）根据I/O分配表，绘出摇臂钻床PLC控制系统原理图及主电路的电气原理图。

3）编写满足摇臂钻床控制要求的PLC用户程序。

4）下载摇臂钻床PLC控制用户程序至PLC，进行程序运行的空载调试。

5）连接摇臂钻床PLC控制输入输出设备，进行有载仿真调试。

6）编写摇臂钻床PLC控制系统设计调试报告。

项目二 次品剔除控制

某次品剔除装置如图3-38所示，由工件输送带、尺寸检测装置T1、表面粗糙度检测装置T2和取次品机械手、次品输送带几部分组成。

1. 控制要求

工件输送带及次品输送带分别由一台三相异步电动机拖动，1#工位设有粗糙度检测装置P1一台，3#工位设有尺寸检测装置P2一台，6#工位设有次品机械手一台，工件输送带转轴上装有步进检测器（工件每移动一步，步进检测器就会输出一个正跳变信号）一只。

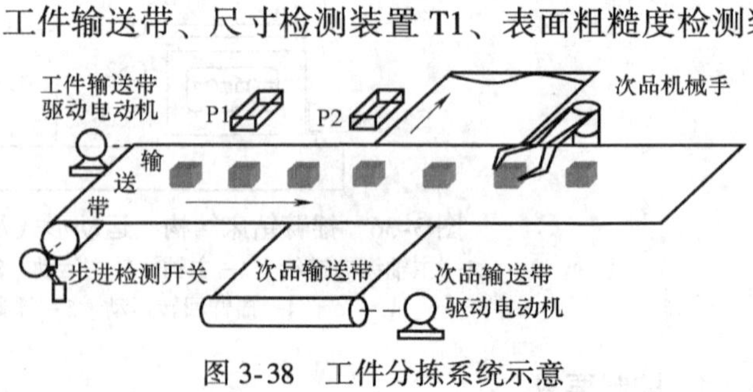

图3-38 工件分拣系统示意

1）工件输送带启动后，工件在输送带上步进移动，每移动一步，步进检测器便发出一个脉冲信号。

2）若1#工位的粗糙度检测装置P1发现次品，则将发出粗糙度不合格次品信号，并通过次品机械手在6#工位将次品抓取到次品输送带上，同时启动次品输送带运行10s。

3）若3#工位的尺寸检测装置P2发现次品，则将发出检测到尺寸不合格次品信号，其处理过程同上述。

4）按下停止按钮，输送带将停止工作。

2. 训练任务

1）根据次品剔除装置的控制要求，选择电器元件，给出PLC的I/O分配表。

2）根据I/O分配表，绘出次品剔除装置PLC控制系统原理图及主电路的电气原理图。

3）编写满足次品剔除控制要求的PLC用户程序。

4）下载次品剔除PLC控制用户程序至PLC，进行程序运行的空载调试。

5）连接次品剔除PLC控制输入输出设备，进行有载仿真调试。

6）编写次品剔除PLC控制系统设计调试报告。

本 章 小 结

本章介绍了S7-200系列PLC编程语言基本操作指令的格式、功能及应用，并通过上机实践举例进一步熟悉编程软件的操作和上述基本指令的功能。

1. 触点指令在用户程序中起到控制条件的作用，它可以通过与、或、非运算实现对各种输出功能的控制；线圈指令、置位复位指令用于运算结果的输出；正负跃变指令用于检测触点逻辑运算结果的上升沿和下降沿；对于复杂的逻辑关系，采用堆栈进行逻辑块的与、或运算。上述指令是PLC最常用的指令。

2. S7-200系列PLC有TON、TOF及TONR三种定时器指令，其定时分辨率有1ms、10ms及100ms三种；有CTU、CTD及CTUD三种计数器指令，可对输入脉冲进行加减计数。

3. 位移位寄存器指令可以实现对于指定长度的移位寄存器进行指定方向的数据移位操作。

4. 跳转指令JMP、标号指令LBL可以实现程序的跳转，完成分支控制；子程序调用指令CALL可以实现主程序对于子程序的操作。

思考与练习题

3-1　写出图3-39所示梯形图的语句表程序。

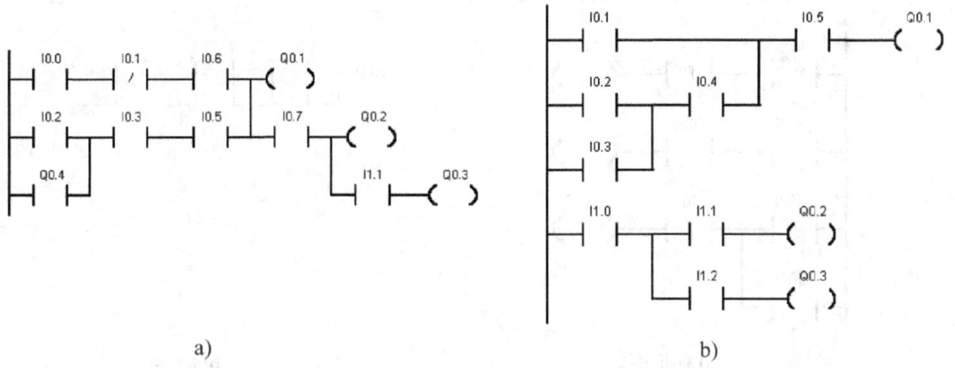

图　3-39

3-2 绘出图 3-40 所示语句表对应的梯形图。

```
LD   I0.2
AN   I0.0
O    Q0.3
ON   I0.1
LD   Q0.2
O    M3.7
AN   I1.5
LDN  I0.5
A    I0.4
OLD
ON   M0.2
ALD
O    I0.4
LPS
EU
=    M3.7
LPP
NOT
S    Q0.3,1
```

a)

```
LD   I0.1
AN   I0.0
LPS
AN   I0.2
LPS
A    I0.4
=    Q2.1
LPP
A    I4.6
R    Q3.1,1
LPP
LPS
A    I0.5
=M3.6
LPP
TON  T37,25
```

b)

```
LD   I0.7
AN   I2.7
LD   Q0.3
ON   I0.1
A    M0.1
OLD
LD   I0.5
A    I0.3
O    I0.4
ALD
ON   M0.2
NOT
=    Q0.4
LD   I2.5
LDN  M3.5
ED
CTU  C41,30
```

c)

图 3-40

3-3 使用置位指令复位指令，编写两套程序，控制要求如下：

（1）起动时，电动机 M1 先起动，电动机 M1 起动后，才能起动电动机 M2；停止时，电动机 M1、M2 同时停止。

（2）起动时，电动机 M1、M2 同时起动；停止时，只有在电动机 M2 停止后，电动机 M1 才能停止。

3-4 用 S、R 和跃变指令设计出如图 3-41 所示波形图的梯形图。

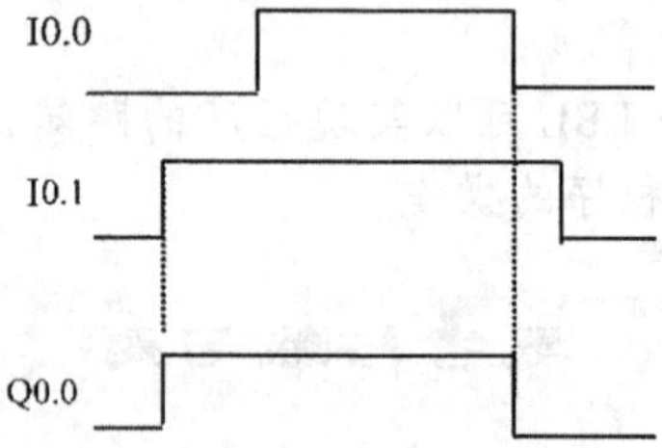

图 3-41

3-5 画出图 3-42 所示程序 Q0.0 的波形图。

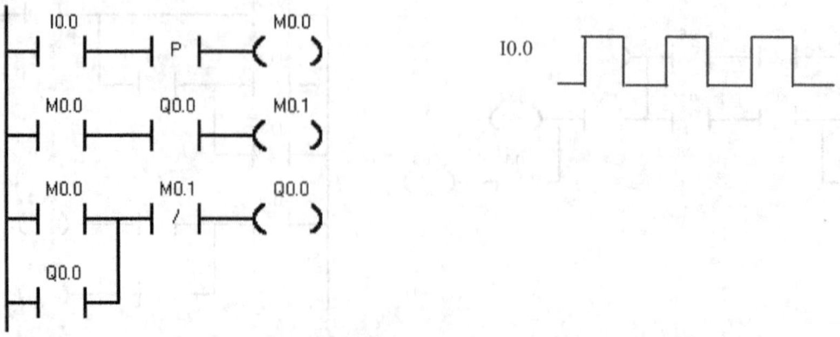

a) 梯形图 b) 时序图

图 3-42

3-6　设计满足图 3-43 所示时序图的梯形图。

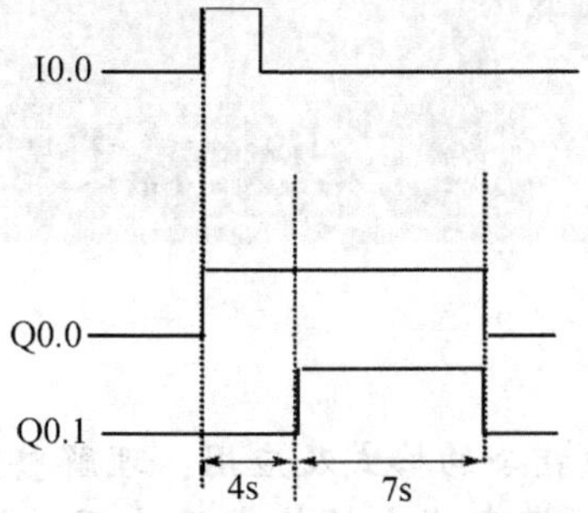

图　3-43

3-7　按钮 I0.0 按下后，Q0.0 变为 1 状态并自保持，I0.1 输入 3 个脉冲后（用 C1 计数），T37 开始定时，5s 后，Q0.0 变为 0 状态，同时 C1 被复位，在可编程序控制器刚开始执行用户程序时，C1 也被复位，时序图如图 3-44 所示，设计出梯形图。

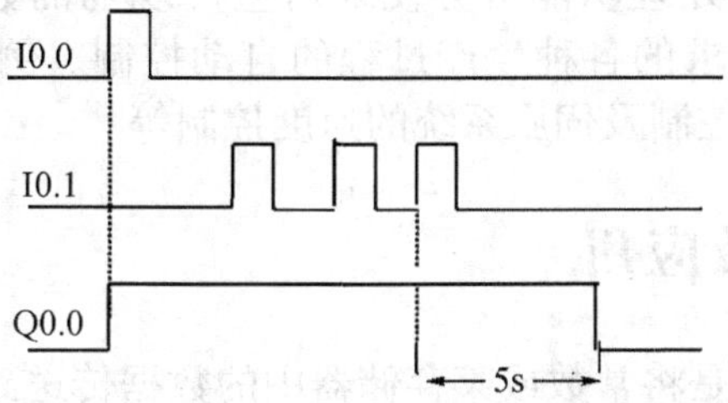

图　3-44

3-8　设计周期为 5s、占空比为 20%的方波输出信号程序。

3-9　设计一个故障报警程序。要求故障发生后，既有声音报警又有灯光报警，当操作人员听到或看到故障信号出现后，可通过消音按钮停止声音报警，同时报警指示灯则由闪烁变为常亮，当故障消失后，报警指示灯熄灭。为检查报警设备的好坏，系统设有报警试验按钮，通过这一按钮，检测警铃及报警指示灯的完好情况。

第4章　PLC的数据处理功能及应用

学习目标

掌握数据传送、比较及移位指令的格式及应用；理解整数、实数及逻辑运算指令的格式及应用；了解数据转换指令与数据表指令的格式及应用；能使用 PLC 的数据传送、运算、转换等指令，完成有关数据处理的实际工程任务。

PLC 的数据处理功能主要包括数据的传送、比较、移位、转换、运算及各种数据表格处理等。PLC 通过这些数据处理功能可方便地对生产现场的数据进行采集、分析和处理，进而实现对具有数据处理要求的各种生产过程的自动控制。例如过程控制系统中温度、压力、流量的范围控制，PID 控制及伺服系统的速度控制等。

4.1　数据传送指令及应用

数据传送指令主要作用是将常数或某存储器中的数据传送到另一存储器中。它包括单一数据传送及成组数据传送两大类。通常用于设定参数、协助处理有关数据以及建立数据或参数表格等。

4.1.1　传送指令

1. 指令格式及功能（见表 4-1）

表 4-1　传送指令的格式和功能

梯形图 LAD	语句表 STL		功　　能
	操作码	操作数	
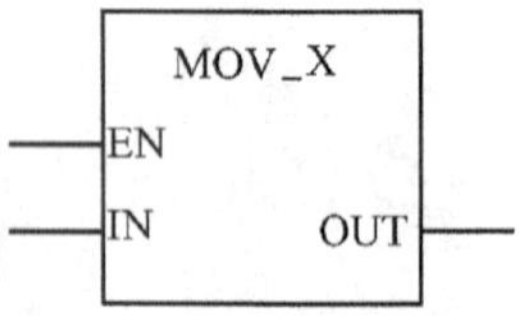	MOV_X	IN ,OUT	当使能位 EN 为 1 时，把输入的数据 IN 传送到输出 OUT

说明：

1）操作码中的 X 代表被传送数据的长度，它包括 4 种数据长度，即字节（B）、字（W）、双字（D）和实数（R）。

2）操作数的寻址范围要与操作码中的 X 一致。其中字节传送时不能寻址专用的字及双字存储器，如 T、C 及 HC 等；OUT 寻址不能寻址常数。

2. 指令编程举例

例 1　假定 I0.0 闭合，将 VW2 中的数据传送到 VW10 中，则对应的梯形图程序及传送结果如图 4-1 所示。

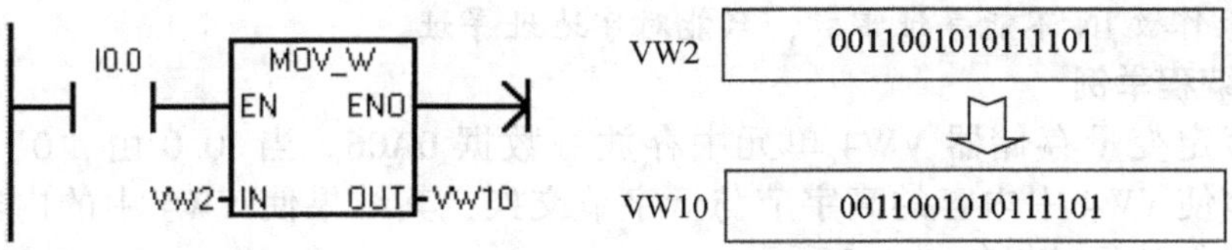

图 4-1 MOV_X 编程举例

4.1.2 块传送指令

1. **指令格式及功能**（见表 4-2）

表 4-2 块传送指令的格式及功能

梯形图 LAD	语句表 STL		功 能
	操作码	操作数	
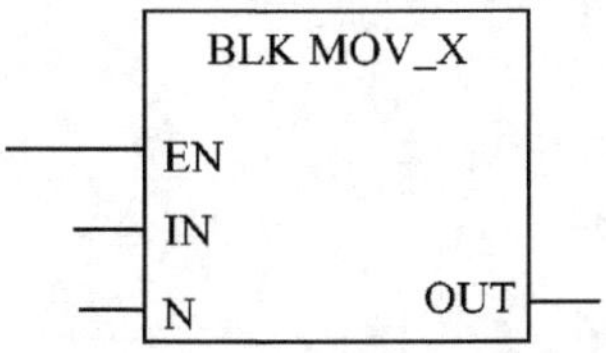	BMX	IN，OUT，N	当使能位 EN 为 1 时，把从 IN 存储单元开始的连续的 N 个数据传送到从 OUT 开始的连续的 N 个存储单元中

说明：

1）操作码中的 X 表示数据类型，分为字节（B）、字（W）和双字（D）3 种。

2）操作数 N 指定被传送数据块的长度，可寻址常数，也可寻址存储器的字节地址，不能寻址专用字及双字存储器，如 T、C 及 HC 等，可取范围为 1~255。

3）操作数 IN 、OUT 不能寻址常数，它们的寻址范围要与操作码中的 X 一致。其中字节块和双字块传送时不能寻址专用的字及双字存储器，如 T、C 及 HC 等。

2. **指令编程举例**

例 2 I0.1 闭合时，将从 VB0 开始的连续 4 个字节传送到 VB10~VB13 中。对应的梯形图程序及传送结果如图 4-2 所示。

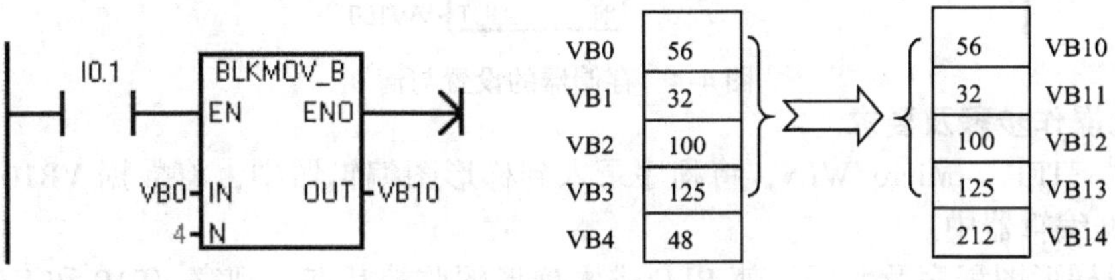

图 4-2 块传送指令举例

4.1.3 字节交换指令

1. **指令格式及功能**（见表 4-3）

表 4-3 字节交换指令的格式及功能

梯形图 LAD	语句表 STL		功 能
	操作码	操作数	
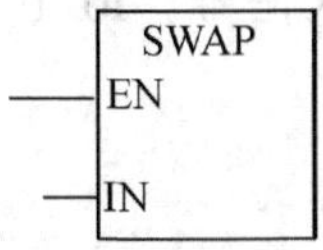	SWAP	IN	当使能位 EN 为 1 时，将输入字 IN 中的高字节与低字节交换

说明：操作数 IN 不能寻址常数，只能对字地址寻址。

2. 指令编程举例

例 3 假定变量存储器 VW4 单元中存放一数据 0A06。当 I0.0 由“0”变“1”后，SWAP 指令将使 VW4 中内容的高字节与低字节交换，其结果使 VW4 中的内容变为 060A，其梯形图程序及执行结果如图 4-3 所示。

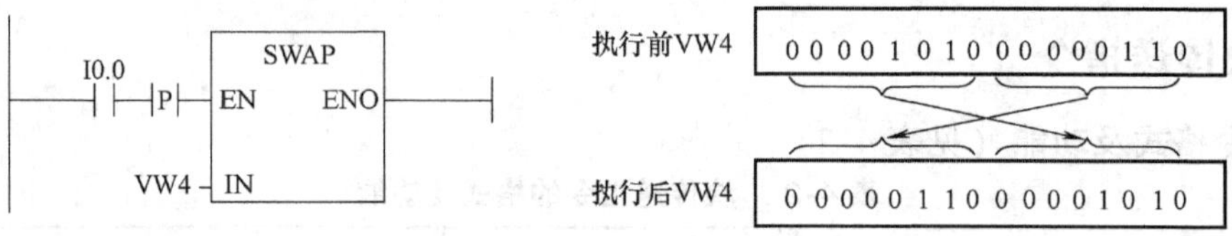

图 4-3 字节交换指令编程

4.1.4 数据传送指令上机实践

实践 1 存储器初始化

1. 初始化程序的设计

存储器初始化程序是用于开机运行时对某些存储器清 0 或置数的一种操作。通常采用传送指令来编程。若开机运行时将 VB10 清 0、将 VW100 置数 1800，则对应的梯形图程序如图 4-4 所示。

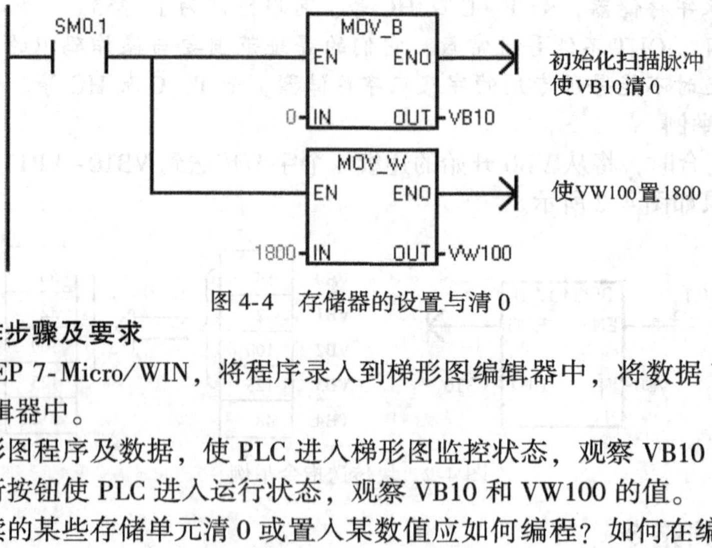

图 4-4 存储器的设置与清 0

2. 上机操作步骤及要求

1）启动 STEP 7-Micro/WIN，将程序录入到梯形图编辑器中，将数据 VB10 10、VW100 100 录入数据编辑器中。

2）下载梯形图程序及数据，使 PLC 进入梯形图监控状态，观察 VB10 和 VW100 的值。

3）点击运行按钮使 PLC 进入运行状态，观察 VB10 和 VW100 的值。

4）若将连续的某些存储单元清 0 或置入某数值应如何编程？如何在编程软件中进行监控操作？

实践 2 多台电动机的同时起停控制

1. 程序设计

设 3 台电动机分别由 Q0.0、Q0.1 和 Q0.2 驱动，I0.0 为起动输入信号，I0.1 为停止信号。则对应的梯形图程序如图 4-5 所示。

2. 上机操作步骤及要求

1）根据题目要求，连接 PLC 输入输出接线。

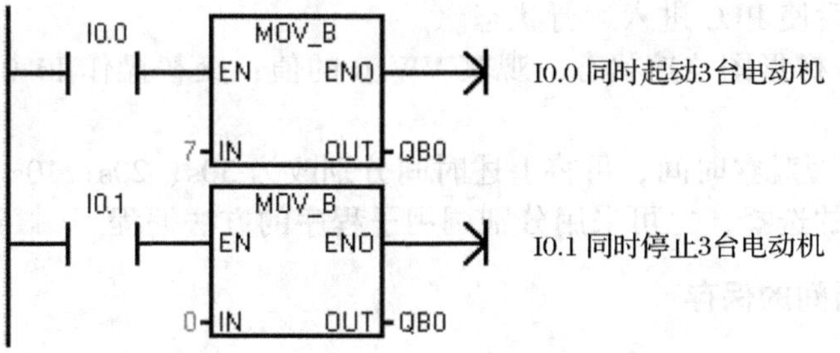

图 4-5　多台电动机的同时起停控制程序

2）启动 STEP 7-Micro/WIN，将程序录入并下载到 PLC 中，然后使 PLC 进入运行状态。

3）使 PLC 进入梯形图监控状态，在未进行任何操作的前提下，观察 QB0 的值；交替按下起动、停止按钮，观察输入输出状态指示灯的状态及 QB0 的值。

4）若 3 台电动机分别采用 Q0. 3、Q0. 5 和 Q0. 6 控制，则应如何编写控制程序？

实践 3　多种预选值的选择控制

1. 程序设计

设某厂生产的 3 种型号产品所需加热时间分别为 30、20、10min。为方便操作，设置一个选择手柄来设定定时器的预置值，选择手柄分 3 个档位，每一档位对应一个预置值；另设一个启动开关，用于起动加热炉；加热炉由接触器通断。系统所用 PLC 的输入输出端子分配如表 4-4 所示，梯形图程序如图 4-6 所示。

表 4-4　I/O 分配表

类　别	元件名称	端子号	类　别	元件名称	端子号
输入	选择时间 1（30min）	I0. 0	输入	加热炉启动开关	I0. 3
	选择时间 2（20min）	I0. 1	输出	加热接触器	Q0. 0
	选择时间 3（10min）	I0. 2			

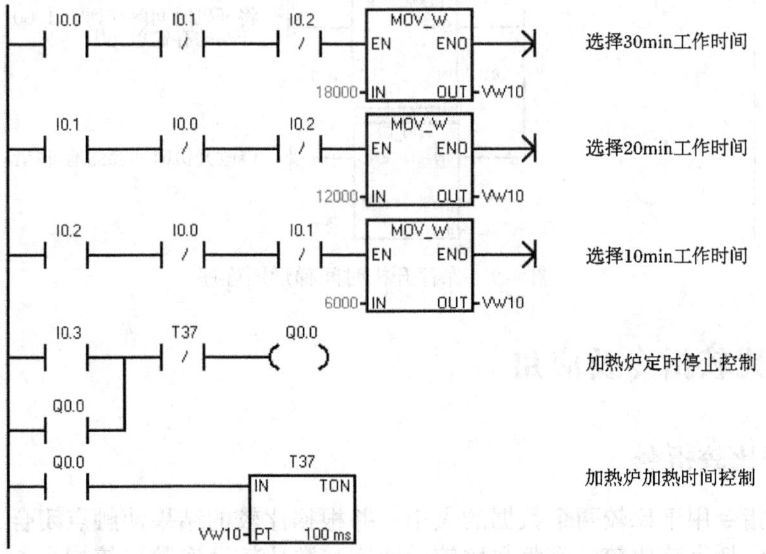

图 4-6　预选时间控制程序

2. 上机操作步骤及要求

1）根据题目要求，连接 PLC 输入输出接线，起动 STEP 7-Micro/WIN，将程序录入并下载到 PLC 中，然后使 PLC 进入运行状态。

2）使 PLC 进入梯形图监控状态，观察 VW10 的值；交替操作 I0.0、I0.1、I0.2，观察 VW10 的值。

3）上机时为缩短观察时间，可将上述时间分别改为 30s、20s、10s。

4）3 种预选值的选择，也可采用分别调用子程序的方法编程。

实践 4 开机时间的保存

1. 程序设计

为记录每次机器运行的开机时间，需在 PLC 程序设计时通过数据传送指令将其当前时间保存在某个指定的存储器中。假定机器起动按钮为 I0.0，开机时间保存在 VB1000 开始的存储单元中，则其对应的梯形图程序如图 4-7 所示。

注：该例中日期时钟表示的格式是年、月、日、时、分、秒、0、星期，且为十六进制数据。

2. 上机操作步骤及要求

1）启动 STEP 7-Micro/WIN，将程序录入并下载到 PLC 中，然后使 PLC 进入运行状态。

2）在 PLC 菜单中启动实时时钟。

3）打开数据表监控器，按顺序输入 VB100～VB107、VB1000～VB1007、VB1008～VB1015 及 I0.0。

4）进入数据表监控状态，交替强制 I0.0 得失电，观察 VB100～VB107、VB1000～VB1007、VB1008～VB1015 的值。

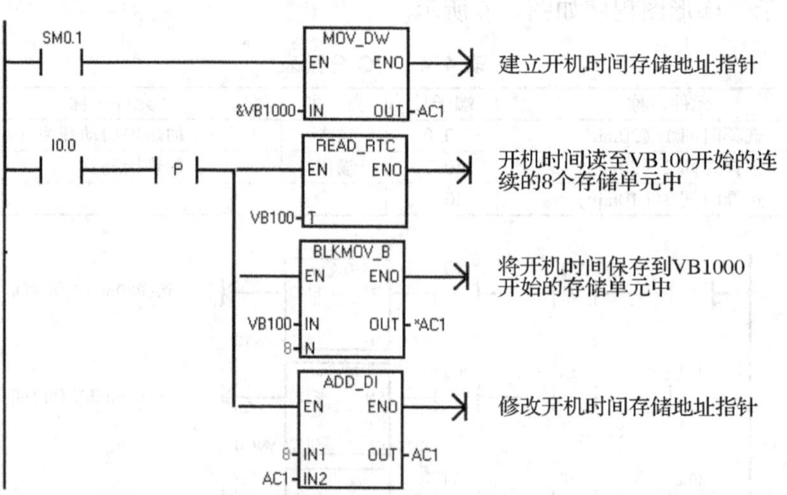

图 4-7 保存开机时间梯形图程序

4.2 数据比较指令及应用

4.2.1 数据比较指令

数据比较指令用于比较两个数据的大小，并根据比较的结果使触点闭合，进而实现某种控制要求。它包括字节比较、字整数比较、双字整数比较及实数比较指令 4 种。

1. 指令格式及功能（见表 4-5）

说明：

1）操作码中的 F 代表比较符号，可分为“=”、“<>”、“>=”、“<=”、“>”及“<”

6 种。

表 4-5　数据比较指令的格式及功能

梯形图 LAD	语句表 STL		功　能
	操作码	操作数	
IN1 —| F X |— IN2	LDXF AXF OXF	IN1，IN2 IN1，IN2 IN1，IN2	比较两个数 IN1 和 IN2 的大小，若比较式为真，则该触点闭合

2）操作码中的 X 代表数据类型，分为字节（B）、字整数（I）、双字整数（D）和实数（R）4 种。

3）操作数的寻址范围要与操作码中的 X 一致。其中字节比较、实数比较指令不能寻址专用的字及双字存储器，如 T、C 及 HC 等；字整数比较时不能寻址专用的双字存储器 HC；双字整数比较时不能寻址专用的字存储器 T、C 等。

4）字节指令是无符号的，字整数、双字整数及实数比较都是有符号的。

2. 指令编程举例

例 4　若 MW4 中的数小于 IW2 中的数，则使 M0.1 复位；若 MW4 中的数大于等于 IW2，则使 M0.1 置位。对应的梯形图及语句表程序如图 4-8 所示。

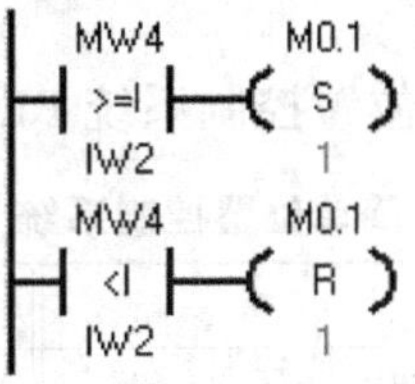


```
LDW>=   MW4, IW2
S       M0.1, 1
LDW<    MW4, IW2
R       M0.1, 1
```

图 4-8　比较指令编程举例

4.2.2　数据比较指令上机实践

实践 5　多台电动机分时起动控制

起动按钮按下后，3 台电动机每隔 3s 分别依次起动，按下停止按钮，3 台电动机同时停止。

1. 程序设计

设 PLC 的输入端子 I0.0 为起动按钮输入端，I0.1 为停止按钮输入端，Q0.0、Q0.1、Q0.2 分别为驱动 3 台电动机的电源接触器输出端子。其对应的梯形图程序如图 4-9 所示。

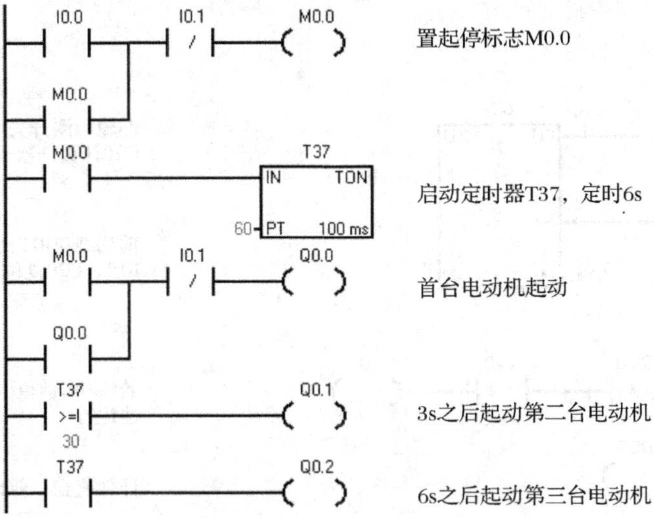

图 4-9　3 台电动机分时起动梯形图程序

2. 上机操作步骤及要求

1）根据题目要求，连接 PLC 输入输出接线。

2）启动 STEP 7-Micro/WIN，将程序录入并下载到 PLC 中，然后使 PLC 进入运行状态。

3）使 PLC 进入梯形图监控状态，观察定时器 T37 的当前值；按下起动按钮 I0.0，观察 T37 当前值的变化情况及输出 Q0.0～Q0.2 的工作情况；按下停止按钮 I0.1，观察输出 Q0.0～Q0.2 的工作情况。

实践 6 简单的定尺裁剪控制

材料的定尺裁剪可通过对脉冲计数的方式进行控制。在电动机轴上装一多齿凸轮，用接近开关检测多齿凸轮，产生的脉冲输入至 PLC 的计数器。脉冲数的多少，反映了电动机转过的角度，进而间接地反映了材料前进的距离。

1. 控制要求

电动机起动后计数器开始计数，计数至 4900 个脉冲时，使电动机开始减速，计数到 5000 个脉冲时，使电动机停止，同时剪切机动作将材料切断，并使脉冲计数复位。

2. PLC 输入输出分配

根据控制要求列出的简单位置控制系统 PLC 输入输出端子分配如表 4-6 所示。

表 4-6 简单位置控制系统 PLC 输入输出端子分配表

输入				输出			
元件名称	端子号	元件名称	端子号	元件名称	端子号	元件名称	端子号
起动按钮	I0.0	接近开关	I0.2	电动机高速运转	Q0.0	剪切机	Q0.2
停止按钮	I0.1	剪切结束	I0.3	电动机低速运转	Q0.1		

3. 程序设计

根据控制要求及 PLC 端子分配情况编写的梯形图程序如图 4-10 所示。

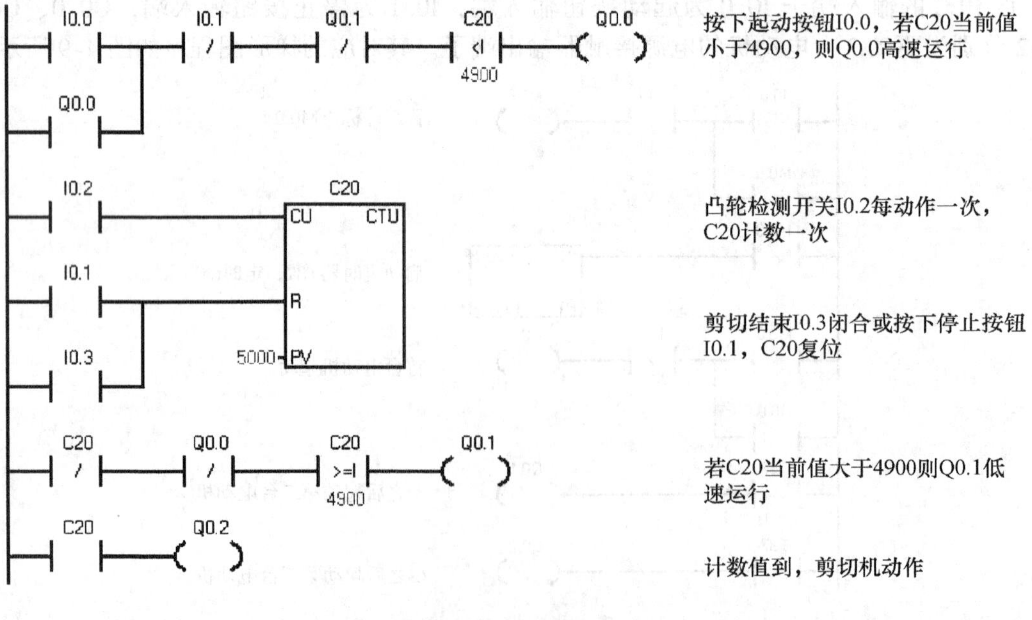

图 4-10 简单位置控制系统的 PLC 程序

4. 上机操作步骤及要求

1）根据题目要求，连接 PLC 输入输出接线。

2）启动 STEP 7-Micro/WIN，将程序录入并下载到 PLC 中，然后使 PLC 进入运行状态。

3）为了能够观察到程序运行效果，可用 PLC 时钟脉冲 SM0.5 作为凸轮检测开关信号，若想节省实验时间，还可使 C20 预设值减小，如减小为 1000，还可设小于 800 高速运行，高于 800 低速运行。

4）使 PLC 进入梯形图监控状态，观察计数器 C20 的当前值；按下起动按钮 I0.0，观察计数器 C20 当前值的变化情况及输出 Q0.0～Q0.2 的工作情况。

实践 7　料斗运行自动控制

某生产车间料斗采用三相异步电动机驱动，其位置检测及呼叫信号布置示意如图 4-11 所示。

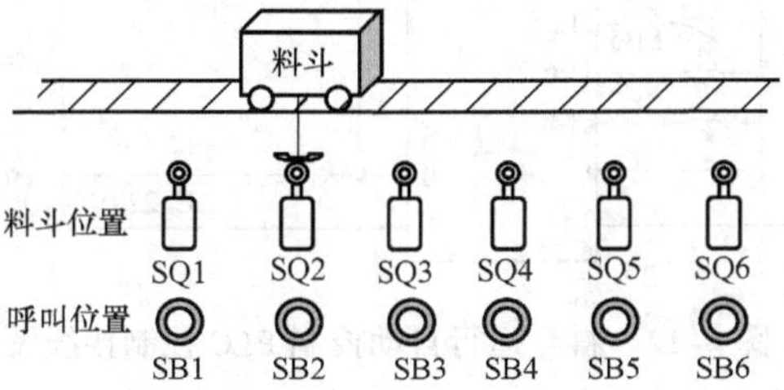

图 4-11　料斗位置检测及呼叫信号布置示意图

1. 控制要求

1）料斗有 6 个工作位置，分别通过限位开关 SQ1～SQ6 来检测；每个工作位置设有 1 只呼叫按钮，它们分别是 SB1～SB6。

2）工作时，首先按下启动按钮启动料斗控制系统，进入工作准备状态。

3）工作过程中，在任意位置按下呼叫按钮时，料斗都会自动向这一位置运动，直至到达这一位置后，料斗自动停止。

4）工作过程中若遇紧急情况，按下紧急停车按钮实现紧急停车。

2. PLC 输入输出 I/O 分配（见表 4-7）

表 4-7　料斗运行自动控制 PLC 输入输出 I/O 分配表

输　入				输　出	
1#位置 SQ1	I0.1	1#呼叫 SB1	I1.1	向右运动接触器	Q0.0
2#位置 SQ2	I0.2	2#呼叫 SB2	I1.2		
3#位置 SQ3	I0.3	3#呼叫 SB3	I1.3		
4#位置 SQ4	I0.4	4#呼叫 SB4	I1.4	向左运动接触器	Q0.1
5#位置 SQ5	I0.5	5#呼叫 SB5	I1.5		
6#位置 SQ6	I0.6	6#呼叫 SB6	I1.6		
起动按钮 SB7	I0.0	急停按钮 SB8	I1.0		
内部存储器字节					
料斗位置存储器字节		VB0	呼叫位置存储器字节		VB1

3. **绘制 PLC 输入输出接线图**（见图 4-12）

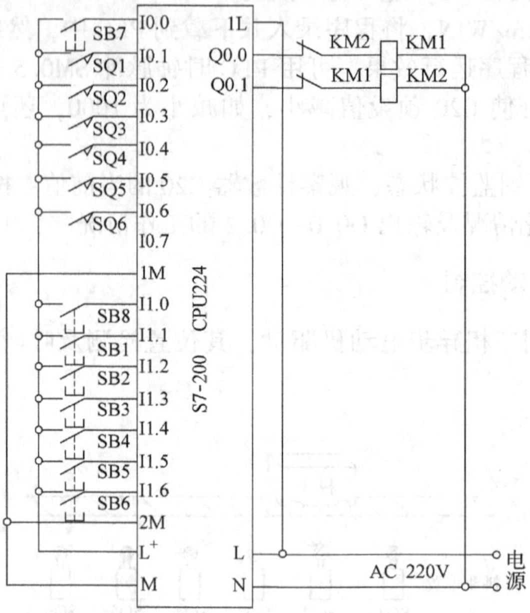

图 4-12 料斗运行自动控制 PLC 控制接线图

4. **程序设计**

根据料斗运行自动控制要求及 PLC 输入输出分配，编制的梯形图程序如图 4-13 所示。

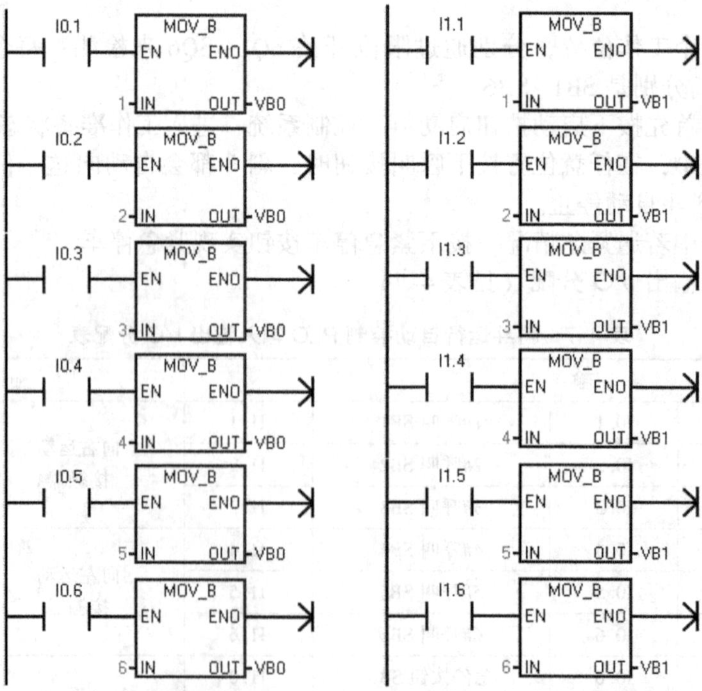

a) 料斗位置记录　　b) 料斗呼叫记录

图 4-13 料斗运行自动控制梯形图

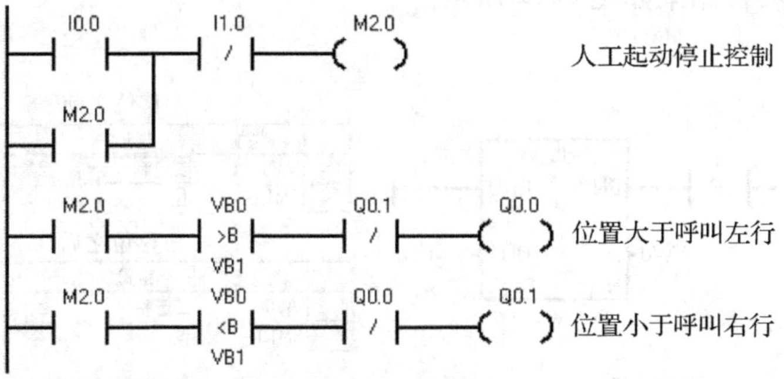

c) 料斗起动停止及运行方向判别控制

图 4-13　料斗运行自动控制梯形图（续）

5. 上机操作步骤及要求

1）根据题目要求，连接 PLC 输入输出接线。

2）启动 STEP 7-Micro/WIN，将程序录入并下载到 PLC 中，然后使 PLC 进入运行状态。

3）打开状态图编辑器，使用强制、取消强制操作，观察料斗位置存储器 VB0、呼叫位置存储器 VB1 的值，输出 Q0.0、Q0.1 的工作情况。

4.3　数据移位指令及应用

移位指令的作用是将存储器中的数据按要求进行某种移位操作。在控制系统中可用于数据的处理、跟踪和步进控制等。

4.3.1　数据左右移位指令

1. 指令格式及功能（见表 4-8）

表 4-8　数据左右移位指令的格式及功能

梯形图 LAD	语句表 STL		功　能
	操作码	操作数	
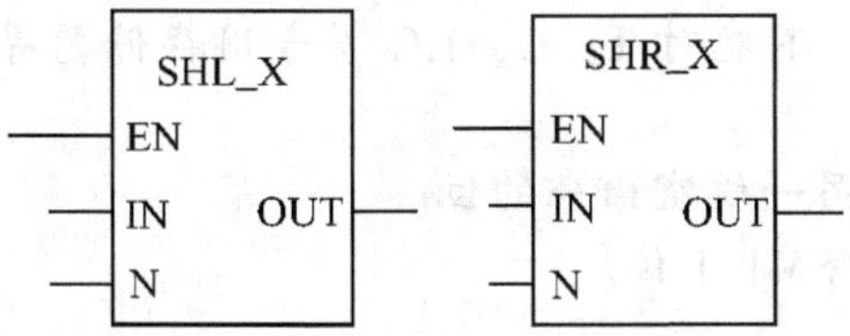	SLX SRX	OUT，N OUT，N	当使能位 EN 为 1 时，把输入数据 IN 左移或右移 N 位后，再把结果输出到 OUT

说明：

1）操作码中的 X 为移位数据长度，分为字节（B）、字（W）和双字（D）3 种。

2）N 为数据移位位数，对字节、字、双字的最大移位位数分别为 8、16 和 32，字节寻址时，不能寻址专用的字及双字存储器，如 T、C 及 HC 等。

3）IN、OUT 的寻址范围要与操作码中的 X 一致。不能对 T、C 等专用存储器寻址；OUT 不能寻址常数。

4）左右移位指令影响特殊存储器的 SM1.0 和 SM1.1 位。

2. 指令编程举例

例 5　假定 VW0 中存有十六进制数 E2AD，现将其左移 3 位，I0.1 为移位控制信号。对应的梯形图程序及移位结果如图 4-14 所示。

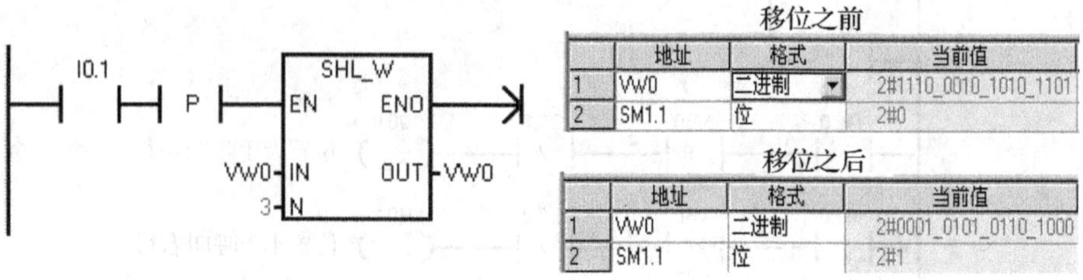

a) 梯形图程序　　b) 移位结果

图 4-14 左右移位指令编程举例

4.3.2 数据循环左右移位指令

1. 指令格式及功能（见表 4-9）

表 4-9 数据循环左右移位指令的格式及功能

梯形图 LAD	语句表 STL		功　能
	操作码	操作数	
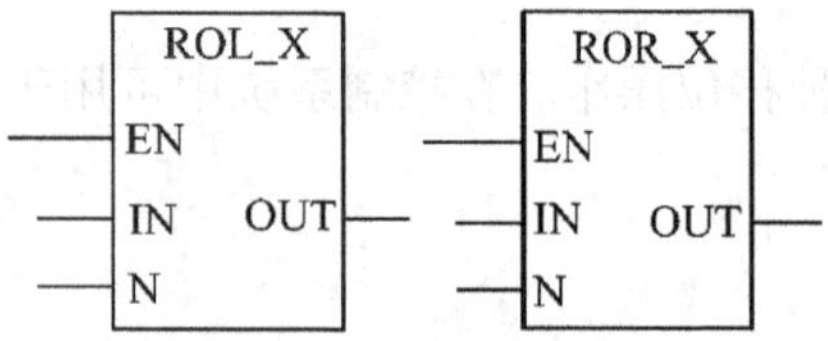	RLX RRX	OUT，N OUT，N	当使能位 EN 为 1 时，把输入数据 IN 循环左移或右移 N 位后，再把结果输出到 OUT 中

说明：

1）操作码中的 X 代表被移位的数据长度，分为字节（B）、字（W）和双字（D）3 种。

2）N 指定数据被移位的位数，对字节、字、双字的最大移位位数分别为 8、16 和 32。通过字节寻址方式设置，不能对专用存储器 T、C 及 HC 寻址。

3）IN、OUT 的寻址范围要与操作码中的 X 一致。不能对 T、C、HC 等专用存储器寻址；OUT 不能寻址常数。

4）循环移位是环形的，即被移出来的位将返回到另一端空出来的位。

5）左右循环移位指令影响特殊存储器的 SM1.0 和 SM1.1 位。

2. 指令编程举例

例 6 假定 VW200 中内容循环左移 2 位，I0.1 为移位控制信号。对应的梯形图程序及运行结果如图 4-15 所示。

4.3.3 数据移位指令上机实践

实践 8 8 支彩灯依次向左循环点亮控制

1. 控制要求

按下启动按钮，8 只彩灯自 Q0.0 开始每隔 1s 依次向左循环点亮，直到发出停止信号后熄灭。

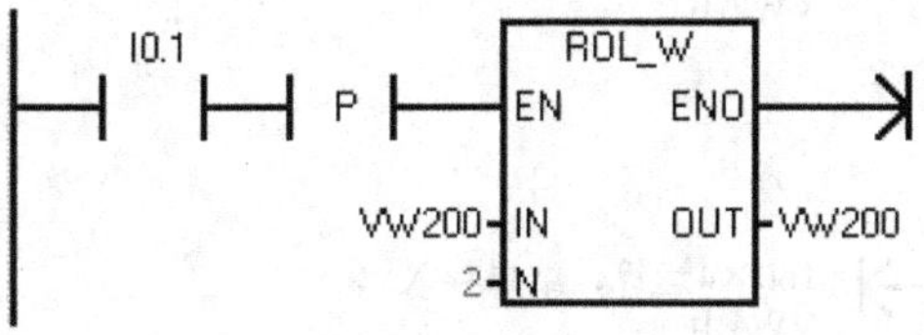

a) 梯形图程序

循环移位之前

	地址	格式	当前值
1	VW200	二进制	2#0100_1100_0000_0001
2	SM1.1	位	2#0

循环移位之后

	地址	格式	当前值
1	VW200	二进制	2#0011_0000_0000_0101
2	SM1.1	位	2#1

b) 运行结果

图 4-15　循环移位指令编程举例

2. 程序设计

设 I0.0 为启动按钮，I0.1 为停止按钮，Q0.0~Q0.7 驱动 8 只彩灯循环点亮。其梯形图程序如图 4-16 所示。

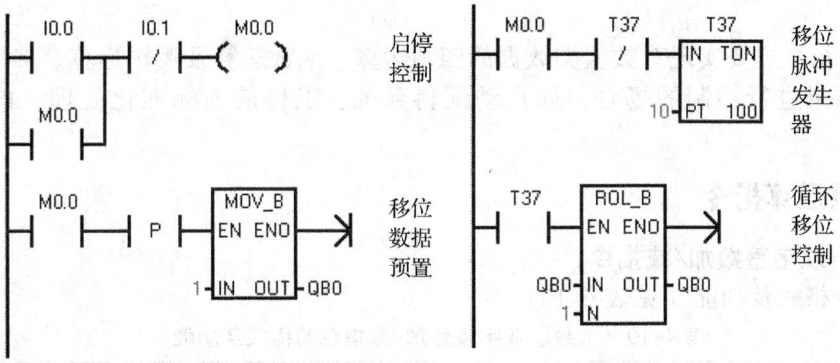

图 4-16　8 只彩灯依次向左循环点亮控制程序

3. 上机操作步骤及要求

1）根据题目要求，连接 PLC 输入输出接线。

2）启动 STEP 7-Micro/WIN，将程序录入并下载到 PLC 中，然后使 PLC 进入运行状态。

3）进入 PLC 梯形图监控状态，按下起动按钮 I0.0，观察 8 只彩灯的亮灭情况；按下停止按钮 I0.1，观察 8 只彩灯的工作情况。

4）进入 PLC 状态图监控状态，通过强制、取消强制操作，观察 QB0 的移位过程。

5）本程序在停止操作时，可能会出现仍有某只彩灯不能熄灭的现象，试采取措施改进程序，以保证在停止时不会有彩灯继续点亮。

实践 9　数据乘除 2^n 运算程序

1. 程序设计

假定 VW0 中存有数据 160，现将其除以 8，结果保存在 VW2 中；将其乘以 4，结果保存到 VW4 中。利用移位指令编程实现其运算结果的梯形图程序如图 4-17 所示。

2. 上机操作步骤及要求

1）启动 STEP 7-Micro/WIN，将程序录入到梯形图编辑器中，将数据 VW0 160 录入到数据编辑器中，然后将程序及数据下载到 PLC 中。

2）打开状态图编辑器，输入 I0.0、VW0、VW2 和 VW4。使其进入监控状态，观察它

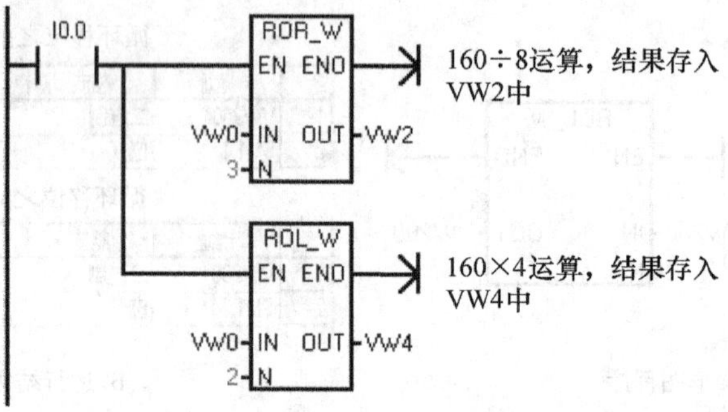

图 4-17 数据乘除 2^n 运算梯形图程序

们的结果。

3）强制 I0.0 得电，观察 VW0、VW2 和 VW4 的值如何变化。

4.4 数据运算指令及应用

数据运算指令主要实现对数值类数据的四则运算、函数运算及逻辑运算。多用于实现按数据的运算结果进行控制的场合，如自动配料系统、工程量的标准化处理、自动修改指针等。

4.4.1 整数运算指令

1. 整数、双字整数加/减指令

（1）指令格式及功能（见表 4-10）

表 4-10 整数、双字整数加/减指令的格式及功能

梯形图 LAD	语句表 STL		功 能
	操作码	操作数	
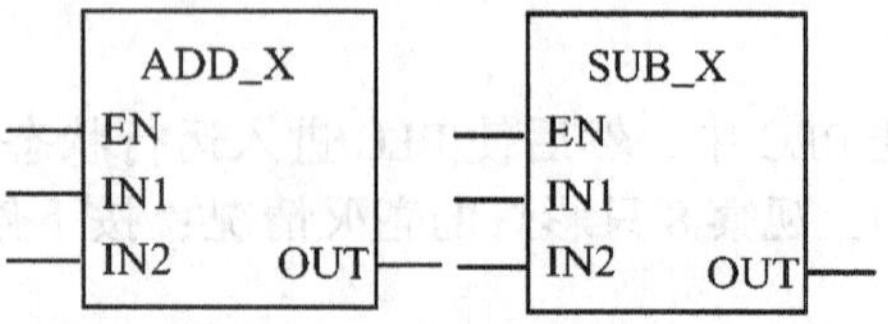	+X -X	IN2，OUT IN2，OUT	当使能位 EN 为 1 时，执行 IN1+IN2 或 IN1-IN2 操作，并将结果存入 OUT

说明：

1）操作码中的 X 指定数据的长度，分别为整数（I）、双字整数（DI）两种。

2）操作数的寻址范围要与操作码中的 X 一致，OUT 不能寻址常数。

3）该指令影响特殊内部寄存器位：SM1.0（零），SM1.1（溢出），M1.2（负）。

（2）指令编程举例

例 7 假定对常数 5 和常数 3 进行加法运算。如果采用语句表指令编程，则必须先将其中一个常数存入存储器或累加器中，然后再将另一个常数与存储器或累加器中的数据进行加法运算，若采用梯形图指令编程，可直接将两数进行相加运算，对应的梯形图及语句表程序如图 4-18 所示。

2. 整数、双字整数乘/除指令

（1）指令格式及功能（见表 4-11）

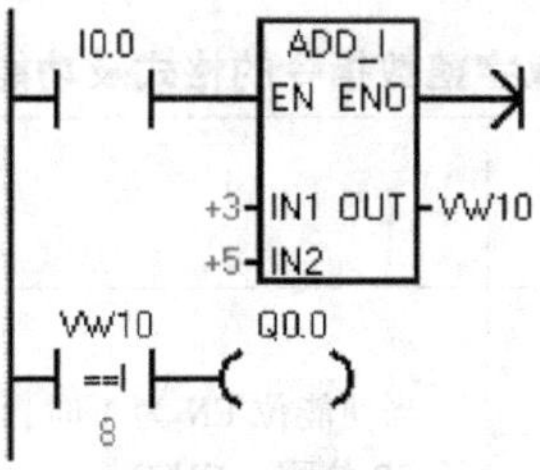

a) 梯形图程序

```
LD      I0.0
MOVW    +3, VW10
+I      +5, VW10
LDW=    VW10, 8
=       Q0.0
```

b) 语句表程序

图 4-18 整数加法指令举例

表 4-11 整数、双字整数乘/除指令的格式及功能

梯形图 LAD	语句表 STL		功 能
	操作码	操作数	
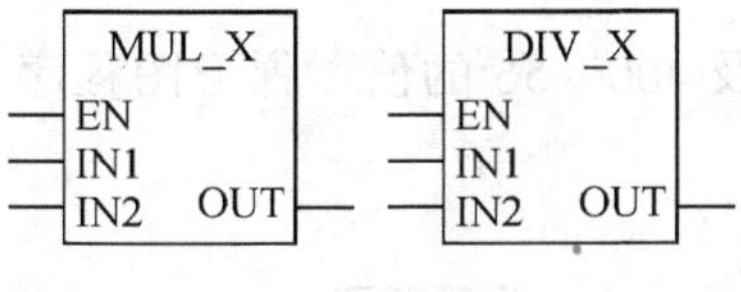	*X /X	IN2, OUT IN2, OUT	当使能位 EN 为 1 时，执行 IN1 * IN2 或 IN1/IN2 操作，并将结果保存到 OUT，除法运算不保留余数

说明：

1）操作码中的 X 指定数据长度，分为整数（I）、双字整数（DI）两种情况。

2）操作数的寻址范围要与操作码中的 X 一致；OUT 不能寻址常数。

3）该指令影响下列特殊内存位：SM1.0（零），SM1.1（溢出），SM1.2（负），SM1.3（除数为 0）。

（2）指令编程举例

例 8 假定 I0.0 得电时，执行 VW10 乘以 VW20、VD40 除以 VD50 操作，并分别将结果存入 VW30 和 VD60 中。则对应的梯形图程序及运算过程如图 4-19 所示。

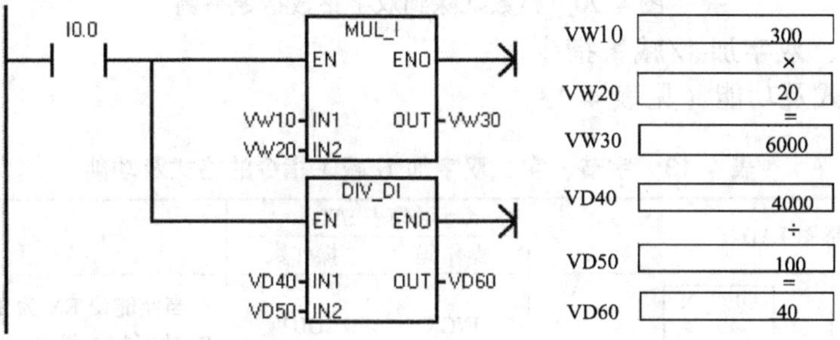

a) 梯形图程序 b) 运算过程

图 4-19 整数乘除指令编程举例

3. 整数乘/除到双字整数指令

（1）指令格式及功能（见表 4-12）

说明：

1）IN1 指定乘数（除数），IN2 指定被乘数（被除数），要按字寻址；OUT 按双字寻址，不能寻址常数及专用字、双字存储器 T、C、HC 等。

2）该指令影响下列特殊内存位：SM1.0（零），SM1.1（溢出），SM1.3（除数为 0），

SM1.2（负）。

表 4-12 整数乘/除到双字整数指令的格式及功能

梯形图 LAD	语句表 STL		功 能
	操作码	操作数	
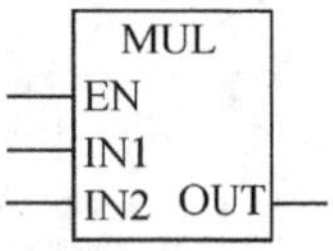	MUL	IN2，OUT	当使能位 EN 为 1 时，把两个 16 位整数相乘，得到一个 32 位积（OUT）
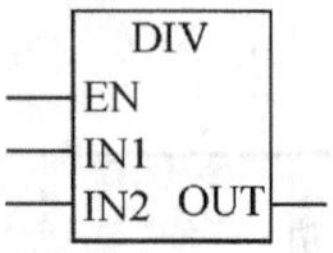	DIV	IN2，OUT	当使能位 EN 为 1 时，把两个 16 位整数相除，得到 32 位结果（OUT），该结果的低 16 位是商，高 16 位是余数

（2）指令编程举例

例 9 采用整数乘除到双字整数指令计算 4000 * 20 及 4000/56 的值。梯形图程序及运算过程如图 4-20 所示。

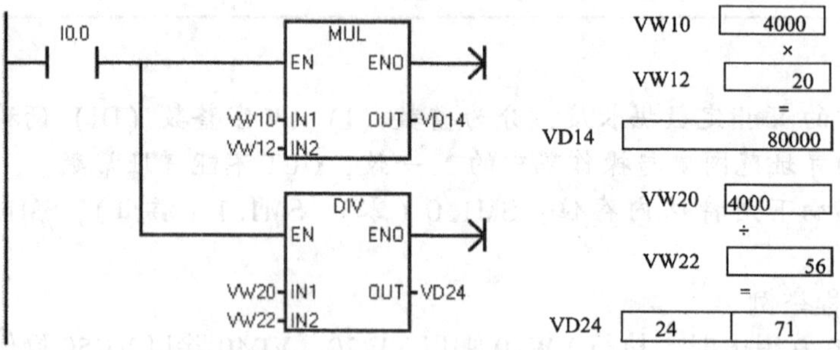

a) 梯形图程序　　b) 运算过程

图 4-20 整数乘除到双字整数指令举例

4. 字节、字、双字加 1/减 1 指令

（1）指令格式及功能（见表 4-13）

表 4-13 字节、字、双字加 1/减 1 指令的格式及功能

梯形图 LAD	语句表 STL		功 能
	操作码	操作数	
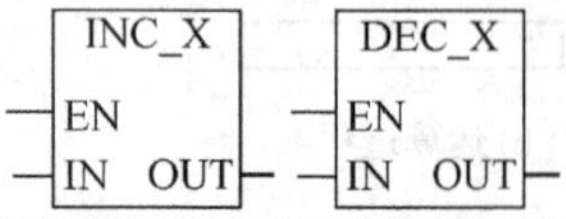	INCX DECX	OUT OUT	当使能位 EN 为 1 时，INC _ X 对输入 IN 执行加 1 操作，DEC _ X 对输入 IN 执行减 1 操作

说明：

1）操作码中的 X 指定输入数据的长度，分别有字节（B）、字（W）和双字（DW）3 种形式。

2）操作数的寻址范围要与操作码中的 X 一致，其中对字节操作时不能寻址专用的字及双字存储器，如 T、C 及 HC 等；对字操作时不能寻址专用的双字存储器 HC；OUT 不能寻址常数。

3）字、双字增减指令是有符号的，影响特殊存储器位 SM1.0 和 SM1.1 的状态；字节增减指令是无符号的，影响特殊存储器位 SM1.0、SM1.1 和 SM1.2 的状态。

（2）指令编程举例

例 10　I0.2 每接通一次，AC0 的内容自动加 1，VW100 的内容自动减 1。其梯形图程序及语句表程序如图 4-21 所示。

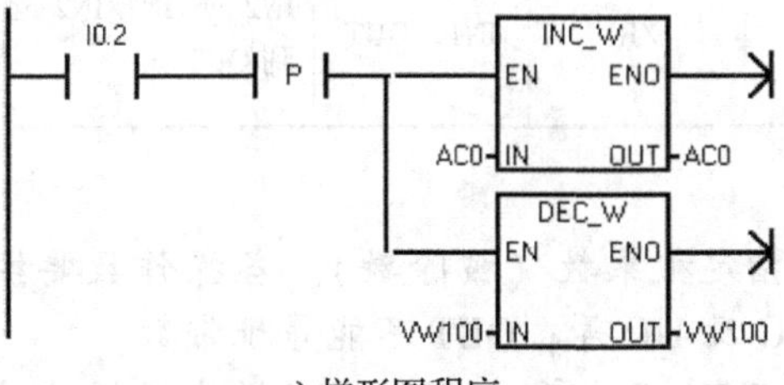

a) 梯形图程序

```
LD      I0.2
EU
INCW    AC0
DECW    VW100
```

b) 语句表程序

图 4-21　增 1 减 1 指令编程举例

4.4.2　实数运算指令

1. 实数加/减指令

（1）指令格式及功能（见表 4-14）

表 4-14　实数加/减指令的格式及功能

梯形图 LAD	语句表 STL		功　能
	操作码	操作数	
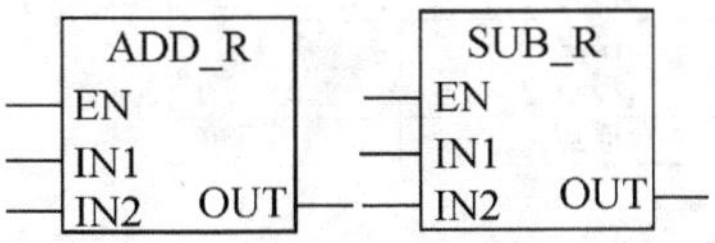	+R -R	IN2, OUT IN2, OUT	当使能位 EN 为 1 时，执行实数 IN1 + IN2 或 IN1 - IN2 操作，并将结果保存到 OUT

说明：

1）IN1 指定加数（减数），IN2 指定被加数（被减数）。各操作数要按双字寻址，不能寻址专用的字及双字存储器，如 T、C 及 HC 等；OUT 不能寻址常数；

2）该指令影响下列特殊内部寄存器位：SM1.0（零），SM1.1（溢出），SM1.2（负）。

（2）指令编程举例

例 11　将 VD0 和 VD4 存储单元中的实数相加后存入 VD8 单元中。对应的梯形图程序及运算结果如图 4-22 所示。

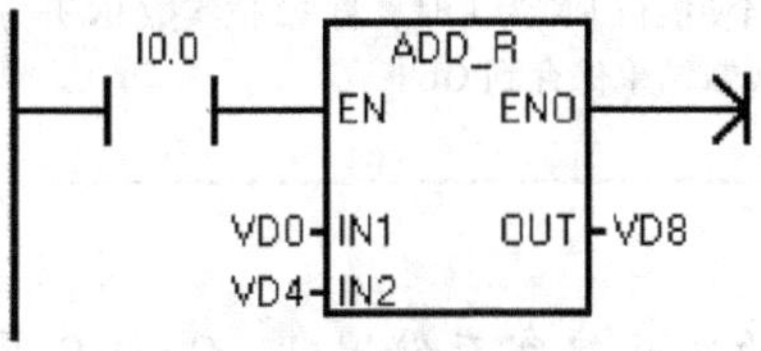

a) 梯形图程序

	地址	格式	当前值
1	VD0	浮点	257.0
2	VD4	浮点	435.0
3		带符号	
4	VD8	浮点	692.0

b) 运算结果

图 4-22　实数加减指令举例

2. 实数乘/除指令

（1）指令格式及功能（见表 4-15）

表 4-15 实数乘/除指令的格式及功能

梯形图 LAD	语句表 STL		功　能
	操作码	操作数	
MUL_R（EN、IN1、IN2、OUT）　DIV_R（EN、IN1、IN2、OUT）	*R /R	IN1，OUT IN1，OUT	当使能位 EN 为 1 时，执行实数 IN1 * IN2 或 IN1/IN2 运算，并将结果保存到 OUT

说明：

1）IN1 指定乘数（除数），IN2 指定被乘数（被除数）。各操作数要按双字寻址，不能寻址专用的字及双字存储器，如 T、C 及 HC 等；OUT 不能寻址常数。

2）该指令影响下列特殊内存位：SM1.0（零）；SM1.1（溢出或操作过程中生成非法数值或发现非法输入参数）；SM1.2（负）；SM1.3（除数为 0）。

（2）指令编程举例

例 12 对 VD0、VD4 中的实数进行乘法运算，VD30、VD34 中的实数进行除法运算，其结果分别保存到 VD10 和 VD40 中。梯形图程序及运算结果如图 4-23 所示。

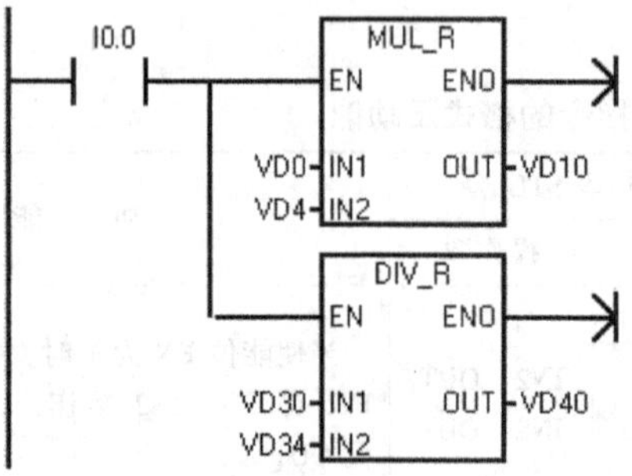

a) 梯形图程序

	地址	格式	当前值
1	VD0	浮点	300.0
2	VD4	浮点	200.0
3	VD10	浮点	60000.0
4		带符号	
5	VD30	浮点	400.0
6	VD34	浮点	41.0
7	VD40	浮点	9.756098

b) 执行结果

图 4-23　实数乘除指令编程及运行结果示意图

3. 实数的开方指令

（1）指令格式及功能（见表 4-16）

表 4-16 实数开方指令的格式及功能

梯形图 LAD	语句表 STL		功　能
	操作码	操作数	
SQRT（EN、IN、OUT）	SQRT	IN，OUT	当使能位 EN 为 1 时，将 32 位实数 IN 开方，得到的 32 位实数结果保存到 OUT

说明：

1）操作数要按双字寻址，不能寻址某些专用的字及双字存储器 T、C、HC 等，OUT 不能对常数寻址。

2）此指令影响下列特殊内存位：SM1.0（零）；SM1.1（溢出）；SM1.2（负）。

（2）指令编程举例

例 13 将 VD0 存储单元中的实数数据进行开方操作，结果存入 VD10 存储单元中。对应的梯形图程序及运行结果如图 4-24 所示。

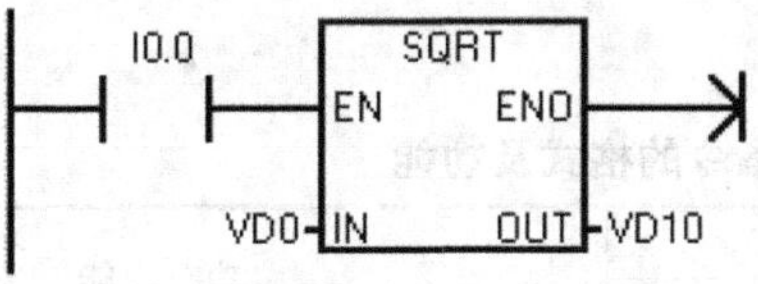

a) 梯形图程序

	地址	格式	当前值
1	VD0	浮点	257.0
2		带符号	
3	VD10	浮点	16.03122

b) 执行结果

图 4-24　实数开方指令举例

4. 三角运算指令

(1) 指令格式及功能（见表 4-17）

表 4-17　三角运算指令的格式及功能

梯形图 LAD	语句表 STL		功　能
	操作码	操作数	
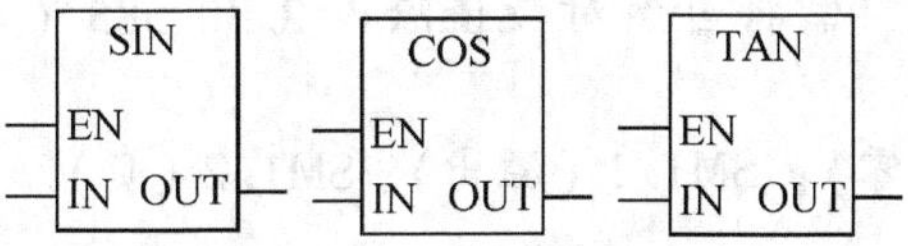	SIN COS TAN	IN，OUT IN，OUT IN，OUT	当使能位 EN 为 1 时，分别对角度的弧度值 IN 进行正弦、余弦、正切运算，并将结果放置在 OUT 中

说明：

1) IN 指定角度值，单位为弧度。欲将输入角度转换成弧度，需将角度值乘以 1.745329E-2（约等于 $\pi/180$）。

2) IN 和 OUT 按双字寻址，不能寻址专用的字及双字存储器 T、C、HC 等，OUT 不能寻址常数。

3) 此指令影响下列特殊内存位：SM1.0（零）；SM1.1（溢出）；SM1.2（负）。

(2) 指令编程举例

例 14　求角度 63.5°的正弦值，并将其结果存储在 VD22 存储单元中。对应的梯形图程序及运行结果如图 4-25 所示。

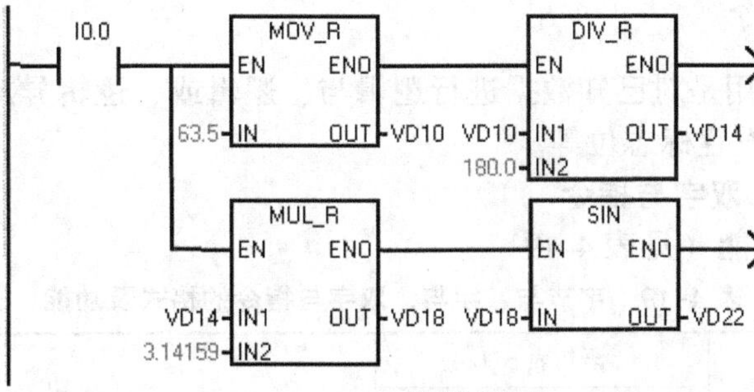

a) 梯形图程序

	地址	格式	当前值
1	VD10	浮点	63.5
2	VD14	浮点	0.35277
3	VD18	浮点	1.10828
4	VD22	浮点	0.89493

b) 执行结果

图 4-25　求取角度正弦值的梯形图程序及运行结果

5. **自然对数/指数指令**

（1）指令格式及功能（见表4-18）

表4-18 自然对数/指数指令的格式及功能

梯形图 LAD	语句表 STL		功　能
	操作码	操作数	
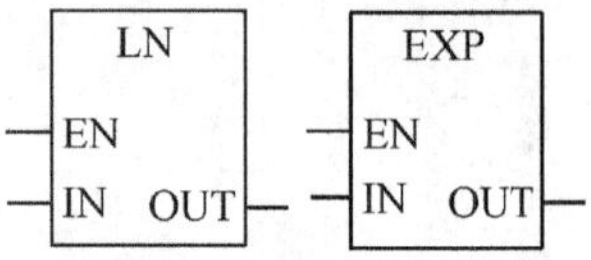	LN EXP	IN，OUT IN，OUT	当使能位 EN 为 1 时，LN 指令计算输入数据 IN 的自然对数，EXP 指令计算 e 的 IN 次方，结果都置于 OUT

说明：

1）操作数按双字寻址，但不能对专用字及双字存储器 T、C、HC 等寻址，OUT 不能寻址常数。

2）欲从自然对数值获得以 10 为底的对数值，需将自然对数值除以 2.302585（约等于 10 的自然对数值）。

3）此组指令影响下列特殊内存位：SM1.0（零）；SM1.1（溢出）；SM1.2（负）。

（2）指令编程举例

例 15 计算 VD10 中数据的自然对数值，结果存入 VD20 单元；计算以 e 为底的 VD30 中数据的指数值，结果存入 VD40 单元。对应的梯形图程序及执行结果如图 4-26 所示。

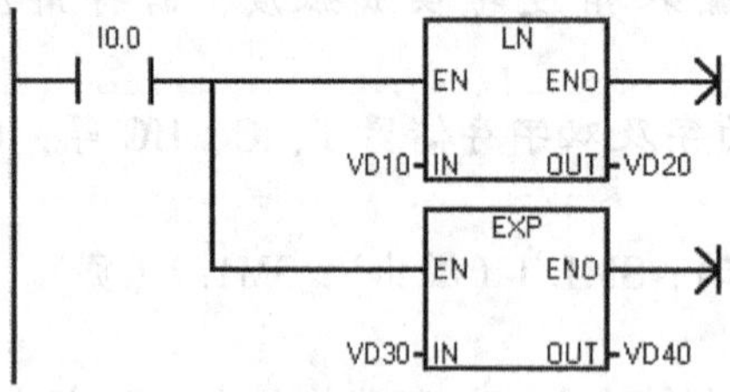

a) 梯形图程序

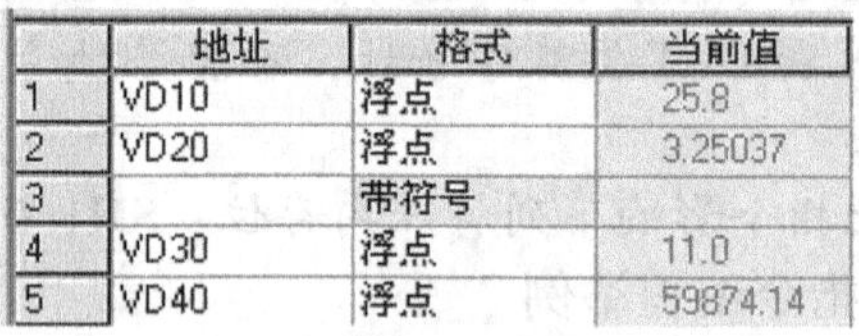

	地址	格式	当前值
1	VD10	浮点	25.8
2	VD20	浮点	3.25037
3		带符号	
4	VD30	浮点	11.0
5	VD40	浮点	59874.14

b) 执行结果

图 4-26 自然对数、指数指令应用举例

4.4.3 逻辑运算指令

逻辑运算指令的作用是对已知数据进行逻辑与、逻辑或、逻辑异或及逻辑取反等操作，可用于存储器的清 0、设置标志位等。

1. **字节与、字与、双字与指令**

（1）指令格式及功能（见表4-19）

表4-19 字节与、字与、双字与指令的格式及功能

梯形图 LAD	语句表 STL		功　能
	操作码	操作数	
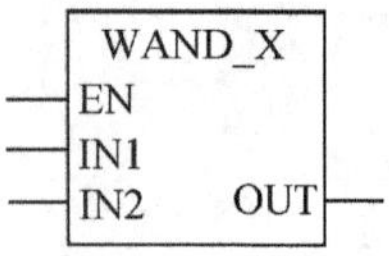	ANDX	IN2，OUT	当使能位 EN 为 1 时，将输入数据 IN1 与 IN2 进行按位相与运算，并将结果保存到 OUT

说明：

1）X 为该逻辑操作的数据长度，包含字节（B）、字（W）和双字（D）3 种情况。

2）操作数的寻址范围要与操作码中的 X 一致，其中对字寻址的源操作数还可以有 AI，双字寻址的源操作数可以有 HC，目的操作数 OUT 不能对常数寻址。

（2）指令编程举例

例 16　保留 VB2 的高四位，屏蔽 VB2 的低四位。对应的梯形图程序及运算结果如图 4-27所示。

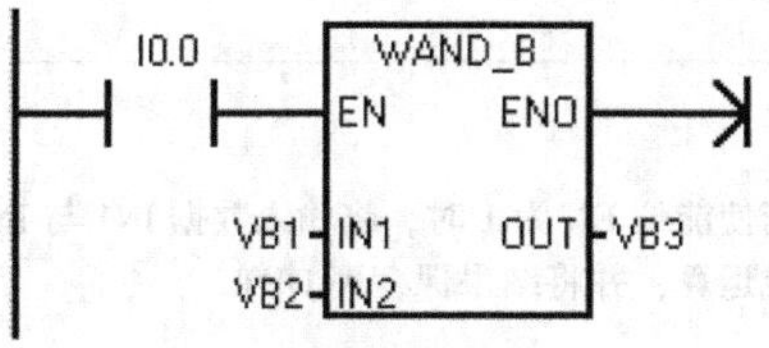

a) 梯形图程序

	地址	格式	当前值
1	VB1	二进制	2#1111_0000
2	VB2	二进制	2#0100_1110
3		带符号	
4	VB3	二进制	2#0100_0000

b) 执行结果

图 4-27　与运算指令编程及结果示意图

2. 字节或、字或、双字或指令

（1）指令格式及功能（见表 4-20）

表 4-20　字节或、字或、双字或指令的格式及功能

梯形图 LAD	语句表 STL		功　能
	操作码	操作数	
WOR_X EN IN1 IN2　OUT	ORX	IN2，OUT	当使能位 EN 为 1 时，将输入数据 IN1 与 IN2 进行按位相或运算，并将结果保存到 OUT

说明：

1）X 代表数据长度，包含字节（B）、字（W）和双字（D）3 种情况。

2）各操作数的寻址范围要与操作码中的 X 一致，其中对字寻址的源操作数还可以有 AI，双字寻址的源操作数可以有 HC，目的操作数 OUT 不能对常数寻址。

（2）指令编程举例

例 17　用于将字或字节中的某些位置“1”。梯形图程序及运算结果如图 4-28 所示。图中变量 VB1 的各位与十六进制常数 16#0A 相“或”，因为 16#0A 的第 3 位和第 1 位为 1，所以不论 VB1 这两位为 1 还是为 0，运算结果 VB1 的这两位都被置为 1，其余各位不变。

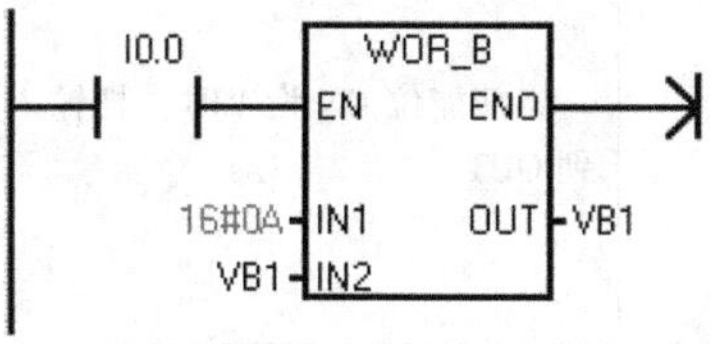

a) 梯形图程序

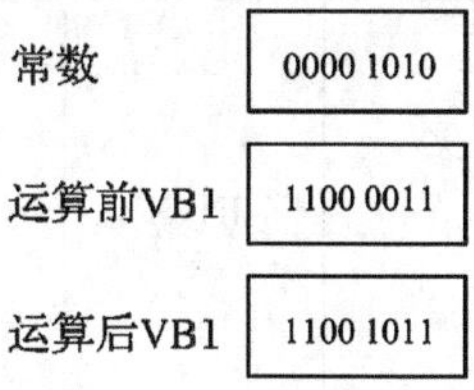

b) 运算结果

图 4-28　或运算指令编程及结果示意图

3. 字节异或、字异或、双字异或指令

（1）指令格式及功能（见表 4-21）

说明：

1）X 代表数据长度，包含字节（B）、字（W）和双字（D）3 种情况。

2）各操作数的寻址范围要与操作码中的 X 一致，其中对字寻址的源操作数还可以有 AI，双字寻址的源操作数可以有 HC，目的操作数 OUT 不能寻址常数。

表 4-21 字节异或、字异或、双字异或指令的格式及功能

梯形图 LAD	语句表 STL		功 能
	操作码	操作数	
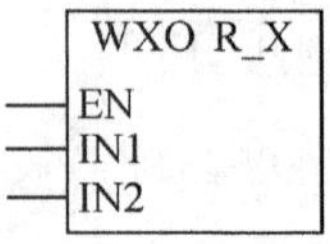	XORX	IN2，OUT	当使能位 EN 为 1 时，将输入数据 IN1 与 IN2 进行按位异或运算，并将结果保存到 OUT

（2）指令编程举例

例 18 用异或指令来判断数据中的哪些位发生了变化，其梯形图程序及运算结果如图 4-29 所示。

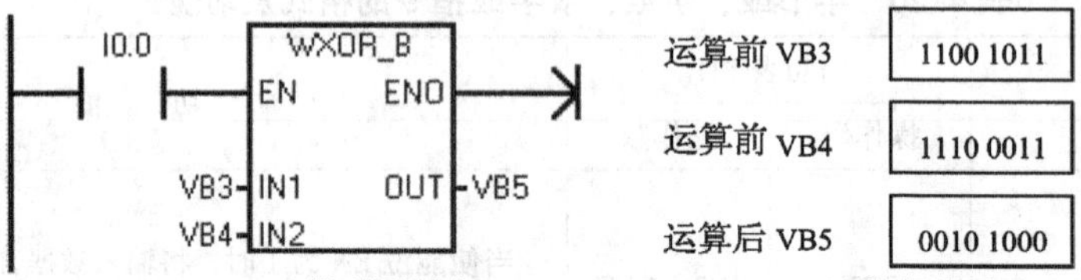

a) 梯形图程序 b) 执行结果

图 4-29 异或运算指令编程及结果示意图

两个相同的字节“异或”运算的结果是各位均为 0。我们不妨假设 VB3 和 VB4 中存放的是前后两次采集的 8 位数字量的状态，它们进行异或运算的结果如果不是全 0，那就说明其中某些位的状态发生了变化。状态发生了变化的位，异或的结果为 1。

4. 字节取反、字取反、双字取反指令

（1）指令格式及功能（见表 4-22）

表 4-22 字节取反、字取反、双字取反指令的格式及功能

梯形图 LAD	语句表 STL		功 能
	操作码	操作数	
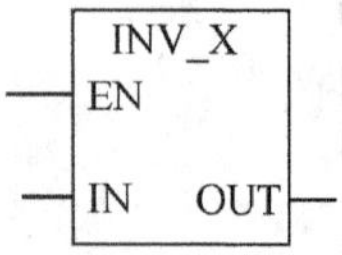	INVX	OUT	当使能位 EN 为 1 时，把输入数据 IN 按位取反后保存到 OUT

说明：

1）X 为取反指令的数据长度（字节 B、字 W、双字 D）。

2）操作数的寻址范围要与操作码中的 X 一致。其中 IN 字寻址时，可寻 T、C 及 AI；双字寻址时，可寻 HC；OUT 不能寻址常数。

（2）指令编程举例

例 19 I0.0 接通时将常数 16#0094 取反，其梯形图程序及运算结果如图 4-30 所示。

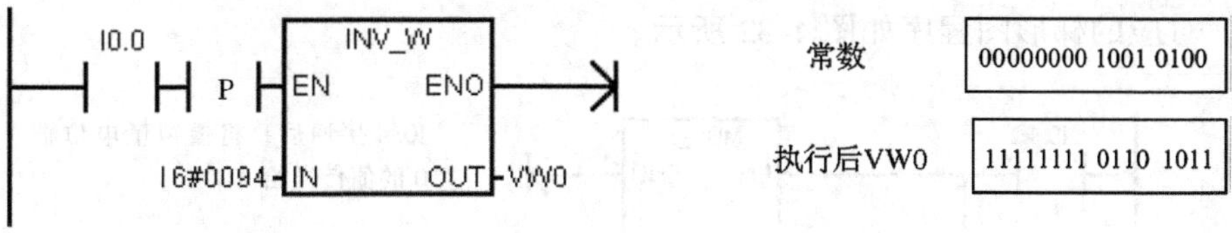

图 4-30 字取反指令的编程及运行结果

4.4.4 数据运算指令上机实践

实践 10 计算绝对值

1. 程序设计

求 VW100 中负整数的绝对值，并将求得的结果存放在 VW100 中，梯形图程序如图4-31所示。

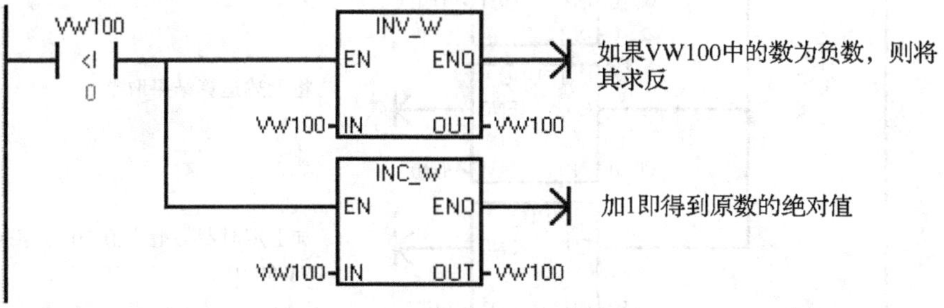

图 4-31 求绝对值编程举例

2. 上机操作步骤及要求

1）启动 STEP 7-Micro/WIN，将程序录入到梯形图编辑器中。

2）打开数据编辑器，键入 VB100 -34。

3）下载梯形图程序及数据块。

4）打开状态图编辑器，输入要观察的数据，使 PLC 处运行状态，观察 VW100 中数值的变化情况。

实践 11 用模拟电位器调节定时器设定值

用模拟电位器调节定时器 T37 的设定值，要求定时范围为 5~20s。CPU 221 和 CPU 222 只有一个模拟电位器，其他的 CPU 都有两个模拟电位器。CPU 将电位器 0 和电位器 1 的位置转换为 0~255 的数字值，然后分别存入特殊存储器字节 SMB28 和 SMB29 中。用螺钉旋具调整电位器的位置，即可改变 SMB28 和 SMB29 中的值。

1. 程序设计

要求在输入信号 I0.4 得电的情况下，用模拟量电位器 0 来设置定时器 T37 的设定值，设定的范围为 5~20s，即从电位器读出的数字 0~255 对应于定时器 5~20s 的定时值。设从电位器读出的数字为 N，则 100ms 定时器的设定值为

$$[(200-50)*N/255]+50=[150*N/255]+50\ (100\text{ms})$$

为保证运算精度，采用实数运算指令作乘除运算，运算的结果取整后再加 50 存入 VW50 中。对应的梯形图程序如图 4-32 所示。

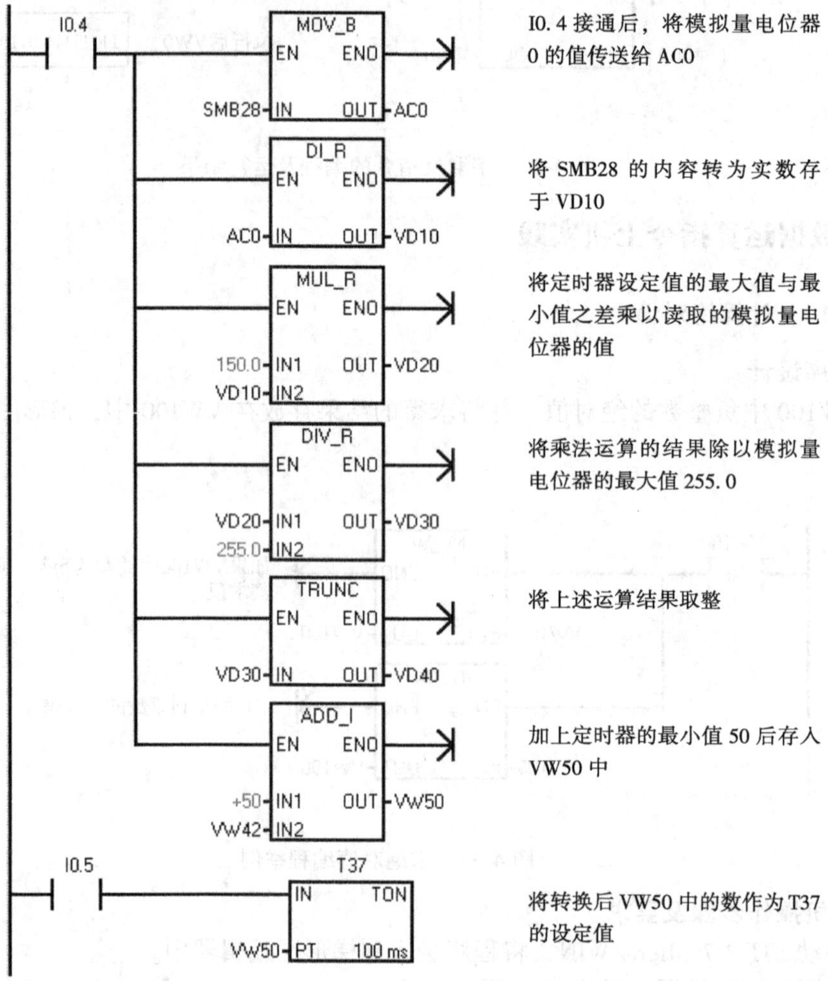

图 4-32 模拟电位器调节定时器设定值

2. 上机操作步骤及要求

1）启动 STEP 7-Micro/WIN，将程序录入并下载到 PLC 中，然后使 PLC 进入运行状态。

2）打开状态图编辑器，输入 SMB28、VD10、VD20、VD30、VD40、VW50，进入状态图监控状态，观察各变量的状态值。

3）强制 I0.4 得电，用螺钉旋具调整模拟量电位器 0 的位置，观察 SMB28、VW50 的值。

4）采用其他运算指令重新编程，监控运行结果。

实践 12 触摸屏或组态软件数据显示 PLC 程序设计

通过 VW10～VW28 将 VW1000～VW1099 中的 100 个数据分 10 页显示到触摸屏或监控软件中，其显示界面如图 4-33 所示。按一下“首页”按钮，数据显示第一页；按“下页”按钮，数据向下翻页显示，若翻到最后一页再按“下页”按钮时，数据将返回第一页；按“上页”按钮，数据向上翻页显示，若翻到第一页再按“上页”按钮时，数据将返回最后一页。设 M30.0 为首次显示按钮，M30.1 为上页显示按钮，M30.2 为下页显示按钮，则对应的首页数据显示梯形图如图 4-34 所示，向下翻页数据显示梯形图如图4-35所示，向上翻页数据显示梯形图如图 4-36 所示。

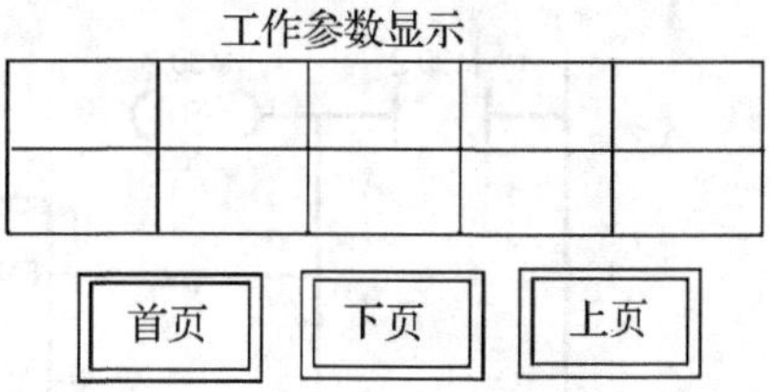

图 4-33　触摸屏中参数显示环境

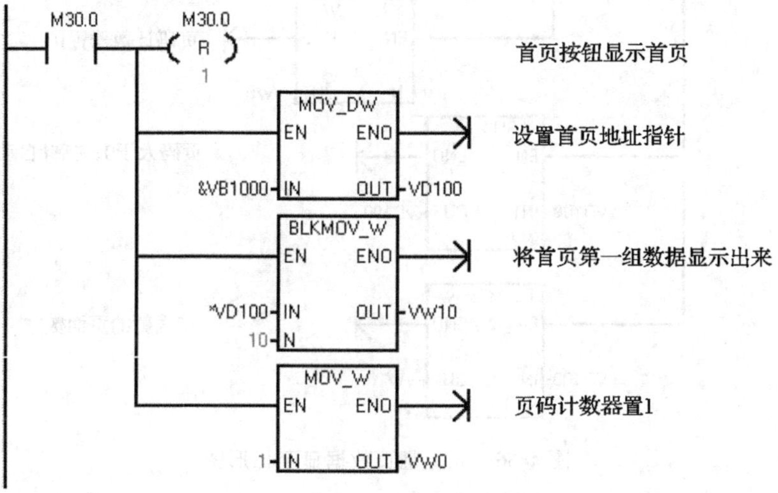

图 4-34　首页数据显示梯形图

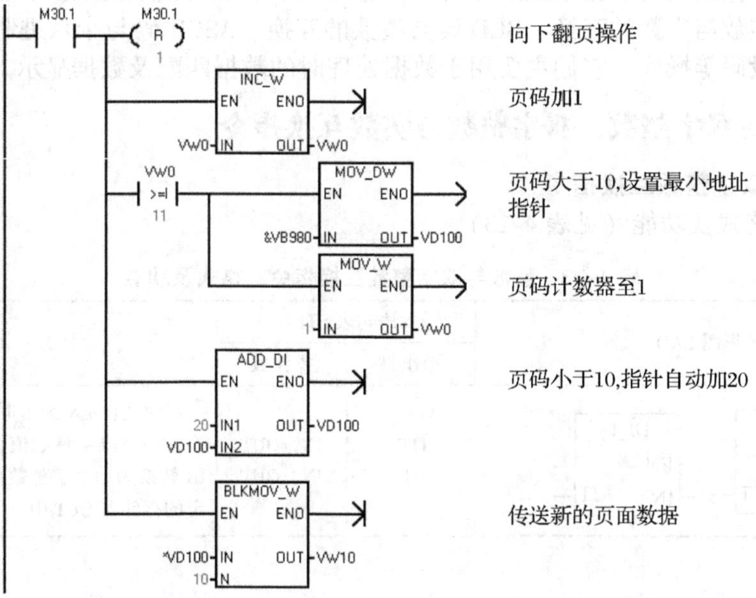

图 4-35　向下翻页数据显示梯形图

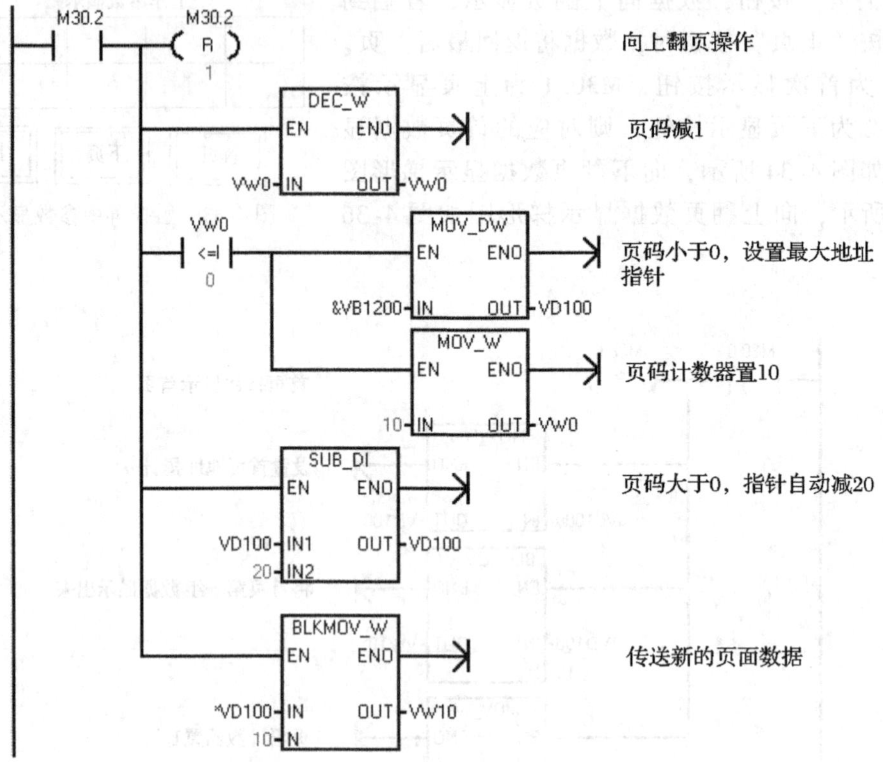

图 4-36 向上翻页数据显示梯形图

4.5 数据转换指令及应用

转换指令的作用是对数据格式进行转换，它包括字节数与整数的互换、整数与双字整数的互换、双字整数与实数的互换、BCD 码与整数的互换、ASCII 码与十六进制数的互换以及编码、译码、段码等操作。它们主要用于数据处理时的数据匹配及数据显示。

4.5.1 整数与双字整数、双字整数与实数互换指令

1. 整数与双字整数互换指令

（1）指令格式及功能（见表 4-23）

表 4-23 整数与双字整数互换指令的格式及功能

梯形图 LAD	语句表 STL		功 能
	操作码	操作数	
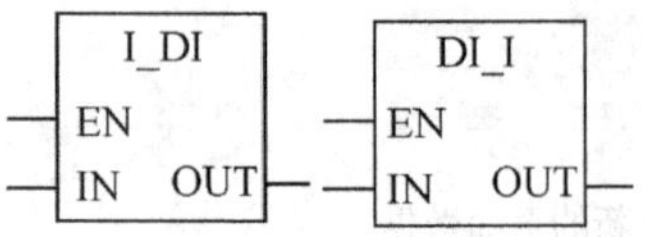	ITD DTI	IN，OUT IN，OUT	当使能位 EN 为 1 时，将整数值 IN 转换为一个双字整数值，或将双字整数值 IN 转换为一个字整数值，结果存放到指定的存储器 OUT 中

说明：

1）执行 I_DI 指令，IN 不能寻址 HC；OUT 不能寻址 T、C、HC 等存储器。执行DI _ I 指令，IN 不能寻址 T、C 存储器；OUT 不能寻址 HC。

2）如果被转换的值太大而不能完全输出时，溢出位将被置位，输出不被影响。

（2）指令编程举例

例 20　假定在 I0.0 闭合时将 VW20 中的整数转换为双字整数，存入 VD40 中，对应的梯形图程序及转换结果如图 4-37 所示。

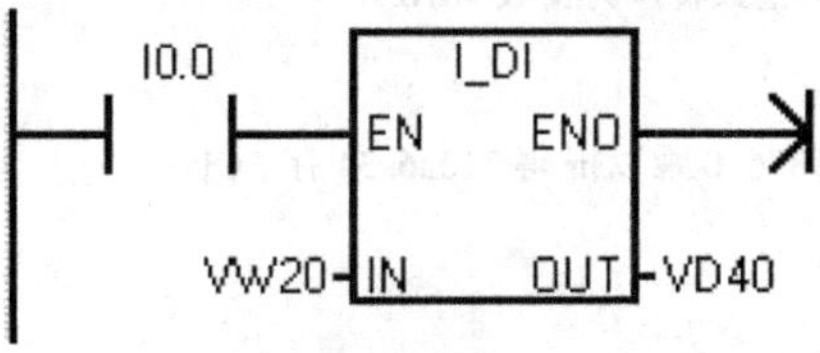

a) 梯形图程序

	地址	格式	当前值
1	VW20	十六进制	16#0246
2	VD40	十六进制	16#00000246

b) 转换结果

图 4-37　I _ DI 指令编程举例

2. 双字整数与实数互换指令

（1）指令格式及功能（见表 4-24）

表 4-24　双字整数与实数互换指令的格式及功能

梯形图 LAD	语句表 STL		功　能
	操作码	操作数	
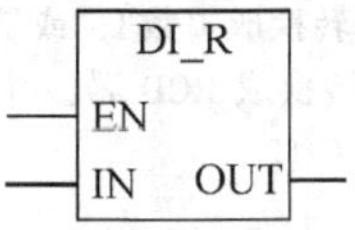	DTR	IN，OUT	当使能位 EN 为 1 时，把 32 位有符号整数 IN 转换为 32 位实数 OUT
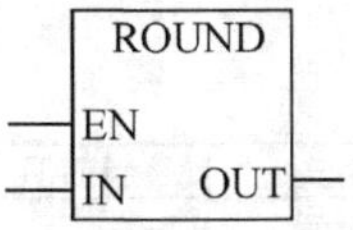	ROUND	IN，OUT	当使能位 EN 为 1 时，把 32 位实数 IN 转换成一个双字整数值，实数的小数点部分四舍五入，结果存入 OUT 中
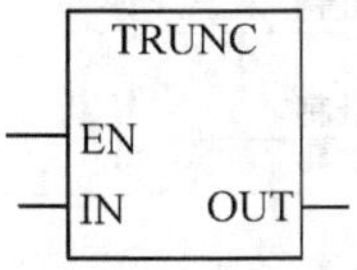	TRUNC	IN，OUT	当使能位 EN 为 1 时，把 32 位实数 IN 转换成一个双字整数值，仅实数的整数部分被转换，小数部分则被舍去，结果存入 OUT 中

说明：

1）操作数不能寻址一些专用的字及双字存储器，如 T、C、HC 等。OUT 不能寻址常数。

2）这些指令影响特殊存储器位 SM1.1 的状态。

（2）指令编程举例

例 21　求直径为 9876mm 圆的周长，并将求得的结果转换为整数，程序如图 4-38 所示。

4.5.2　BCD 码与整数互换指令

1. 指令格式及功能（见表 4-25）

说明：操作数要按字寻址，其中 OUT 不能寻址 AIW 及常数。

2. 指令编程举例

例 22　设 VW10 中存有数据 256，VW30 中存有 BCD 码数据 100，现分别执行 IBCD、BCDI 指令。对应的梯形图程序及执行结果如图 4-39 所示。

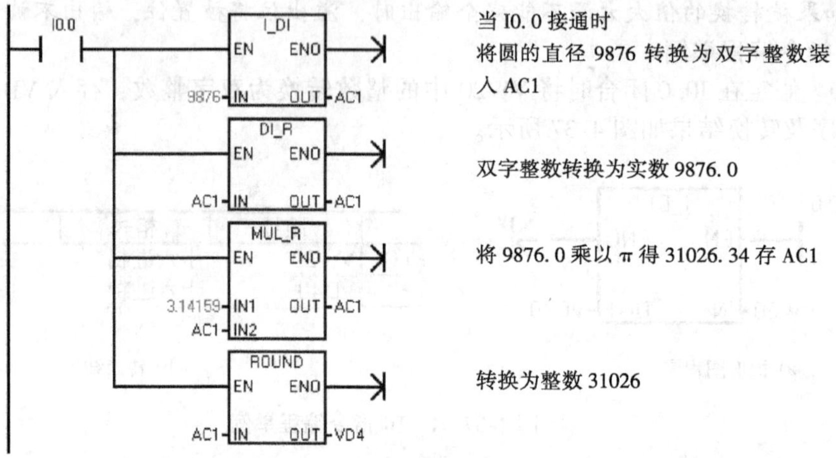

图4-38 求圆周长程序

表4-25 BCD码与整数互换指令的格式及功能

梯形图LAD	语句表STL		功 能
	操作码	操作数	
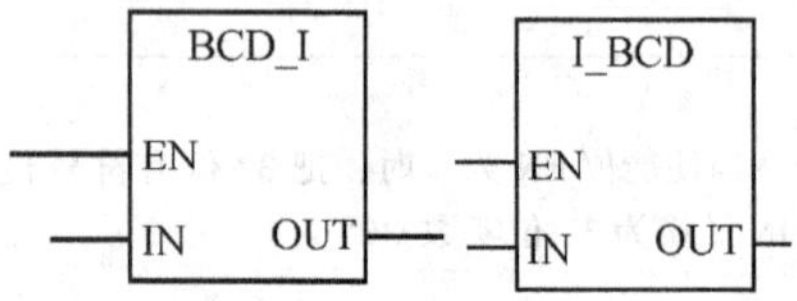	BCDI IBCD	IN, OUT IN, OUT	当使能位EN为1时，把输入的BCD码转换成整数I，或是把输入的整数I转换成BCD码，并将转换结果存入OUT

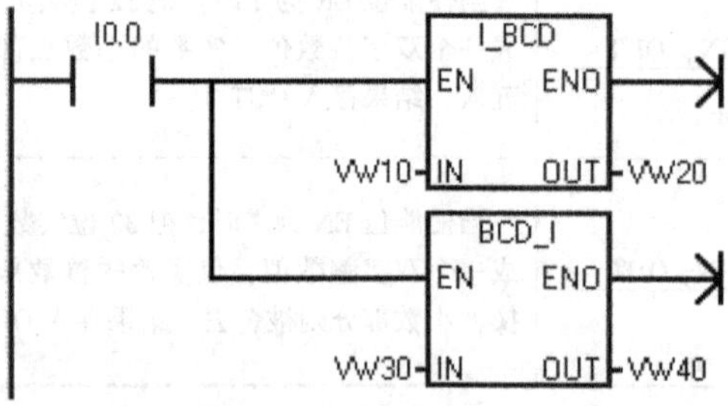

a) 梯形图程序

	地址	格式	当前值
1	VW10	不带符号	256
2	VW20	十六进制	16#0256
3		带符号	
4	VW30	十六进制	16#0100
5	VW40	不带符号	100

b) 转换结果

图4-39 IBCD、BCDI指令编程举例

4.5.3 ASCII码与十六进制数互换指令

1. 指令格式及功能（见表4-26）

表4-26 ASCII码与十六进制数互换指令的格式及功能

梯形图LAD	语句表STL		功 能
	操作码	操作数	
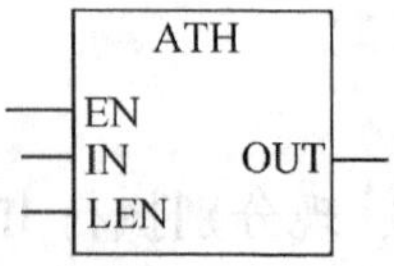	ATH	IN, OUT, LEN	当使能位EN为1时，把从IN字符开始，长度为LEN的ASCII码字符串转换成从OUT开始的十六进制数

（续）

梯形图 LAD	语句表 STL		功　能
	操作码	操作数	
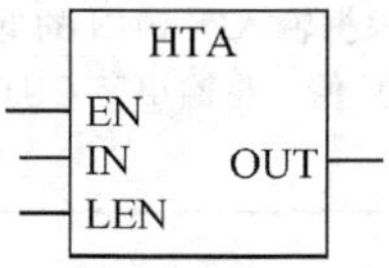	HTA	IN,OUT,LEN	当使能位 EN 为 1 时,把从 IN 开始,长度为 LEN 的十六进制数转换为从 OUT 开始的 ASCII 码字符串

说明：

1）操作数 LEN 为要转换字符的长度，IN 定义被转换字符的首地址，OUT 定义转换结果的存放地址。

2）各操作数按字节寻址，不能对一些专用字及双字存储器如 T、C、HC 等寻址，LEN 还可寻址常数。

3）ATH 指令中，ASCII 码字符串的最大长度为 255 个字符；HTA 指令中，可转换的十六进制数的最大个数也为 255。合法的 ASCII 码字符的十六进制值在 30~39 和 41~46 之间。

2. 指令编程举例

例 23　将 VB10 开始的 4 个 ASCII 码转换为 VB20 开始的十六进制数据。其梯形图及转换结果如图 4-40 所示。

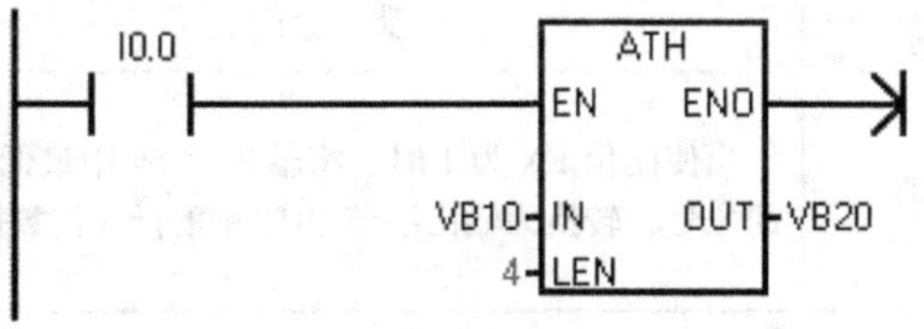

a) 梯形图程序

	地址	格式	当前值
1	VB10	ASCII	'A'
2	VB11	ASCII	'B'
3	VB12	ASCII	'C'
4	VB13	ASCII	'D'
5		带符号	
6	VB20	十六进制	16#AB
7	VB21	十六进制	16#CD

b) 转换结果

图 4-40　ATH 指令编程举例

例 24　将 VB30 开始的 2 个十六进制数转换为 VB40 开始的 ASCII 码。其梯形图及转换结果如图 4-41 所示。

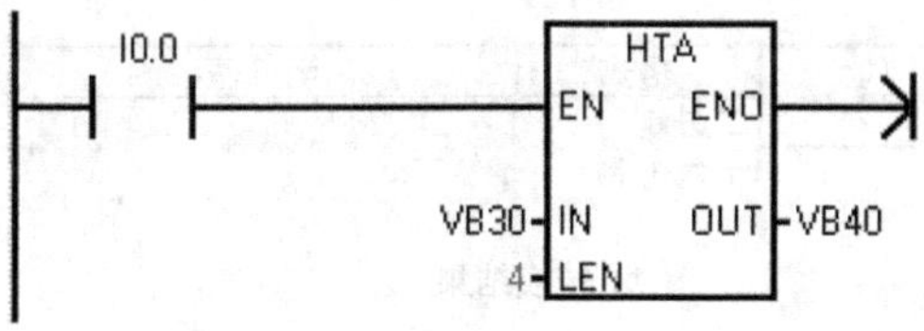

a) 梯形图程序

	地址	格式	当前值
1	VB30	十六进制	16#2A
2	VB31	十六进制	16#54
3		带符号	
4	VB40	ASCII	'2'
5	VB41	ASCII	'A'
6	VB42	ASCII	'5'
7	VB43	ASCII	'4'

b) 转换结果

图 4-41　HTA 指令编程举例

4.5.4　译码、编码、段码指令

1. 译码指令

（1）指令格式及功能（见表 4-27）

说明：操作数 IN 不能寻址专用的字及双字存储器 T、C、HC 等；OUT 不能对 HC 及常数寻址。

表 4-27 译码指令的格式及功能

梯形图 LAD	语句表 STL		功　能
	操作码	操作数	
DECO EN IN OUT	DECO	IN，OUT	当使能位 EN 为 1 时，根据输入字节 IN 的低 4 位所表示的位号（十进制数）值，将输出字 OUT 相应位置 1，其他位置 0

（2）指令编程举例

例 25 如果 VB2 中存有一数据为 16#08，即低 8 位数据为 8，则执行 DECO 译码指令，将使 MW2 中的第 8 位数据位置 1，而其他数据位置 0。对应的梯形图程序及执行结果如图 4-42 所示。

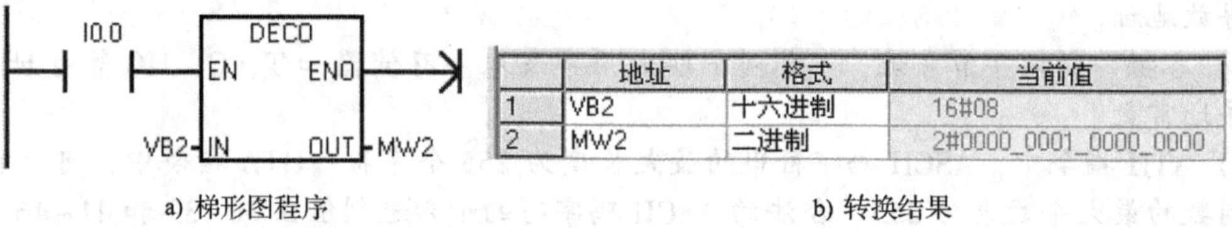

a) 梯形图程序　　b) 转换结果

图 4-42 译码指令编程举例

2. 编码指令

（1）指令格式及功能（见表 4-28）

表 4-28 编码指令的格式及功能

梯形图 LAD	语句表 STL		功　能
	操作码	操作数	
ENCO EN IN OUT	ENCO	IN，OUT	当使能位 EN 为 1 时，将输入字 IN 中最低有效位的位号，转换为输出字节 OUT 中的低 4 位数据

说明：OUT 不能寻址常数及专用的字、双字存储器 T、C、HC 等。

（2）指令编程举例

例 26 如果 MW3 中有一个数据的最低有效位是第 2 位（从第 0 位算起），则执行编码指令后，VB3 中的数据为 16#02，其低字节为 MW3 中最低有效位的位号值。对应的梯形图程序及执行结果如图 4-43 所示。

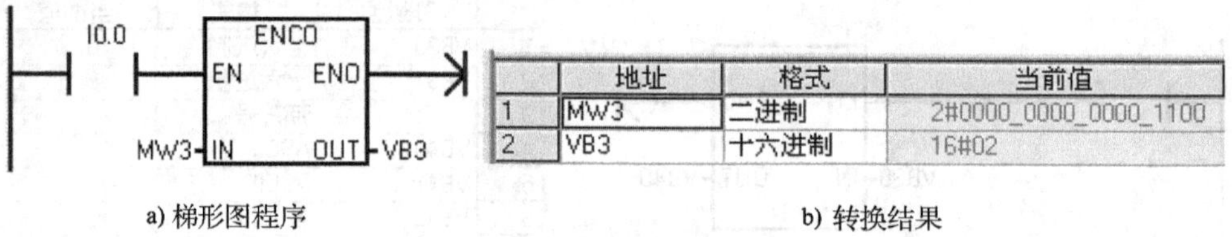

a) 梯形图程序　　b) 转换结果

图 4-43 编码指令编程举例

3. 段码指令

（1）指令格式及功能（见表 4-29）

表 4-29 段码指令的格式及功能

梯形图 LAD	语句表 STL		功　能
	操作码	操作数	
ENCO EN IN OUT	SEG	IN，OUT	当使能位 EN 为 1 时，将输入字节 IN 的低四位有效数字值，转换为七段显示码，并输出到字节 OUT

说明：

1）操作数IN、OUT寻址范围不包括专用的字及双字存储器如T、C、HC等，其中OUT不能寻址常数。

2）七段显示码的编码规则如图4-44所示。

IN	OUT . gfe　dcba	段码显示	IN	OUT . gfe　dcba
0	0011　1111	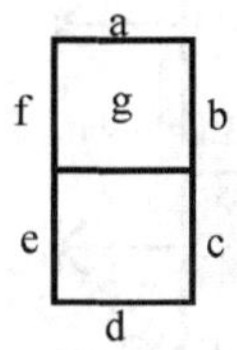 	8	0111　1111
1	0000　0110		9	0110　0111
2	0101　1011		A	0111　0111
3	0100　1111		B	0111　1100
4	0110　0110		C	0011　1001
5	0110　1101		D	0101　1110
6	0111　1101		E	0111　1001
7	0000　0111		F	0111　0001

图4-44　七段显示码的编码规则

（2）指令编程举例

例27　设VB2字节中存有十进制数9，当I0.0得电时对其进行段码转换，以便进行段码显示。其梯形图程序及执行结果如图4-45所示。

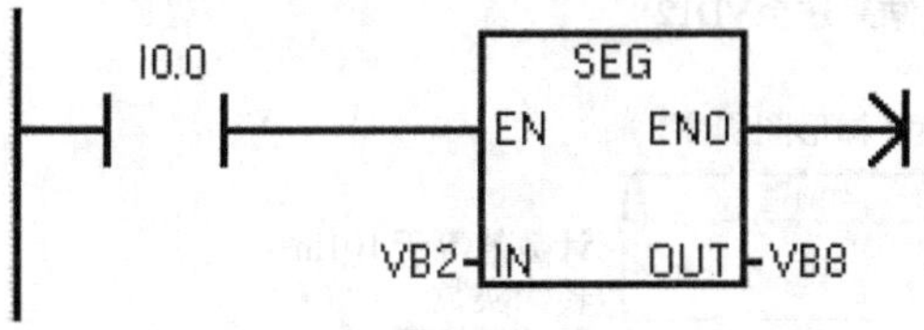

a) 梯形图程序

	地址	格式	当前值
1	VB2	不带符号	9
2	VB8	二进制	2#0110_0111

b) 执行结果

图4-45　段码指令举例

4.5.5　数据转换指令上机实践

实践13　双字整数转实数并取整

1. 程序设计

假定计数器C20对英寸值进行计数，现值为101，现将其转换为厘米并取整。对应的梯形图程序及运算结果如图4-46所示。

2. 上机操作步骤及要求

1）启动STEP 7-Micro/WIN，将程序录入并下载到PLC，然后使PLC进入运行状态。

2）使PLC进入梯形图监控状态，观察C20、AC1和VD0的值。

3）按下按钮I0.0，再次观察AC1、VD0、VD4、VD8和VD12的值。

4）将程序中的TRUNC指令换成ROUND指令，重复上述步骤，观察VD12中的内容有何变化。

5）为达题目要求，在程序中需增加一段C20的计数程序，使C20对秒脉冲进行计数，按下按钮I0.0时，应使计数器停止计数，同时进行数据转换。

实践14　编码、译码及段码指令应用

1. 程序设计

设VB10字节存有十进制数8，当I0.4得电时依次进行译码、编码及段码处理。其对应的程序及处理结果如图4-47所示。

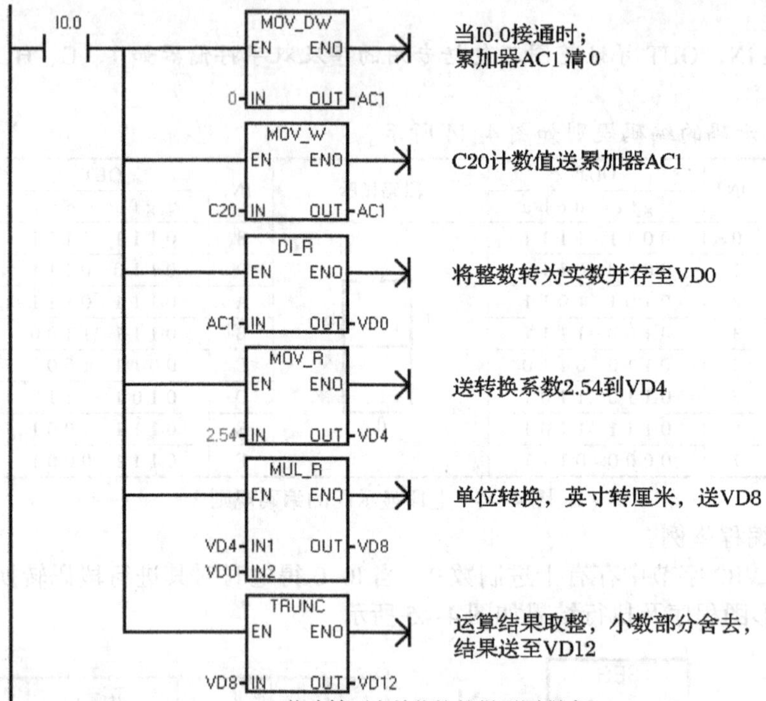

a) 英寸转厘米单位换算梯形图程序

	地址	格式	当前值	
1	C20	带符号	+101	计数值等于101in
2	VD0	浮点	101.0	转为实数
3	VD4	浮点	2.54	单位转换系数
4	VD8	浮点	256.54	转换结果256.54
5	VD12	带符号	+256	取整结果256

b) 运算结果

图 4-46　双字整数转实数并取整的梯形图程序及计算结果

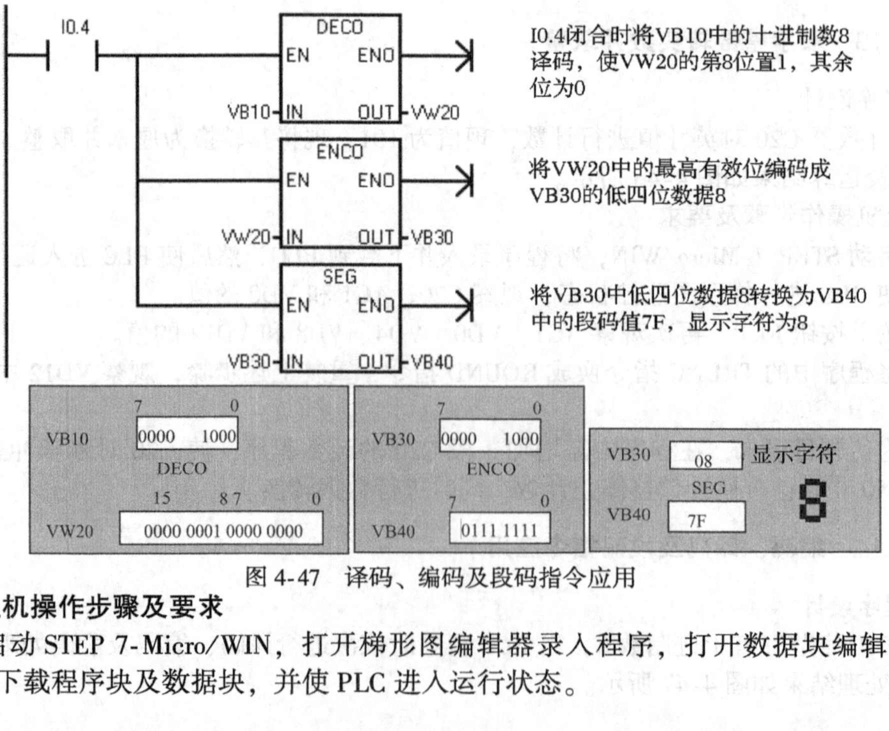

图 4-47　译码、编码及段码指令应用

2. 上机操作步骤及要求

1）启动 STEP 7-Micro/WIN，打开梯形图编辑器录入程序，打开数据块编辑器，输入 VB10 8，下载程序块及数据块，并使 PLC 进入运行状态。

2）使 PLC 进入梯形图监控状态，观察 VB10、VW20、VB30 和 VB40 的值。

3）打开状态图编辑器，输入 I0.4、VB10、VW20、VB30 和 VB40，进入状态图监控状态，强制 I0.4 得电，观察 VW20、VB30 和 VB40 中的值。

4）打开计算机监控 PLC 模拟实验系统，通过监控界面观察七段数码管的显示字样（监控界面中的起动复位按钮使用 M0.4、M0.5）。

4.6 数据表指令及应用

表操作指令的作用是创建数据表格以及数据表格中数据的出入操作。可用于定义参数表及存储成组数据等。

4.6.1 填表指令

1. 指令格式及功能（见表 4-30）

表 4-30 填表指令的格式及功能

梯形图 LAD	语句表 STL		功　能
	操作码	操作数	
AD_T_TBL EN DATA TBL	ATT	DATA，TBL	当使能位 EN 为 1 时，向表 TBL 中增加一个字值 DATA

说明：

1）操作数 DATA 指定被填入表格中的数据；TBL 指定表格的起始字节地址。两操作数均按字寻址，其中对 DATA 的寻址还包括 AIW 寄存器、AC 累加器和常数。

2）使用填表指令之前，必须首先初始化表格，即通过初始化程序将表格的最大填表数置入表中。

3）表中第一个数是最大填表数（TL），第二个数是实际填表数（EC），指出已填入表的数据个数，新的数据填加在表中上一个数据的后面。

4）每向表中填加一个新的数据，EC 会自动加 1。一张表除了 TL 和 EC 这两个参数外，还可以有最多 100 个填表数据。

2. 指令编程举例

例 28 设一表的起始地址为 VW20，表格的最大填表数为 6，已填入数据 2 个。现将 VW10 中的数据 1234 填入表中。对应的程序及运行结果如图 4-48 所示。

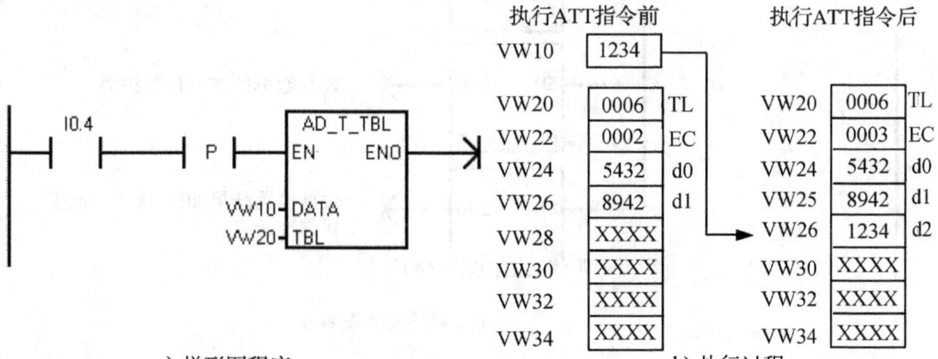

a) 梯形图程序　　b) 执行过程

图 4-48 填表指令编程举例

4.6.2 查表指令

1. 指令格式及功能（见表 4-31）

表 4-31 查表指令的格式及功能

梯形图 LAD	语句表 STL		功 能
	操作码	操作数	
TBL_FIND EN TBL PTN INDX CMD	FND= FND<> FND< FND>	TBL，PTN，INDX TBL，PTN，INDX TBL，PTN，INDX TBL，PTN，INDX	当使能位 EN 为 1 时，从表 TBL 中的第一个数据开始搜索符合参考数据 PTN 和条件 CMD（=）、（<>）、（<）或（>）的数据。如果发现一个符合条件的数据，则将该数据的位置号存入 INDX 中

说明：

1）操作数 TBL 指定表的起始地址，直接指向表中的实际填表数；PTN 指定要查找的参考数据；INDX 存放所查数据的所在位置；CMD 指定被查数据与参考数据之间的关系：1 为（=）、2 为（<>）、3 为（<）、4 为（>）。

2）除 CMD 外其余操作数均按字寻址，其中 PTN 还可以寻址常数。

3）找到一个符合条件的数据后，为了查找下一个符合条件的数据，在激活查表指令前，必须先对 INDX 加 1。如果没有发现符合条件的数据，那么 INDX 等于最大填表数 EC；如果再次查表，则需将 INDX 置 0。

2. 指令编程举例

例 29 设表格为 VW200，表格中已填入数据 6 个，现从表格中查找十六进制数据 3130，对应的查表程序及查表过程如图 4-49 所示。

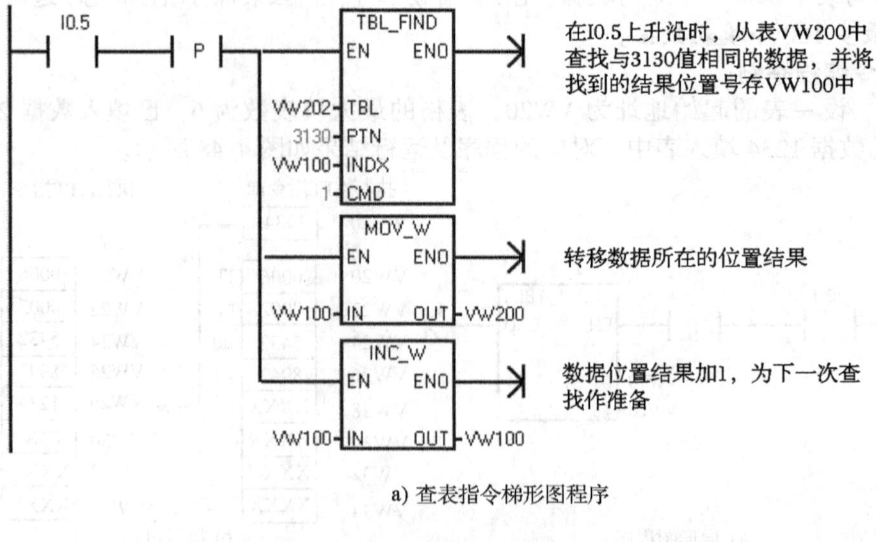

a) 查表指令梯形图程序

图 4-49 查表指令编程及执行过程

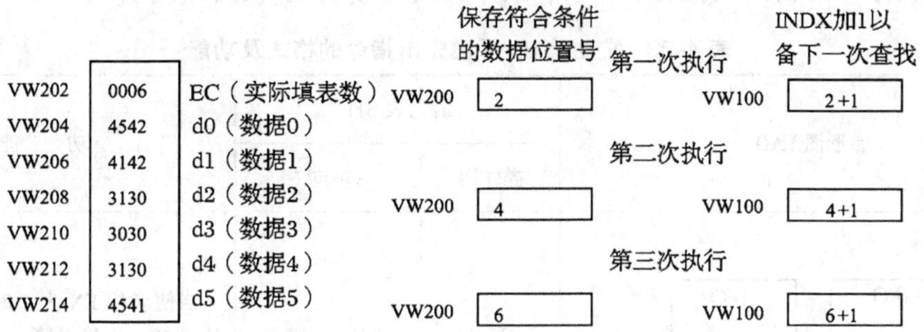

b) 查表指令执行过程示意图

图 4-49 查表指令编程及执行过程（续）

4.6.3 存储器填充指令

1. 指令格式及功能（见表 4-32）

表 4-32 存储器填充指令的格式及功能

梯形图 LAD	语句表 STL		功能
	操作码	操作数	
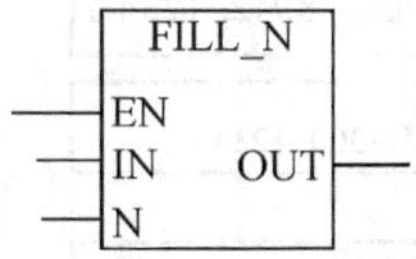	FILL	IN，OUT，N	当使能位 EN 为 1 时，将指定的 N 个字（IN）填充到从输出字（OUT）开始的存储器中

说明：操作数 N 采用字节寻址，也可寻址常数，其范围为 1~255；OUT 不能寻址常数。

2. 指令编程举例

例 30 将 25 填入 VW10 开始的连续的 5 个存储单元中，其对应的梯形图程序和运行结果示意图如图 4-50 所示。

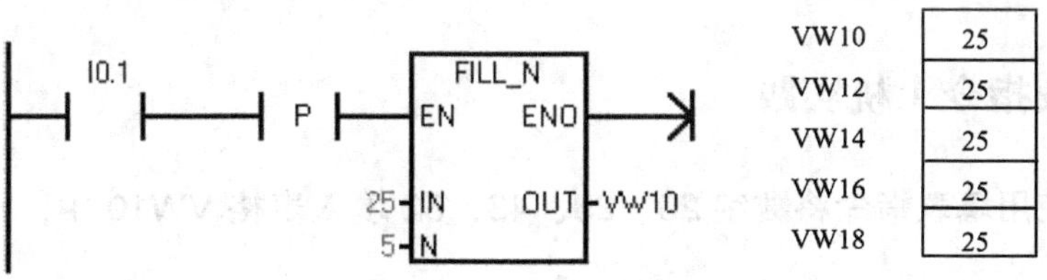

a) 梯形图程序　　b) 运行结果示意图

图 4-50 填充指令举例

4.6.4 先进先出/后进先出指令

1. 指令格式及功能（见表 4-33）

说明：

1）操作数 DATA、TBL 的寻址范围及方式同填表指令。

2）每执行一次 FIFO 或 LIFO 指令，表中的实际填表数（EC）减 1。

表 4-33 先进先出/后进先出指令的格式及功能

梯形图 LAD	语句表 STL		功 能
	操作码	操作数	
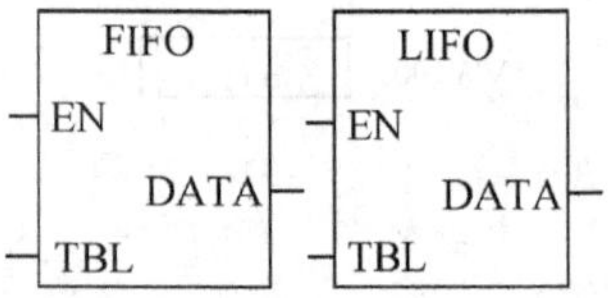	FIFO LIFO	TBL，DATA TBL，DATA	当使能位 EN 为 1 时，FIFO 指令从表 TBL 中移走第一个数据，剩余数据依次上移一个位置；LIFO 指令从表 TBL 中移走最后一个数据

2. 指令编程举例

例 31 设表格 VW200 和 VW100 中均有 3 个数据，现分别采用 LIFO 和 FIFO 指令取一个数据到 VW300 和 VW400 中，对应的程序及操作示意图如图 4-51 所示。

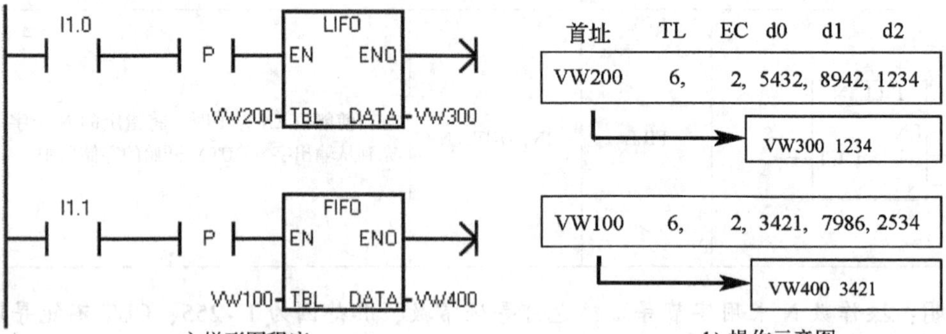

a) 梯形图程序 b) 操作示意图

图 4-51 先进先出/后进先出指令编程举例

4.6.5 数据表指令上机实践

实践 15 使用填表指令将数字 20、23、43、52 填入表格 VW10 中，且 I0.0 每得电一次只填一个数

1. 程序设计

梯形图程序如图 4-52 所示。

2. 上机操作步骤及要求

1）启动 STEP 7-Micro/WIN，将程序录入并下载到 PLC 中，然后使 PLC 进入运行状态。

2）使 PLC 进入梯形图监控状态，观察 VW10 的值。

3）打开状态图编辑器，输入存储器地址 I0.0、VW10、VW12、VW14、VW16、VW18、VW20，观察它们的当前值；顺序强制 I0.0 得电，观察填表结果。

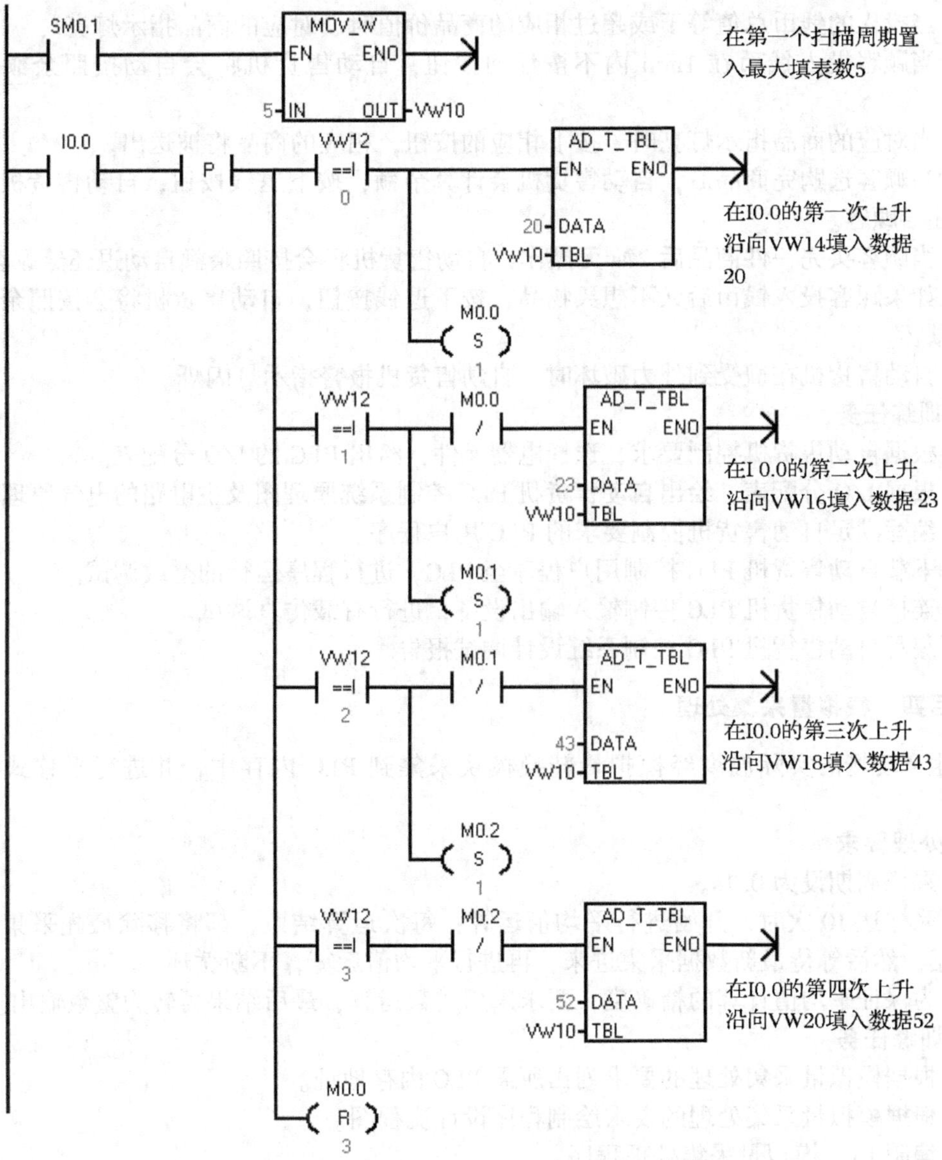

图 4-52　填表指令上机实践梯形图程序

4.7　项目训练

项目三　自动售货机控制

某超市自动售货机出售 A、B 两种商品，其价格分别为 6 元和 12 元。该机有 4 个投币口，可分别投入 1 元硬币和 10 元、5 元、1 元纸币。该机设有 2 个取商品按钮、1 个退钱按钮、1 只外力破坏感应器、1 只报警灯和 2 只商品指示灯，2 种商品送出装置和 1 个退钱装置均分别由微型电动机驱动。

1. 控制要求

1）当投入的钱币总值等于或超过相应的商品价值时、对应的商品指示灯亮。

2）当顾客投入钱币在1min内不按任何按钮，自动售货机将会自动按照余额退还给顾客。

3）当对应的商品指示灯亮时，按下相应的按钮，相应的商品将被送出。

4）当顾客选购完商品后，自动售货机会计算余额，按下退钱按钮，自动售货机将按照余额退还给顾客。

5）当顾客买完一件商品后20s无操作，自动售货机将会按照余额自动退还给顾客。

6）如果顾客投入钱币后又不想买物品，按下退钱按钮，自动售货机将会按照余额自动退还给顾客。

7）自动售货机在遭受到外力破坏时，自动售货机报警指示灯闪烁。

2. 训练任务

1）根据自动售货机控制要求，选择电器元件，给出PLC的I/O分配表。

2）根据I/O分配表，绘出自动售货机PLC控制系统原理图及主电路的电气原理图。

3）编写满足自动售货机控制要求的PLC用户程序。

4）下载自动售货机PLC控制用户程序至PLC，进行程序运行的空载调试。

5）连接自动售货机PLC控制输入输出设备，进行有载仿真调试。

6）编写自动售货机PLC控制系统设计调试报告。

项目四 模拟量采集处理

将生产现场的实际温度经模拟量转换模块采集到PLC内存中，并进行平移式平均值处理。

1. 处理要求

1）采样周期设为0.1s。

2）采样达10次时，开始进行平均值运算；每次运算结束，都将移除最先采集进来的那个数据，然后等待最新数据采集进来，再进行平均值运算，不断循环。

3）为保证平均值计算的精确度，要求采用实数运算，最后结果再转为整数输出。

2. 训练任务

1）根据模拟量采集处理的要求列出所需PLC内存地址。

2）根据模拟量采集处理的要求绘制程序设计流程图。

3）编制PLC模拟量采集处理程序。

4）下载模拟量采集PLC处理用户程序至PLC，进行程序运行的空载调试。

5）编写模拟量采集处理PLC控制系统设计调试报告。

本章小结

本章介绍了SIMATIC S7-200系列PLC的数据处理功能及应用。

1. 数据传送指令用于传送各类数据，使用时需注意被传送数据的格式及大小，以便保证PLC的准确操作。

2. 数据比较指令用于各类数据的比较，其比较的结果将产生一个逻辑条件，可用于控制线圈输出或进行其他操作。

3. 数据移位指令可用于数据的乘除操作以及顺序控制的场合。

4. 数据运算指令包括整数运算指令、实数运算指令及逻辑运算指令3大部分，整数运算指令、实数运算指令通常用于需要数据运算处理的控制设备中，如电子秤中金额与货物重量之间的换算等；逻辑操作指令常用于存储器的清0、设置初值等操作。数据运算指令增强了小型 PLC 对数据的处理能力。

5. 数据转换指令主要用于不同数据格式间的转换，其目的是满足控制系统对不同数据格式的需要。

6. 表操作指令主要用于需要表格处理数据的场合，如预置控制系统的固有参数等。

思考与练习题

4-1 设 Q0.0、Q0.1、Q0.2 分别驱动 3 台电动机的电源接触器，I0.6 为 3 台电动机依次起动的起动按钮，I0.7 为 3 台电动机同时停车的按钮，要求 3 台电动机依次起动时间的时间间隔为 10s，试采用定时器指令、比较指令配合或计数器指令、比较指令配合编写程序。

4-2 有 4 台电动机，希望能够同时起动同时停车。试用传送指令编程实现之。

4-3 若 I0.1、I0.2、I0.3、I0.4 分别对应着数字 3、4、5、6。试用数据传送指令与段码指令配合或译码指令与段码指令配合将其通过 QB0 显示出来。

4-4 一圆的半径值（<10000 的整数）存放在 VW100 中，取 $\pi=3.1416$，用实数运算指令计算圆周长，结果 4 舍 5 入转为整数后，存放在 VW200 中。

4-5 条件同上，试用整数运算指令求周长。

4-6 在 M0.0 的上升沿，用 3 个拨码开关来设置定时器的时间，每个拨码开关的输出占用 PLC 的 4 位数字量输入点，个位拨码开关接 I1.0～I1.3，I1.0 为最低位；十位和百位拨码开关分别接 I1.4～I1.7 和 I0.0～I0.3。设计语句表程序，读入拨码开关输出的 BCD 码，转换为二进制数后存放在 VW10 中，作为通电延时定时器 T33 的时间设定值。T33 在 I0.1 为 ON 时开始定时。

4-7 在 I0.1 的上升沿，用 CPU 模块上的模拟电位器 1 来设置 10ms 定时器 T33 的设定值，设置的范围为 4.5～13.5s，I0.0 为 ON 时 T33 开始定时，设计语句表程序。

4-8 某频率变送器的量程为 45～55Hz，输出信号为 DC0～10V，模拟量输入模块输入的 0～10V 电压被转换为 0～32000 的整数。在 I0.0 的上升沿，根据 AIW0 中 A/D 转换后的数据 N，用整数运算指令计算出以 0.01Hz 为单位的频率值。当频率大于 52Hz 或小于 48Hz 时，通过 Q0.0 发出报警信号，试编写程序。

4-9 16 位彩灯循环控制，移位的时间间隔为 1s，用 I0.1 作为移位方向控制开关，I0.1 为 OFF 时循环右移一位，为 ON 时循环左移一位，试编写程序。

4-10 设定时器的预设值为 30s、40s、50s，现分别通过开关 I0.0、I0.1、I0.2 对预设值进行预设，试用数据传送指令通过编程来实现。

4-11 由定时器和比较指令组成占空比可调的脉冲发生器。

4-12 程序如图 4-53 所示，已知 VW20 中内容为：1110 0010 1010 1101，分析程序执行后 VW20 中的内容如何变化。

4-13 设累加器 AC2 中的低四位存有十进制数 4，图 4-54 所示程序执行的结果 VW40 中的内容是多少？

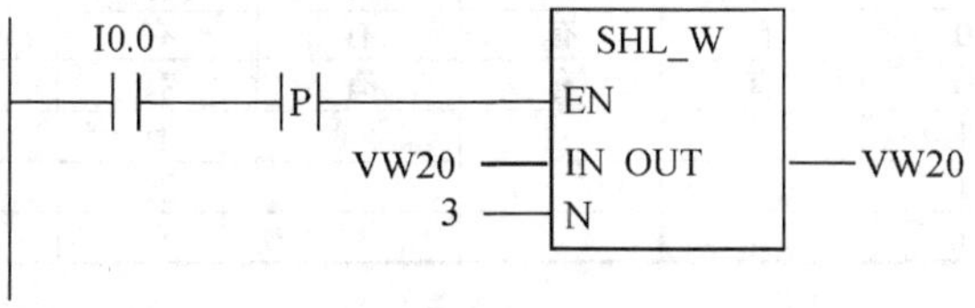

图 4-53

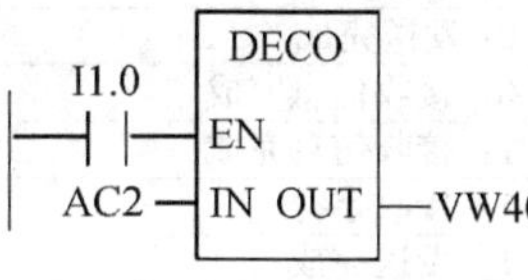

图 4-54

第5章　PLC的中断处理功能及应用

学习目标

了解S7-200系列PLC中中断事件的种类及其优先级顺序；理解中断允许与中断禁止、中断连接与中断分离、中断程序标号及中断返回指令的格式与功能；熟练使用中断子程序解决生产实际中的实时控制问题。

S7-200系列PLC的中断功能同微型计算机的中断功能相似，是指当一些随机的中断事件发生时，CPU暂时停止执行主程序，并保存断点，然后去对随机发生的更紧迫事件进行处理，即转去执行相应的中断服务程序。中断服务程序结束后，将自动返回主程序继续进行正常工作。

5.1　中断事件及优先级

5.1.1　中断事件

能够向PLC发出中断请求的事件叫中断事件，如外部开关量输入信号的上升沿或下降沿事件、通信事件、高速计数器的当前值等于设定值事件等。PLC事先并不知道这些事件何时发生，一旦出现便立即尽快地进行处理。S7-200系列PLC的中断事件包括3大类，它们分别是通信口中断、I/O中断和时基中断。

1. 通信口中断

S7-200系列PLC有6种通信口中断事件，其中断名称、事件号码及优先级级别如表5-1所示。这些通信口事件在该系列PLC的中断优先级中属最高级，其中端口0事件优先于端口1事件。利用这些通信口中断事件，可以简化程序对通信的控制。

表5-1　通信口中断事件及其优先级

事件编号	中断名称	优先级H	可支持的CPU型号				
			221	222	224	224XP	226
8	端口0：接收字符	0	有	有	有	有	有
9	端口0：发送完成	0	有	有	有	有	有
23	端口0：接收信息完成	0	有	有	有	有	有
24	端口1：接收信息完成	1				有	有
25	端口1：接收字符	1				有	有
26	端口1：发送完成	1				有	有

2. I/O中断

I/O中断事件包含上升/下降沿中断、高速计数器中断和高速脉冲串输出中断3类，其中断名称、事件号码及优先级级别如表5-2所示。

1）上升/下降沿中断是指由I0.0、I0.1、I0.2、I0.3输入端子发生的上升沿或下降沿引起的中断。这些输入点的上升沿或下降沿出现时，CPU可检测到其变化，从而转入中断处理，以便及时响应某些故障状态。

表 5-2 I/O 中断事件及优先级

事件编号	中断名称	优先级 M	可支持的 CPU 型号				
			221	222	224	224 XP	226
0	I0.0 上升沿	0	有	有	有	有	有
1	I0.0 下降沿	4	有	有	有	有	有
2	I0.1 上升沿	1	有	有	有	有	有
3	I0.1 下降沿	5	有	有	有	有	有
4	I0.2 上升沿	2	有	有	有	有	有
5	I0.2 下降沿	6	有	有	有	有	有
6	I0.3 上升沿	3	有	有	有	有	有
7	I0.3 下降沿	7	有	有	有	有	有
12	HSC0 当前值等于预置值	0	有	有	有	有	有
27	HSC0 输入方向改变	16	有	有	有	有	有
28	HSC0 外部复位	2	有	有	有	有	有
13	HSC1 当前值等于预置值	8				有	有
14	HSC1 输入方向改变	9				有	有
15	HSC1 外部复位	10				有	有
16	HSC2 当前值等于预置值	11				有	有
17	HSC2 输入方向改变	12				有	有
18	HSC2 外部复位	13				有	有
32	HSC3 当前值等于预置值	1	有	有	有	有	有
29	HSC4 当前值等于预置值	3	有	有	有	有	有
30	HSC4 输入方向改变	17	有	有	有	有	有
31	HSC4 外部复位	18	有	有	有	有	有
33	HSC5 当前值等于预置值	19	有	有	有	有	有
19	PLS0 脉冲数完成	14	有	有	有	有	有
20	PLS1 脉冲数完成	15	有	有	有	有	有

2）高速计数器中断可以是计数器当前值等于预置值时的响应，可以是计数方向改变时的响应，也可以是外部复位时的响应。这些高速计数器中断事件可以实时得到迅速响应，从而可以实现比 PLC 扫描周期还要短的有关控制任务。

3）脉冲串输出中断是指当 PLC 完成指定脉冲数输出时引起的中断。它可以方便地控制步进电动机的转角或转速。

3. 时基中断

时基中断包括内部定时中断和外部定时器中断两类，其中断名称、事件号码及优先级级别如表 5-3 所示。

表 5-3 时基中断事件及其优先级

事件编号	中断名称	优先级 L	可支持的 CPU 型号				
			221	222	224	224XP	226
10	定时中断 0（SMB34）	0	有	有	有	有	有
11	定时中断 1（SMB35）	1	有	有	有	有	有
21	定时器 T32 当前值等于预置值	2	有	有	有	有	有
22	定时器 T96 当前值等于预置值	3	有	有	有	有	有

1）内部定时中断包括定时中断 0 和定时中断 1 两个。这两个定时中断按设定的时间

周期不断循环工作，可以用来以固定的时间间隔作为采样周期，对模拟量输入进行采样，也可以用来执行一个 PID 调节指令。定时中断的时间间隔存储在时间间隔寄存器 SMB34 和 SMB35 中，它们分别对应定时中断 0 和定时中断 1，对于 22X 系列机型，它们在 1～255ms 之间以 ms 为增量单位进行设定。当 CPU 响应定时中断事件时，就会获取该时间间隔值。

2）定时器中断就是利用定时器来对一个指定的时间段产生中断。只能由 1ms 延时定时器 T32 和 T96 产生。T32 和 T96 的工作方式与普通定时器一样。一旦定时器中断允许，当 T32 或 T96 的当前值等于预置值时，CPU 响应定时器中断，执行被连接的中断服务程序。

5.1.2 中断的优先级

在 S7-200 系列 PLC 中，中断事件的优先级是事先规定好的，最高优先等级属通信口中断，中间级属 I/O 中断，最低优先等级为时基中断。

在同一优先等级的事件中，CPU 按先来先服务的原则处理。在同一时刻，只能有一个中断服务程序被执行。一个中断服务程序一旦被执行，就会一直执行到结束，中途不能被另一个中断服务程序中断，即便是优先级更高的中断也不行。在一个中断服务程序执行期间发生的其他中断需排队等候处理。3 类中断排队等候处理所允许的最大队列数及队列溢出标志如表 5-4 所示。若等候处理的中断数目超过最大队列数，则中断队列溢出标志 SM4.0～SM4.2 就会置 1。在队列空或由中断程序返回主程序后，队列溢出标志复位。

表 5-4 每个中断最大队列数及队列溢出标志位

队列	CPU 类型					中断对列溢出标志位	
	221	222	224	224XP	226		
通信中断队列	4	8	4	8	8	SM4.0	溢出为 ON
I/O 中断队列	16	16	16	16	16	SM4.1	溢出为 ON
时基中断队列	8	8	8	8	8	SM4.2	溢出为 ON

5.2 中断指令及应用

S7-200 系列 PLC 的中断指令包含中断允许、中断禁止、中断连接、中断分离、中断服务程序标号和中断返回指令，可用于实时控制、在线通信或网络当中，根据中断事件的出现情况，及时发出控制命令。

1. 中断指令（格式及功能见表 5-5）

表 5-5 中断指令的格式及功能

梯形图 LAD	语句表 STL		功能
	操作码	操作数	
——(ENI)	ENI	—	中断允许指令 ENI 全局地允许所有被连接的中断事件
——(DISI)	DISI	—	中断禁止指令 DISI 全局地禁止处理所有中断事件
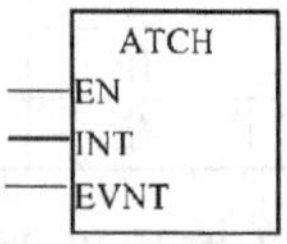	ATCH	INT，EVNT	中断连接指令 ATCH 把一个中断事件（EVNT）和一个中断服务程序连接起来，并允许该中断事件

（续）

梯形图 LAD	语句表 STL		功　能
	操作码	操作数	
DTCH EN EVNT	DTCH	EVNT	中断分离指令 DTCH 截断一个中断事件(EVNT)和所有中断程序的联系，并禁止该中断事件
n INT	INT	n	中断服务程序标号指令 INT 指定中断服务程序(n)的开始
——(RETI)	CRETI	—	中断返回指令 CRETI 在前面的逻辑条件满足时，退出中断服务程序而返回主程序
├—(RETI)	RETI	—	执行 RETI 指令将无条件返回主程序

说明：

1）操作数 INT 及 n 用来指定中断服务程序标号，取值可为 0~127。

2）EVNT 用于指定被连接或被分离的中断事件，其编号对 22X 系列 PLC 为 0~33。

3）在 STEP7-Micro/WIN 编程软件中无 INT 指令，中断服务程序的区分由不同的中断程序窗口来辨识。

4）无条件返回指令 RETI 是每一个中断程序所必须有的，在 STEP7-Micro/WIN 编程软件中可自动在中断服务程序后面加入该指令。

2. 中断指令编程举例

例 1　利用 I0.1 上升沿中断事件调用中断子程序 0，利用 I0.2 下降沿中断事件调用中断子程序 1。中断子程序 0 用于置位 Q0.0，中断子程序 1 用于置位 Q0.1。其对应的主程序、中断子程序如图 5-1 所示。

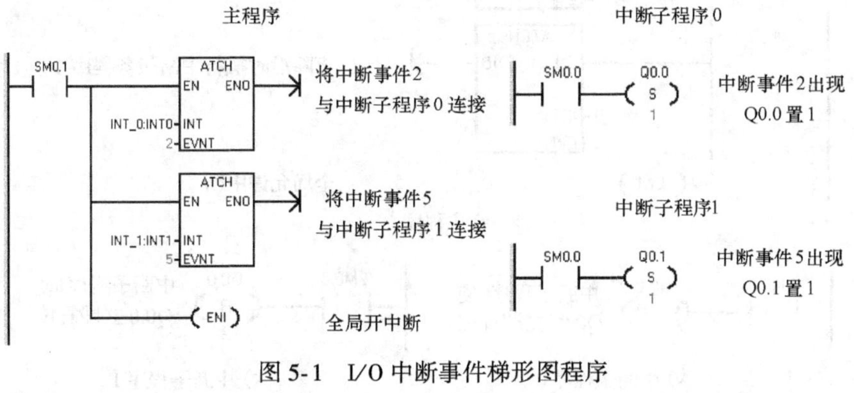

图 5-1　I/O 中断事件梯形图程序

上述程序中，虽然没有出现 I0.1 和 I0.2，但中断事件 2 和中断事件 5 却反映了它们的作用。

例 2　利用时基中断读取来自现场的模拟量值。选取 SMB34 作为时基中断源，定时中断时间设为 100ms，当定时时间到，调用中断子程序 0，读取模拟量输入模块 AIW4 中的值到 VW10 存储器中。其对应的主程序、子程序及中断子程序如图 5-2 所示。

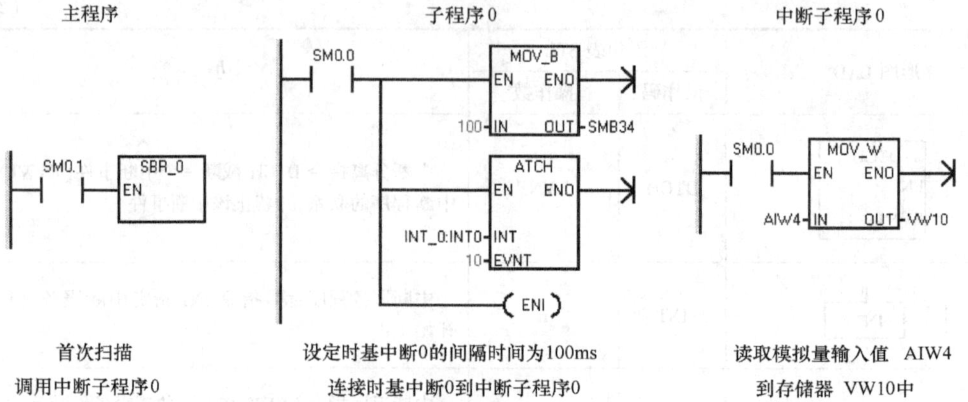

图 5-2 模拟量采集中断控制程序

5.3 中断指令上机实践

实践 1 利用中断实现故障报警

1. 控制要求

将故障信号连接在 PLC 的 I0.0 输入端子上，当故障信号出现时通过中断使输出 Q0.0 立即置位发出报警通知；在故障信号解除时通过中断使输出 Q0.0 立即复位。

2. 程序设计

根据控制要求，利用 I0.0 的上升沿中断调用报警中断子程序（INT0），利用 I0.0 下降沿中断调用报警复位中断子程序（INT1），对应的梯形图程序如图 5-3 所示。

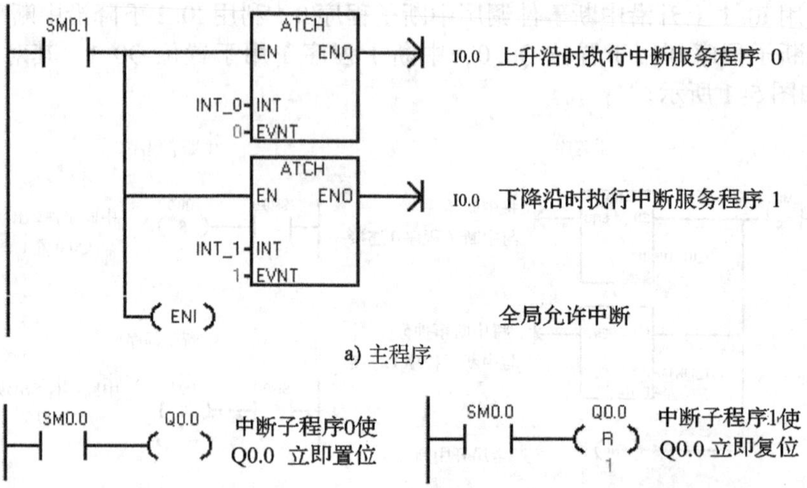

b) 中断子程序 0　　c) 中断子程序 1

图 5-3 故障报警中断控制梯形图程序

3. 上机操作步骤及要求

1）根据题目要求，连接 PLC 输入输出接线。

2）启动 STEP 7-Micro/WIN，将程序录入并下载到 PLC 中，然后使 PLC 进入运行状态。

3）按下按钮 I0.0，观察输出 Q0.0 的状态；松开 I0.0，观察输出 Q0.0 有无改变。

4）将主程序中的中断事件 0、1 换为 5、6，则应怎样连接 PLC 的接线？

实践 2　彩灯循环点亮控制

1. 控制要求

采用定时器中断的方式实现 Q0.0~Q0.7 输出的依次移位（间隔时间 1s）。按下启动按钮 I0.0，移位从 Q0.0 开始；按下停止按钮 I0.1，移位停止且清 0。

2. 程序设计

采用移位指令与中断指令的配合完成彩灯依次点亮控制。按下启动按钮的第一个扫描周期置 QB0 初值，并建立 T96 定时器中断事件与中断子程序 0 的连接，实现全局开中断；设置 T96 定时器预设值为 1s，并保证系统停止时不会有任何输出；编制中断子程序，实现 QB0 的左移位控制。其梯形图程序如图 5-4 所示。

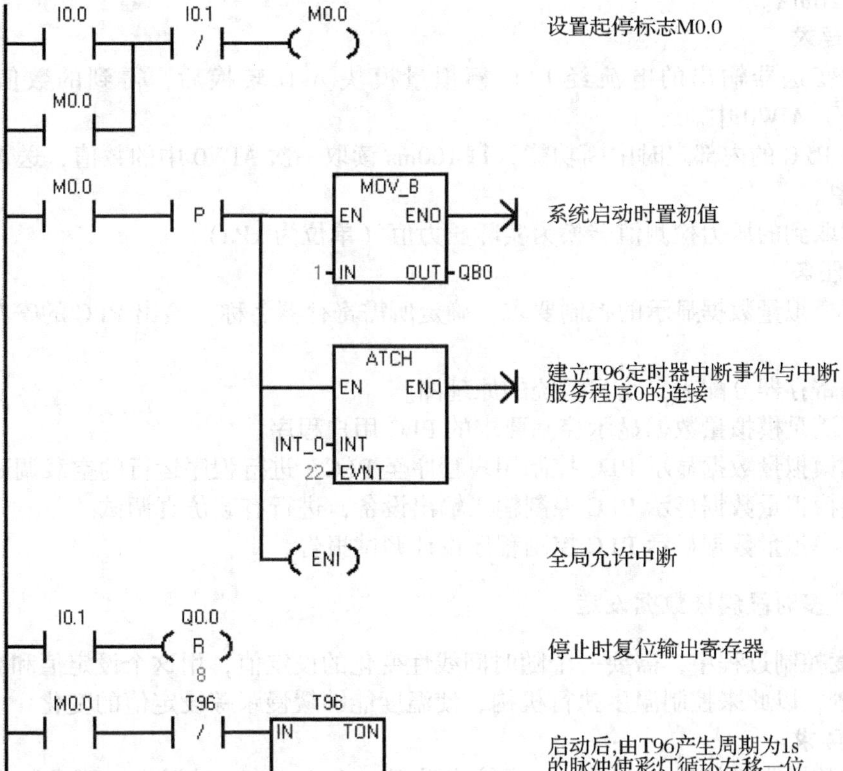

a）彩灯循环点亮主程序

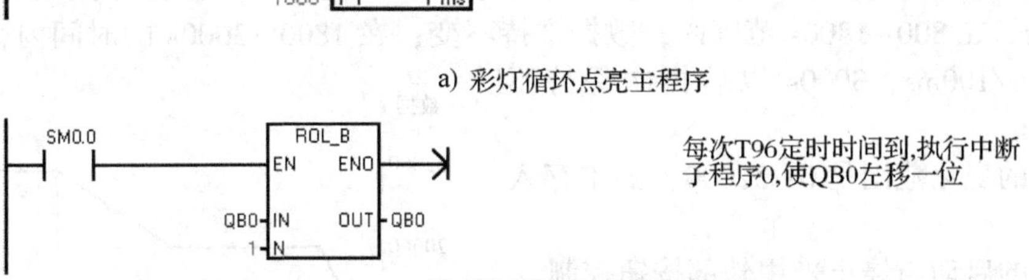

b）彩灯循环点亮中断子程序0

图 5-4　定时中断控制彩灯循环点亮梯形图程序

3. 上机操作步骤及要求

1）根据题目要求，连接 PLC 输入输出接线。

2）启动 STEP 7-Micro/WIN 编程软件，录入程序并下载到 PLC 中，然后使 PLC 进入运行状态。

3）按下启动按钮 I0.0，观察彩灯点亮情况；按下停止按钮 I0.1，观察彩灯循环过程是否停止。

4）若要彩灯向右依次点亮，应如何编程？

5.4 项目训练

项目五 模拟量显示控制

某生产系统的压力需要在触摸屏中显示，为此要读取压力变送器的值到 PLC 中，然后通过 PLC 与触摸屏的通信实现数据的显示。系统中压力变送器的量程范围是 0.1~5MPa，输出电流是 4~20mA。

1. 控制要求

1）压力变送器输出的电流经 PLC 模拟量模块 A-D 转换后，得到的数值是 6400~32000，存放于 AIW0 中。

2）利用 PLC 的内部定时中断功能，每 100ms 读取一次 AIW0 中的数值，送入 PLC 内部数据寄存器中。

3）将读取到的压力检测值转换为实际压力值（单位为 kPa）。

2. 训练任务

1）根据模拟量数据显示的控制要求，确定所需寄存器名称，给出 PLC 的寄存器及寄存器位分配表。

2）根据寄存器分配表，绘出系统的原理图。

3）编写满足模拟量数据显示控制要求的 PLC 用户程序。

4）下载模拟量数据显示 PLC 控制用户程序至 PLC，进行程序运行的空载调试。

5）连接模拟量数据显示 PLC 控制输入输出设备，进行有载仿真调试。

6）编写模拟量数据显示 PLC 控制程序设计调试报告。

项目六 多时段斜坡数据设定

在某温度控制过程中，需要一个随时间线性变化的设定值，用这个设定值和温度的实际检测值相比较，以此来控制温度执行机构，使温度能够缓慢跟踪设定值的变化。

1. 控制要求

1）设定数据曲线如图 5-5 所示。系统启动后，在 0~800s 时间内，要求数据的上升率为 2.5/100ms，在 800~1800s 范围内，数据维持不变；在 1800~3000s 的时间内，要求数据的上升率为 1/100ms，3000s 以后再次保持不变，直至停车。

2）数据的变化范围是 0~32000，要求存入 VW100 中。

3）系统的启动与停止采用外部按钮控制。

2. 训练任务

1）根据多时段斜坡数据设定的控制要求，确定所需寄存器名称，给出 PLC 的寄存器及寄存器位分配表。

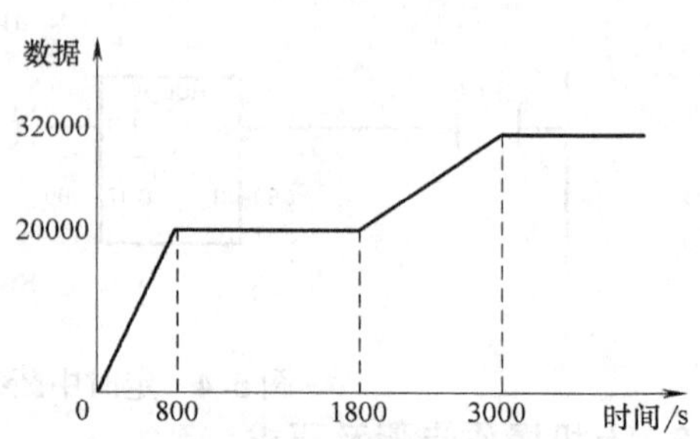

图 5-5 多时段斜坡数据设定曲线示意图

2）根据寄存器分配表，绘出系统的原理图。

3）编写满足多时段斜坡数据设定控制要求的 PLC 用户程序。

4）下载多时段斜坡数据设定 PLC 控制用户程序至 PLC，进行程序运行的空载调试。

5）连接多时段斜坡数据设定 PLC 控制输入输出设备，进行有载仿真调试。

6）编写多时段斜坡数据设定 PLC 控制程序设计调试报告。

本 章 小 结

本章介绍了 S7-200 系列 PLC 的中断事件、中断优先级、中断指令及其应用等。

1. 能够向 PLC 发出中断请求的事件叫中断事件。S7-200 系列 PLC 的中断事件包括 3 大类，它们分别是通信口中断、I/O 中断和时基中断。其中最高优先等级属通信口中断，中间级属 I/O 中断，最低优先等级为时基中断。

2. S7-200 系列 PLC 的中断指令包含中断允许、中断禁止、中断连接、中断分离、中断服务程序标号和中断返回指令。PLC 运行过程中，可根据中断事件的出现情况，及时发出控制命令，调用处理特殊情况的中断服务程序，进而实现对现场设备的实时控制。

思考与练习题

5-1　S7-200 系列 PLC 的中断事件分哪几类？它们的中断优先级如何划分？

5-2　I/O 中断事件有哪些，各有何含义？

5-3　时基中断包括哪几类，内部定时中断与定时器中断有何不同？

5-4　内部定时中断的分辨率是多少？可设定的最长定时时间是多少？

5-5　定时器中断由哪些定时器产生，分辨率是多少？

5-6　通信中断有哪些类型？

5-7　试编写用 I0.3 上升沿中断实现定时器 T37 的时间设定值自动加 10 的梯形图程序。

5-8　用定时中断设置一个每 100ms 采集一次模拟量输入值的控制程序。

5-9　第一次扫描时将 VB0 清 0，用定时中断 0，每 100ms 将 VB0 加 1，当 VB0 = 100 时关闭定时中断，并将 Q0.0 置位。

5-10　首次扫描时给 Q0.0～Q0.7 置初值，用 T32 中断定时控制接在 Q0.0～Q0.7 上的 8 个彩灯循环右移，每秒移一位。

第6章 PLC的顺序控制功能及应用

学习目标

了解顺序控制的含义；理解顺序控制功能图的概念及组成；掌握顺序控制继电器指令的格式及功能；能够根据生产工艺要求绘制控制系统顺序功能图；能熟练使用各种控制指令编写顺序控制应用程序。

顺序控制是指在生产过程中根据生产工艺预先规定的各部件动作顺序，在外部信号、内部状态或时间、数量等条件的作用下，使生产过程的每个执行机构自动有序操作的一种控制方式。工业控制中目前存在着大量的顺序控制，如自动线生产中的汽车装配、饮料灌装、家电生产、机械加工以及物流传输等。只要是顺序控制，就可以方便地使用 PLC 的顺序控制功能来实现。通过建立一套简单易用的描述顺序控制的方法，可使 PLC 快速有效地解决生产中的顺序控制问题。

6.1 顺序控制的表达方式

顺序控制的过程是在一定控制信号作用下，执行器件按先后顺序依次运行的过程。准确描述这一过程，是实现 PLC 顺序控制功能的前提。

6.1.1 顺序控制功能图的构成

1. 顺序控制功能图的概念

顺序控制功能图又叫状态流程图或状态转移图，是一种描述顺序控制系统功能的图解表示方法，它根据控制过程中输出量的状态变化，将控制过程顺序划分为若干个“步”，每个“步”的状态，都在上一“步”工作结束，满足一定的转移条件时改变，控制过程即为“步”的状态依次转换的过程。顺序控制功能图主要通过“状态步”、“步动作”、“转移条件”及“有向线段”等元素来描述上述转换过程。

（1）状态步　将系统的工作过程分为若干阶段，这些阶段称为“状态步”。它是功能图中的基本元素，用来说明控制系统的稳定状态。状态步用矩形方框表示，方框中的数字是该步的编号。状态步分为初始步和工作步两种形式。

① 初始步：与控制过程的初始状态相对应的步称为初始步，用双线框表示。一个控制程序至少应有一个初始步。初始步符号如图 6-1a 所示。

② 工作步：工作步说明控制系统的正常运行状态。工作步符号如图 6-1b 所示。

（2）步动作　每步所驱动的负载，称为步动作，用方框中的文字或符号表示，并用线将该方框和相应的步相连，如图 6-1c 所示。

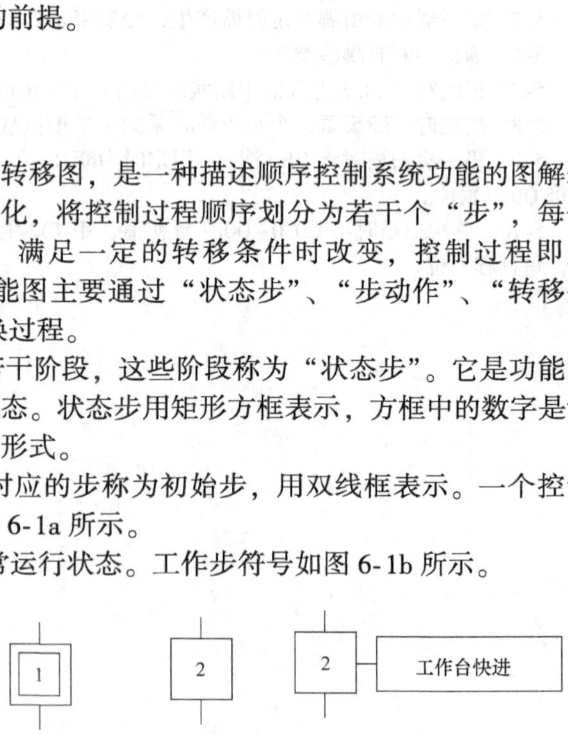

a) 初始步的符号　b) 工作步的符号　c) 与步对应的动作

图 6-1　步的表示方法

（3）有向线段　状态步之间用带有箭头的有向连线连接，表示状态步转移的路线及方向，有向连线上没有箭头标注时，默认方向为自上而下，自左而右。

（4）转移条件　有向线段中间的短划线称为转移。转移条件是结束某一步的操作而启动下一步操作的条件，又称为转换条件或步进条件。转移条件可以是外部的输入信号，如按钮、指令开关、限位开关的通/断等；也可以是程序运行中产生的信号，如定时器、计数器常开触点的接通等；转移条件还可能是若干个信号逻辑运算的组合。当转移条件满足时，即封锁上一步，转向下一步执行新的控制程序；若条件不满足，则继续执行本步的操作。转移的符号如图 6-2 所示。

2. 顺序控制功能图构成规则

控制系统的顺序控制功能图必须满足以下规则：

1）步与步不能相连，必须用转移分开。

2）转移与转移不能相连，必须用步分开。

3）步与转移、转移与步之间的连接必须采用有向线段，从上向下画时，可以省略箭头。当有向线段从下向上画时，必须画上箭头，以表示转移方向。

4）一个功能图至少要有一个初始步，初始步一般对应于系统等待启动的初始状态，这一步可以没有输出，只是做好预备状态。

6.1.2　顺序控制功能图的基本结构形式

顺序功能图描述顺序控制过程的基本结构形式有三种：单序列、选择序列和并行序列，它们中每一步的状态都可以用逻辑表达式明确地表示出来。

1. 单序列

单序列功能图由一系列相继激活的步组成。每一步仅连接一个转移，每个转移也仅连接一个步，如图 6-2 所示。图中第三步的状态与第二步和第四步的关系可描述为 $X3=(X2\cdot a+X3)\cdot\overline{X4}$，与此对应的电路结构如图 6-3 所示，这一结构的含义为本工步 X3 工作的前提条件是上一工步 X2 必须先工作，在上一工步 X2 工作的前提下满足条件 a，激活本工步 X3 并自锁，同时关闭上一工步 X2 的工作，本工步的关闭由下一工步 X4 完成。

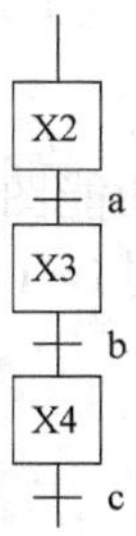

图 6-2　单序列

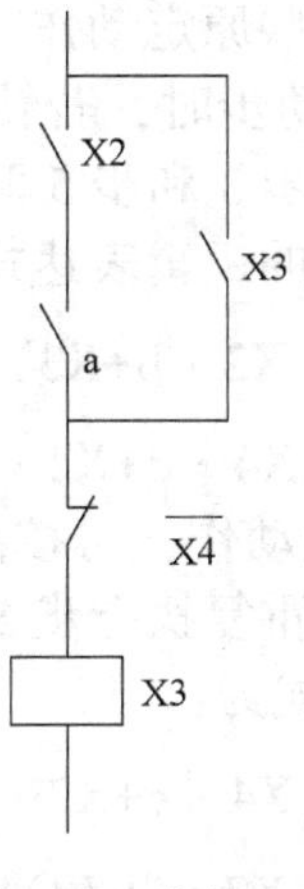

图 6-3　状态步之间的逻辑关系

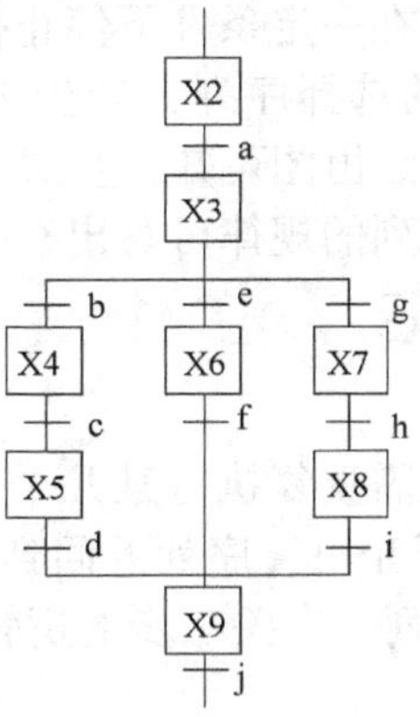

图 6-4　选择序列

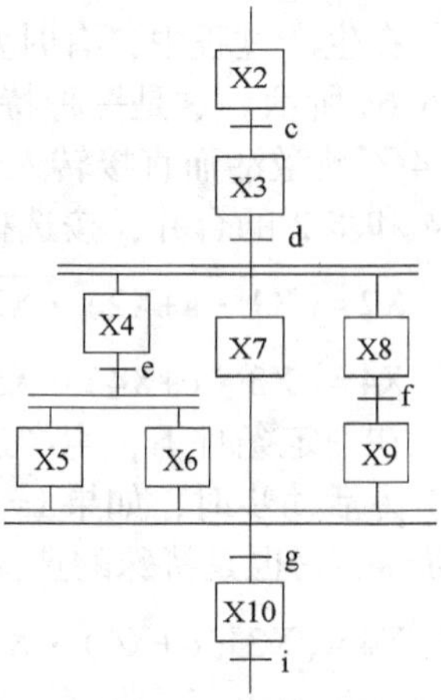

图 6-5　并行序列

2. 选择序列

选择序列是指在一步后有若干个单序列等待着选择，且一次仅能选择进入其中的一个序列。选择序列之间的关系是逻辑“或”的关系，哪条序列的转移条件最先得到满足，这条序列就会被选中，程序就按这条序列向下执行。即使后来其他的转移条件也陆续得到满足，相应的序列也不会被选中。选择序列的分支与合并一般用单横线表示，且水平线下不允许有转移直接连接，如图 6-4 所示。在图 6-4 中，若 X3 为活动步，此时 b、e、g 三个转移条件均可能有效，但一般不会同时转移，只会选择最先满足转换条件的那个分支顺序执行。用逻辑表达式表示第三、第六步的状态分别为：

$$X3=(X2\cdot a+X3)\cdot \overline{X4}\cdot \overline{X6}\cdot \overline{X7}$$

$$X6=(X3\cdot e+X6)\cdot \overline{X9}$$

3. 并行序列

并行序列是指在某一转移条件下，同时启动若干个序列。并行序列之间的关系是逻辑“与”关系，只要转移条件得到满足，其下面的所有序列必须同时都被执行。并行分支与合并一般用双横线表示，如图 6-5 所示。在图 6-5 中，X3 · d 是 X4、X7、X8 的共同激活条件，而 X3 必须在 X4、X7 和 X8 都激活后才能关断。于是 X3、X4、X7 和 X8 的逻辑表达式为：

$$X3=(X2\cdot c+X3)\cdot(\overline{X4}+\overline{X7}+\overline{X8}) \qquad X4=(X3\cdot d+X4)\cdot(\overline{X5}+\overline{X6})$$

$$X7=(X3\cdot d+X7)\cdot \overline{X10} \qquad X8=(X3\cdot d+X8)\cdot \overline{X9}$$

在并行序列的结束处，只有在 X5、X6、X7、X9 均为活动步且转移条件为真时，才能开启 X10 并关断 X5、X6、X7、X9，其对应的逻辑表达式为：

$$X5=(X4\cdot e+X5)\cdot \overline{X10} \qquad X6=(X4\cdot e+X6)\cdot \overline{X10}$$

$$X7=(X3\cdot d+X7)\cdot \overline{X10} \qquad X9=(X8\cdot f+X9)\cdot \overline{X10}$$

$$X10=(X5\cdot X6\cdot X7\cdot X9\cdot g+X10)\cdot \overline{X11}$$

上述逻辑表达式中，X5、X6、X7、X9 具有相同的关断信号，但两个工步的动作一般不会正好同时结束，因此，并行序列各分支的最后一步通常不执行任何动作，其作用是实现各分支之间的互相等待。

4. 跳步与循环

在生产过程中，有时要求在一定条件下停止执行某些原定动作，此时可用跳步序列，如图 6-6a 所示。这是一种特殊的选择序列，当步 2 为活动步时，若转移条件 e 先变成真，则 3、4 不被激活而直接转入步 5。由图可知，步 2 下面有步 3 和步 5 两个选择分支，而步 5 是步 4 和步 2 的合并，按选择序列的规律可写出有关工步的逻辑表达式：

$$X2=(X1\cdot a+X2)\cdot \overline{X3}\cdot \overline{X5} \qquad X3=(X2\cdot b+X3)\cdot \overline{X4}$$

$$X4=(X3\cdot c+X4)\cdot \overline{X5} \qquad X5=(X4\cdot d+X2\cdot e+X5)\cdot \overline{X6}$$

在一定条件下，生产过程需重复执行某几个工步的动作，可按图 6-6b 绘制功能图。当步 7 为活动步时，如果 i=0 而 h=1，序列返回到步 5，重复执行步 5、6、7，直到 i=1 才转入步 8。它也是特殊的选择序列，有关工步的逻辑表达式为：

$$X4=(X3\cdot d+X4)\cdot \overline{X5} \qquad X5=(X4\cdot e+X7\cdot h+X5)\cdot \overline{X6}$$

$$X7=(X6\cdot g+X7)\cdot \overline{X8}\cdot \overline{X5} \qquad X8=(X7\cdot i+X8)\cdot \overline{X9}$$

在序列结束后，用重复的办法直接返回到初始步，就形成了系统的循环，如图 6-6c 所示。

5. 几个特殊问题

（1）循环系统的启动　由图 6-6c 可以看出，在循环过程中，初始步是由前一个循环的最后一步完成后激活的，因此，只要初始步的转换条件为真，就转入一个新的循环。但是，在第一个循环中，初始步怎样才能激活呢？通常采用的办法是另加一个短信号，专门在初始阶段激活初始步。它只在初始阶段出现一次，一旦建立循环，它不能干扰其正常运行。具体的，可以用按钮或 PLC 的启动脉冲获得这种短信号。启动脉冲用虚线框表示，如图 6-7 所示，对应的初始步的逻辑表达式为：

$$X3=(Q+X6\cdot d+X3)\cdot\overline{X4}$$

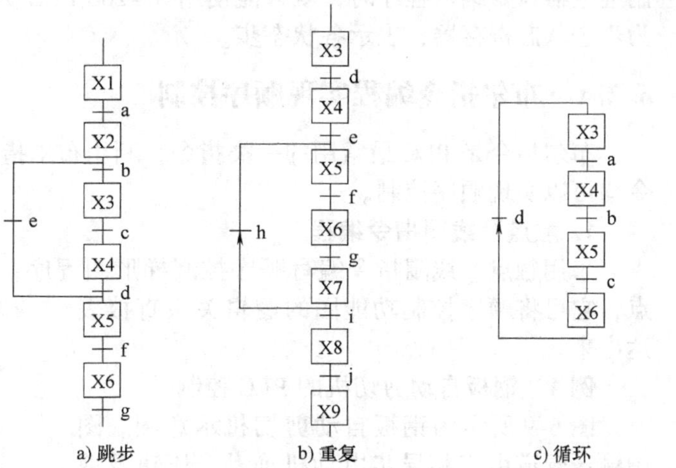

图 6-6　跳步、重复、循环

（2）空阶段的使用　在功能图中，不执行任何动作的工步，称为空阶段。在图 6-8a 所示由两个工步组成的循环中，出现了一个信号既要作本工步的开启信号，又要作关断信号的情况，这将使各工步既不能开启也无法转移。解决的办法是插入一个空阶段 X3，如图 6-8b 所示，其逻辑表达式为：

$$X1=(X3\cdot b+X1)\cdot\overline{X2}\qquad X2=(X1\cdot a+X2)\cdot\overline{X3}$$

$$X3=(X2\cdot b+X3)\cdot\overline{X1}$$

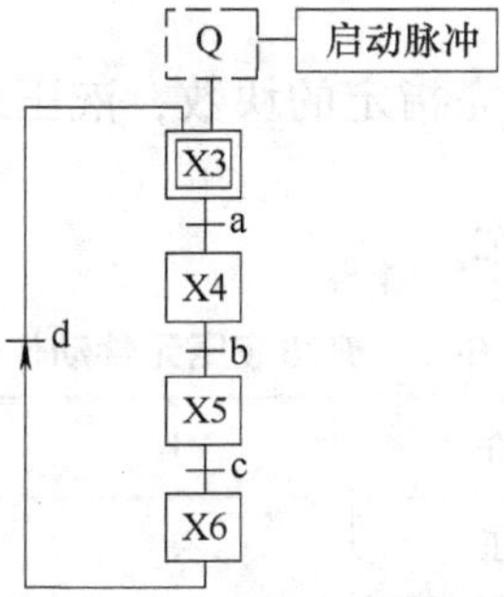

图 6-7　初始阶段的激活

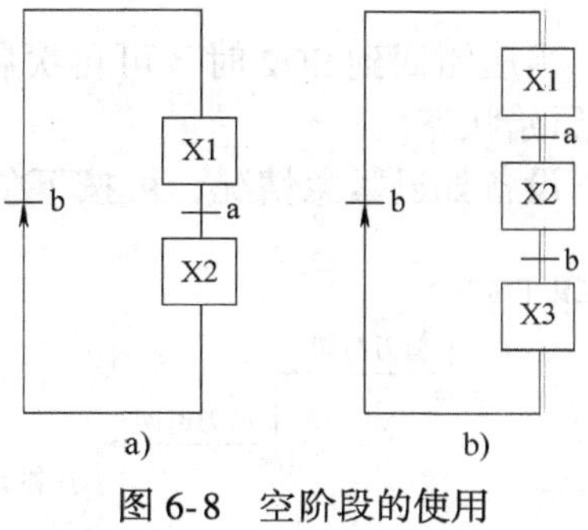

图 6-8　空阶段的使用

6.2　顺序控制的程序实现

任意顺序控制问题都可用功能图来表示。用功能图来编制顺序控制程序比直接用指令编程更简单，结构更清晰，可以省去许多繁杂的逻辑判断和调用操作，还可以省去许多用于记忆、联锁、互锁的中间单元。其编制过程异常规范，也相当直观。

为了编写程序方便，绘制系统的功能图时，通常根据 PLC 指令的使用情况，直接将功能图中的各工步用适当的 PLC 内部存储器位表示，各工步的转移条件和动作执行器件也要用所对应的 PLC 输入输出地址或内部存储器位表示。功能图绘制好后，就可以使用 PLC 的有关指令将其转化为 PLC 程序。通常可采用布尔指令、移位指令或专用的步进指令，又称为顺序控制继电器指令来实现其转化。当采用布尔指令或移位指令编写程序时，功能图中通常使用 PLC 的内部存储器位 M 来表示各状态步，如 M0.0、M0.1 等；当采用专用的顺序控制继电器指令编写程序时，就只能使用S7-200 PLC数据存储区的顺序控制继电器位S来作为步进状态寄存器，表示各状态步。

6.2.1 布尔指令编程实现顺序控制

布尔指令是PLC最常用的一类指令，利用布尔指令中的触点、线圈指令和置位/复位指令均可以实现顺序控制。

1. 触点及线圈指令编程

采用触点、线圈指令编写顺序控制梯形图程序，主要利用了触点指令易于串并联的特点，它可将顺序控制功能图的逻辑关系直接表达出来。

例1 钢板自动剪切机的PLC控制

图6-9所示为钢板自动剪切机示意图。图中输送辊道由三相异步电动机拖动，压钳及剪刀的剪切由液压系统驱动。

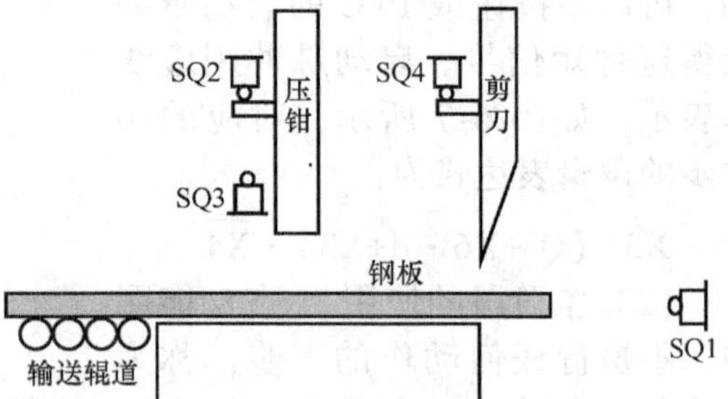

图6-9 钢板自动剪切机示意图

（1）控制要求

1）剪切机工作前，压钳和剪刀均在上方，分别压合SQ2和SQ4。

2）按下启动按钮SB2，剪切液压系统的液压泵启动，10s后输送辊道启动，钢板经输送辊道送至剪切机，当钢板移动到位后，SQ1压下，输送辊道停止。

3）SQ1压下，剪切系统工作，其工作过程及液压系统元件动作表如图6-10及表6-1所示。

4）当压钳回到SQ2时，可再次启动输送辊道，直到剪完指定的块数，液压泵停止，系统恢复原始状态。

5）设备如遇紧急情况，可按下急停按钮SB1，立即停车。

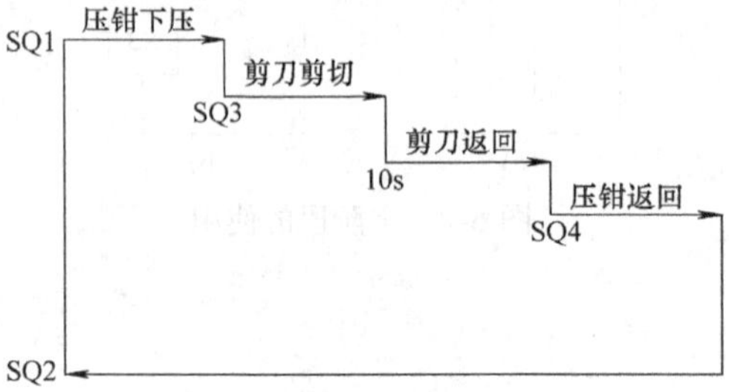

图6-10 剪切系统动作循环图

表6-1 剪切液压元件动作表

驱动元件	Y1	Y2
压钳下压	+	-
剪刀剪切	+	+
剪刀返回	+	-
压钳返回	-	-

（2）钢板自动剪切机控制系统PLC I/O端子分配（见表6-2）

表6-2 钢板自动剪切机I/O分配表

输入		输出	
急停按钮SB1	I0.5	输送辊道驱动KM1	Q0.0
启动按钮SB2	I0.0	液压泵驱动KM2	Q0.1
钢板到位SQ1	I0.1	压钳驱动Y1	Q0.2
压钳复位SQ2	I0.2	剪刀驱动Y2	Q0.3
压钳到位SQ3	I0.3		
剪刀复位SQ4	I0.4		

（3）绘制钢板自动剪切机顺序控制功能图　根据控制要求绘制钢板自动剪切机顺序控制功能图，如图6-11所示。利用初始化脉冲SM0.1激活初始步M0.0，使系统进入预备状态。当按下启动按钮SB2时，系统进入第一步工作状态M0.1，同时结束初始步M0.0，在该状态下KM2得电，液压泵启动；T37延时时间到，激活M0.2，结束M0.1，KM1得电，输送辊道电动机启动，输送钢板；当钢板送到位后（SQ1检测），激活M0.3，结束M0.2，压钳下压；碰到SQ3后，激活M0.4，结束M0.3，剪刀下行，剪断钢板；延时10s，激活M0.5，结束M0.4，剪刀上行；碰到SQ4，激活M0.6，结束M0.5，压钳退回；碰到SQ2，此时若剪切完指定块数，则激活M0.0，若未完成指定块数的剪切，则再次激活M0.2，结束M0.6，继续循环执行。

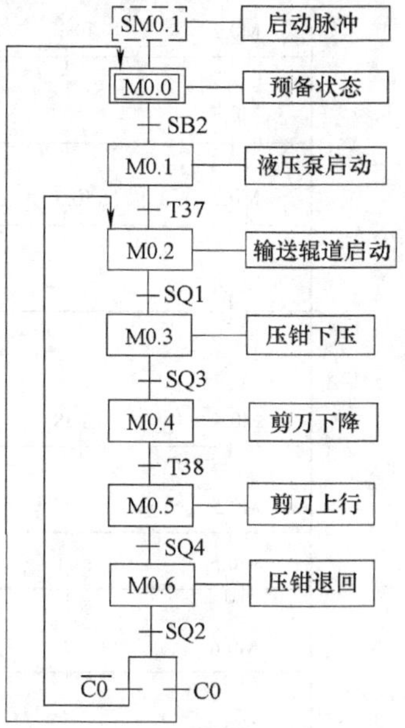

图6-11　钢板自动剪切机控制功能图

（4）编制钢板自动剪切机梯形图程序

由图6-11所示的顺序控制功能图，可写出各工步的逻辑表达式如下：

$M0.0=(SM0.1+M0.6\cdot I0.2\cdot C0+M0.0)\cdot\overline{M0.1}$

$M0.1=(M0.0\cdot I0.0+M0.1)\cdot\overline{M0.2}$

$M0.2=(M0.1\cdot T37+M0.6\cdot I0.2\cdot\overline{C0}+M0.2)\cdot\overline{M0.3}$

$M0.3=(M0.2\cdot I0.1+M0.3)\cdot\overline{M0.4}$　　$M0.4=(M0.3\cdot I0.3+M0.4)\cdot\overline{M0.5}$

$M0.5=(M0.4\cdot T38+M0.5)\cdot\overline{M0.6}$　　$M0.6=(M0.5\cdot I0.4+M0.6)\cdot\overline{M0.0}\cdot\overline{M0.2}$

$Q0.0=M0.2$　　$Q0.1=M0.1+M0.2+M0.3+M0.4+M0.5+M0.6$

$Q0.2=M0.3+M0.4+M0.5$　　$Q0.3=M0.4$

根据逻辑表达式，绘出图6-12所示的梯形图程序。

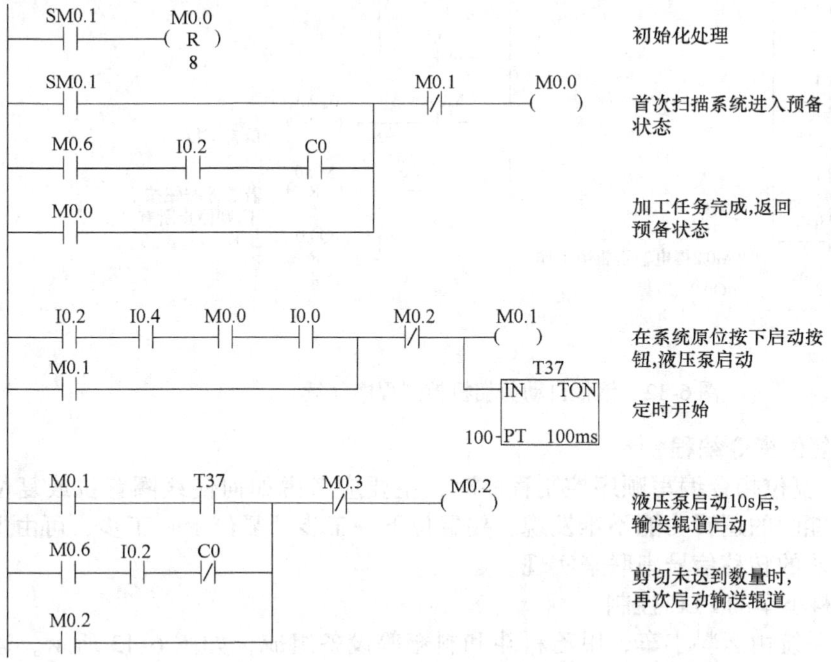

图6-12　钢板自动剪切机控制程序

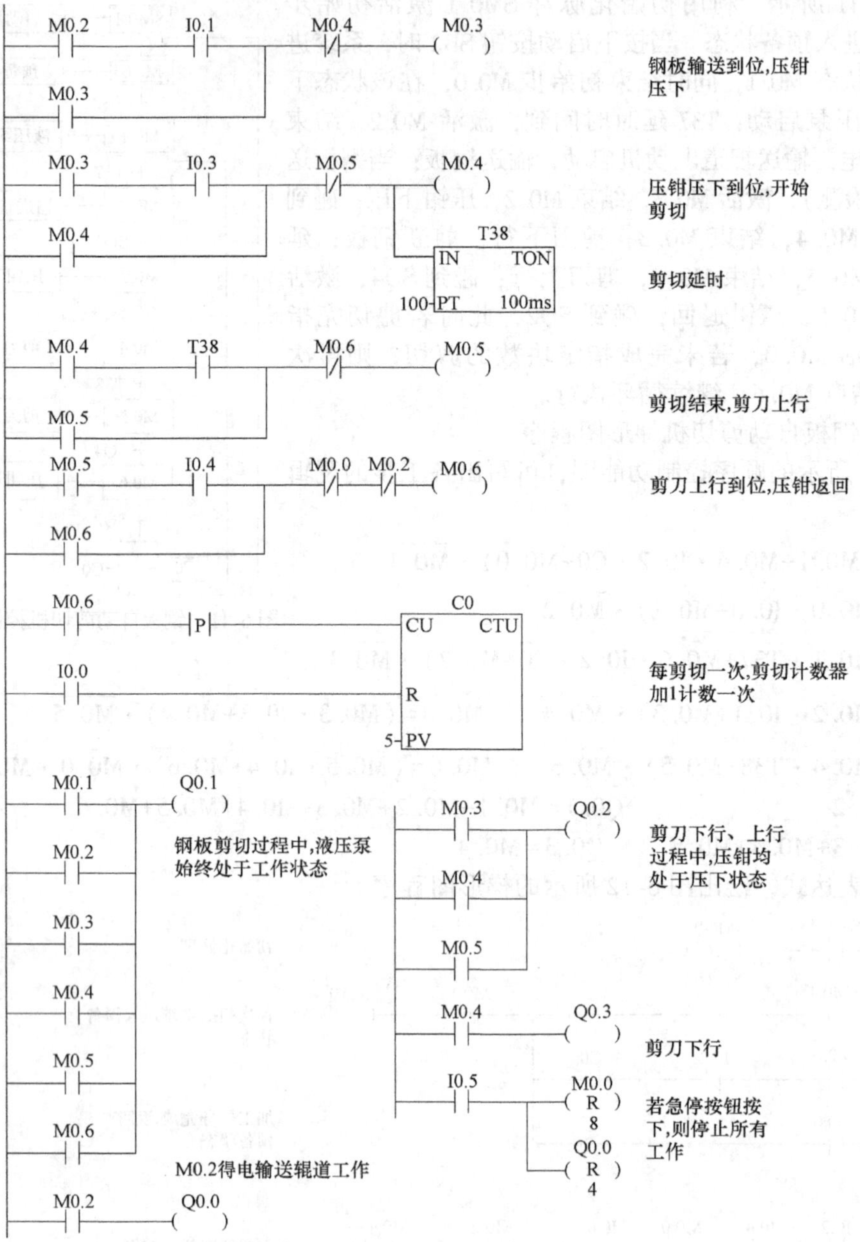

图 6-12 钢板自动剪切机控制程序（续）

2. 置位/复位指令编程

采用置位/复位指令编写顺序控制程序时，主要应考虑如何使线圈置位或复位。仔细研究顺序控制功能图的逻辑功能不难发现，要置位下一工步、复位上一工步，可由上一工步的状态与下一工步的转移信号串联来实现。

例 2 运料小车的 PLC 控制

运料小车系统由运料小车、甲乙料斗和料箱等设备组成，如图 6-13 所示。运料小车由三相异步电动机驱动，甲乙料斗及小车的装卸料均采用电磁挡板来实现。

（1）控制要求

1）系统启动前，小车需在原位，甲乙料斗及小车的挡板均处于封闭状态。

2）小车前进分两段运行，首先前进到甲料斗位置装料，然后再到乙料斗位置装料，最后返回原位卸料，其工作过程如图 6-14 所示。

3）工作方式分为连续循环和单次循环两种，由选择开关 SA1 来控制，当 SA1 为“1”时小车单次循环，当 SA1 为“0”时小车连续循环；连续循环 3 次后自动停止，若中途按停止按钮 SB1，则小车完成本次循环后才能停止。

（2）运料小车控制系统 PLC I/O 端子分配（见表 6-3）

（3）绘制运料小车顺序控制功能图　根据控制要求绘制运料小车顺序控制功能图，如图 6-15 所示。

表 6-3　运料小车 I/O 分配表

输入		输出	
名称及符号	地址	名称及符号	地址
方式开关 SA1	I0.0	小车前进 KM1	Q0.0
启动按钮 SB2	I0.1	甲料斗装料 Y1	Q0.1
停止按钮 SB1	I0.2	乙料斗装料 Y2	Q0.2
小车原位 SQ1	I0.3	小车后退 KM2	Q0.3
小车甲位 SQ2	I0.4	小车卸料 Y3	Q0.4
小车乙位 SQ3	I0.5		

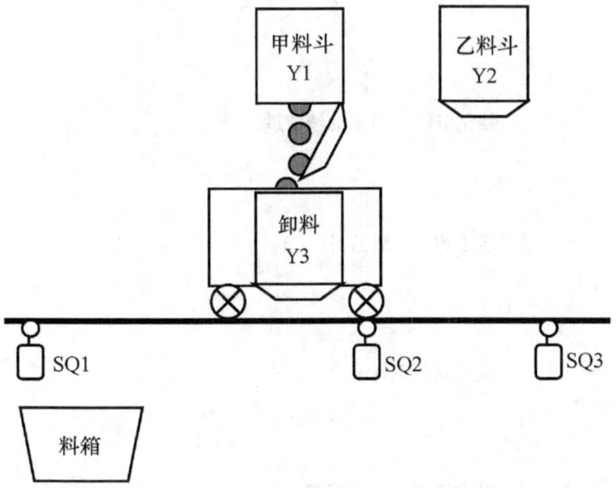

图 6-13　运料小车控制系统示意图

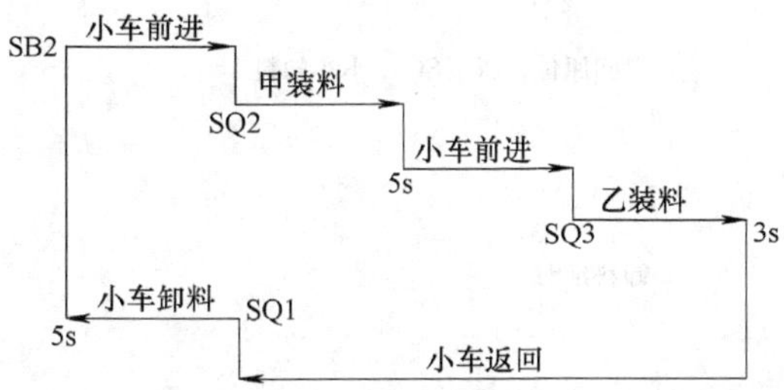

图 6-14　运料小车动作循环图

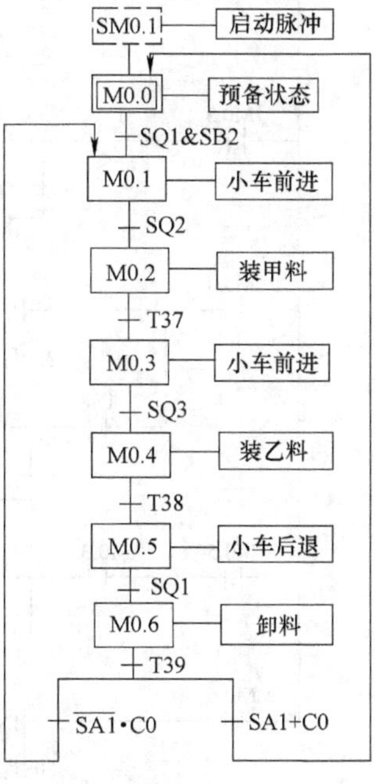

图 6-15　运料小车控制系统功能图

（4）编制运料小车梯形图程序　利用置位/复位指令编写梯形图程序，如图 6-16 所示。

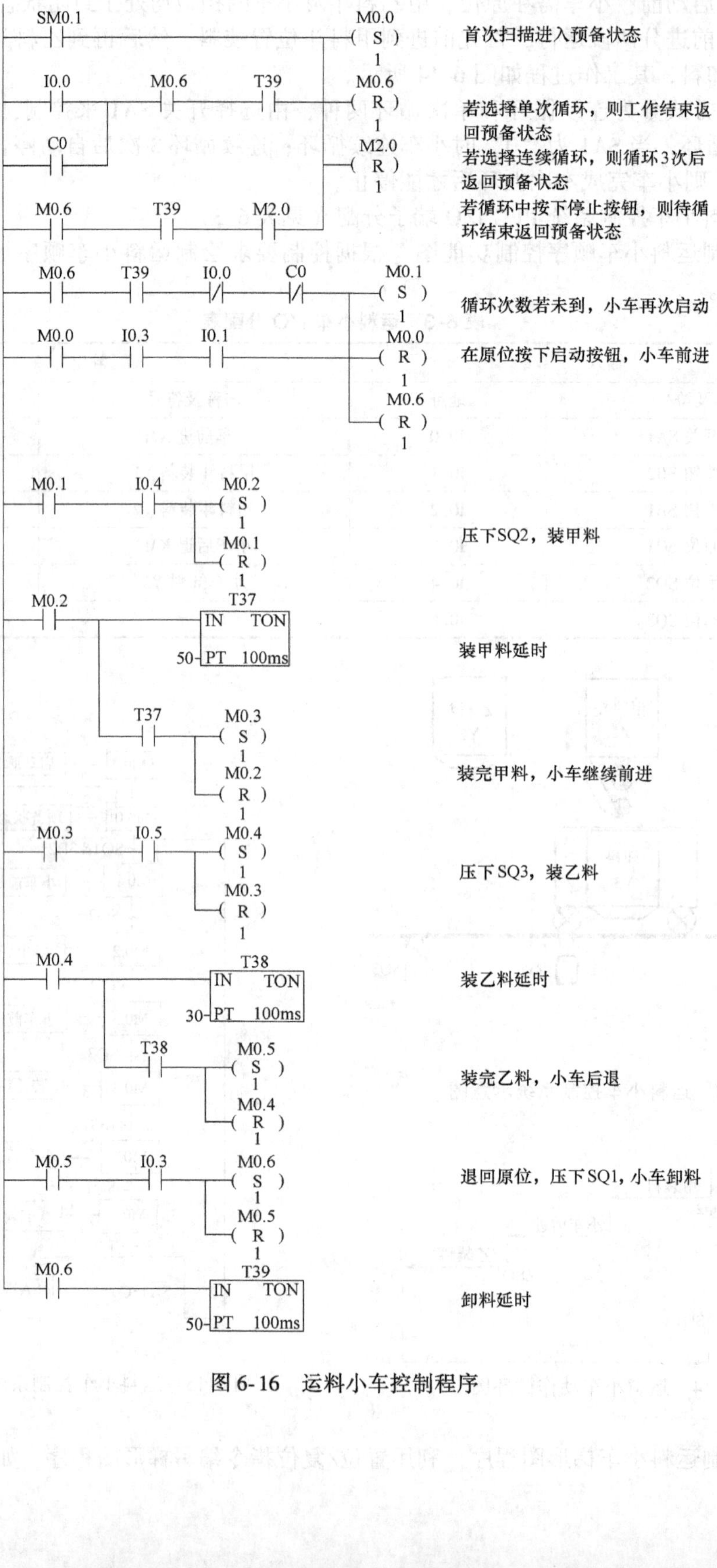

图 6-16 运料小车控制程序

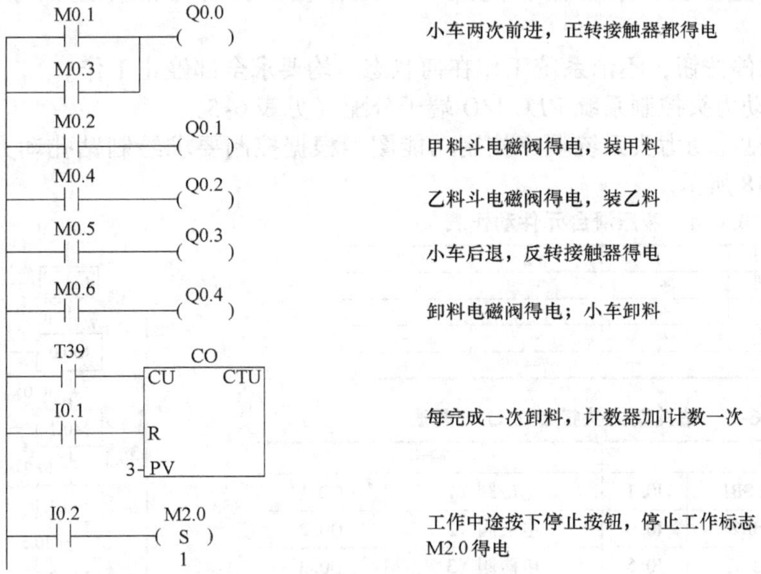

图6-16　运料小车控制程序（续）

6.2.2　移位指令编程实现顺序控制

顺序控制是在控制信号作用下，一步一步顺序往下进行的过程，这一过程如同数据在存储器中一步一步的移位。因此，采用移位指令实现顺序控制也是非常简便有效的一种方法。

1. 数据移位指令编程

采用数据移位指令实现顺序控制功能的关键是处理好移位的控制及初始数据的输入，同时需将移位的位数N指定为1。数据移位指令的使能（控制）信号，即数据移位信号，仍然由上一工步状态信号与下一工步条件转移信号串联来实现，但由于数据移位指令只有一个使能（控制）信号输入端，因此需要将每一工步的启动信号全部并联起来，作为数据移位指令的使能（控制）信号。当某个状态步被激活后，若满足转移条件，则使能移位指令使状态转移到下一步，在新的状态步下，当转移条件再出现时又通过移位使状态发生转移，由此不断往下步进工作。为了保证系统启动后或每次循环结束后，系统都能按要求正常工作，需要根据具体情况妥善解决初始数据输入问题，以保证步进工作的顺利进行，另外还要注意移位的方向。

例3　钻孔动力头的PLC控制

钻孔动力头系统由液压动力滑台、冷却系统和钻孔动力头组成。系统设有液压泵电动机、冷却泵电动机和钻孔电动机各一台，液压系统通过液压电磁阀Y1、Y2、Y3分别驱动液压滑台的前后移动。

（1）控制要求

1）液压泵、冷却泵需在工作前启动。先按下液压泵启动按钮，液压泵、冷却泵启动，为滑台工作、钻削工作做准备，其停止应在系统工作结束后。

2）钻削准备工作完成后，按下滑台启动按钮，启动动力滑台进行钻削加工，其动力滑台工作循环如图6-17所示，对应的元件动作表见表6-4。

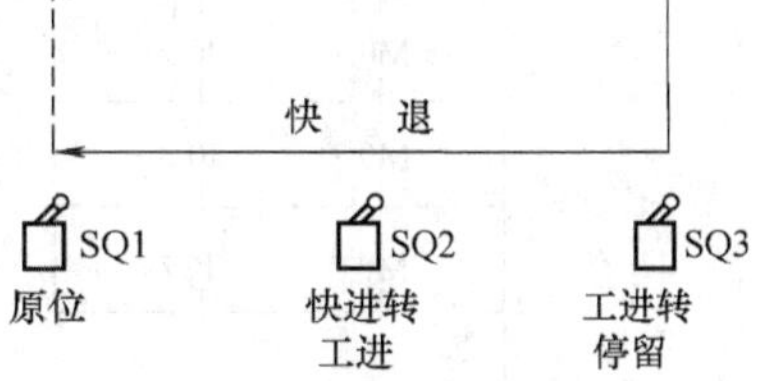

图6-17　钻孔动力头工作循环示意图

3）动力头电动机在动力滑台快进转工进时启动，在动力滑台退回原位时停止。

4）按下停止按钮，系统需在完成一个工作循环，动力滑台退回原位时全部停止工作。

5）按下急停按钮，不论系统工作在何状态，均要求全部停止工作。

（2）钻孔动力头控制系统 PLC I/O 端子分配（见表6-5）

（3）绘制钻孔动力头系统顺序控制功能图 根据控制要求绘制钻孔动力头顺序控制功能图，如图6-18所示。

表6-4 液压滑台元件动作表

驱动元件	Y1	Y2	Y3
滑台快进	+	−	−
滑台工进	+	+	−
滑台停留	+	+	−
滑台返回	−	−	+

表6-5 钻孔动力头控制 I/O 分配表

输入		输出	
液压泵启动按钮 SB1	I0.1	电磁阀 Y1	Q0.1
滑台启动按钮 SB2	I0.0	电磁阀 Y2	Q0.2
停止按钮 SB3	I0.5	电磁阀 Y3	Q0.3
急停按钮 SB4	I0.6	液压泵 KM1	Q0.4
原位开关 SQ1	I0.4	冷却泵 KM2	Q0.5
快进转工进 SQ2	I0.2	动力头 KM3	Q0.0
工进转停留 SQ3	I0.3		

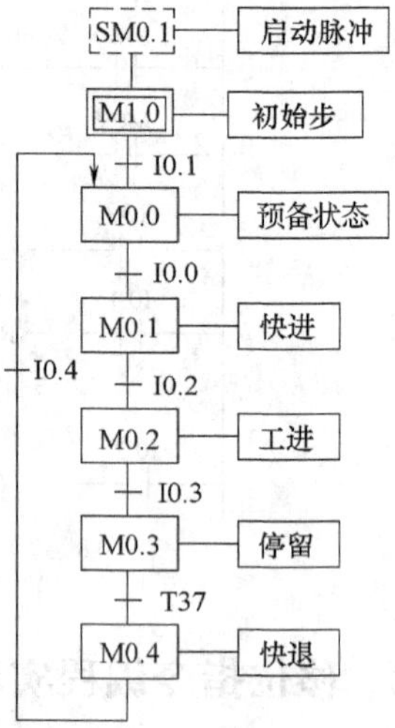

图6-18 钻孔动力头顺序控制功能图

（4）编制钻孔动力头梯形图程序 利用移位指令编制钻孔动力头的梯形图程序，如图6-19所示。

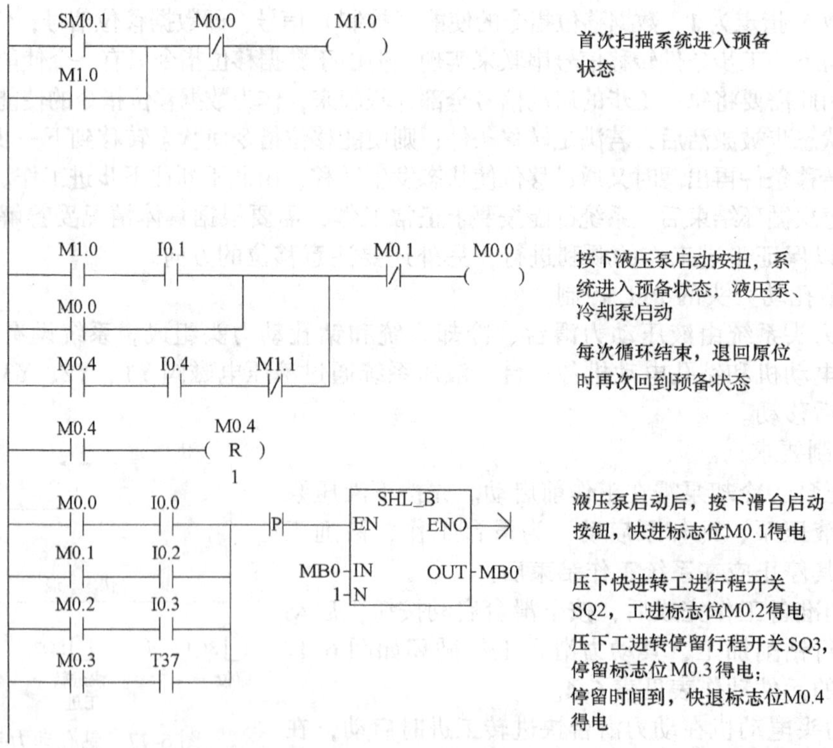

图6-19 钻孔动力头控制程序

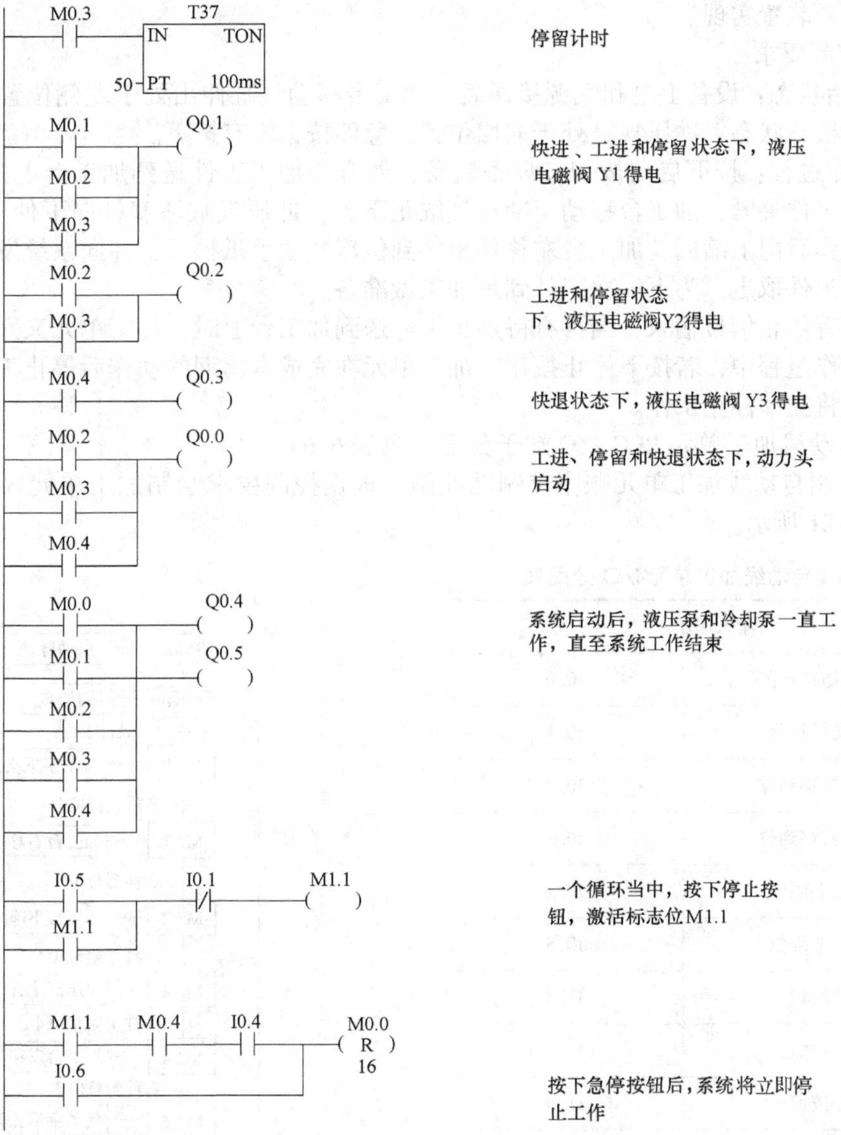

图 6-19　钻孔动力头控制程序（续）

2. 位移位寄存器指令编程

采用位移位寄存器指令实现顺序控制功能与数据移位指令实现的方法相似，它们都采用相同的指令使能信号，不同的是位移位寄存器指令的初始移位数据需通过指定位地址写入，而数据移位指令的初始移位数据则需直接送入移位寄存器或置位移位寄存器中的相应位。

例 4　自动线加工单元的 PLC 控制

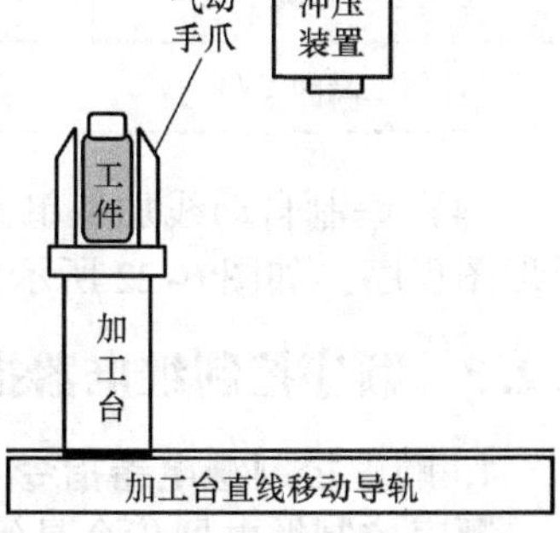

图 6-20　自动线加工单元示意图

某自动线加工单元如图 6-20 所示，由加工台、气动手爪、直线移动导轨和冲压装置组成。气动手爪用于固定加工台上的工件，加工台携带工件可沿直线移动导轨左右移动，冲压装置用于冲压加工。气动手爪的夹紧放松、加工台的左右移动、冲压装置的垂直冲压动作均通过气动装置实现。

（1）控制要求

1）初始状态：设备上电和气源接通后，加工台移动气缸伸出处于左侧位置，加工台气动手爪处于松开状态，冲压气缸处于缩回位置，急停按钮没有按下。

2）工作过程：按下启动按钮，设备启动，如有待加工工件送到加工台上并被检出后，气动手爪将工件夹紧，加工台移动至冲压气缸正下方，冲压气缸活塞杆向下伸出冲压工件，完成冲压动作后向上缩回，加工台左移伸出，到位后气动手爪松开，并向系统发出加工完成信号，等待工件取走，为下一次工件到来加工做准备。

如果没有停止信号输入，当再有待加工工件送到加工台上时，加工单元又开始下一周期工作。在工作过程中，若按下停止按钮，加工单元在完成本周期的动作后停止工作。若按下急停按钮，将立即停止工作。

（2）自动线加工单元 PLC I/O 端子分配（见表 6-6）

（3）绘制自动线加工单元顺序控制功能图　根据控制要求绘制加工单元顺序控制功能图，如图 6-21 所示。

表 6-6　自动线加工单元 I/O 分配表

输入端子	
加工台物料检测	I0.0
工件夹紧检测	I0.1
加工台左移到位	I0.2
加工台右移到位	I0.3
冲压缸上限位	I0.4
冲压缸下限位	I0.5
启动按钮	I1.3
停止按钮	I1.2
急停按钮	I1.4
输出端子	
夹紧电磁阀 YV1	Q0.0
加工台电磁阀 YV2	Q0.2
冲压电磁阀 YV3	Q0.3

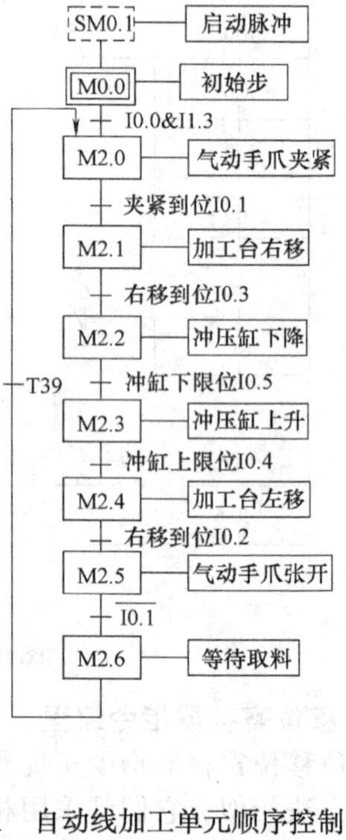

图 6-21　自动线加工单元顺序控制功能图

（4）编制自动线加工单元梯形图程序　利用位移位寄存器指令编制自动线加工单元的梯形图程序，如图 6-22 所示。

6.2.3　顺序控制继电器指令编程实现顺序控制

1. 顺序控制继电器指令

顺序控制继电器指令是编制顺序控制程序的专门指令，它可使初学者在较短时间内掌握顺序控制程序的编制方法，其指令的格式及功能见表 6-7。

表 6-7　顺序控制继电器指令的格式及功能

梯形图 LAD	语句表 STL		功　能
	操作码	操作数	
n SCR	LSCR	N	当顺序控制继电器位 n 为 1 时,SCR(LSCR)指令被激活,标志着该顺序控制程序段的开始
n (SCRT)	SCRT	N	当满足条件使 SCRT 指令执行时,则复位本顺序控制程序段,激活下一顺序控制程序段 n
(SCRE)	SCRE	—	执行 SCRE 指令,结束由 SCR(LSCR)开始到 SCRE 之间顺序控制程序段的工作

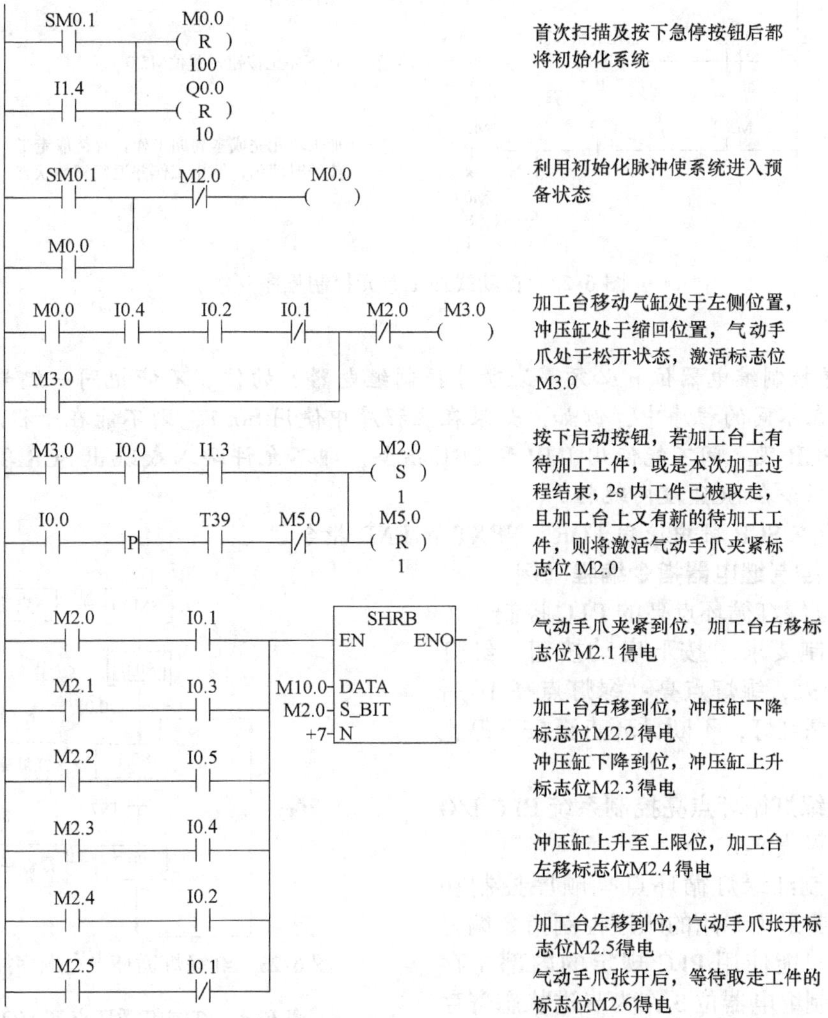

图 6-22　自动线加工单元控制程序

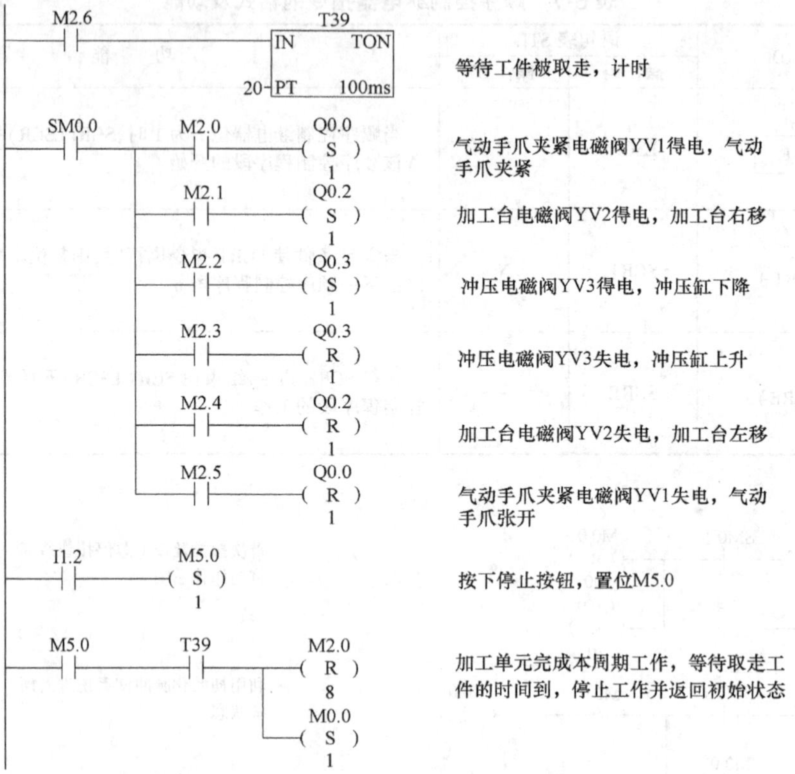

图 6-22 自动线加工单元控制程序（续）

说明：

1）顺序控制继电器位 n 必须寻址顺序控制继电器 S 的位。不能把同一编号的顺序控制继电器位用在不同的程序中，例如，如果在主程序中使用 S0.1，则不能在子程序中再使用。

2）在 SCR 段之间不能使用 JMP 和 LBL 指令，即不允许跳入或跳出 SCR 段。可以使用跳转和标号指令在 SCR 段内跳转。

3）不能在 SCR 段中使用 FOR、NEXT 和 END 指令。

2. 顺序控制继电器指令编程举例

例 5 红绿灯循环点亮的 PLC 控制

（1）控制要求 按下启动按钮，红灯点亮 1s 后熄灭，绿灯点亮；绿灯点亮 1s 后熄灭，再点亮红灯，不断循环直至按下停止按钮。

（2）红绿灯循环点亮控制系统 PLC I/O 端子分配（见表 6-8）

（3）绘制红绿灯循环点亮顺序控制功能图 因为要采用专用的顺序控制指令编写程序，所以只能使用 PLC 规定的内部寄存器即顺序控制继电器位 S 作为步进状态寄存器，来表示各个状态步。利用初始化脉冲 SM0.1 激活初始步 S0.0，当按下启动按钮时，将激活 S0.1，进入第一步工作状态，

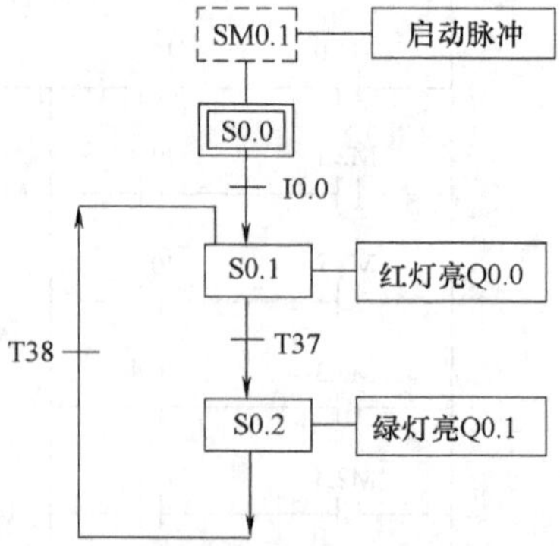

图 6-23 红绿灯循环点亮顺序控制功能图

表 6-8 红绿灯循环点亮 I/O 分配表

输入		输出	
启动按钮	I0.0	红灯	Q0.0
停止按钮	I0.1	绿灯	Q0.1

在该状态点亮红灯（Q0.0得电），同时启动定时器T37，定时时间到，转换条件满足，结束S0.1，激活S0.2，进入下一步工作状态，点亮绿灯（Q0.1得电），启动T38定时器，定时时间到，转换条件满足，再次激活S0.1，不断循环执行。其顺序功能图如图6-23所示。

（4）编制梯形图程序　根据控制要求使用顺序控制继电器指令编制梯形图程序，如图6-24所示。图中程序分为四段，一是初始化及停止程序段，二是启动控制，三是红灯控制，四是绿灯控制。第一段程序为顺序控制做准备，利用初始化脉冲在开机时置顺序控制处于预备状态，由于系统停止后，有可能再次启动，因此，按下停止按钮，在停止所有顺序工作位的同时，需置预备状态。其他各程序段均为典型的顺序控制程序段。

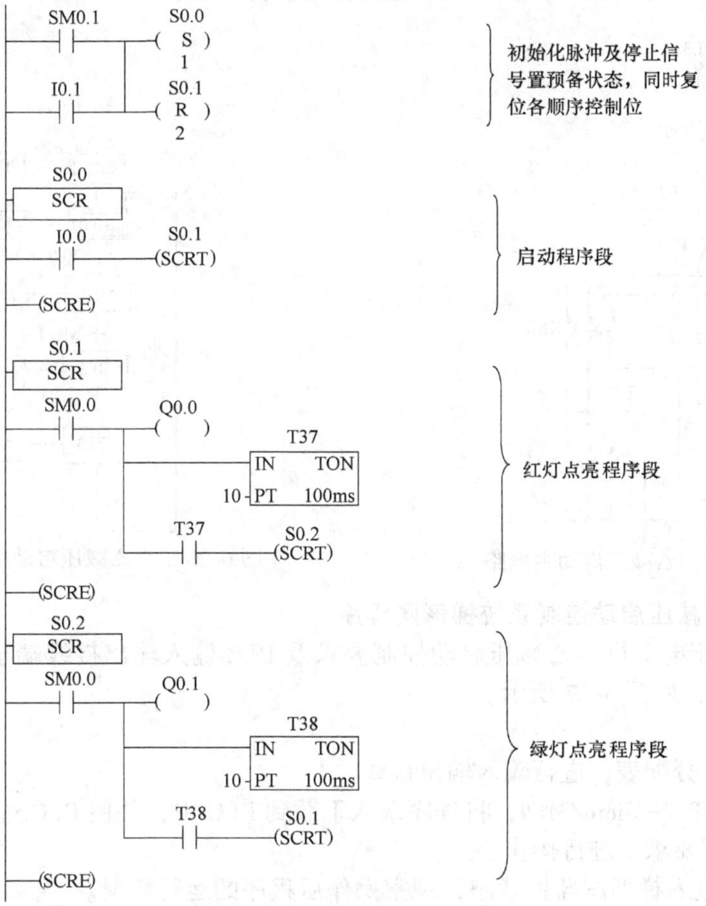

图6-24　红绿灯控制程序

6.3　顺序控制功能上机实践

实践1　三相异步电动机Y-△减压启动的PLC控制

1. 控制要求

系统设有启动、停止按钮各一个，按下启动按钮，电源接触器和Y形联结接触器得电，电动机定子绕组Y形联结启动；延时时间到，自动切换为△形联结运行。为防止Y-△形联结法可能出现的短路故障，系统必须设有Y-△互锁措施。Y-△减压启动主电路如图6-25

所示。

2. Y-△减压启动控制系统 PLC I/O 端子分配（见表 6-9）

表 6-9 电动机Y-△减压启动控制 I/O 分配表

输入		输出	
启动按钮 SB1	I0.0	电源接触器 KM1	Q0.1
		Y形联结接触器 KM2	Q0.2
停止按钮 SB2	I0.1	△形联结接触器 KM3	Q0.3

3. 绘制Y-△减压启动顺序控制功能图

根据控制要求绘制Y-△减压启动顺序控制功能图，如图 6-26 所示。

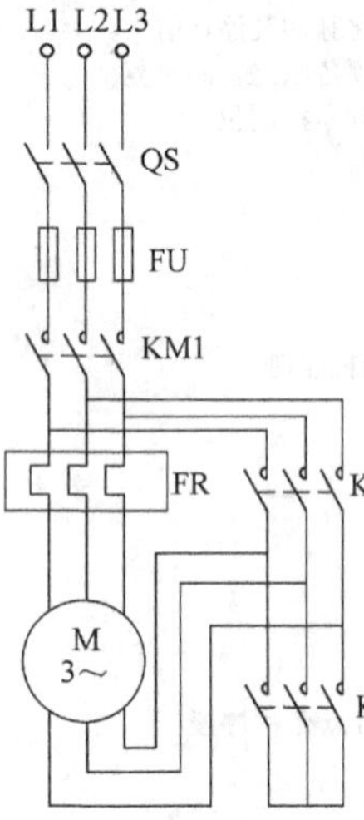

图 6-25 Y-△减压启动主电路

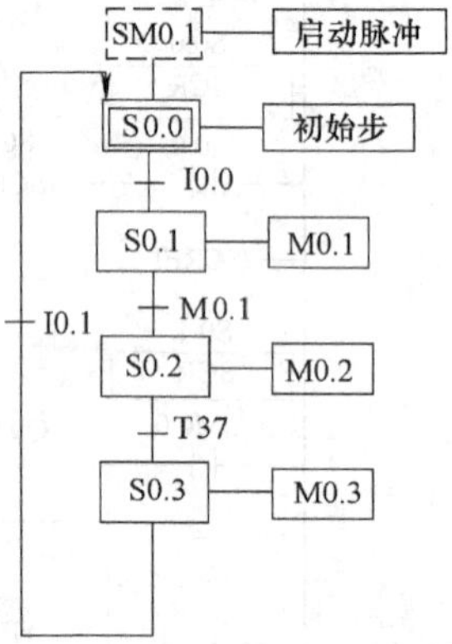

图 6-26 Y-△减压启动顺序控制功能图

4. 编制Y-△减压启动控制系统梯形图程序

根据三相异步电动机Y-△减压启动控制要求及 PLC 输入输出接线端子分配的结果，编制 PLC 控制程序，如图 6-27 所示。

5. 调试步骤

1）根据 I/O 分配表，进行输入输出接线。

2）启动 STEP 7-Micro/MIN，将程序录入下载到 PLC 中，并使 PLC 进入运行状态。

3）根据控制要求，进行操作。

4）使 PLC 进入梯形图监控状态，观察操作后程序的运行情况。

5）打开状态表编辑器，在状态表监控状态下，通过强制、取消强制操作，进一步了解程序的运行情况。

实践 2 自动线供料单元的 PLC 控制

某自动线供料单元用于为下一工序提供待加工工件，它由管形料仓、出料台、顶料气缸和推料气缸及相应的检测元件组成，如图 6-28 所示。管形料仓中存储待加工工件，在出料台上需要工件时，通过顶料气缸和推料气缸的配合，可将料仓中的工件推出到出料台上，为下一工序取走工件做好准备。

1. 控制要求

1）设备上电和气源接通后，供料单元的两个气缸均处于缩回位置，出料台无料，且料仓内有足够的待加工工件，表示设备已准备好。

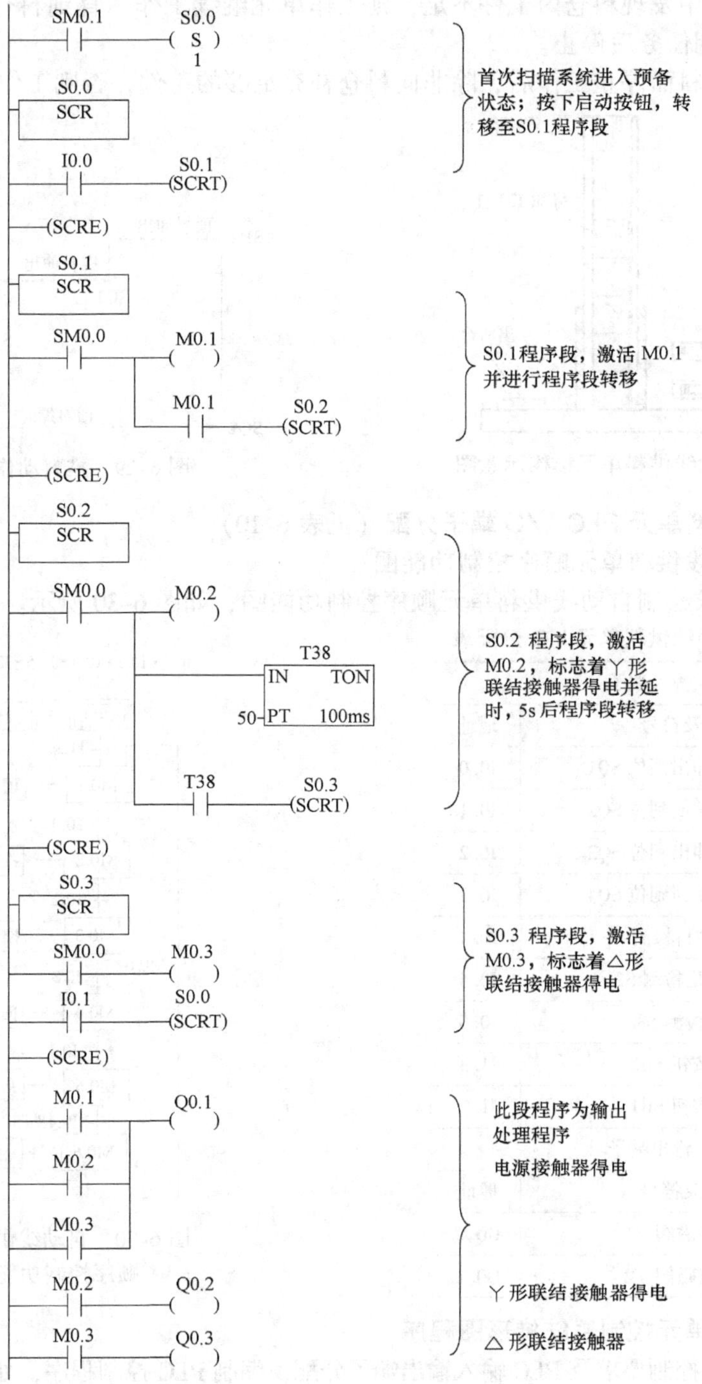

图6-27　丫-△减压启动控制程序

2）设备准备好后，按下启动按钮，供料单元启动，若出料台上没有工件，则应把工件推到出料台上；出料台上的工件若被取出，又没有停止信号发出，则进行下一次推出工件操作。

3）在需要将工件推出到物料台上时，其推料的动作循环如图6-29所示。

4）若在运行中按下停止按钮，则在完成本工作周期任务后，各工作单元停止工作。

5）若在运行中发现料仓内工件不足，则工作单元继续工作，直到料仓内没有工件，工作站在完成本周期任务后停止。

6）料仓因无料而停止工作后，除非向料仓补充足够的工件，否则工作站不能再启动。

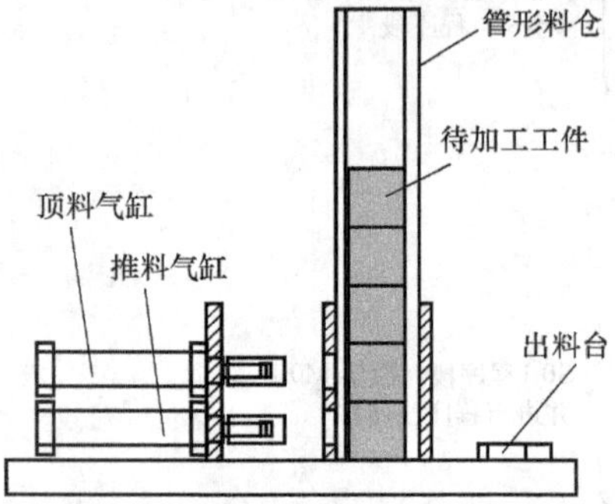

图 6-28　自动线供料单元结构示意图

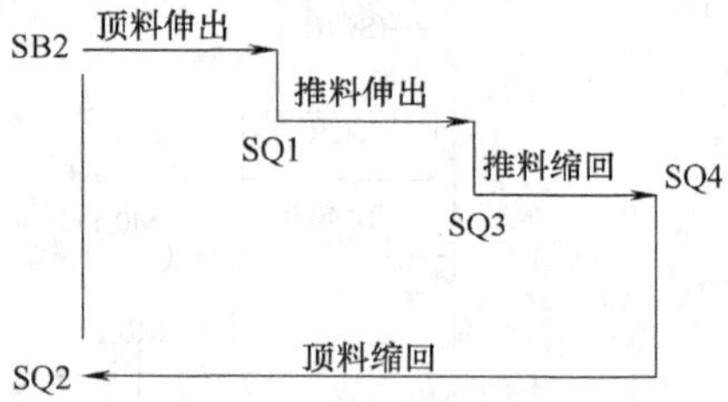

图 6-29　推料动作循环图

2. 自动线供料单元 PLC I/O 端子分配（见表 6-10）

3. 绘制自动线供料单元顺序控制功能图

根据控制要求绘制自动线供料单元顺序控制功能图，如图 6-30 所示。

表 6-10　自动线供料单元 I/O 分配表

输入端子	
名称及符号	地址
顶料气缸伸出到位 SQ1	I0. 0
顶料气缸缩回到位 SQ2	I0. 1
推料气缸伸出到位 SQ3	I0. 2
推料气缸缩回到位 SQ4	I0. 3
出料台物料检测 S1	I0. 4
供料不足检测 S2	I0. 5
缺料检测 S3	I0. 6
启动按钮 SB2	I1. 3
停止按钮 SB1	I1. 2
输出端子	
名称及符号	地址
顶料电磁阀 Y1	Q0. 0
推料电磁阀 Y2	Q0. 1

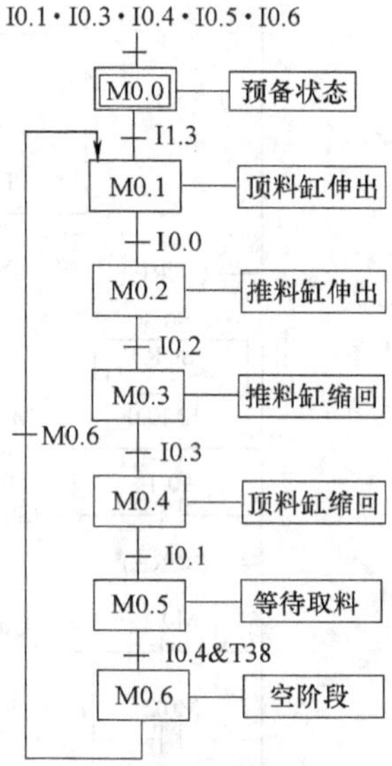

图 6-30　自动线供料单元顺序控制功能图

4. 编制供料单元控制系统梯形图程序

根据供料单元控制要求及 PLC 输入输出端子分配，编制 PLC 控制程序，如图 6-31 所示。

5. 调试步骤

1）根据 I/O 分配表，进行输入输出接线。

2）启动 STEP 7-Micro/MIN，将程序录入下载到 PLC 中，并使 PLC 进入运行状态。

3）根据控制要求，进行操作。

4）使 PLC 进入梯形图监控状态，观察操作后程序的运行情况。

5）打开状态表编辑器，在状态表监控状态下，通过强制、取消强制操作，进一步了解程序的运行情况。

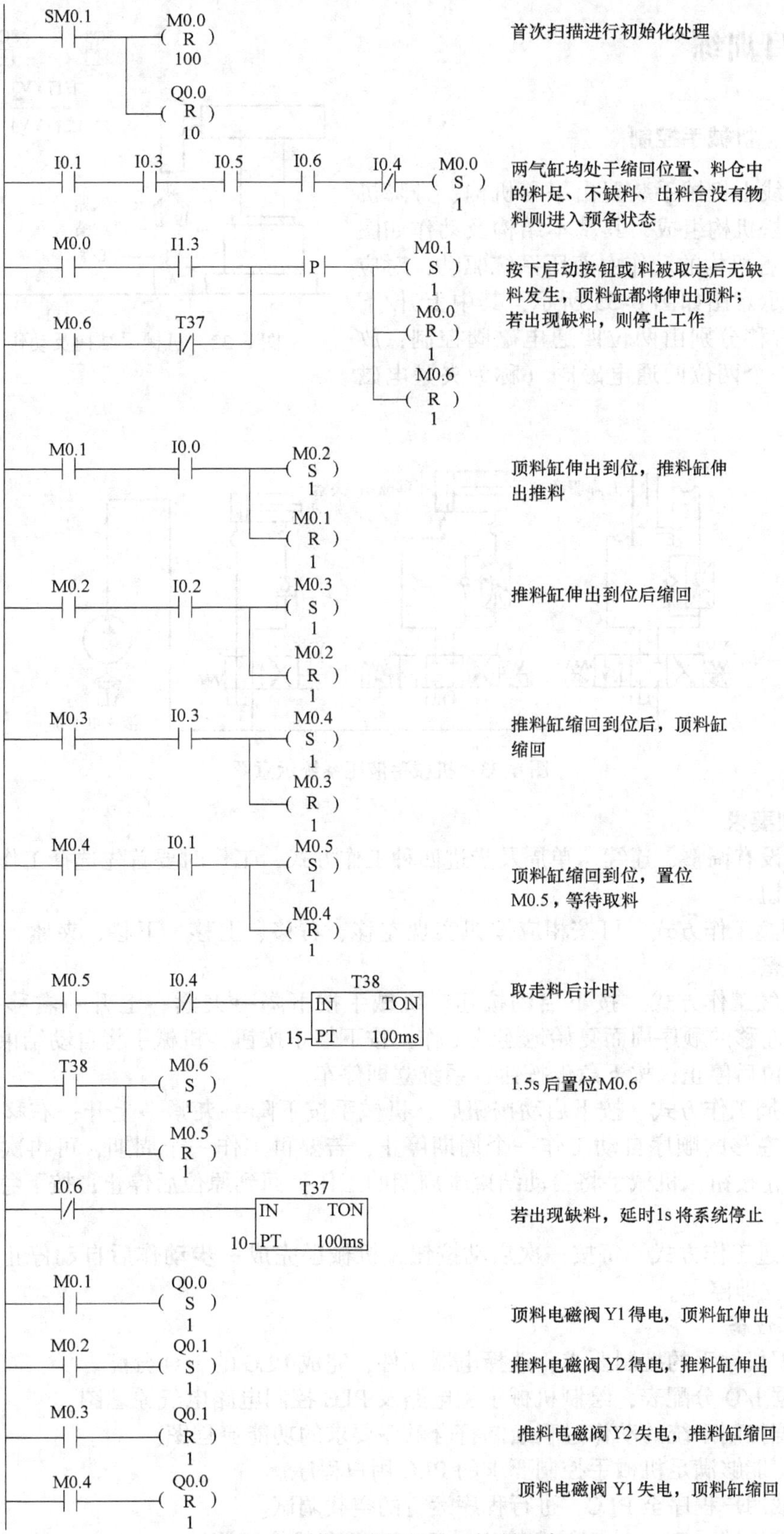

图 6-31 自动线供料单元控制程序

6.4 项目训练

项目七 机械手控制

某自动线上机械手装置由平移机构、升降机构及夹紧放松机构组成，其基本结构及动作如图6-32所示。各机构的动作由液压系统驱动，对应的液压系统示意图如图6-33所示，其中上升/下降和左移/右移分别由两位四通电磁阀控制，放松/夹紧由一个两位两通电磁阀（称为夹紧电磁阀）控制。

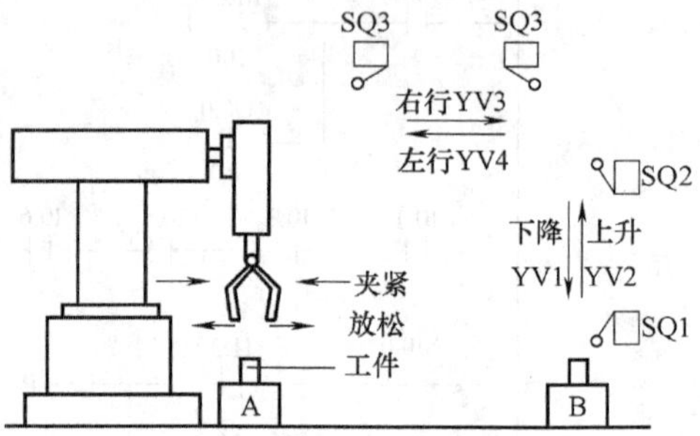

图6-32 机械手结构及动作示意图

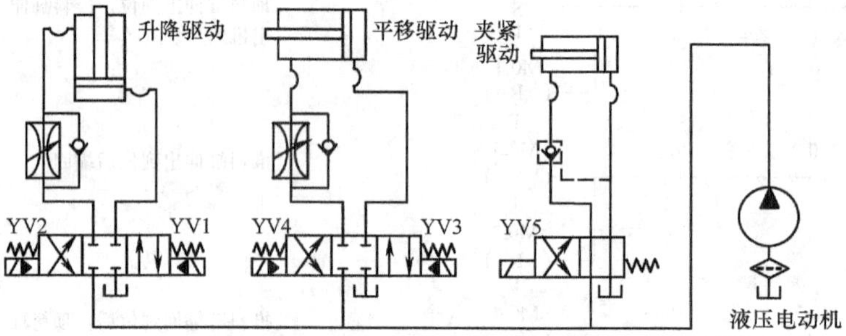

图6-33 机械手液压系统示意图

1. 控制要求

机械手设有调整、连续、单周及步进四种工作方式，工作时要首先选择工作方式，然后操作相应按钮。

（1）调整工作方式　可按相应按钮实现左移、右移、上移、下移、夹紧、放松各个动作的单独调整。

（2）连续工作方式　按下启动按钮，机械手按下降→夹紧→上升→右移→下降→放松→上升→左移的顺序周而复始地连续工作；按下停止按钮，机械手将自动结束本周期的工作，回到原位后停止；按下急停按钮，系统立即停车。

（3）单周工作方式　按下启动按钮后，机械手按下降→夹紧→上升→右移→下降→放松→上升→左移的顺序自动工作一个周期停止，若要再工作一个周期，可再次按下启动按钮；按下停止按钮，机械手将自动结束本周期的工作，回到原位后停止；按下急停按钮，系统立即停车。

（4）步进工作方式　每按一次启动按钮，机械手完成一步动作后自动停止；按下急停按钮，系统立即停车。

2. 训练任务

1）根据机械手的控制要求，选择电器元件，完成PLC的I/O分配。

2）根据I/O分配表，绘制机械手主电路及PLC控制电路电气原理图。

3）根据控制系统的动作过程绘制符合顺序要求的功能流程图。

4）编写能够满足机械手控制要求的PLC用户程序。

5）下载用户程序至PLC，进行程序运行的空载调试。

6）连接机械手PLC控制输入输出设备，进行有载仿真调试。

7）编写机械手 PLC 控制系统设计调试报告。

项目八　组合机床控制

某组合机床液压动力头由动力头、液压滑台及液压夹紧装置组成。

1. 控制要求

1）机床工作时，首先启动液压泵电动机及主轴电动机，每次加工结束时均不需要其停止，所以它们的启停不需要 PLC 控制。

2）机床具有半自动和手动调整两种工作方式，由方式选择开关 SA 选择，SA 接通时为手动调整方式，SA 断开时为半自动方式。

3）半自动工作方式时，其工作过程为：按下夹紧按钮 SB1，待工件夹紧后，压力继电器 KP 动作，使滑台快进，快进过程中压下液压行程阀后转工进，加工结束压下位置开关 SQ2 转快退，快退至原位压下 SQ1，自动松开工件，一个工作循环结束。其工作循环图如图 6-34 所示，元件动作表见表 6-11。

4）手动调整工作方式时，用四个点动按钮分别单独点动控制滑台的前进和后退及夹具的夹紧与放松。

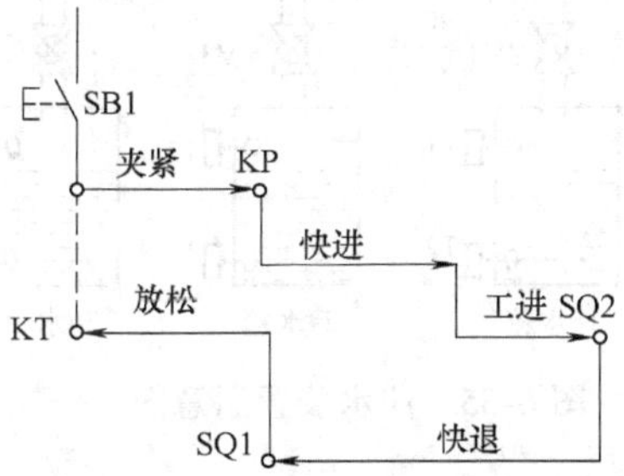

图 6-34　液压滑台工作循环图

表 6-11　液压滑台元件动作表

	YV1	YV2	YV3	YV4
夹紧	+	−	−	−
前进	−	+	−	−
快退	−	−	+	−
放松	−	−	−	+

2. 训练任务

1）根据组合机床液压动力头的控制要求，选择电器元件，完成 PLC 的 I/O 分配。

2）根据 I/ O 分配表，绘制组合机床液压动力头主电路及 PLC 控制电路的电气原理图。

3）根据控制系统的动作过程绘制符合顺序要求的功能流程图。

4）编写满足组合机床液压动力头控制要求的 PLC 用户程序。

5）下载组合机床液压动力头控制程序至 PLC，进行程序运行的空载调试。

6）连接组合机床液压动力头 PLC 控制输入输出设备，进行有载仿真调试。

7）编写组合机床液压动力头 PLC 控制系统设计调试报告。

本 章 小 结

本章介绍了顺序控制功能图的组成、构成规则及基本形式，介绍了使用 S7-200 系列 PLC 的布尔指令、移位指令以及顺序控制继电器指令编制顺序控制程序的方法。

1. 顺序控制系统可用顺序控制功能图描述。顺序控制功能图由状态步、工作步、转移条件及有向线段等元素组成，其构成规则描述了上述组成元素之间的关系，其基本结构形式分为单序列、选择序列以及并行序列 3 种。

2. 布尔指令编写顺序控制程序时，可直接将顺序控制功能图对应的逻辑表达式，用触点的串并联形式实现。

3. 移位指令编写顺序控制程序时，需要处理好移位指令的移位控制信号以及移位寄存器的初始状态问题。

4. 顺序控制继电器指令编写顺序控制程序时，用 SCR、SCRT、SCRE 三条指令直接转换顺序控制功能图，使程序编制更容易、更简单。

思考与练习题

6-1 使用顺序控制结构，编写出实现红黄绿三种颜色信号灯循环显示的程序（要求循环间隔时间为0.5s），并画出该程序设计的功能流程图。

6-2 试设计某注水装置 PLC 控制系统。某注水装置如图 6-35 所示，三个储水箱分别用 T1、T3、T5 三个传感器来探测水箱中满水位的信号，用 T2、T4、T6 三个传感器来探测水箱中空水位的信号，用 YV1、YV2、YV3 三个电磁阀向三个水箱注水。注水过程由 PLC 控制，只要水箱中“空”信号出现，则该水箱的注水装置即起动，进行注水，直到水箱“满”信号发生。注水的顺序按照各水箱“空”信号发生的先后来进行，任何时候注水装置只能给一个水箱进行注水。例如：水箱“空”信号的发生顺序是 2→1→3，那么，注水的过程是：先给 2#水箱注水直到 2#水箱注满，然后给 1#水箱注水，也直到 1#水箱注满，最后再给 3#水箱注水。

6-3 试设计 PLC 控制的两级加热器自动恒温程序：某恒温设备有两个加热器，启动时两加热器同时工作，保温时仅一个加热器工作。具体工作过程为：当启动按钮 SB2 动作时则接通工作电源，系统接通电源时由于温控开关 T 处于闭合状态，首先使加热器风扇工作，同时接通两个加热器 E1 及 E2，加热指示灯 HL 亮。当温度达到给定值时温控开关 T 断开，使风扇停止，加热器 E1 及 E2 均断电，加热指示灯 HL 灭。当温度降低到给定值以下时，温控开关又闭合，使风扇再次工作。但由于此时的低温与给定值相差很小，因此以后的加温过程只需要其中一个加热器工作即可。

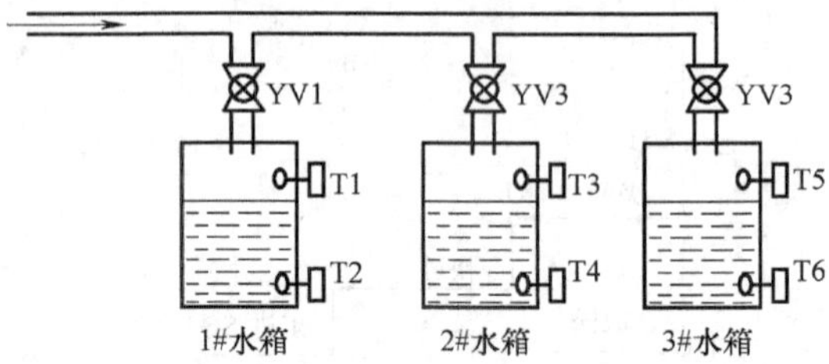

图 6-35 注水装置示意图

6-4 清洗机 PLC 控制系统设计：装入被清洗工件且盖好上盖之后即可运行。首先要接通加热器以保证良好的清洗效果，当温度达到设定值时清洗轮自动旋转，清洗轮驱动电动机自动正反向运转，达到某个确定时间后清洗机自动停止。该清洗机的 PLC 输入输出端子分配见表 6-12。

表 6-12 清洗机的 PLC 输入输出端子分配表

SB1	I0.0	急停按钮，常闭触点	KM3	Q2.2	电动机正转接触器线圈
SB2	I0.1	限位开关，盖好上盖时接通	KM4	Q2.3	电动机反转接触器线圈
SB3	I0.3	启动按钮，常开触点	FR5	I0.5	热保护元件
SB4	I0.4	温控开关，常开触点	T10		清洗时间计时器，3min
KM1	Q0.2	电源接触器线圈	T1、T2		电动机换相间隔时间
KM2	Q2.1	加热器通断接触器线圈			

6-5 某混料系统如图 6-36 所示。系统的工作过程及控制要求如下：

1）按 SB2 后，系统进入工作循环，起动指示灯 HL1 发光，阀门 YV1 打开，抽料电动机 M1 及搅拌电动机 M2 运转。

2）当传感器 T1 动作后，YV1 关闭，YV2 打开。

3）当传感器 T2 动作后，YV2 关闭，YV3 打开。

4）当传感器 T3 动作后，YV3 关闭，YV4 打开。

5）当传感器 T4 动作后，YV4 关闭，抽料电动机 M1 停止，搅拌电动机 M2 继续工作。

6）当 YV4 关闭 10s 后，起动指示灯 HL1 灭，清料指示灯 HL2 亮，混料过程结束。

7）按停止按钮 SB3 后搅拌电动机停止，HL2 灭，搅拌容器可清空。

8）当按事故急停 SB4 或 SB5，或热继电器 FR1 或 FR2 动作时都会使电动机 M1 及电动机 M2 断电。

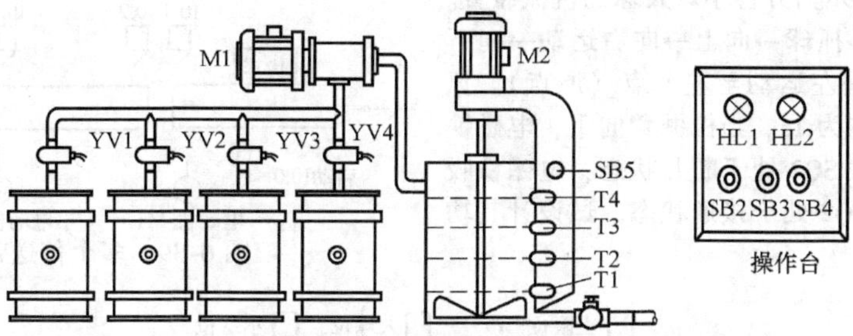

图 6-36　混料系统模型

试给出系统的 I/O 分配表，画出系统的顺序控制流程图，编写顺序控制的 PLC 程序，并在 PLC 机上运行输入、显示、修改及测试操作，直到系统满足控制要求。

6-6　工业搅拌系统的控制程序设计：图 6-37 所示是一个简单的工业搅拌系统，该系统要将两种流质物料（简称 A、B）按一定比例混合搅匀后送出。由系统示意图可知被控对象可分为 3 部分，即物料 A、B 的进料控制和搅拌桶的搅拌控制。各部分控制的相关设备有：对物料 A、B 控制的设备有输入泵、输入阀、输出阀；对搅拌桶控制的设备有搅拌马达、液位开关、排放阀。其中送料电动机的启动/停止控制由控制台上的按钮开关实现。

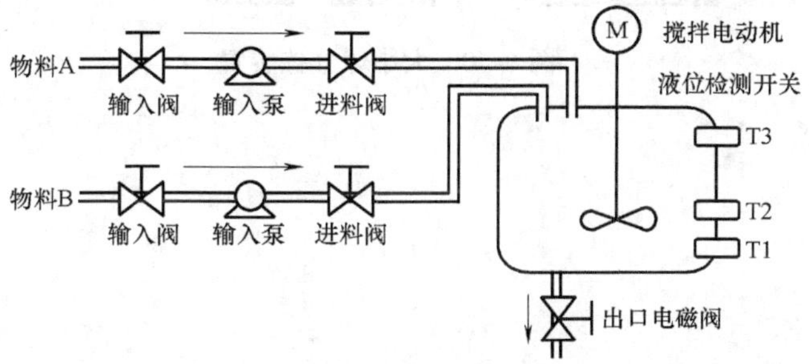

图 6-37　搅拌机系统示意图

系统工作时对被搅拌的对象要求如下：

1）当物料 A（B）泵工作时，有如下要求：①物料 A（B）的进料阀已开，出料阀已开；②搅拌桶未满，搅拌的出料阀关闭；③泵的驱动电动机无故障，没有紧急停止动作。

2）搅拌电动机工作时的条件：①搅拌桶未空，搅拌桶的出料阀关闭；②搅拌电动机无故障，紧急停止没有动作。

3）开排放阀的条件：搅拌电动机停止，紧急停止没有动作。

系统中的液位开关让操作者了解搅拌桶内的液位情况，并且提供成分输送泵和搅拌电动机之间的联锁关系。

工业搅拌控制系统操作台如图 6-38 所示。其中紧急停车按钮可用于系统工作过程中出现突发事故时，停止各运行部件的工作。

试根据系统的输入/输出要求和操作要求确定该控制系统所需的 PLC 机型，给出该控制系统 I/O 信号的地址表，画出接线图，编制梯形图程序，并调试运行之。

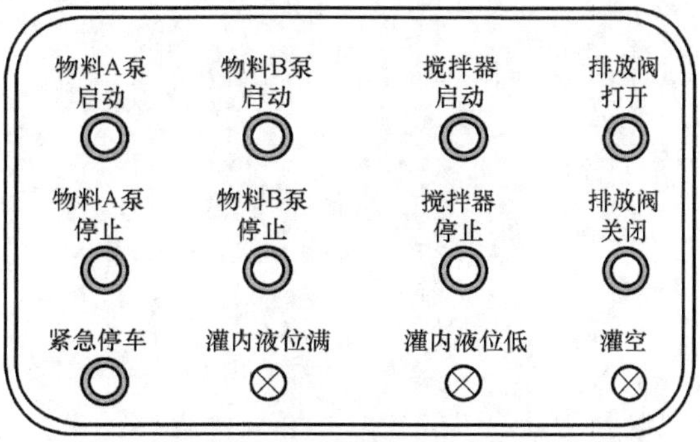

图 6-38　搅拌系统操作台示意图

6-7　物料传送带的启停控制如图 6-39 所示，启动按钮按下后，电动机 M1 接通。I0.1 接通后电动机 M2 接通，当 I0.2 接通后电动机 M1 停止。其他传送带动作类推。试设计其功能图、梯形图。

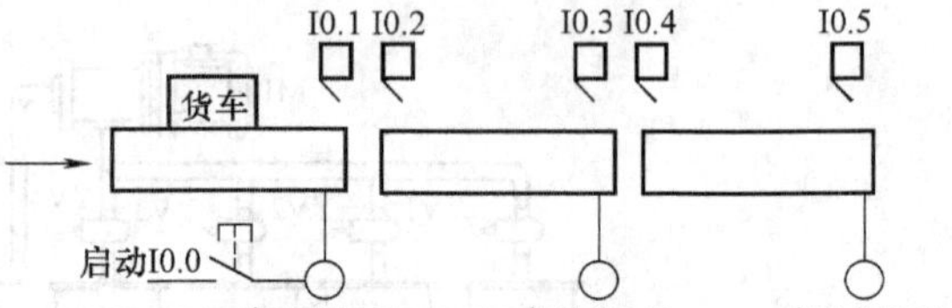

图 6-39 多个传送带控制

6-8 图 6-40 所示为分检小球大球的机械装置。工作顺序是：向下→抓球→向上→向右运动→向下→释放球→向上和向左运动至左上点（原点）。抓球和释放球的时间均为 1s。当机械臂向下，电磁铁吸住大球，限位开关 SQ2 处于断开状态；电磁铁吸住小球，限位开关 SQ2 处于接通状态。试设计其功能图、梯形图。

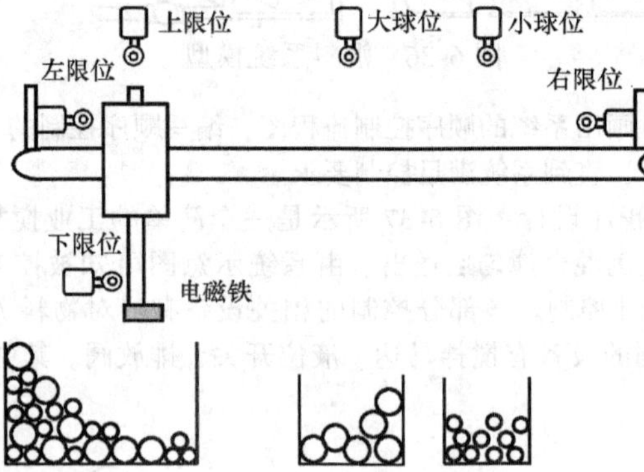

图 6-40 大小球分拣装置

第7章　PLC的过程控制功能及应用

学习目标

理解各种模拟量输入输出模块的使用方法及模拟量数据在 PLC 程序中的处理方法；理解 PID 调节指令的格式及功能，会使用 PID 指令向导配置相关参数，熟悉 PID 子程序指令输入输出参数的意义。

能使用模拟量输入输出模块组成 PLC 过程控制系统，并能根据工艺要求设置模块参数、调用 PID 子程序指令编写控制程序。

PLC 模拟量处理功能主要通过模拟量输入输出模块及用户程序来完成。模拟量输入模块接受各种传感器输出的标准电压信号或电流信号，并将其转换为数字信号存储到 PLC 中；PLC 根据生产实际要求，通过用户程序对转换后的信息进行处理，并将处理结果通过模拟量输出模块转换为标准电压或电流信号去驱动执行元件。模拟量输入输出模块是 PLC 模拟量处理的硬件基础，用户程序数据处理是 PLC 模拟量处理的灵魂。

7.1　S7-200 系列 PLC 模拟量 I/O 模块

S7-200 系列 PLC 模拟量 I/O 模块主要有 EM231 模拟量 4 路输入、EM232 模拟量 2 路输出和 EM235 模拟量 4 输入/1 输出混合模块 3 种，另还有专门用于温度控制的 EM231 模拟量输入热电偶模块和 EM231 模拟量输入热电阻模块。

7.1.1　模拟量输入模块

1. EM231 模拟量输入模块

（1）EM231 模拟量输入模块的内部结构及数据格式　EM231 模拟量输入模块的功能是把模拟量输入信号转换为数字量信号，其内部结构如图 7-1 所示。由图可见，该模块可连接 4 个模拟量回路的输入信号。模拟量输入信号经输入滤波电路通过多路转换开关送入差动放大器，差动放大器输出的信号经增益调整电路进入电压缓冲器，等待模数转换，模数转换后的数字量直接送入 PLC 内部的模拟量输入寄存器 AIW 中。

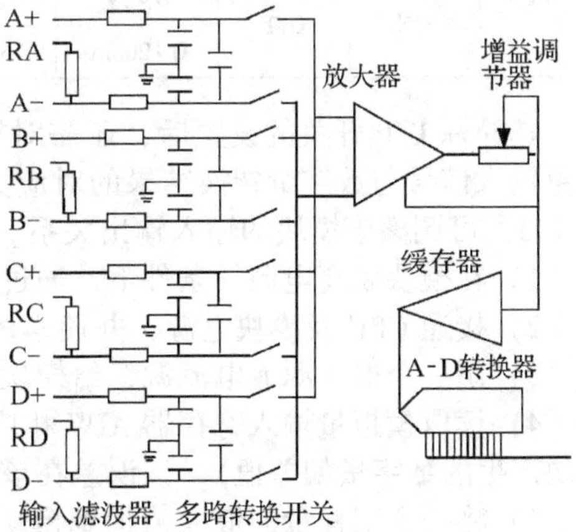

图 7-1　EM231 模拟量输入模块输入回路框图

存储在 16 位模拟量寄存器 AIW 中的数据有效位为 12 位，其格式如图 7-2 所示。对单极性格式，最高位为符号位，最低 3 位是测量精度位，即 A-D 转换是以 8 为单位进行的；对双极性格式，最低 4 位为转换精度位，A-D 转换是以 16 为单位进行的。

（2）EM231 模拟量输入模块的性能　EM231 模拟量输入模块的性能主要有以下几项，使用时要特别注意输入信号的规格，不得超出其使用极限值：

MSB　　LSB

15	14	13	12	11	10	9	8	7	6	5	4	3	2	1	0
0	数据值 12 位												0	0	0

单极性数据格式

MSB　　LSB

15	14	13	12	11	10	9	8	7	6	5	4	3	2	1	0
数据值 12 位												0	0	0	0

双极性数据格式

图 7-2　模拟量输入数据的数字量格式

① 数据格式：对双极性为-32000~+32000，对单极性为 0~32000。

② 输入阻抗：≥10MΩ。

③ 最大输入电压：DC30V。

④ 最大输入电流：32mA。

⑤ 分辨率：最小满量程电压输入时为 1.25mV；电流输入时为 5μA。

⑥ 输入类型：差分输入型。

⑦ 输入电压电流范围

输入电压范围：对单极性为 0~5V 或 0~10V，对双极性为±5V 或±2.5V。

输入电流范围：0~20mA。

⑧ 模拟量到数字量的转换时间：<250μs。

（3）EM231 模拟量输入模块输入信号的整定　使用模拟量输入模块时，首先需要根据模拟量信号的类型及范围通过模拟量模块右下侧的 DIP 设定开关（见图 7-3）进行输入信号的选择，其选择的具体操作如表 7-1 所示。例如，若选择 0~10V 作为模拟量模块的输入信号，则 DIP 选择开关应选为 SW1 开、SW2 关、SW3 开。

表 7-1　EM231 选择模拟量输入范围的开关表

单极性			满量程输入	分辨率	双极性			满量程输入	分辨率
SW1	SW2	SW3			SW1	SW2	SW3		
ON	OFF	ON	0~10V	2.5mV	OFF	OFF	ON	+/-5V	2.5mV
	ON	OFF	0~5V	1.25mV		ON	OFF	+/-2.5V	1.25mV
			0~20mA	5μA					

选择好 DIP 开关的设置后，还需对输入信号进行整定，输入信号的整定就是要确定模拟量输入信号与数字量转换结果的对应关系，通过调节 DIP 设定开关左侧的增益旋钮（见图 7-3）可调整该模块的输入输出关系。其调整步骤如下：

1）在模块脱离电源的条件下，通过 DIP 开关选择需要的输入范围。

2）接通 CPU 及模块电源，并使模块稳定 15min。

3）用一个电压源或电流源，给模块输入一个零值信号。

4）读取模拟量输入寄存器 AIW 相应地址中的值，获得偏移误差（输入为 0 时，模拟量模块产生的数字量偏差值），该误差在该模块中无法得到校正。

5）将一个工程量的最大值加到模块输入端，调节增益电位器，直到读数为 32000，或所需要的数值。

经上述调整后，若输入电压范围为 0~10V 的模拟量信号，则对应的数字量结果应为

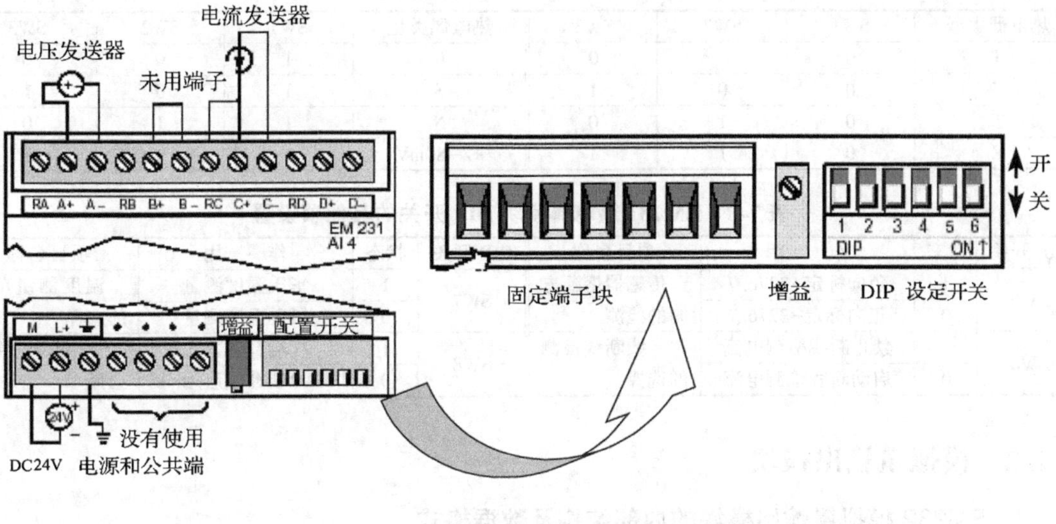

图 7-3　EM231 模拟量输入模块端子及 DIP 开关示意图

0~32000或所需要数字，其关系如图 7-4 所示。

2. EM231 热电偶模块及热电阻模块

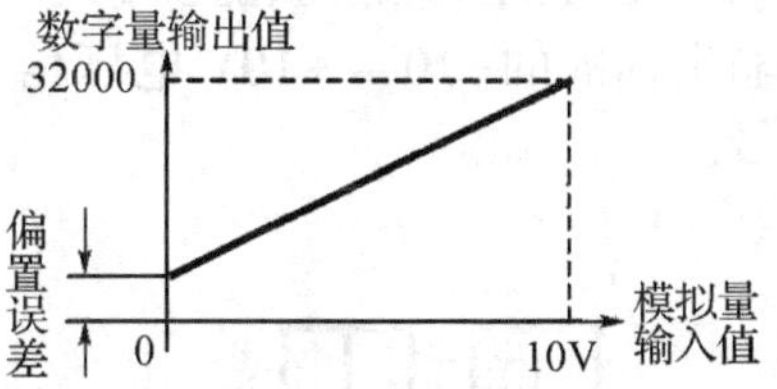

图 7-4　EM231 转换曲线

EM231 热电偶模块是专门用于对热电偶输出信号进行 A-D 转换的智能模块。它可以连接 7 种类型的热电偶（J，K，E，N，S，T 和 R），还可用于测量 0~±80mV 范围的低电平模拟信号。其接线端子示意图如图 7-5 所示。EM231 热电阻模块是专门用于将热电阻信号转为数字量信号的智能模块，它可以连接 4 种类型的热电阻（Pt，Cu，Ni 和普通电阻）。其接线端子示意图如图 7-6 所示。

使用 EM231 模拟量输入热电偶或热电阻模块时，需要通过模块右下侧的设置开关进行必要的设置。对热电偶模块，其热电偶的类型通过设置开关 SW1、SW2、SW3 选择，如表 7-2 所示。SW4 为备用，SW5、SW6、SW7、SW8 用来设定断线检测、冷端补偿、温度单位等，如表 7-3 所示。对热电阻模块的设置类似于热电偶模块，因篇幅所限，不再赘述。

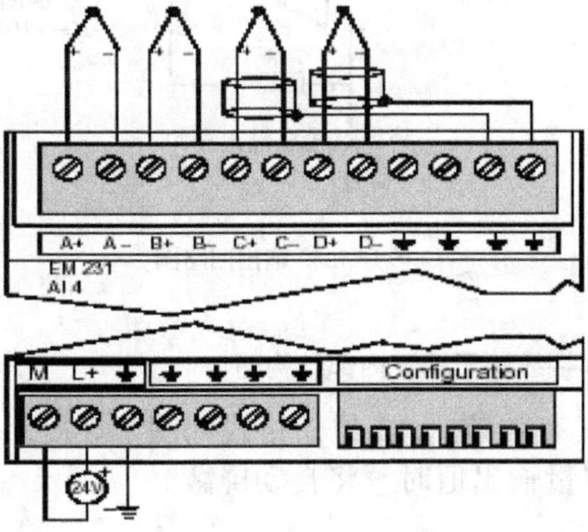

图 7-5　热电偶输入模块接线端子示意图

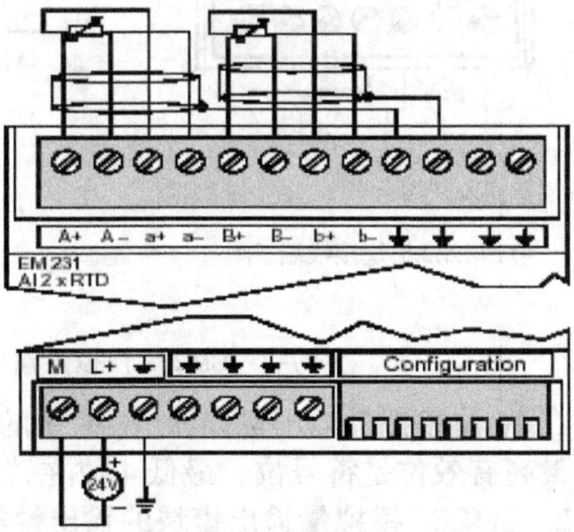

图 7-6　热电阻输入模块接线端子示意图

表 7-2 热电偶类型选择

热电偶类型	SW1	SW2	SW3	热电偶类型	SW1	SW2	SW3
J	0	0	0	R	1	0	0
K	0	0	1	S	1	0	1
T	0	1	0	N	1	1	0
E	0	1	1	+/-80mV	1	1	1

表 7-3 EM231 热电偶模块 DIP 开关的其他项设置

DIP 开关	状态	作 用	项目名称	DIP 开关	状态	作 用	项目名称
SW5	1	负向标定+3276.7	传感器熔断方向的检测	SW7	1	华氏温度测量	温度测量单位的选择
	0	正向标定-3276.7			0	摄氏温度测量	
SW6	1	禁止断线检测电流	导线断线检测的选择	SW8	1	冷端补偿禁止	冷端补偿的选择
	0	启动断线检测电流			0	冷端补偿启用	

7.1.2 模拟量输出模块

1. EM232 模拟量输出模块的内部结构及数据格式

EM232 模块模拟量输出的过程是将 PLC 模拟量输出寄存器 AQW 中的数字量转换为可用于驱动执行元件的模拟量，其外部接线端子及内部结构如图 7-7 所示。由图可知，存储于 AQW 中的数字量经 EM232 模块中的数模转换器分为两路信号输出，一路经电压输出缓冲器输出标准的-10 ~+10V 电压信号，另一路经电压电流转换器输出标准的 0~20mA 电流信号。

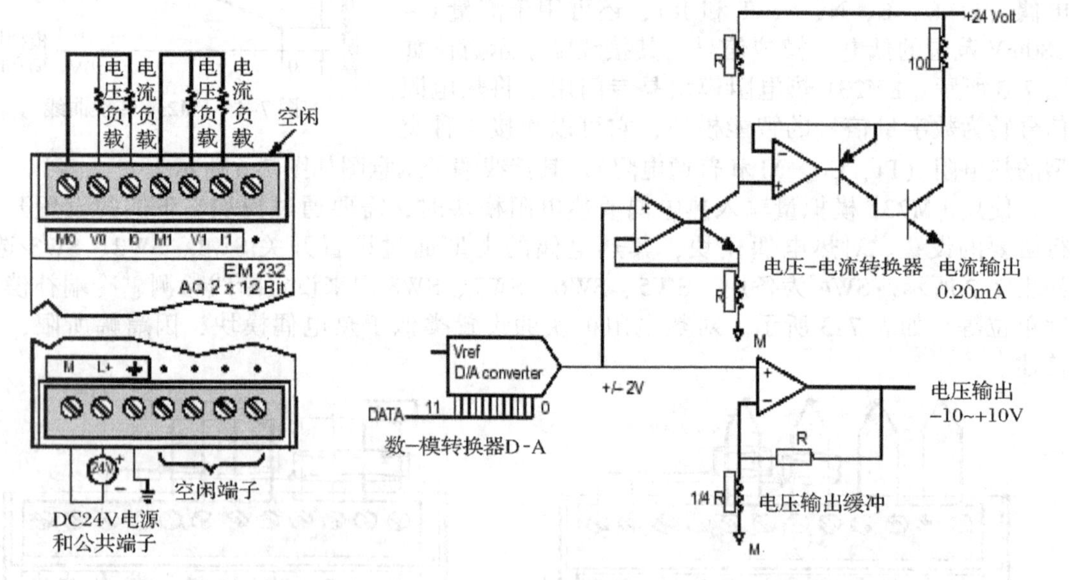

a) EM232 模块接线端子图　　b) EM232 输出回路图

图 7-7 EM232 模拟量输出模块外部接线端子图及内部结构图

在 16 位模拟量输出寄存器 AQW 中的数字量其有效位为 12 位，格式如图 7-8 所示。数据的最高有效位是符号位，最低 4 位在转换为模拟量输出值时，将自动屏蔽。

2. EM232 模拟量输出模块的输出性能

EM232 模拟量输出模块的输出性能如表 7-4 所示，表中主要描述了输出电压、电流的范围及其对应的输出精度和带负载的能力等。

MSB　　　　　　　　　　　　　　　　　　　　　　　　　　LSB

15	14	13	12	11	10	9	8	7	6	5	4	3	2	1	0
0	数据值 11 位											0	0	0	0

电流输出数据格式

MSB　　　　　　　　　　　　　　　　　　　　　　　　　　LSB

15	14	13	12	11	10	9	8	7	6	5	4	3	2	1	0
数据值 12 位												0	0	0	0

电压输出的数据格式

图 7-8　模拟量输出数据之前的数字量格式

表 7-4　EM232 模拟量输出模块的输出性能

项　　目	信号范围	分辨率	数据字格式	精度典型 25℃	最大驱动
电压输出	+/-10V	12 位	-32000~+32000	满量程的±0. 5%	最小 5000Ω
电流输出	0~20mA	11 位	0~+32000	满量程的±0. 5%	最大 500Ω

7. 1. 3　EM235 模拟量输入输出混合模块

EM235 模拟量输入输出混合模块如图 7-9 所示。由图可知，该模块可同时连接 4 个模拟量输入回路的输入信号及 1 个模拟量输出回路的输出信号。

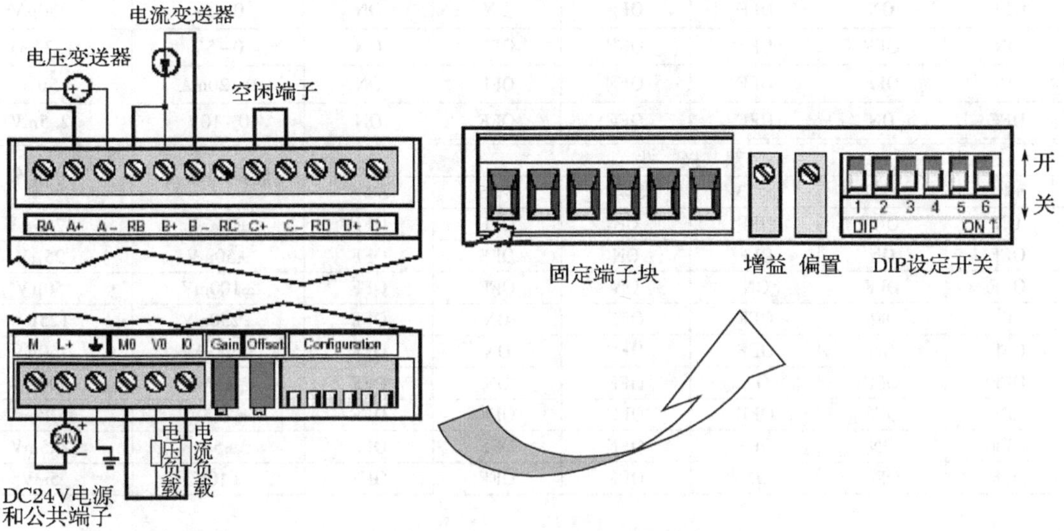

图 7-9　EM235 输入输出混合模块端子、DIP 设置开关及校准电位器示意图

1. EM235 模拟量输入输出模块的输入输出特性

EM235 模拟量输入输出模块的输入回路与 EM231 模拟量输入模块的输入回路稍有不同，它增加了一个偏置电压调整回路，通过调节输出接线端子右侧的偏置电位器（见图7-9）可以消除偏置误差，其输入特性较 EM231 模块的输入特性，其不同之处主要表现在可供选择的输入信号范围更加细致，以便适应其更加广泛的场合。EM235 模块的输出特性同 EM232 模块，此处不再赘述。

2. EM235 模拟量输入输出模块的使用

使用 EM235 模拟量输入输出混合模块时，主要应根据输入信号的范围对 EM235 模块的输入信号进行整定，其整定步骤如下：

1）在模块脱离电源的条件下，通过DIP开关选择需要的输入范围（见表7-5）。

2）接通CPU及模块电源，并使模块稳定15min。

3）用一个电压源或电流源，给模块输入一个零值信号。

4）调节偏置电位器，使模拟量输入寄存器的读数为零或为所需要的数值。

5）将一个满刻度的信号加到模块输入端，调节增益电位器，直到读数为32000，或为所需要的数值。

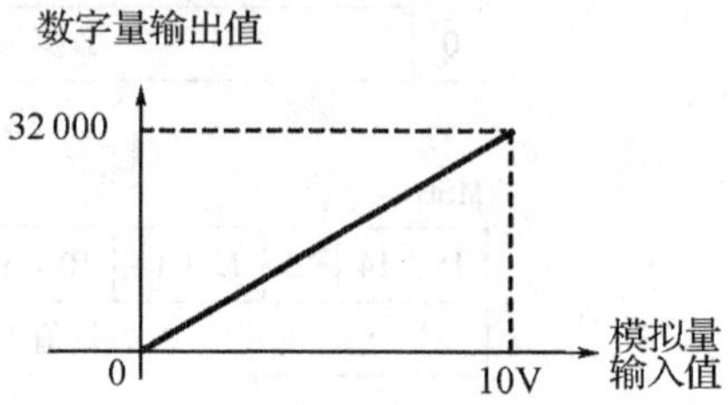

图7-10 EM235转换曲线

经上述调整后，若输入最大值为0~10V的模拟量信号，则对应的数字量结果应为32000或所需数字，其关系如图7-10所示。

表7-5 EM235模拟量输入输出模块的DIP开关设置及分辨率

单极性						满量程输入	分辨率
SW1	SW2	SW3	SW4	SW5	SW6		
ON	OFF	OFF	ON	OFF	ON	0~50mV	12.5μV
OFF	ON	OFF	ON	OFF	ON	0~100mV	25μV
ON	OFF	OFF	OFF	ON	ON	0~500mV	125μV
OFF	ON	OFF	OFF	ON	ON	0~1V	250μV
ON	OFF	OFF	OFF	OFF	ON	0~5V	1.25mV
ON	OFF	OFF	OFF	OFF	ON	0~20mA	5μA
OFF	ON	OFF	OFF	OFF	ON	0~10V	2.5mV
双极性						满量程输入	分辨率
SW1	SW2	SW3	SW4	SW5	SW6		
ON	OFF	OFF	ON	OFF	OFF	±25mV	12.5μV
OFF	ON	OFF	ON	OFF	OFF	±50mV	25μV
OFF	OFF	ON	ON	OFF	OFF	±100mV	50μV
ON	OFF	OFF	OFF	ON	OFF	±250mV	125μV
OFF	ON	OFF	OFF	ON	OFF	±500mV	250μV
OFF	OFF	ON	OFF	ON	OFF	±1V	500μV
ON	OFF	OFF	OFF	OFF	OFF	±2.5V	1.25mV
OFF	ON	OFF	OFF	OFF	OFF	±5V	2.5mV
OFF	OFF	ON	OFF	OFF	OFF	±10V	5mV

7.2 模拟量数据的处理

7.2.1 模拟量输入信号的整定

通过模拟量输入模块转换后的数字信号直接存储在S7-200系列PLC的模拟量输入存储器AIW中，这种数字量与被转换的过程量之间具有一定的函数对应关系，但在数值上并不相等，必须经过某种转换才能使用，这种将模拟量输入的数字信号在PLC内部按一定函数关系进行转换的过程称为模拟量输入信号的整定。模拟量输入信号的整定通常需要考虑以下问题。

1. 模拟量输入值的数字量表示方法

即模拟量输入模块输入数据的位数是多少？是否从数据字的第0位开始？若不是，应进行移位操作使数据的最低位排列在数据字的第0位上，以保证数据的准确性。如EM231模拟量输入模块，在单极性信号输入时，其模拟量的数字值是从第3位开始的，因此数据整定的任务是把该数据字右移三位。

2. 模拟量输入值的数字量表示范围

该范围一方面由模拟量输入模块的转换精度位数决定，另一方面也可以由系统外部的某些条件使输入量的范围限定在某一数值区域，使输入量的范围小于模块可能表示的范围。

3. 系统偏移量的消除

系统偏移量是指在无模拟量信号输入情况下由测量元件的测量误差及模拟量输入模块的转换死区所引起的具有一定数值的转换结果。消除这一偏移值的方法是在硬件方面进行必要的调整（如调整EM235中偏置电位器）或使用PLC的运算指令去除其影响。

4. 过程量的最大变化范围

过程量的最大变化范围与转换后的数字量最大变化范围应有一一对应的关系，这样就可以使转换后的数字量精确地反应过程量的变化。如用0~0FH反映0~10V的电压与0~FFH反映0~10V的电压相比较，后者的灵敏度或精确度显然要比前者高得多。

5. 模拟量输入信号的转换问题

从模拟量输入模块采集到的过程量都是实际工程量的数字值，这一数字值通常很难被用户理解，即看不懂它所表示的工程量大小。为此，需将这一数字量在PLC内部转换为工程量，以便编程人员通过程序进行处理，同时也可以将其直接输出到人机界面显示。其通用的转换公式如式（7-1）所示：

$$\text{工程量}=\frac{\text{最大工程量值}\times\text{工程量采集值}}{\text{模拟量采集最大输出值}} \tag{7-1}$$

最大工程量值是指传感器所能检测到的工程量最大值，工程量采集值是指模拟量输入模块的输出值，模拟量采集最大输出值是指模拟量输入模块对应工程量最大值时输出的数字值。如某温度传感器测量范围是0~200℃，模拟量采集输出的数字量范围是0~32000，现模拟量输入模块的输出是24000，则实际工程值为：

$$\text{工程量}=\frac{200\times24000}{32000}=150℃$$

在7.3节讲到的PID回路控制指令时，其参与运算的过程量要求为实数格式，且还要求转换为无量纲的0.0~1.0之间的标准数。其转换的方法如下面的程序段所示。

```
XORD      AC0, AC0              //清累加器 AC0
MOVW      AIW0, AC0             //读模拟量存入 AC0
LDW>=     AC0, 0                //若模拟量为正
JMP       0                     //转到标号为 0 的程序段进行直接转换
NOT                             //否则（即模拟量为负）
ORD       16#FFFF0000, AC0      //AC0 中的符号处理
LBL       0
DTR       AC0, AC0              //将 32 位整数格式转换为实数格式
/R        64000.0, AC0          //将 AC0 中的值标准化
+R        0.5, AC0              //将所得结果转移到范围 [0.0, 1.0]
MOVR      AC0, VD100            //将标准化结果存入 PID 运算数据存储区
```

在这段程序中，将实数格式的工程实际值转换为［0.0，1.0］间的无量纲相对值（称为标准化格式），用到了下面的公式：

$$R_S = R_R / S_P + E$$

式中，R_S 是工程实际值的标准化值；R_R 是工程实际值的实数形式值，未标准化处理；E 对于单极性值，取为 0；对于双极性值，取为 0.5；S_P 是最大允许值减去最小允许值，通常取：32 000（对于单极性），64 000（对于双极性）。

6. 数字量滤波问题

电压、电流等模拟量常常会因为现场的瞬时干扰而产生较大波动。这种波动经 A/D 转换后亦反映在 PLC 的数字量输入端。若仅用瞬时采样值进行控制计算，将会产生较大误差，有必要进行数字滤波。工程上的数字滤波方法有平均值滤波、去极值平均滤波以及惯性滤波法等。算术平均值滤波的效果与采样次数有关，采样次数越多效果越好。但这种滤波方法对于强干扰的抑制作用不大，而去极值平均滤波方法则可有效地消除明显的干扰信号，消除的方法是对多次采样值进行累加后，找出最大值和最小值，然后从累加和中减去最大值和最小值，再进行平均值滤波。惯性滤波的方法就是逐次修正，它类似于较大惯性的低通滤波功能。这些方法也可同时使用，效果更好。

(1) 平移式平均值滤波法　平均值滤波法包括算术平均值滤波法和加权平均滤波法两种，前一种方法是后一种方法的特例。采样次数越多，滤波效果越好。这里介绍 PLC 中常用的一种特殊的平均值滤波法——平移式平均值法。其基本原理是：

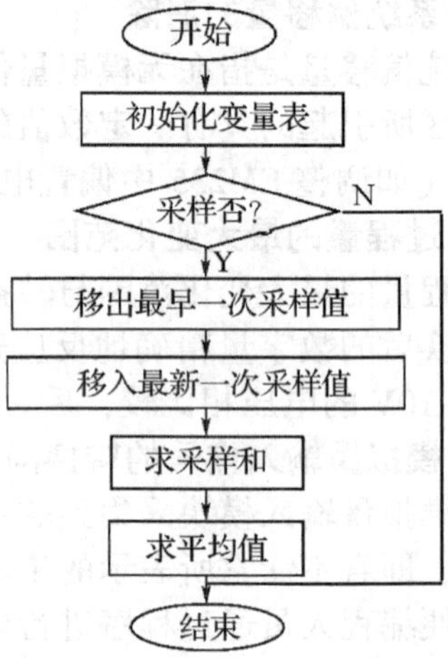

图 7-11　平移式平均值滤波法程序框图

若要采样 N 次，则用这 N 次采样值的平均值代替当前值。每一次的采样值与前 $N-1$ 次的采样值进行算术平均运算，结果作为本次采样的滤波值。这样每个扫描周期只需采样一次，都要取 $N-1$ 个采样值（1 个当前值，$N-1$ 个历史值）来计算滤波值。每采样一次，采样值向前平移一次，为下次求滤波值做准备。

5 次采样的平移式平均值滤波过程如图 7-11 所示。平均值计算过程中的有关变量存放分配情况如表 7-6 所示，对应的梯形图主程序、子程序及中断子程序分别如图 7-12、图 7-13、图 7-14 所示。

表 7-6　平移式平均值滤波法变量表

存储器地址	所存内容	存储器地址	所存内容	存储器地址	所存内容	存储器地址	所存内容
VW10	所容数据个数	VW14	第一次采样值	VW18	第三次采样值	VW22	第五次采样值
VW12	实际数据个数	VW16	第二次采样值	VW20	第四次采样值	VW62	平均值

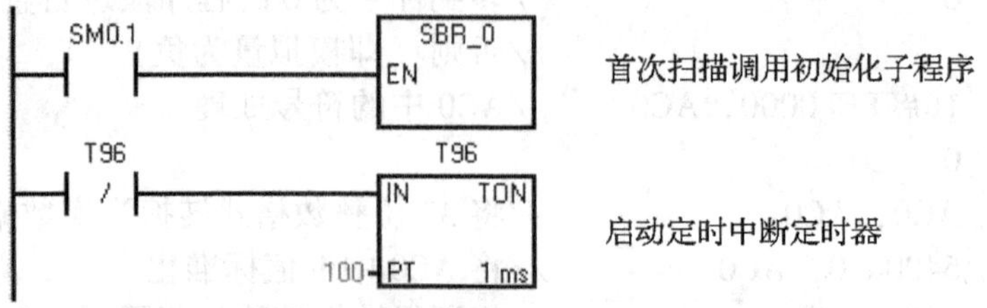

图 7-12　平移式平均值滤波主程序

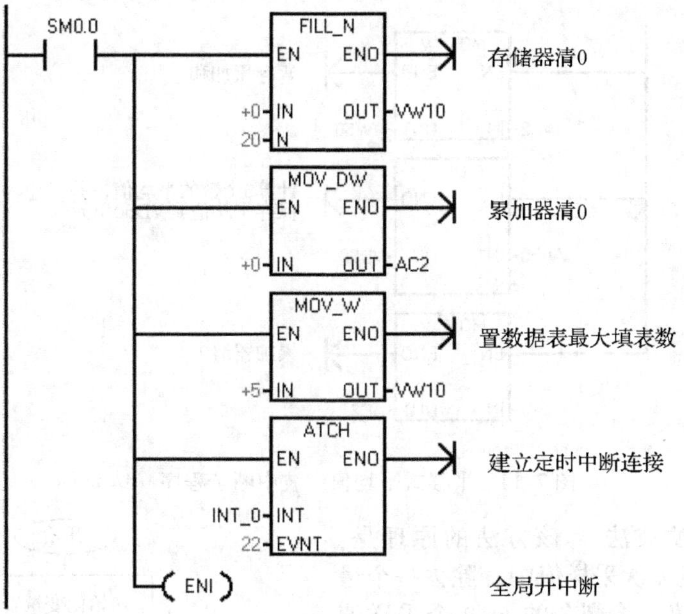

图 7-13 平移式平均值滤波子程序

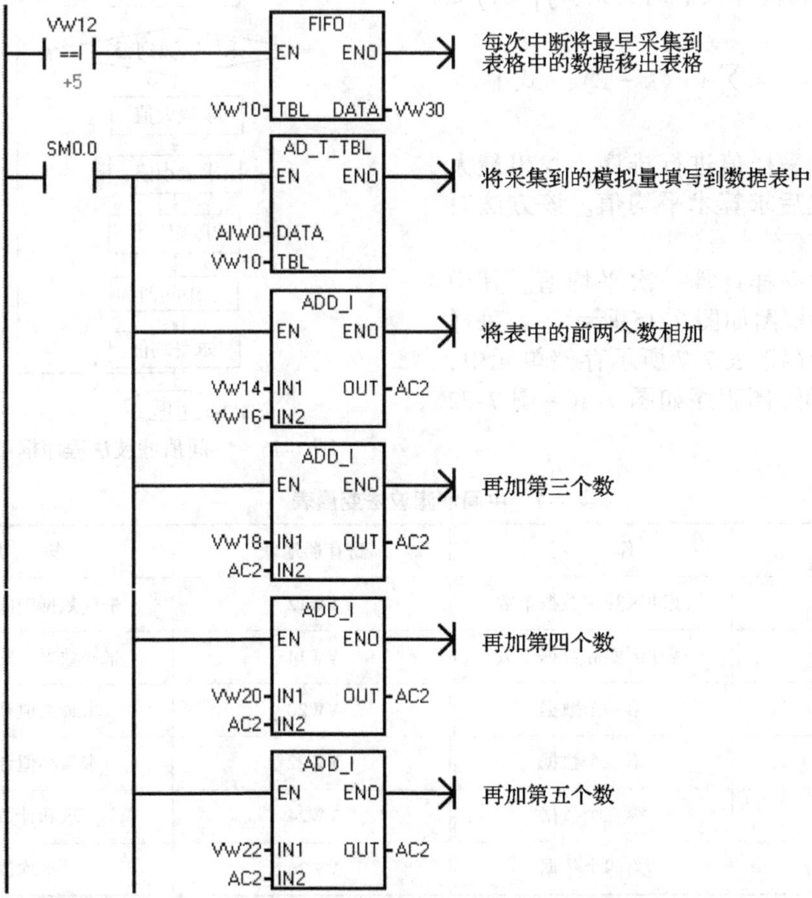

图 7-14 平移式平均值滤波中断子程序

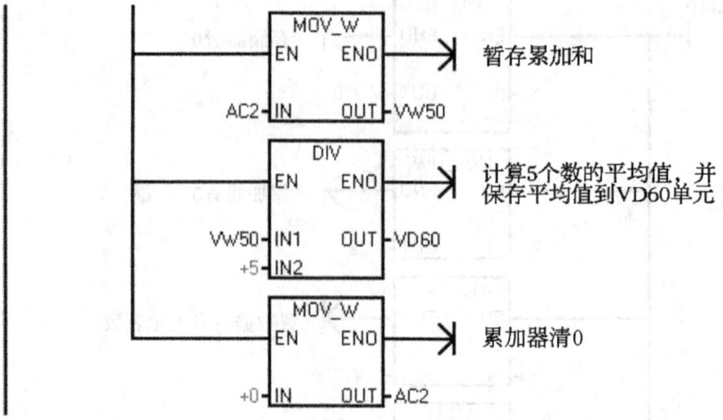

图 7-14　平移式平均值滤波中断子程序（续）

（2）中间值滤波法　该方法的原理是：在某一采样周期的 k 次采样值中，除去一个最大值和一个最小值，将剩余的 $k-2$ 个采样值进行算术平均，并将结果作为滤波值。其数学表达式为

设有 k 个采样值存在下列关系：$y_1 \leqslant y_2 \leqslant y_3 \leqslant \cdots \leqslant y_{k-1} \leqslant y_k$

则滤波值为：$y = \sum y_i/(k-2)$，式中 $i = 1 \sim k$。

该方法需对采样值进行排序，找出最大值和最小值，然后求算术平均值。该方法对消除脉冲干扰很有效。

假定每四次采样计算一次平均值。其中间值滤波法程序框图如图 7-15 所示，若采样数据及计算变量存于表 7-7 所示存储单元中，则对应的 PLC 梯形图程序如图 7-16～图 7-22 所示。

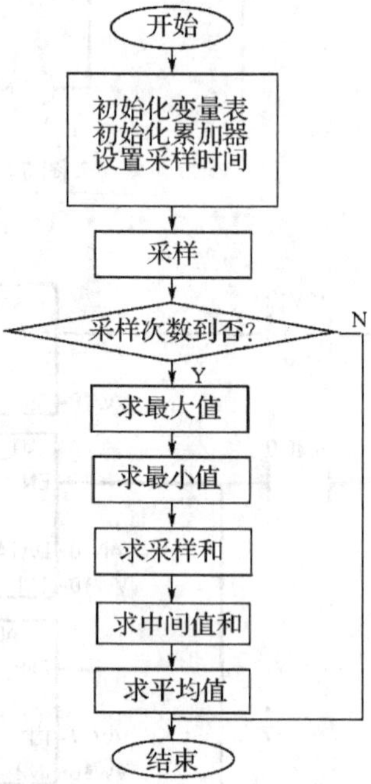

图 7-15　中间值滤波法程序框图

表 7-7　中间值滤波法变量表

寄存器地址	作　用	寄存器地址	作　用
VW0	缓冲区规定数据个数	VW12	采样数据中的最大值
VW2	缓冲区实际数据个数	VW14	采样数据中的最小值
VW4	第一个数据	VW20	求最大值计数器
VW6	第二个数据	VW22	求最小值计数器
VW8	第三个数据	VW24	求和计数器
VW10	第四个数据	VW26	平均值

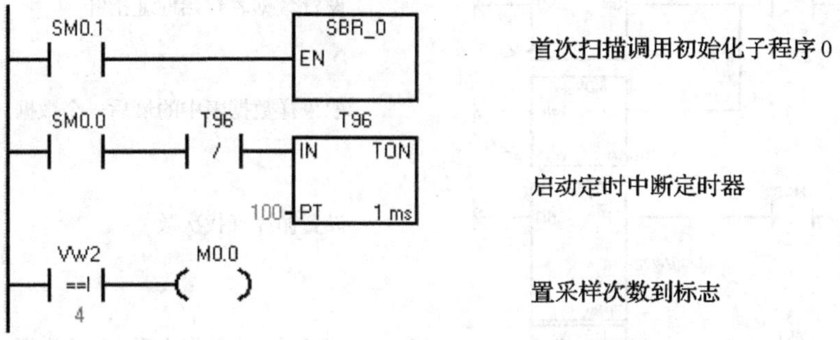

图 7-16　中间值滤波主程序

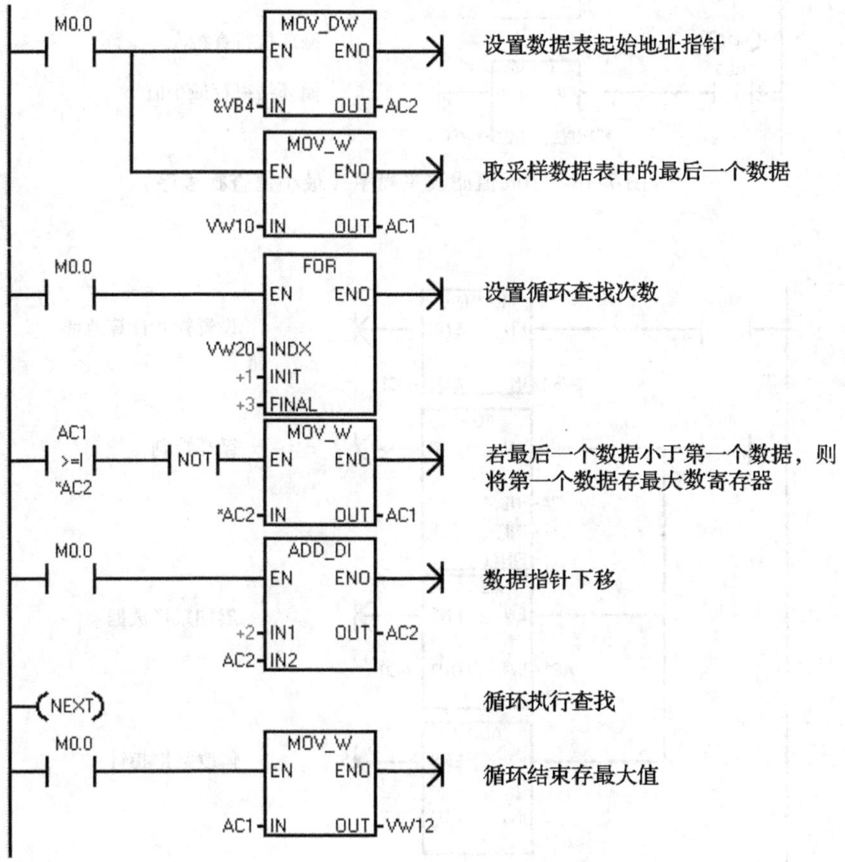

图 7-17　中间值滤波主程序（最大值查找程序）

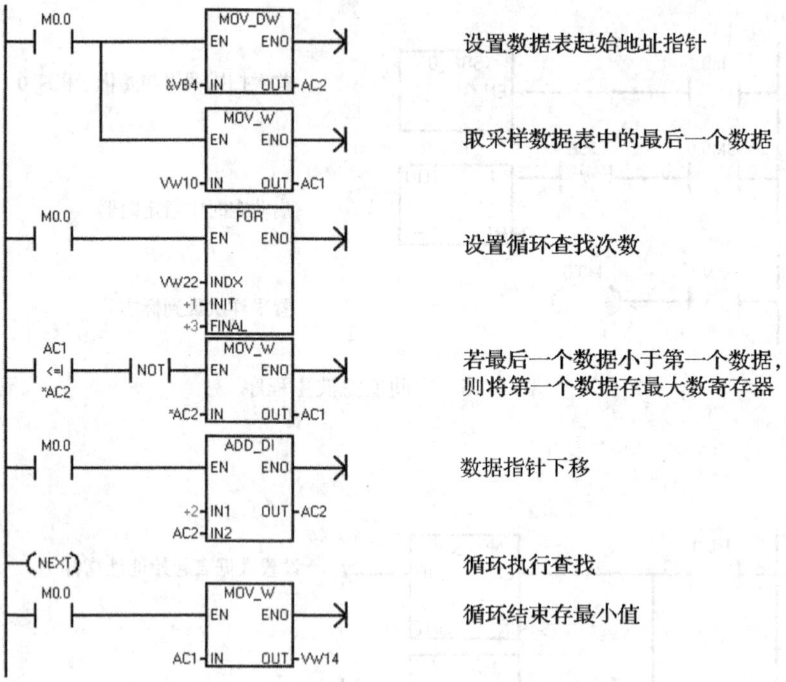

图 7-18 中间值滤波主程序（最小值查找程序）

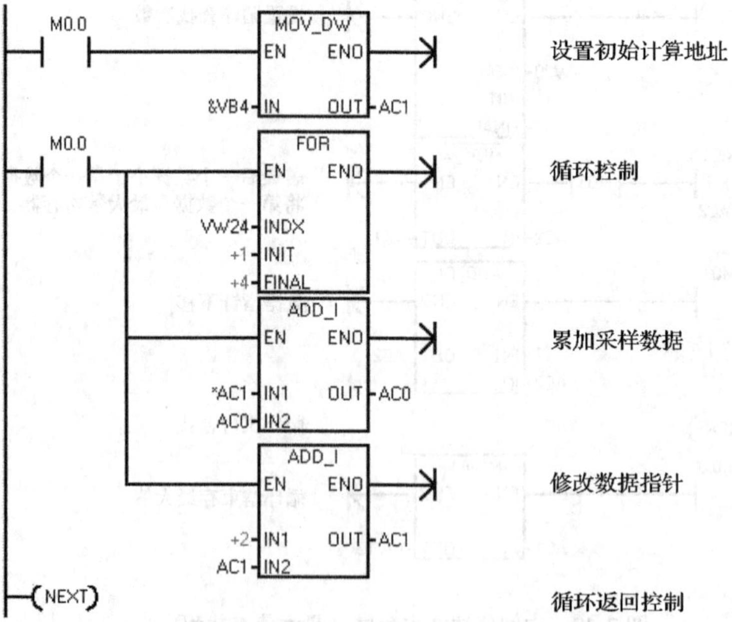

图 7-19 中间值滤波主程序（数据求和程序）

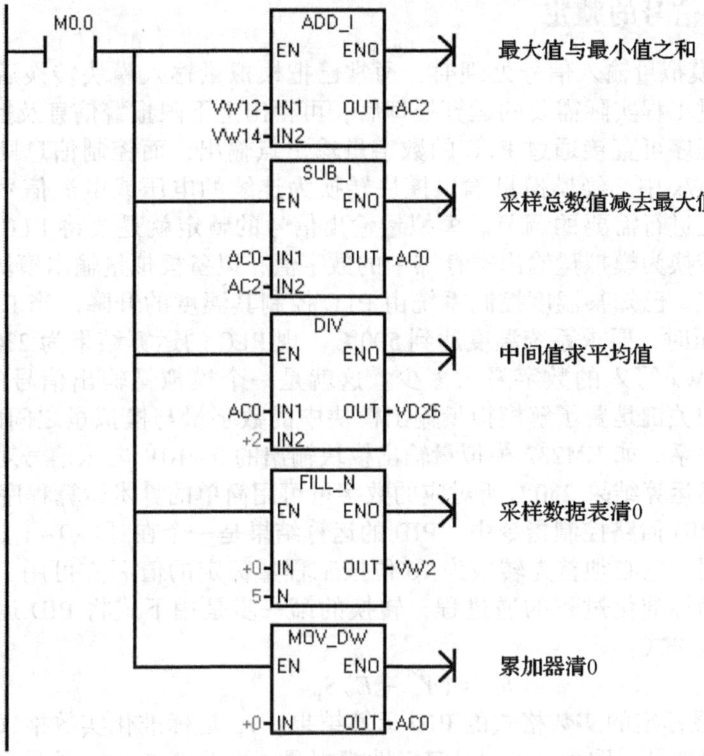

图 7-20　中间值滤波主程序（计算中间值的平均值）

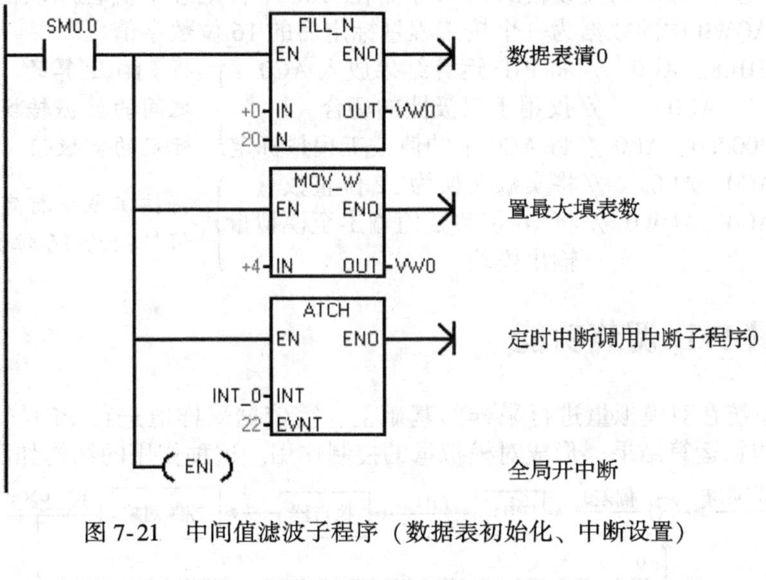

图 7-21　中间值滤波子程序（数据表初始化、中断设置）

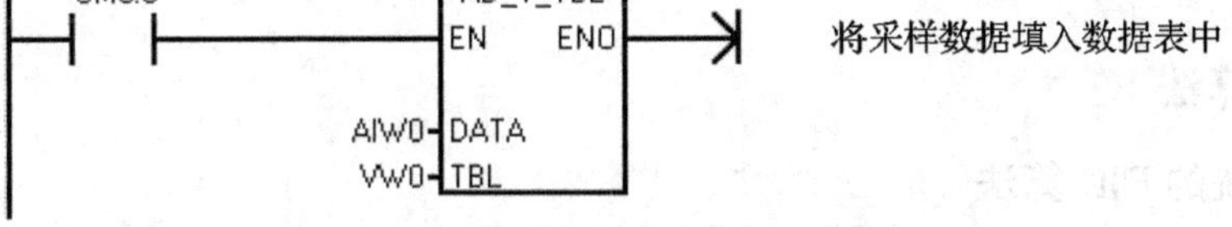

图 7-22　中间值滤波采样中断服务程序

7.2.2 模拟量输出信号的整定

在 PLC 内部进行模拟量输入信号处理时，通常已把模拟量输入模块转换后的数字量转换为标准工程量，经过工程实际需要的运算处理后，可得出上下限报警信息及控制信息。报警信息经过逻辑控制程序可直接通过 PLC 的数字量输出点输出，而控制信息则需要暂存到模拟量输出存储器 AQWx 中，经模拟量输出模块转换为连续的电压或电流信号输出到控制系统的执行部件，以便进行需要的调节。模拟量输出信号的整定就是要将 PLC 的运算结果按照一定的函数关系转换为模拟量输出寄存器中的数字值，以备模拟量输出模块转换为现场需要的输出电压或电流。已知某温度控制系统由 PLC 控制其温度的升降。当 PLC 的模拟量输出模块输出 10V 电压时，要求系统温度达到 500℃。现 PLC 的运算结果为 230℃，则应向模拟量输出存储器 AQWx 写入的数字量为多少？这就是一个模拟量输出信号的整定问题。显然，解决这一问题的关键是要了解模拟量输出模块中的数字量与模拟量之间的对应关系，这一关系通常为线性关系。如 EM232 模拟量输出模块输出的 0~10V 电压信号对应的内部数字量为 0~32000。上述运算结果 230℃所对应的数字量可用简单的算术运算程序得出。

在 7.3 节介绍的 PID 回路控制指令中，PID 的运算结果是一个在［0.0~1.0］范围内的标准化实数格式的数据，它必须首先转换为 16 位按工程量标定的值后方可用于驱动实际机构。这一转换实际上为标准化过程的逆过程，转换的第一步是用下式将 PID 运算结果转换为按工程量标定的实数格式：

$$R_s = (Y_n - E)S_P$$

式中，R_s 是已按工程量标定的实数格式的 PID 运算结果；Y_n 是标准化实数格式的 PID 运算结果；E 对于单极性模拟量，取为 0.0，对双极性模拟量，取为 0.5；S_P 是最大允许值减去最小允许值，通常取：32000（对于单极性），64 000（对于双极性）。

假定 PID 运算的标准化实数格式结果存储在 AC0 中，则经下面程序段的转换，存储在模拟量存储器 AQW0 中的数据为一个按工程量标定后的 16 位数字值。

```
MOVR   VD108, AC0     //将 PID 运算结果放入 AC0          }  将 PID 运算的［0.0~1.0］
—R     0.5, AC0       //仅用于双极性的场合                }  之间的数据转换为按工程量
*R     64000.0, AC0   //将 AC0 中的值按工程量标定         }  标定的实数值
TRUNC  AC0, AC0       //将实数转换为 32 位整数            }  将按工程量标定的实数
MOVW   AC0, AQW0      //将 16 位整数值输出至模拟量        }  值转换为 16 位数字值
                        输出模块
```

7.3 模拟量 PID 调节功能

过程控制系统在对模拟量进行采样的基础上，需依据采样值进行 PID（比例+积分+微分）运算，并根据运算结果，形成对模拟量的控制作用。这种作用的结构如图 7-23 所示。

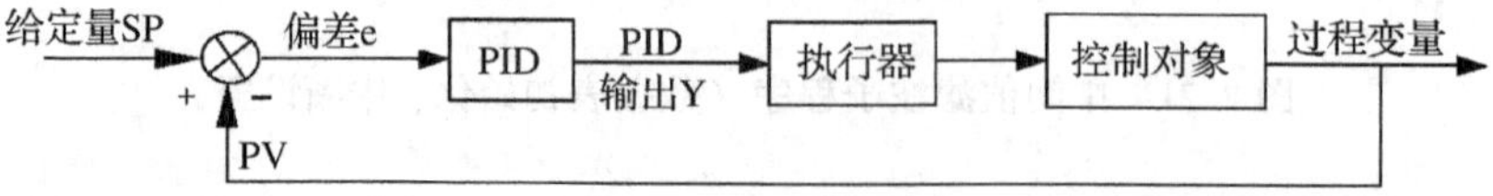

图 7-23 PID 控制系统结构图

7.3.1 PID 算法

1. 连续系统的 PID 算法

在系统稳态运行时，PID 控制器的作用就是通过调节其输出使偏差为零。偏差由给定量

(SP，希望值）与过程变量（PV，实际值）之差来确定。连续系统 PID 调节的微分方程式由比例项、积分项和微分项 3 部分组成。如式（7-2）所示。

$$Y(t)=K_{C}e(t)+K_{C}\frac{1}{T_{I}}\int_{0}^{t}e(t)\mathrm{d}t+M_{\text{initial}}+K_{C}T_{D}\frac{\mathrm{d}e(t)}{\mathrm{d}t} \tag{7-2}$$

式中，$Y(t)$ 是回路控制算法的输出（为时间的函数）；K_C 是比例系数，又称回路增益；T_I 是积分时间常数；T_D 是微分时间常数；$e(t)$ 是误差（给定值与过程变量之差）；M_{initial}是回路控制算法输出的初始值。

2. PID 各项的作用

（1）比例项的作用　比例项的引入是为了及时成比例地反应控制系统的偏差信号 $e(t)$，系统偏差一旦产生，比例控制立即产生与其成比例的控制作用，以减小偏差。加大比例系数 K_C，系统的稳态误差减小，但稳定性可能变差。

（2）积分项的作用　积分项的引入是为了使系统消除稳态误差，提高系统的无差度，以保证实现对设定值的无静差跟踪。在控制系统中，只要输出存在动态误差，积分调节就产生作用，直至无差，积分作用停止，此时积分调节输出为一常值。积分作用的强弱取决于积分时间常数 T_I 的大小，T_I 越小，积分作用越强，反之则积分作用越弱。积分作用的引入会使系统稳定性下降，动态响应变慢。

（3）微分项的作用　微分项的引入是为了改善控制系统的响应速度和稳定性。微分作用能反映系统偏差的变化律，预见偏差变化的趋势，因此能产生超前的控制作用。因此，微分作用可以改善系统的动态性能。微分作用的强弱取决于微分时间常数 T_D 的大小，T_D 越大，微分作用越强，反之则越弱。在微分作用合适的情况下，系统的超调量和调节时间可以被有效地减小。

3. 离散系统的 PID 算法

为了在 PLC 中实现 PID 调节控制功能，必须对上式所描述的连续函数先进行离散化处理，即对偏差进行周期性的采样并计算输出值。若选采样周期为 T，初始时刻为零，对连续量 $e(t)$ 采样后的波形如图 7-24 所示。由图可求得离散化后的积分项与微分项的表达式。

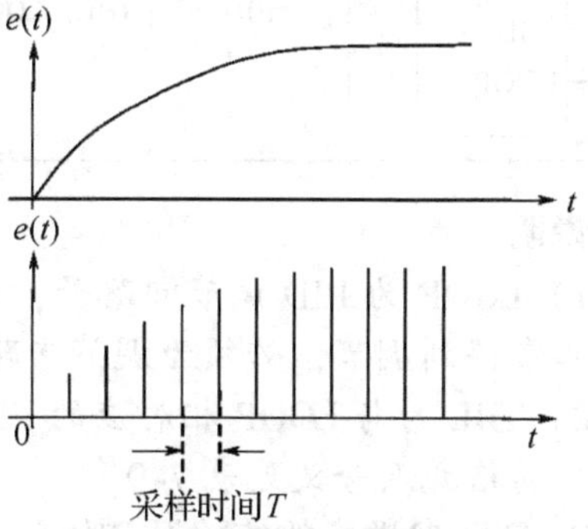

图 7-24　对连续量采样后的波形

积分项 $\frac{K_C}{T_I}\int_0^t e(t)\mathrm{d}t$ 用离散化形式表示为

$$\frac{K_C}{T_I}\sum_{i=1}^{n}e_iT=\frac{K_CT}{T_I}\sum_{i=1}^{n}e_i \tag{7-3}$$

微分项 $K_CT_D\frac{\mathrm{d}e(t)}{\mathrm{d}t}$ 用离散化形式表示为

$$K_CT_D\frac{e_n-e_{n-1}}{T}=\frac{K_CT_D}{T}(e_n-e_{n-1}) \tag{7-4}$$

由此可得离散化后的 PID 算法表达式为

$$Y_n=K_Ce_n+\frac{K_CT}{T_I}\sum_{i=1}^{n}(e_i)+Y_{\text{initial}}+\frac{K_CT_D}{T}(e_n-e_{n-1}) \tag{7-5}$$

式中，Y_n 是在采样时刻 n 计算出的回路控制输出值；e_n 是采样时刻 n 的偏差值；e_{n-1}是上次偏差（即在采样时刻 $n-1$ 的偏差）；e_i 是第 i 次采样的偏差值；T 是采样时间；Y_{initial}是积分初始值。

由式（7-5）可看出，积分项包括自第一次采样到当前采样时刻的所有偏差；微分项由本次和上次采样值所决定；而比例项仅由本次采样值所决定。在 PLC 中要存储所有采样的偏差值是不实际的，也是不必要的。由于 PLC 从第一次采样开始，每有一个采样偏差值必须计算一次输出值，所以只需保存上一次的偏差值和上一次的积分项即可。利用 PLC 处理的重复性，可将式（7-5）简化为式（7-6）的形式。

$$
\begin{aligned}
Y_n &= K_C e_n + \frac{K_C T}{T_I} e_n + YX + \frac{K_C T_D}{T}(e_n - e_{n-1}) \\
&= K_C(SP_n - PV_n) + K_C \frac{T}{T_I}(SP_n - PV_n) + YX \\
&\quad + K_C \frac{T_D}{T}[(SP_n - PV_n) - (SP_{n-1} - PV_{n-1})] \\
&= K_C(SP_n - PV_n) + K_C \frac{T}{T_I}(SP_n - PV_n) + YX + K_C \frac{T_D}{T}(PV_{n-1} - PV_n)
\end{aligned} \tag{7-6}
$$

式中，Y_n 是在采样时刻 n 计算出的回路控制输出值；K_C 是回路增益；SP_n 是在采样时刻 n 的给定值；PV_n 是在采样时刻 n 的过程变量值；PV_{n-1} 是在采样时刻 $n-1$ 的过程变量值；T 是采样周期；T_I 是积分时间常数；T_D 是微分时间常数；YX 是在采样时刻 $n-1$ 的积分项（也称为积分和）。积分和 YX 是所有采样时刻的积分项的总和。每计算一次积分项，积分和 YX 就更新一次。积分和的初始值通常调定为 $Y_{initial}$。

7.3.2 PID 调节指令

1. 指令格式及功能（见表 7-8）

表 7-8 PID 调节指令的格式及功能

梯形图 LAD	语句表 STL		功　能
	操作码	操作数	
PID EN TBL LOOP	PID	TBL，LOOP	当使能端 EN 为 1 时，PID 调节指令对 TBL 为起始地址的 PID 参数表中的数据进行 PID 运算

说明：

1）LOOP 为 PID 调节回路号，可在 0~7 范围选取。为保证控制系统的每一条控制回路都能正常得到调节，必须为调节回路号 LOOP 赋不同的值，否则系统将不能正常工作。

2）TBL 为与 LOOP 相对应的 PID 参数表的起始地址，它由 36 个字节组成，存储着 9 个参数，其格式及含义见表 7-9。

2. PID 参数表的格式及初始化

（1）PID 参数表　由离散化的 PID 算法［见式（7-6）］可知，PLC 在执行 PID 调节指令时，需对算法中的 9 个参数进行运算，为此需要建立一个 PID 参数表。PID 参数表的格式及含义如表 7-9 所示。

表 7-9 PID 参数表

偏移地址(VB)	变　量　名	数据格式	输入/输出类型	取 值 范 围
0	反馈量(PV_n)	双字实数	输入	在 0.0~1.0 之间
4	给定值(SP_n)	双字实数	输入	在 0.0~1.0 之间
8	输出值(Y_n)	双字实数	输入/输出	在 0.0~1.0 之间
12	比例系数(K_C)	双字实数	输入	比例常数,可正可负
16	采样时间(T)	双字实数	输入	单位为 s,是正数

（续）

偏移地址（VB）	变　量　名	数据格式	输入/输出类型	取 值 范 围
20	积分时间常数（T_I）	双字实数	输入	单位为min，是正数
24	微分时间常数（T_D）	双字实数	输入	单位为min，是正数
28	积分和或积分项前值（YX）	双字实数	输入/输出	在0.0~1.0之间
32	反馈量前值（PV_{n-1}）	双字实数	输入/输出	最后一次执行PID指令的过程变量值

说明：

1）PLC可同时对多个生产过程（回路）实行闭环控制。由于每个生产过程的具体情况不同，其PID算法的参数亦不同。因此，需建立每个控制过程的参数表，用于存放控制算法的参数和过程中的其他数据。当需要作PID运算时，从参数表中把过程数据送至PID工作台，待运算完毕后，将有关数据结果再送至参数表。

2）表中反馈量PV_n和给定值SP_n为PID算法的输入，只可由PID指令来读取而不可更改；通常反馈量来自模拟量输入模块，给定量来自人机对话设备，如TD400、触摸屏和组态软件监控系统等。

3）表中回路输出值Y_n由PID指令计算得出，仅当PID指令完全执行完毕才予以更新。该值还需用户按工程量标定通过编程转换为16位数字值，送往PLC的模拟量输出寄存器AQWx。若采用PID指令向导生成PID子程序指令，则不需要用户来转换。

4）表中比例系数（K_C）、采样时间（T）、积分时间常数（T_I）和微分时间常数（T_D）是由用户事先写入的经验值，如表7-10所示。通常也可通过人机对话设备，如TD400、触摸屏和组态软件监控系统输入。

表7-10　各种控制系统中PID参数经验数据

过程变量	特　点	采样周期 T/s	比例系数 K_C	积分时间常数 T_I /s	微分时间常数 T_D /s
温度	对象为多容系统，有较大滞后，常用微分	15~20	20%~60% 160~500	180~600	30~180
压力	对象为容量系统，滞后不大，不用微分	3~10	30%~70% 140~350	24~120	0
液位	在允许有静差时，不必用积分和微分	6~8	20%~80% 125~500	60~300	0
流量	对象时间常数小，积分时间短，无微分	1~5	40%~100% 100~250	6~60	0

5）表中积分和YX由PID算法来更新，且此更新值用作下一次PID运算的输入值。当计算出的输出值超出范围时（即小于0.0或大于1.0），则可根据下式来调整积分和：

$$YX = 1.0 - (YP_n + YD_n) \quad \text{当计算出的 } Y_n > 1.0 \text{ 时；}$$

$$YX = YP_n + YD_n \quad \text{当计算出的 } Y_n < 0.0 \text{ 时。}$$

式中，YX是调整后的积分和；YP_n是在采样时刻n的回路输出中的比例项；YD_n是在采样时刻n的回路输出中的微分项；Y_n是在采样时刻n的回路输出值。

积分和的调整值必须是［0.0，1.0］间的实数。

（2）PID参数表初始化　为执行PID指令，要对PID参数表进行初始化处理，即将PID参数表中有关的参数（给定值SP_n、增益K_C、采样时间T、积分时间T_I、微分时间T_D），按照地址偏移量写入到变量寄存器V中。一般是调用一个子程序，在子程序中，对PID参数表进行初始化处理。在采用人机界面的系统中，初始化参数通过人机界面直接输入。若采用PID指令向导配置PID，则PID参数表将自动包含在PID向导生成的子程序中，无需用户编程初始化PID参数表。

3. PID调节指令的手动自动切换

PID调节指令通过使能端子控制执行。所谓的手动工作方式是指不执行PID运算的方式；所谓的自动工作方式是指周期性地执行PID运算的方式。

为了保证由手动方式向自动方式的切换没有冲击，切换前须将手动方式中设定的输出值写入到PID参数表中的 Y_n 值区域中，并使 SP_n(设定值)= PV_n(反馈量)、PV_{n-1}(前一次反馈量)= PV_n、YX（积分和）= Y_n(输出值)，然后才可切换到自动方式。在采用PID指令向导配置PID指令时，可将手动模式配置其中，这样在执行向导生成的PID子程序时，会自动平滑完成手自动切换。

4. PID参数整定

PID参数初始化中所使用的参数，通常是理论计算值或经验值，由于控制系统环境的复杂性，使得PID参数往往不能满足控制系统的要求，因此需通过现场试凑的方式，进一步确定PID参数，这一过程即为PID参数整定。通常情况下，增大比例系数 K_C 会加快系统的响应速度，有利于减少静差。但过大的比例系数会使系统有较大的超调，并产生振荡使稳定性变差。减小积分时间常数 T_I 将减少积分作用，有利于减少超调使系统稳定，但系统消除静差的速度变慢。增加微分时间常数 T_D 有利于加快系统的响应，使超调减少，稳定性增加，但对干扰的抑制能力会减弱。在试凑时，一般可根据以上参数对控制过程的影响趋势，对参数实行先比例、后积分、再微分的步骤进行整定。

（1）整定比例控制　首先将积分时间常数 T_I 和微分时间常数 T_D 取零，即取消微分和积分作用，采用纯比例控制。将比例系数 K_C 由小到大变化，观察系统的响应，直至速度快，且有一定范围的超调为止。如果系统静差在规定范围之内，且响应曲线已满足设计要求，那么只需用纯比例调节器即可。

（2）整定积分环节　如果比例控制系统的静差达不到设计要求，这时可以加入积分作用。在整定时将积分时间常数 T_I 置一个较大值，观测响应曲线。然后减小积分时间，加大积分作用，直到消除静差的速度满意为止。这时的超调量会比原来加大，应适当地降低一点比例系数 K_C。

（3）整定微分环节　若使用比例积分控制器经反复调整仍达不到设计要求，或不稳定，这时应加入微分作用。整定时先置微分时间常数 $T_D=0$，然后逐渐加大 T_D，观察系统的超调量和稳定性，同时相应地微调比例系数 K_C、积分时间常数 T_I，逐步试凑，直至获得满意的控制效果为止。

5. PID指令向导的设置

在STEP 7-Micro/WIN编程软件界面中选择菜单命令工具，点击指令向导，将弹出指令向导窗口，如图7-25所示。

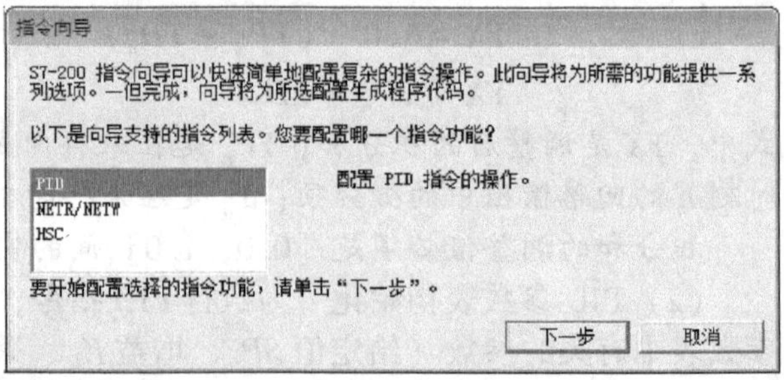

图7-25　指令向导窗口

在指令向导窗口，选择“PID”，点击“下一步”，弹出PID指令向导，按照PID指令向导提示，便可轻松地实现对PID指令的编程。

（1）配置PID回路号（见图7-26）

（2）设定PID回路参数（见图7-27）

回路给定值默认为0.0~100.0，是实际工程值的百分数。在此也可直接用实际工程量的给定值填入，如温度的给定范围为 25~350℃，则可填入 25.0~350.0。

PID 回路参数 K_C、T_I、T_D、T，可根据实际过程量的控制要求，参考表 7-10 的经验值预填，系统调试时，则根据最后运行效果确定。

（3）设定回路输入输出值（见图 7-28）

1）PID 的输入值范围。PID 的输入值对应过程量的反馈值 PV，是由模拟量模块转换输出的值，根据实际工程量的性质，可分为单极性和双极性两种。

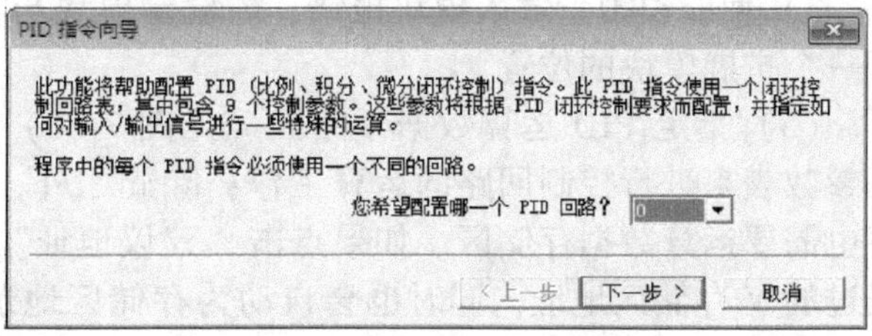

图 7-26 选择 PID 回路号

对单极性，默认输入为 0~32000，对应模拟量模块的输入量程范围为 0~10V 或 0~20mA 等。如果输入为 4~20mA，则需复选 20%偏移，即 4mA 对应 6400，20mA 对应 32000。

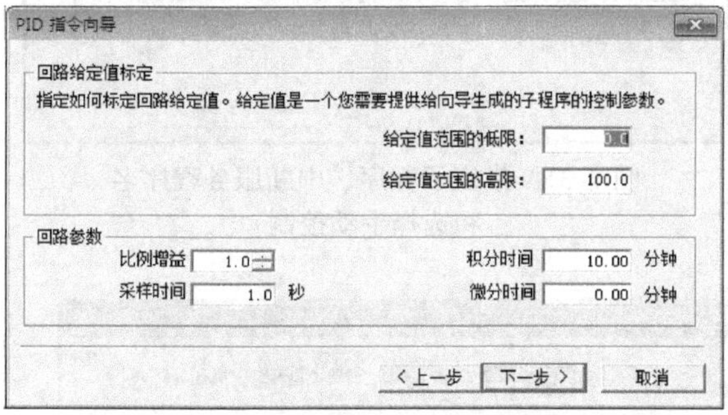

图 7-27 设置 PID 回路参数

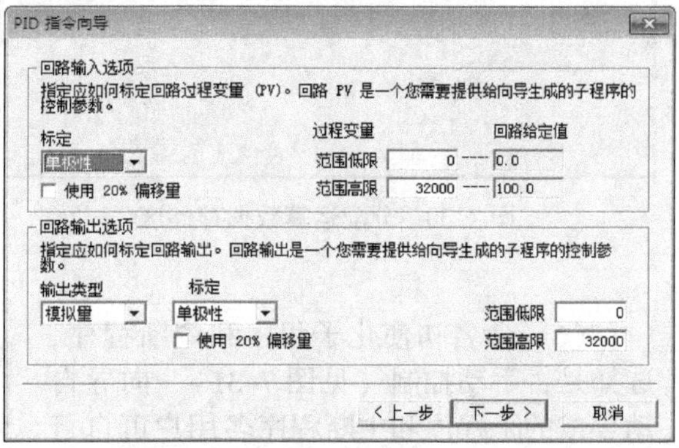

图 7-28 设定 PID 回路输入输出参数

对双极性，输入信号默认为-32000~+32000，对应模拟量模块的输入信号为±10V 或±5V 等。

2）PID 的输出值范围。PID 的输出值对应 PID 运算的结果 Y，可有两种输出形式，即模拟量输出和数字量输出。

模拟量输出分为单极性和双极性。若选择单极性输出，则为 0~32000；若选择双极性输出，则为-32000~+32000。模拟量输出的这一数字，经模拟量输出模块转换成标准的电压或电流信号，用于控制一些需要模拟量给定的设备，如比例阀、变频器等。

数字量输出即为脉冲调制输出，是按照一定的占空比控制输出点的通、断状态，可用于控制固态继电器（加热棒等）。

（4）设定回路报警（见图 7-29） 向导提供了三个输出来反映过程值（PV）的低限报警、高限报警及过程值模拟量模块错误状态报警。当报警条件满足时，输出置位。

1）使能低限报警，此值为过程值的百分数，默认值为 0.10，即报警的低值为过程值的 10%。此值最低可设为 0.01，

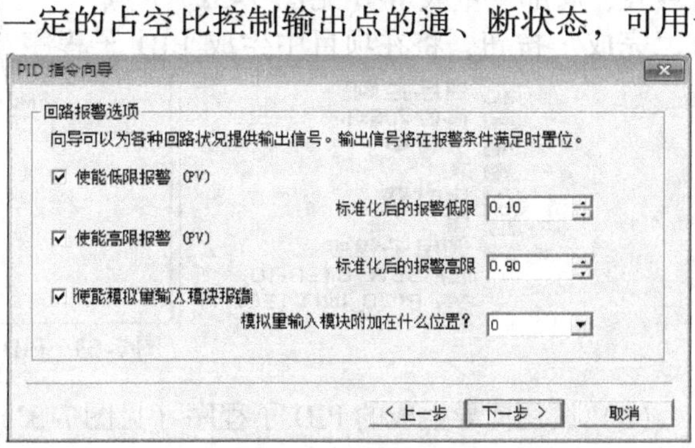

图 7-29 回路报警选择

即满量程的 1%。

2）使能高限报警，此值为过程值的百分数，默认值为 0.90，即报警的高值为过程值的 90%。此值最高可设为 1.00，即满量程的 100%。

3）使能模拟量输入模块报错，需设定模块与 CPU 连接时所处的模块位置，“0”是指第一个扩展模块的位置。

（5）指定 PID 运算数据存储区（见图 7-30） PID 指令使用了一个 120 字节的 V 存储区参数表来进行控制回路的运算工作；除此之外，PID 向导生成的输入/输出量的标准化程序也需要运算数据存储区。如果点击“建议地址”，向导会自动为用户设定当前程序中没有用过的 V 存储区地址，同时也会自动为存储区地址分配符号名，用户不要再为这些地址分配符号名，否则将导致 PID 控制不执行。

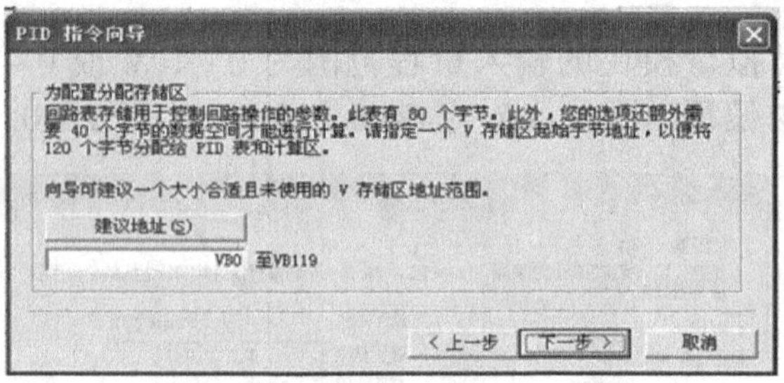

图 7-30 分配运算数据存储区

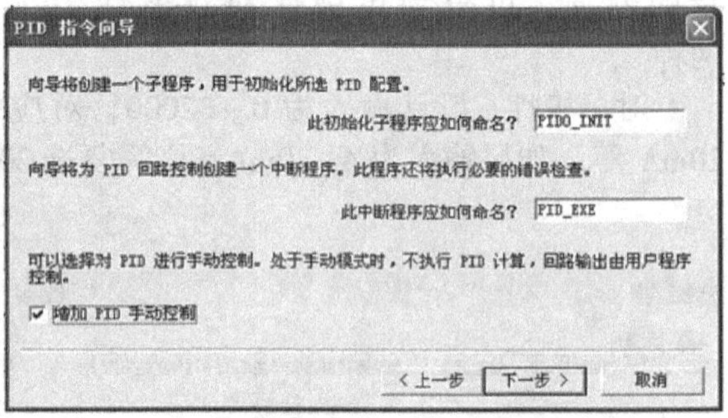

图 7-31 指定子程序、中断服务程序名和选择手动控制

（6）命名初使化子程序和中断程序，选择是否手动控制（见图 7-31） 向导自动生成的子程序和中断程序名用户可自行修改。若需 PID 手动控制模式，则可在此页面添加。在 PID 手动控制模式下，回路输出的多少，需在向导生成的 PID 子程序中进行设置，其值为一个 0.0 ~ 1.0 的实数，代表输出的 0% ~ 100%。此功能可以实现 PID 控制的手动和自动之间的无扰切换。

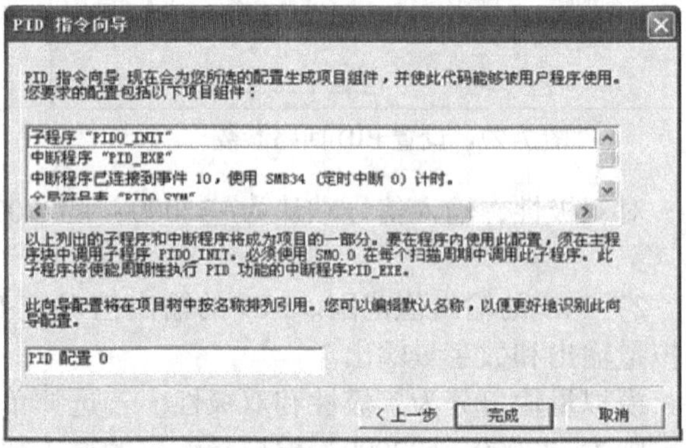

图 7-32 生成 PID 子程序、中断程序和符号表等

（7）生成 PID 子程序、中断程序及符号表、局部变量表等（见图 7-32） 点击“完成”按钮，将在项目中生成 PID 子程序、中断程序及符号表等。

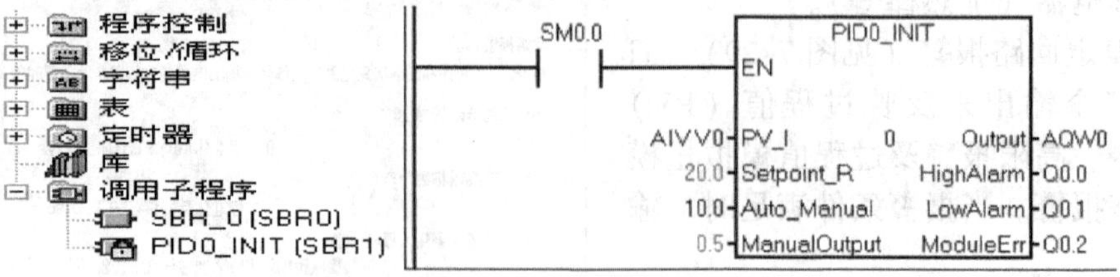

图 7-33 PID 子程序

（8）调用向导生成的 PID 子程序（见图 7-33） 在指令树调用子程序文件夹里可看到由向导为用户生成的 PID 子程序——PID0_ INIT（SBR1），双击该子程序图标即可调用。PID 子程序调

用后，在局部变量表中，可以查看到有关的参数解释及取值范围，如表7-11所示。

表7-11　PID子程序输入输出变量表

输入			输出		
符号	数据类型	注　释	符号	数据类型	注　释
EN	BOOL	PID使能位	Output	BOOL	PWM输出:周期以s为单位
PV_I	INT	过程变量输入:0~32000	HighAlarm	BOOL	过程变量大于0.90报警
Setpoint_R	REAT	给定值输入:0.0~100.0	LowAlarm	BOOL	过程变量小于0.10报警
Auto_Manual	BOOL	0=手动,1=自动	ModuleErr	BOOL	0号位模拟量模块有错
ManualOutput	REAL	手动模式时回路输出期望值:0.0~1.0			

表中变量说明：

1）EN端必须用SM0.0来使能PIDx_ INIT子程序（x代表PID回路号0~7，每个PID回路都对应一个PID子程序），SM0.0后不能串联任何其他条件，而且也不能有越过它的跳转；如果在子程序中调用PIDx_ INIT子程序，则调用它的子程序也必须使用SM0.0调用，以保证正常运行。

2）PV_ I端为过程值（反馈）的模拟量输入地址，可以是AIWx，也可以是经过一定处理后所保存的过程值地址，如VW1000等。

3）Setpoint_ R端为给定值输入地址（VDxx），也可以直接输入一个0.0~100.0的实数。例：若输入20，即为过程值的20%，假设过程值AIW0输入的是量程为0~200℃的温度值，则此处的设定值20代表40℃（即200度的20%）；如果向导中给定值设定范围为0.0~200.0，则此处的20相当于20℃。

4）Auto_ Manual端为手/自动方式选择输入端，当其为1时，经PID运算从AQW0输出；当其为0时，PID将停止计算，AQW0输出由Manual Output端的值决定。

5）ManualOutput端为PID手动状态下的输出端，此处可输入手动设定值的变量地址（VDxx），或直接输入常数，数值范围为0.0~1.0之间的一个实数，代表输出范围的百分比。如输入0.5，则设定为输出的50%。若在向导中没有选择PID手动功能，则此项不会出现。

6）Output端为PID算法输出端，当选择模拟量输出时，此端子输出单极性或双极性的数字值；当选择数字量输出时，此端子按照设定的占空比连续输出脉冲。

7）High Alarm端为高报警条件满足时的数字量输出端。若向导中没有使能高报警功能，则此项不会出现。

8）LowAlarm端为低报警条件满足时的数字量输出端，若向导中没有使能低报警功能，则此项不会出现。

9）ModuleErr端为模拟量输入模块出错报警时的数字量输出端，若向导中没有使能模块错误报警功能，则此项不会出现。

调用PID子程序时，不用考虑中断程序。子程序会自动初始化相关的定时中断处理事项，中断程序会自动执行。

注意：PID向导中所用的时基中断地址是SMB34，程序中注意不要二次使用，否则PID将不能正常工作。

（9）实际运行并调试PID参数　查看向导为PID子程序生成的符号表及数据块（见图7-34、图7-35），可清楚地了解PID子程序所需的数据存储地址，可以方便地找到包括PID核心指令所用的控制回路表。将此表的地址复制到状态表中，可以在监控模式下在线修改PID参数，而不必停机再次组态。

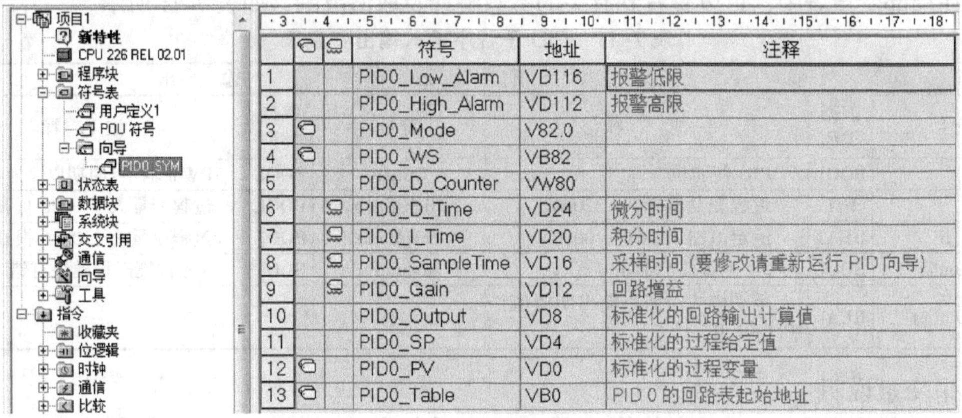

图 7-34 PID 向导自动生成的符号表

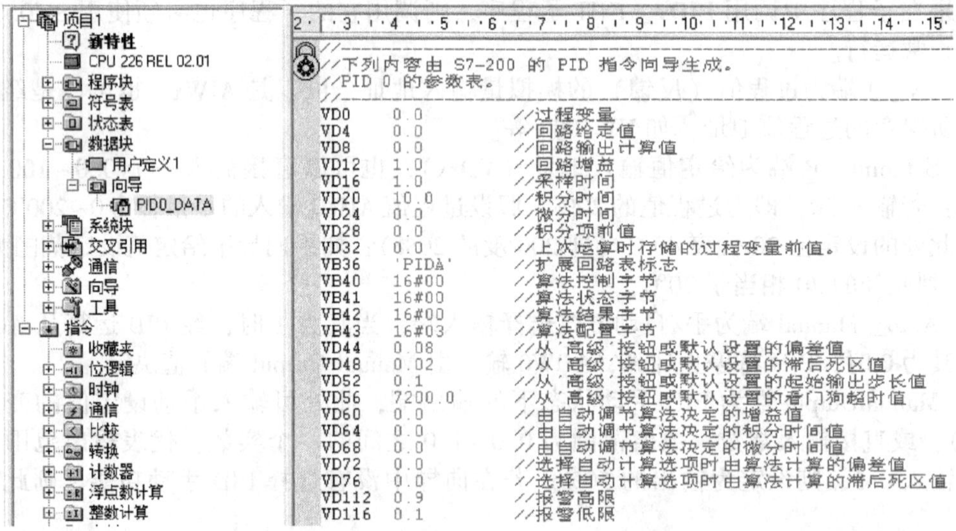

图 7-35 PID 向导自动生成的数据表

参数调试合适后，用户可以在数据块中写入，也可以再做一次向导，或者编程向相应的数据区传送参数。

6. PID 调节指令编程举例

某电阻炉恒温控制系统，温度可在 50~500℃可调，现采用 PLC 的 PID 调节功能实现。系统采用 EM231 热电偶模块将热电偶检测到的温度实际值送入 PLC 的 AIW0 单元中，作为温度反馈信号；采用 PLC 的晶体管输出端将 PID 运算的结果输出到晶闸管调功器，以控制交流电源通过的周波数，实现电炉的恒温控制要求。

（1）控制方案

1）系统控制参数在开机前通过触摸屏设定给 PLC 的存储单元。

2）系统采用单极性方案，系统的反馈输入来自热电偶对电炉温度的测量值，系统的 PID 输出用于控制晶闸管调功器输出的周波数。

3）PID 参数表的首地址为 VB1000。

（2）触摸屏所需 PLC 地址表（见表 7-12）

（3）PID 向导配置

1）打开指令向导，选择 PID。

2）配置PID回路0。

表7-12 电炉恒温控制系统触摸屏所需PLC地址表

设定参数	存储单元	设定参数	存储单元	设定参数	存储单元
设定值	VD10	采样时间	VD1016	微分时间	VD1024
增益	VD1012	积分时间	VD1020		

3）输入给定值范围50.0~500.0，输入比例增益为0.5，输入采样时间5s，输入积分时间常数为10.0min，输入微分时间常数1.0min。

4）过程变量选择单极性，范围为0~32000，输出变量选择数字量，占空比周期10s。

5）输入V存储区起始地址为VB1000。

6）默认子程序、中断程序名，完成PID配置。

（4）编制控制程序　调用向导生成的PID子程序PID0_INIT，PV_I输入由模拟量输入模块转换来的模拟量输入存储器地址AIW0，Setpiont_R输入给定量的存储器地址，Output输入PLC的晶体管输出地址Q0.0。其程序如图7-36所示。

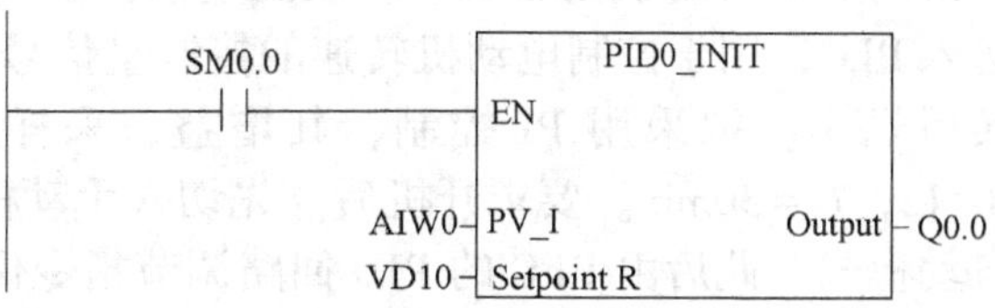

图7-36 电炉恒温控制程序

本例由PLC作为控制器实施的PID闭环温度控制系统，可用图7-37来描述。电阻炉的温度由热电偶测得，经热电偶模拟量输入模块EM231反馈到PLC的模拟量输入存储器AIW0中，作为PID调节指令的过程量输入信号PV_I；通过触摸屏输入的给定值经通信电缆存入PLC的变量存储器VD10中，作为PID调节指令的给定信号Setpoint_R；在系统进入运行状态后，PID调节指令对给定量与过程量的偏差进行PID运算，并将运算的结果转化为脉宽调制脉冲，经PLC的数字量输出端子Q0.0连接到调功器的脉冲控制端，调功器在此信号的作用下，输出一定功率的电压值，调节电阻炉的温度。

若给定值与反馈值的偏差为正值，则Q0.0输出的脉冲宽度增大，调功器输出的功率增大，电阻炉温度便会上升；若偏差为负值，则相反；若偏差为0，则调功器输出的功率不变，电阻炉的温度不变。只要存在偏差，PID就会输出进行调节，直至偏差为0，由此保证了系统的恒温要求。

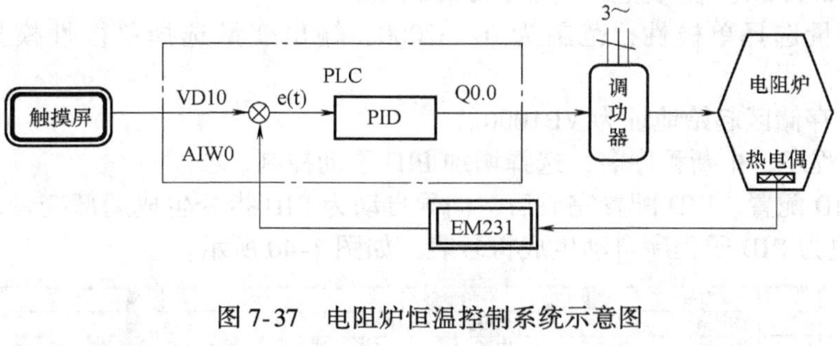

图7-37 电阻炉恒温控制系统示意图

7.4 过程控制功能上机实践

某水箱水位控制系统如图7-38所示。因水箱出水速度时高时低，所以采用变速水泵向水箱供水，以实现对水位的恒定控制。

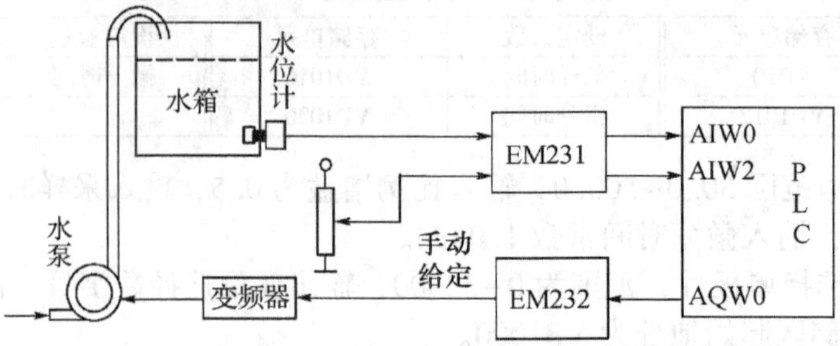

图 7-38 水箱水位控制系统示意图

1. 控制要求

设给定量为满水位的75%，被控量水位值（为单极性信号）由液位计检测后经 A-D 转换送入 PLC，用于控制电动机转速的控制量信号由 PLC 执行 PID 指令后以单极性信号经D-A 转换后送出。拟采用 PI 控制，其增益、采样周期和积分时间常数分别为：$K_C=0.25$，$T=0.1\text{s}$，$T_I=30\text{min}$。要求开机后。先切入手动模式，当水位上升到满水位的75%时，再切入自动模式，此后由 PLC 的 PID 回路调节指令保持水位恒定。

2. PLC 输入输出端子及内存分配（见表 7-13）

表 7-13 水位控制 PLC 输入输出端子及内存分配表

输入		输出	
水泵启停开关	I0.0	水泵驱动接触器	Q0.0
手/自动切换开关	I0.1		
存储器分配			
过程量反馈输入	AIW0	比例增益	VD1012
手动给定量输入	AIW2	采样时间	VD1016
PID 手动给定量	VD12	积分时间	VD1020
PID 回路表起始地址	VB1000	微分时间	VD1024

3. 设置 PID 向导

1）进入指令向导，选择 PID 指令向导。

2）配置 PID 回路 0。

3）输入给定值范围 0.0~100.0、输入比例增益为 0.25、输入采样时间为 2.0s、输入积分时间常数为 30.0min、输入微分时间常数 0.0min。

4）过程变量选择单极性，范围为 0~32000，输出变量选择单极性模拟量，范围是 0~32000。

5）输入 V 存储区起始地址为 VB1000。

6）默认子程序、中断程序名，选择增加 PID 手动控制。

7）完成 PID 配置。PID 配置完成后，向导自动为 PID 指令生成局部变量表，如图 7-39 所示。同时，也为 PID 子程序自动生成符号表，如图 7-40 所示。

	符号	变量类型	数据类型	注释
	EN	IN	BOOL	
LW0	PV_I	IN	INT	过程变量输入：范围从 0至 32000
LD2	Setpoint_R	IN	REAL	给定值输入：范围从 0.0至 100.0
L6.0	Auto_Manual	IN	BOOL	自动/手动模式（0=手动模式，1=自动模式）
LD7	ManualOutput	IN	REAL	手动模式时回路输出期望值：范围从 0.0至 1.0
LW11	Output	OUT	INT	PID 输出：范围从 0至 32000
		OUT		

图 7-39 PID_INIT 局部变量表

4	PID0_D_Time	VD1024	微分时间
5	PID0_I_Time	VD1020	积分时间
6	PID0_SampleTime	VD1016	采样时间（要修改请重新运行 PID 向导）
7	PID0_Gain	VD1012	回路增益
8	PID0_Output	VD1008	标准化的回路输出计算值
9	PID0_SP	VD1004	标准化的过程给定值
10	PID0_PV	VD1000	标准化的过程变量
11	PID0_Table	VB1000	PID 0 的回路表起始地址

图 7-40　PID0_SYM 符号表

4. 编制控制程序

由图 7-39 注释可知，PID 子程序指令的 ManualOutput 输入项，其输入范围是 0.0~1.0 之间的实数，为此编写程序时，需将手动给定的模拟量信号 AIW2 转换成 0.0~1.0 之间的数值，并保存到 VD12 中，以便 PID 子程序指令使用；PID 子程序指令的 Setpiont_R 输入端设为 75.0，因为控制系统要求给定量为满水位的 75%。

综合系统的控制要求及 PID 子程序指令的配置要求，编制控制程序，如图 7-41 所示。

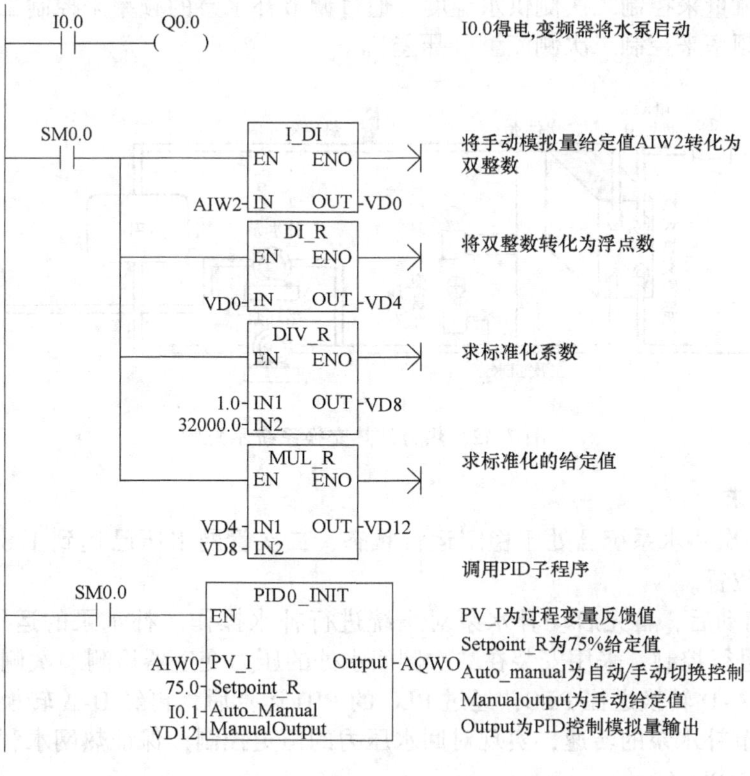

图 7-41　水箱水位控制程序

5. 上机操作步骤及要求

1）根据图 7-41 完成水箱水位控制系统的接线。

2）启动 STEP7-Micro/WIN 编程软件，打开指令向导，根据要求配置 PID 参数。

3）编写控制程序，并下载到 PLC，使 PLC 进入运行状态。

4）打开状态表，录入 VD1000，VD1004，VD1008，VD1012，VD1016，VD1020，VD1024，VD12，I0.0，I0.1，Q0.0 地址，并使其进入监控状态。

5）调节电位器旋钮至 0V 输出，然后强制操作 I0.0，使 Q0.0 得电，将变频器接入电源。

6）调节电位器旋钮，使变频器频率由 0 逐渐上升，水泵转速逐渐上升，水箱水位逐渐提高。观察水位上升过程中，VD12、VD1000、VD1004、VD1008 各存储单元数据的变化情况。

7）待水箱水位接近 75%满水位时，强制 I0.1 得电，使系统进入 PID 自动调节控制状态。加大或减小水箱出水量，观察系统各量的变化过程。

8）通过写操作，分别改变增益、积分时间常数的大小，观察系统的运行效果。

7.5 项目训练

项目九 热交换控制

热力站的热交换系统主要由板式热交换器、一二次管网、循环泵、补水泵、热用户以及相关的检测设备组成，如图 7-42 所示。它的控制系统主要完成以下任务：通过调节一次侧热水调节阀的流量来控制二次侧供水温度；通过调节补水泵的频率来控制二次侧压力；通过调节循环泵的频率来控制二次侧流量（压差）。

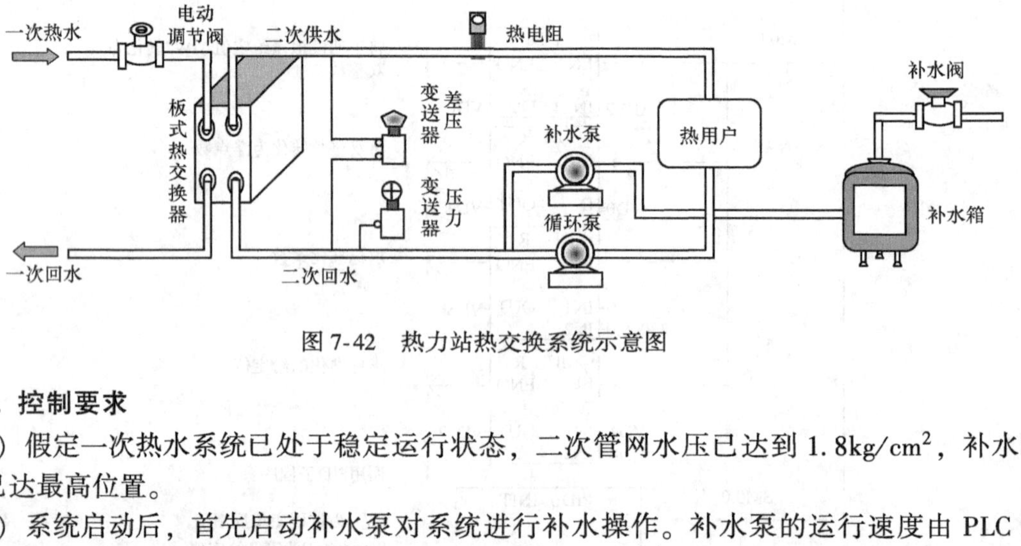

图 7-42 热力站热交换系统示意图

1. 控制要求

1）假定一次热水系统已处于稳定运行状态，二次管网水压已达到 1.8kg/cm^2，补水箱水位已达最高位置。

2）系统启动后，首先启动补水泵对系统进行补水操作。补水泵的运行速度由 PLC 的 PID 调节功能进行控制。采用安装在二次侧回水处的压力变送器检测二次侧回水压力，并将此压力信号经 A-D 转换送往 PLC，经过 PLC 的 PID 运算后，再经 D-A 转换送往补水泵的变频器，进而调节补水泵的转速，实现对回水压力的恒定控制，保证热网水利平衡。回水压力的给定值设为 2.0kg/cm^2。

3）待回水压力达到给定值后，先通过手动方式工频启动循环泵，全开一次回路电动调节阀，为二次管网升温，升温到接近给定值 65℃时，电动调节阀切换为自动运行。自动运行电动调节阀的开度由 PLC 的 PID 闭环运行功能控制，以保证二次侧供水温度的稳定。其温度反馈信号采用安装在二次供水回路的热电阻进行检测。

4）手动方式运行的循环泵，在供回水压差达到±0.1MPa 时，切入自动运行方式，以保证恒定供回水压差，以降低热网输送成本。系统采用差压变送器检测二次回路供水及回水之间的压差，经 A-D 转换送往 PLC 的 PID 调节器，再经 D-A 转换送往循环泵变频器，通过变频器控制循环泵的速度，实现供回水压差的自动控制。

5）补水箱设置一台液位变送器，当液位低于最低设定值时给水管的电磁阀门开启，开始往补水箱内注水；当液位到达最高设定值时，电磁阀门关闭，停止注水。

2. 训练任务

1）根据控制要求，绘出热交换PLC闭环控制系统示意图，并选择所需元器件。

2）编制热交换控制PLC输入输出及V存储器分配表。

3）绘制热交换控制系统的电气原理图（循环泵、补水泵主电路图，PLC输入输出接线图）。

4）编制满足热交换控制要求的PLC用户程序。

5）仿真调试所编程序，进一步理解PLC闭环控制的应用。

6）编制训练报告，叙述训练任务完成的过程及收获。

项目十　烘箱温度控制

电动机绕组重绕后，有一个对其绕组进行绝缘浸漆的过程。在这一过程中的一个重要环节是将已经浸透绝缘漆的电动机定子绕组放到烘箱中进行烘干处理。烘箱又称电热风循环干燥箱，其结构原理如图7-43所示。烘箱用铁皮制成，电热丝装在箱体底部和两面侧壁，发热件外面用铁皮罩住，一方面可使热量通过铁板传导，箱内温度更均匀；另一方面防止漆直接滴到发热件上，引起明火，烧毁电动机。烘箱顶部留有排出潮气和溶剂蒸汽的通气口。电热丝由三相交流调功器供电，温度由PLC控制。

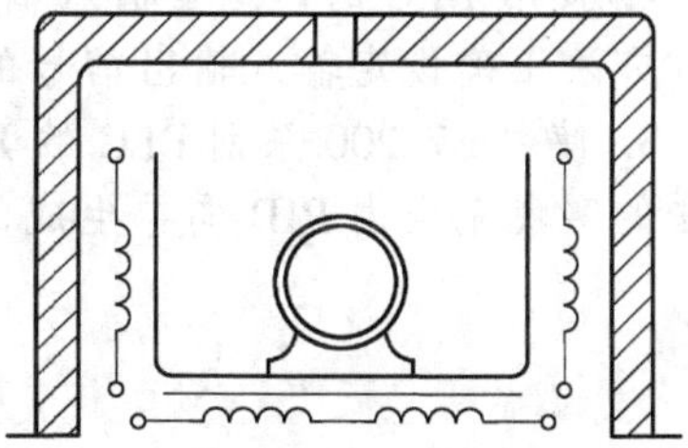

图7-43　烘箱结构示意图

1. 控制要求

电动机绕组烘干的温度曲线如图7-44所示。

1）在未浸漆前，首先要对电动机绕组进行预烘，以便排除绕组中的潮气，使绝缘漆能渗透到所有的缝隙中。预烘加热要逐渐增温，温升速度以不大于20~30℃/h为宜。预烘温度视绝缘等级来定，对E级绝缘应控制在120~125℃；B级绝缘应达到125~130℃，在该温度下保温4~6h，然后将预烘后的绕组冷却到60~80℃开始浸漆。

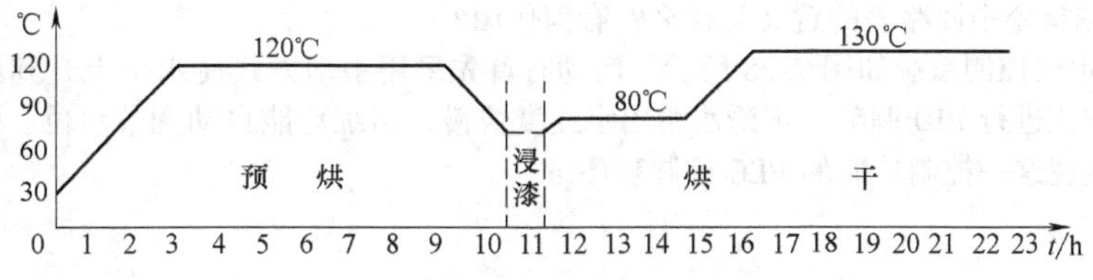

图7-44　电动机绕组浸漆流程

2）浸漆后，对绕组进行烘干处理。烘干处理分两个阶段，第一阶段是溶剂挥发阶段，防止在绝缘表面形成漆膜，这一阶段，温度控制在80℃，时间2~4h；第二阶段是浸漆固化阶段，此阶段温度升至130℃，再烘8~16h，以使浸漆固化。

3）预烘和烘干过程中，通过风机送风实现均匀加热，并将挥发性气体排出箱外。

4）系统启动时，风机首先启动，然后开启加热，加热升温过程由PLC自动闭环控制。

5）预烘和烘干过程中，若风机由于各种原因停止工作，则加热系统立即停止，以防温度过高损坏绕组。

6）烘干时间到，首先停止加热，风机则在2h后停止。

2. 训练任务

1）根据控制要求，选择电热风循环干燥箱的温度控制设备。

2）确定 PLC 的输入输出，绘制控制系统原理图。

3）编制满足电动机绕组烘干要求的 PLC 用户程序。

4）调试用户程序。调试时可将升温时间、恒温时间缩短进行。

5）编写训练报告，写出从器件选择到程序调试的过程及收获体会。

本章小结

本章介绍了 PLC 模拟量输入输出模块的结构及作用，模拟量信号的处理内容及 PID 模拟量调节功能的 PLC 实现方法。

1. PLC 模拟量处理功能通过模拟量输入输出模块来完成。模拟量输入输出模块是 PLC 内部数字量与外部设备模拟量之间的接口模块。被控过程量经过模拟量输入模块转换成 PLC 能够接受的数字量后，经过 PLC 的数据处理，最后输出控制结果。控制结果可以是数字量通断信号的输出，也可以是连续的模拟量电压电流的输出。连续的模拟量电压电流的输出需通过模拟量输出模块输出给执行器件，以达到模拟量控制的目的。

2. 使用 PLC 的模拟量输入输出模块时，要特别注意过程量信号的性质及范围。采用规定的方法正确设定输入输出信号的范围是用好模拟量输入输出模块的前提。

3. 使用 S7-200 系列 PLC 的 PID 调节指令时，只需要在程序中正确设置 PID 向导，PID 算法的实现完全由 PID 向导生成的子程序来完成。

思考与练习题

7-1 模拟量输入模块输出模块的作用是什么？

7-2 模拟量输入信号在 PLC 内部处理时应考虑哪些问题？

7-3 模拟量输出信号处理时应考虑哪些因素？

7-4 与 S7-200 系列 PLC 配套的模拟量输入模块有哪几个？

7-5 S7-200 系列 PLC 在工程实际中对模拟量的处理方式是什么？

7-6 EM231 模拟量输入模块输入信号校对的步骤是什么？

7-7 PID 控制指令中回路表的含义是什么？有何作用？

7-8 某水箱水位控制系统如图 7-38 所示。启动时首先采用手动方式使水位上升到给定值的 70%，然后再切换到自动方式进行 PID 调节。不论水箱出水速度快慢，系统均能自动调节水位，使水位保持在给定值不变。试编写实现这一控制功能的 PLC 控制程序。

第8章　PLC的运动控制功能及应用

学习目标

理解高速计数器计数方式、工作模式、控制字节、状态字节的含义，掌握高速计数器的初始化步骤，掌握使用向导配置高速计数器的方法；理解PTO/PWM脉冲输出的作用，能够使用PTO/PWM发生器产生需要的控制脉冲，会使用向导配置PTO/PWM脉冲输出；掌握MAP指令库指令的功能，会使用MAP库指令实现较为复杂的伺服电动机及步进电动机的定位控制；了解运动控制模块EM253的功能及适用场合。

PLC普通计数器的计数过程与扫描工作方式有关，CPU通过每一个扫描周期读取一次被测信号的方法，来捕捉被测信号的上升沿，并对其进行计数。若被测信号的频率较高，则会丢失计数脉冲。高速计数器可以对普通计数器无能为力的事件进行计数，用于捕捉比CPU扫描速度更快的事件，并通过中断服务完成预定的操作。计数频率取决于CPU的类型，CPU22x系列最高计数频率为30kHz，CPU 224XP可达200kHz。高速计数器在现代自动控制的精确定位控制领域有重要的应用价值。

S7-200 CPU22x系列PLC还设有高速脉冲输出，用于脉冲串输出（PTO，频率可调，占空比为50%的脉冲串）和脉冲宽度调制输出（PWM，周期一定，占空比可调的一系列脉冲），输出频率可达20kHz，CPU224XP可达100kHz。高速脉冲输出的功能可用于对电动机进行速度控制及位置控制。

8.1　高速计数器指令及应用

S7-200系列PLC中有6个高速计数器，它们分别是HSC0、HSC1、HSC2 、HSC3、HSC4和HSC5。这些高速计数器可用于处理比PLC扫描周期还要短的高速事件。当高速计数器的当前值等于预置值、外部复位信号有效（HSC0不支持）、计数方向改变（HSC0不支持）时，将产生中断，通过中断服务程序实现对控制目标的控制。

8.1.1　高速计数器的工作模式

1. 高速计数器的计数方式

（1）单路脉冲输入的内部方向控制加/减计数　只有一个脉冲输入端，通过高速计数器控制字节（见表8-3）的第3位来控制加计数或者减计数。该位=1，加计数；该位=0，减计数。内部方向控制的单路加/减计数方式如图8-1所示。

（2）单路脉冲输入的外部方向控制加/减计数　有一个脉冲输入端，有一个方向控制端。方向输入信号等于1时，加计数；方向输入信号等于0时，减计数。外部方向控制的单路加/减计数方式如图8-2所示。

（3）两路脉冲输入的单相加/减计数　有两个脉冲输入端，一个是加计数脉冲，一个是减计数脉冲，计数值为两个输入端脉冲的代数和。两路脉冲输入的加/减计数方式如图8-3所示。

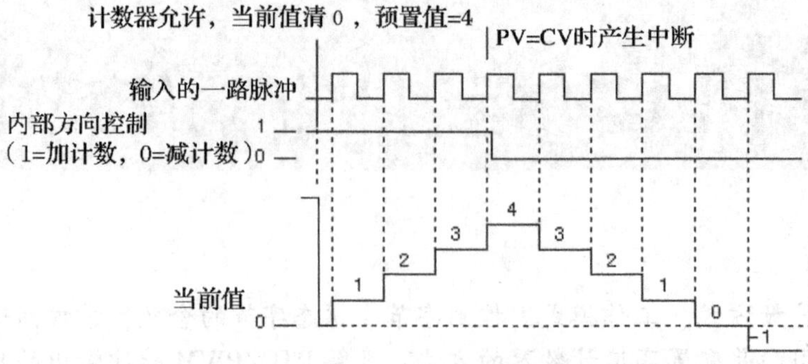

图 8-1 内部方向控制的单路加/减计数方式

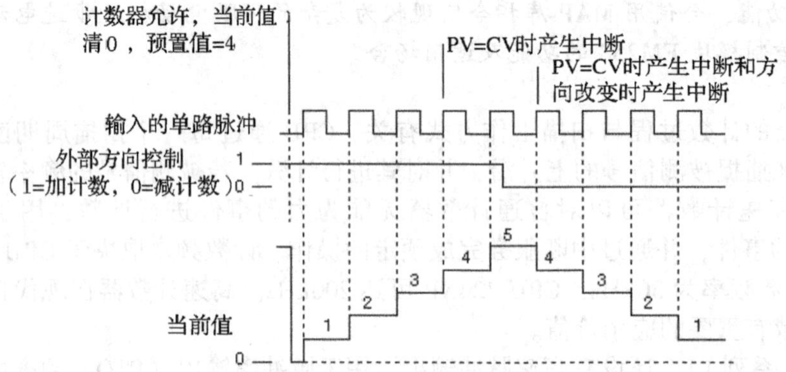

图 8-2 外部方向控制的单路加/减计数方式

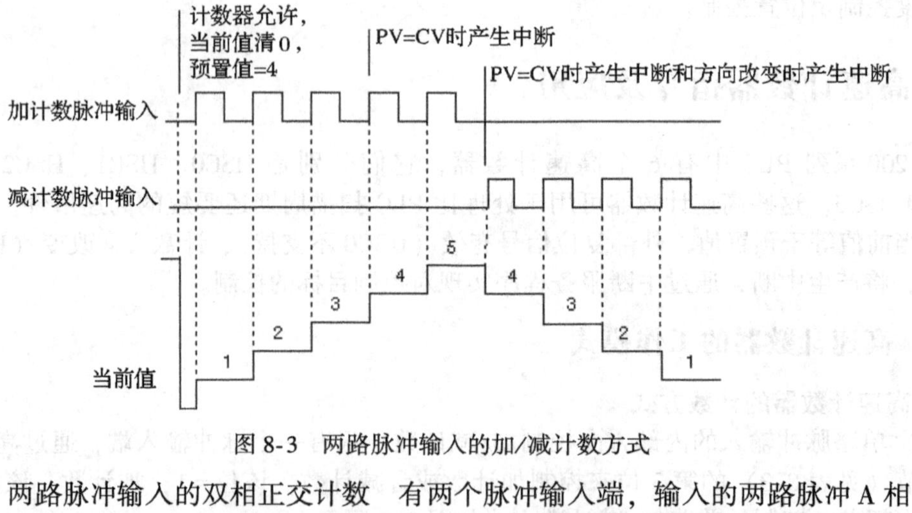

图 8-3 两路脉冲输入的加/减计数方式

（4）两路脉冲输入的双相正交计数 有两个脉冲输入端，输入的两路脉冲A相、B相，相位互差90°（正交）。A相超前B相90°时，加计数；A相滞后B相90°时，减计数。在这种计数方式下，可选择1x模式（单倍频，一个脉冲周期计一个数，见图8-4）和4x模式（四倍频，一个脉冲周期计四个数，见图8-5）。

2. 高速计数器的工作模式

高速计数器依据计数脉冲、复位脉冲、起动脉冲端子的不同接法可组成12种工作模式，不同的高速计数器有多种功能不相同的工作模式。每个高速计数器所拥有的工作模式和其占有的输入端子有关，如表8-1所示。

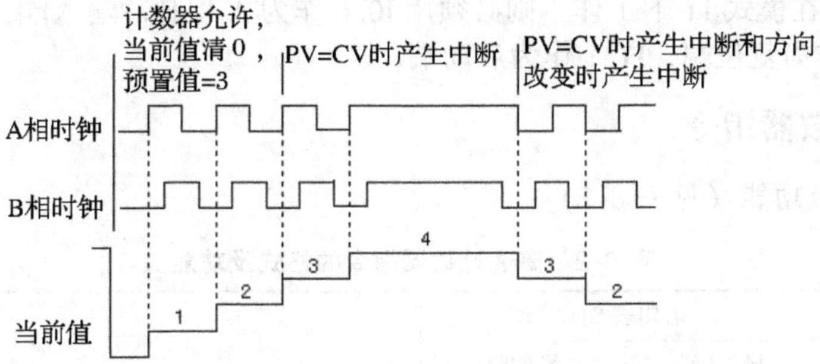

图 8-4　两路脉冲输入的双相正交计数 1x 模式

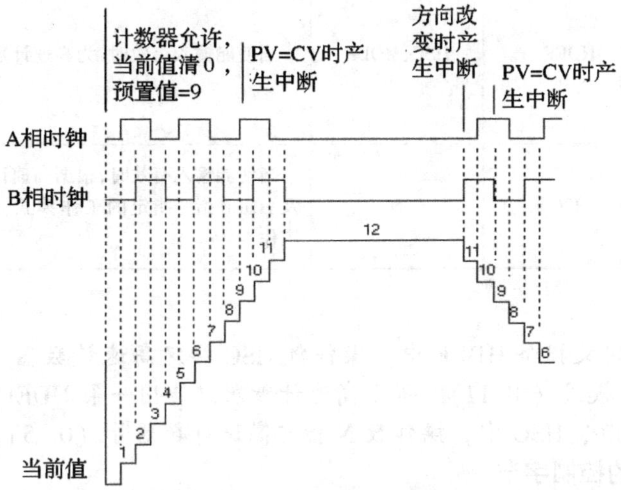

图 8-5　两路脉冲输入的双相正交计数 4x 模式

表 8-1　高速计数器的工作模式和输入端子的关系

高速计数器 HSC 的工作模式	功能及说明		占用的输入端子及其功能			
	高速计数器编号	HSC0	I0.0	I0.1	I0.2	×
		HSC4	I0.3	I0.4	I0.5	×
		HSC1	I0.6	I0.7	I1.0	I1.1
		HSC2	I1.2	I1.3	I1.4	I1.5
		HSC3	I0.1	×	×	×
		HSC5	I0.4	×	×	×
0	单路脉冲输入的内部方向控制加/减计数 控制字 SM37.3=0，减计数； SM37.3=1，加计数		脉冲输入端	×	×	×
1				×	复位端	×
2				×	复位端	启动
3	单路脉冲输入的外部方向控制加/减计数 方向控制端=0，减计数； 方向控制端=1，加计数		脉冲输入端	方向控制端	×	×
4					复位端	×
5					复位端	启动
6	两路脉冲输入的单相加/减计数 加计数端脉冲输入，加计数； 减计数端脉冲输入，减计数		加计数脉冲输入端	减计数脉冲输入端	×	×
7					复位端	×
8					复位端	启动
9	两路脉冲输入的双相正交计数 A 相脉冲超前 B 相脉冲，加计数； A 相脉冲滞后 B 相脉冲，减计数		A 相脉冲输入端	B 相脉冲输入端	×	×
10					复位端	×
11					复位端	启动

注：表中×表示没有。

由表 8-1 可知，高速计数器的工作模式确定以后，高速计数器所使用的输入端子便被指定。如选择HSC1在模式11下工作，则必须用I0.6作为A相脉冲输入端，I0.7作为B相脉冲输入端，I1.0作为复位端，I1.1作为启动端。

8.1.2 高速计数器指令

1. 指令格式及功能（见表8-2）

表8-2 高速计数器指令的格式及功能

梯形图LAD	语句表STL		功能
	操作码	操作数	
HDEF EN HSC MODE	HDEF	HSC,MODE	当使能输入有效时,为高速计数器分配一种工作模式
HSC EN N	HSC	N	当使能输入有效时,根据高速计数器特殊存储器位的状态及HDEF指令指定的工作模式,设置高速计数器并控制其工作

说明：

1）高速计数器定义指令HDEF中，操作数HSC指定高速计数器号（0~5），MODE指定高速计数器的工作模式（0~11）。每个高速计数器只能用一条HDEF指令。

2）高速计数器指令HSC中，操作数N指定高速计数器号（0~5）。

2. 高速计数器的控制字节

高速计数器的控制字节用于设置计数器的计数允许、计数方向等，各高速计数器的控制字节含义见表8-3。

表8-3 高速计数器的控制字节含义

HSC0	HSC1	HSC2	HSC3	HSC4	HSC5	含义
SM37.0	SM47.0	SM57.0	SM137.0	SM147.0	SM157.0	复位信号有效电平： 0=高电平有效;1=低电平有效
SM37.1	SM47.1	SM57.1	SM137.1	SM147.1	SM157.1	启动信号有效电平： 0=高电平有效;1=低电平有效
SM37.2	SM47.2	SM57.2	SM1372	SM147.2	SM157.2	正交计数器的倍率选择： 0=4倍率；1=1倍率
SM37.3	SM47.3	SM57.3	SM137.3	SM147.3	SM157.3	计数方向控制位： 0=减计数；1=加计数
SM37.4	SM47.4	SM57.4	SM137.4	SM147.4	SM157.4	向HSC写入计数方向： 0=不更新；1=更新
SM37.5	SM47.5	SM57.5	SM137.5	SM147.5	SM157.5	向HSC写入新的预置值： 0=不更新；1=更新
SM37.6	SM47.6	SM57.6	SM137.6	SM147.6	SM157.6	向HSC写入新的当前值： 0=不更新；1=更新
SM37.7	SM47.7	SM57.7	SM137.7	SM147.7	SM157.7	启用HSC： 0=关HSC；1=开HSC

3. 高速计数器的当前值及预置值寄存器

每个高速计数器都有一个32位当前值和一个32位预置值寄存器，当前值和预设值均为带符号的整数值。高速计数器的当前值可以通过高速计数器标识符HC加计数器号码（0、1、2、3、4或5）寻址来读取。要改变高速计数器的当前值和预置值，必须使控制字节（见表 8-3）的第 5 位和第 6 位为 1，在允许更新预置值和当前值的前提下，新当前值和新预置值才能写入当前值及预置值寄存器。当前值和预置值占用的特殊内部寄存器见表 8-4。

表 8-4　高速计数器当前值和预置值寄存器

寄存器名称	HSC0	HSC1	HSC2	HSC3	HSC4	HSC5
当前值寄存器	SMD38	SMD48	SMD58	SMD138	SMD148	SMD158
预置值寄存器	SMD42	SMD52	SMD62	SMD142	SMD152	SMD162

4. 高速计数器的状态字节

高速计数器的状态字节位存储当前的计数方向、当前值是否等于预置值、当前值是否大于预置值。PLC 通过监控高速计数器状态字节，可产生中断事件，以便用以完成用户希望的重要操作。各高速计数器的状态字节描述见表 8-5。

表 8-5　高速计数器的状态字节

HSC0	HSC1	HSC2	HSC3	HSC4	HSC5	含　义
SM36.0	SM46.0	SM56.0	SM136.0	SM146.0	SM156.0	未用
SM36.1	SM46.1	SM56.1	SM136.1	SM146.1	SM156.1	
SM36.2	SM46.2	SM56.2	SM136.2	SM146.2	SM156.2	
SM36.3	SM46.3	SM56.3	SM136.3	SM146.3	SM156.3	
SM36.4	SM46.4	SM56.4	SM136.4	SM146.4	SM156.4	
SM36.5	SM46.5	SM56.5	SM136.5	SM146.5	SM156.5	当前计数方向状态位：0=减计数；1=加计数
SM36.6	SM46.6	SM56.6	SM136.6	SM146.6	SM156.6	当前值等于预置值状态位：0=不等；1=相等
SM36.7	SM46.7	SM56.7	SM136.7	SM146.7	SM156.7	当前值大于预置值状态位：0=小于或等于；1=大于

注：HSC0、HSC1、HSC2、HSC3、HSC4 和 HSC5 的状态位，仅当高速计数器中断程序执行时才有效。

5. 高速计数器指令编程举例

例 1　设置一个两相正交 4x 高速计数器，通过调用子程序实现对高速计数器的设置（允许计数，更新当前值，更新预置值，更新计数方向为加计数，正交计数设为 4x，复位和起动设置为高电平有效；定义 HSC1 为工作模式 11；当前值 SMD48 清 0，预置值 SMD52 设为 1000；设置当前值等于预设值中断，全局开中断），通过中断子程序改写高速计数器的当前值。与此对应的梯形图主程序如图 8-6 所示、子程序如图 8-7 所示、中断子程序如图8-8 所示。

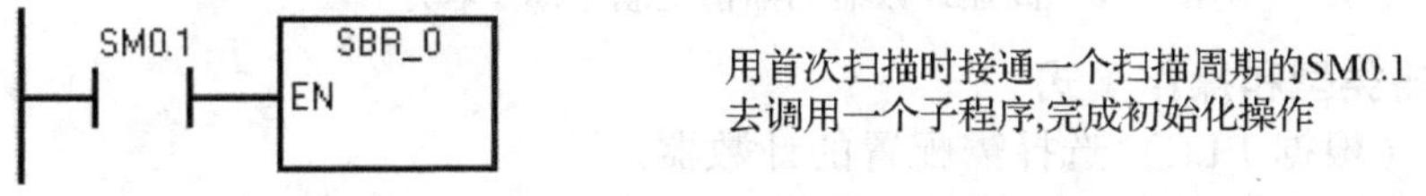

图 8-6　主程序

8.1.3　高速计数器向导的设置

打开高速计数器（HSC）向导，可采用以下三种方法中的一种：①选择菜单命令“工具” > “指令向导”，在配置指令窗口中选择 HSC；②单击浏览条中的指令向导图标，然后选择 HSC；③打开指令树中的“向导”文件夹并随后打开 HSC 向导。

打开 HSC 向导后，将按以下四个步骤对 HSC 进行设置。

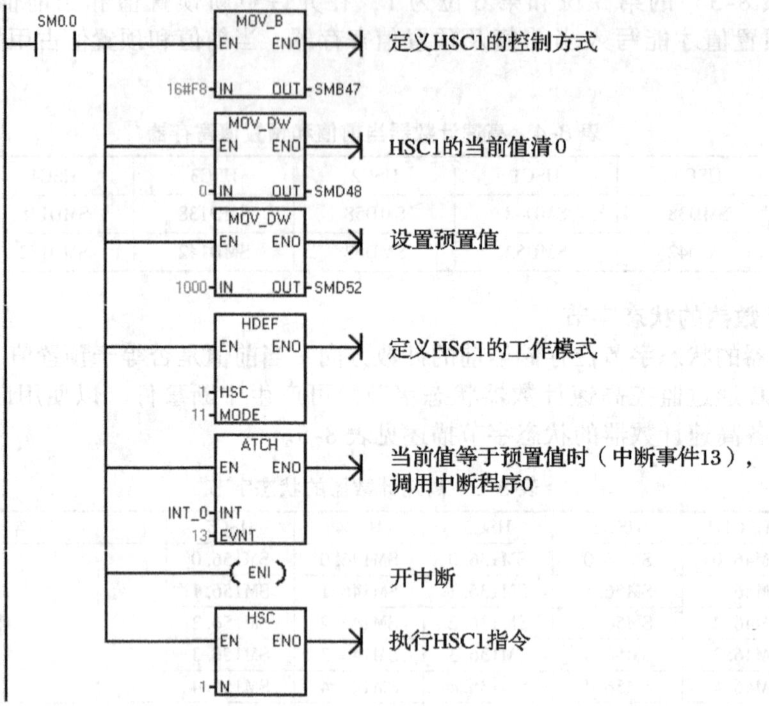

图 8-7 高速计数器初始化子程序

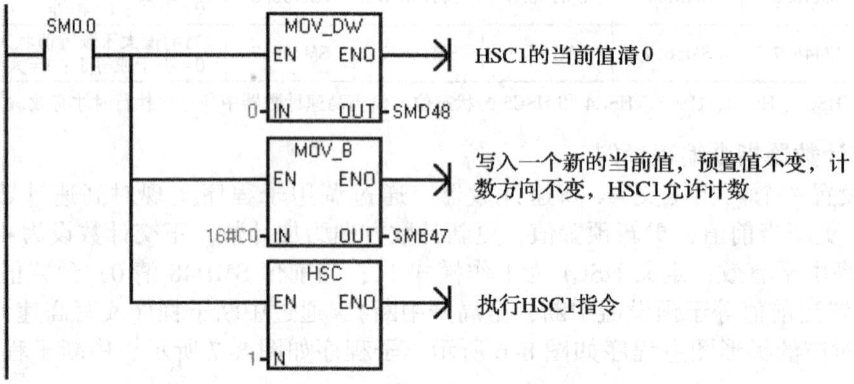

图 8-8 高速计数器当前值更新中断子程序

1. 选择计数器类型和操作模式

1）从列表框（根据 PLC）选择需配置的计数器。

2）从列表框选择操作模式（选择的计数器会决定它可用的模式）。

2. 指定初始参数

1）向导为初始化高速计数器创建一个子程序，并指定一个默认名称。用户可以指定一个不同的名称，但不要使用现有子程序名称。

2）为计数器当前值 CV 和预设值 PV 指定一个双字地址，也可以是全局符号或整数常数。

说明：如果用户为 PV 或 CV 输入一个未定义的符号，则在定义符号之前无法执行步骤3。向导会提示在“定义符号”对话框中定义符号。

3）指定初始计数方向。

3. 选择中断事件/选择是否多步操作

1）计数器类型和操作模式选择决定可用的中断事件。

2）选择对当前值等于预置值事件（CV=PV）进行编程时，向导允许指定多步计数器操作。

4. 生成代码

单击“完成”按钮，向导为HSC生成必要的程序代码。代码包括用于高速计数器初始化的子程序以及为所选每一个中断事件生成的中断程序。对于多步应用，则为每一个步生成一个中断程序。

说明：

1）在使用HSC向导之前，必须编译程序。如果未编译程序，向导在HSC配置过程开始时会提示进行程序编译。

2）要使能计数器操作，必须从主程序中调用包含初始化代码的子程序。使用SM0.1或正负跃变指令确保该子程序仅被调用一次。

例2　采用设置高速计数器向导的编程方法，完成与例8-1相同的控制要求。

打开HSC向导，设置过程如图8-9～图8-13所示。编写的主程序如图8-14所示。根据向导设置自动生成的中断子程序如图8-15所示。

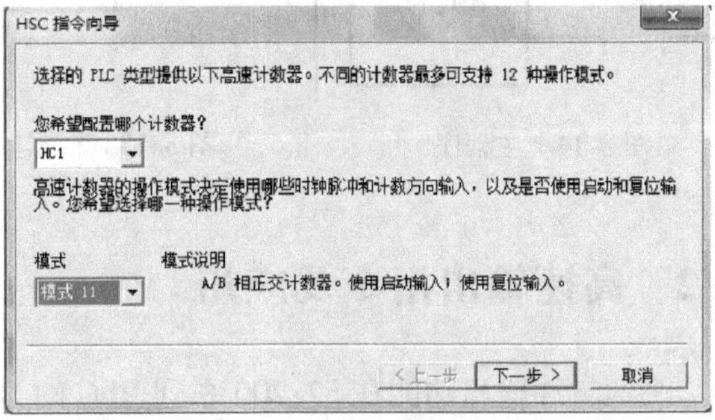

图8-9　选定HC1高速计数器及其工作模式11

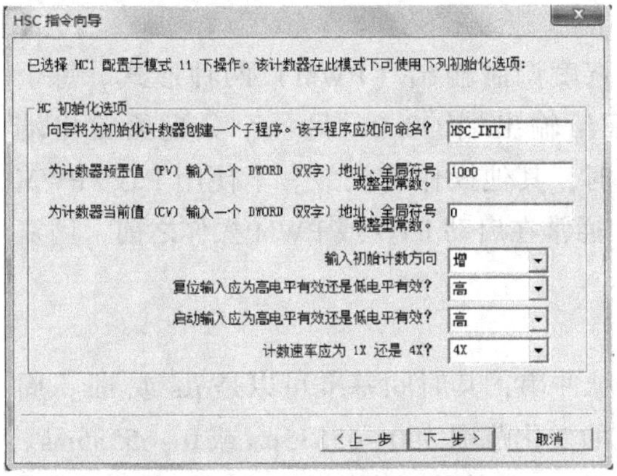

图8-10　HC1初始化选项设置

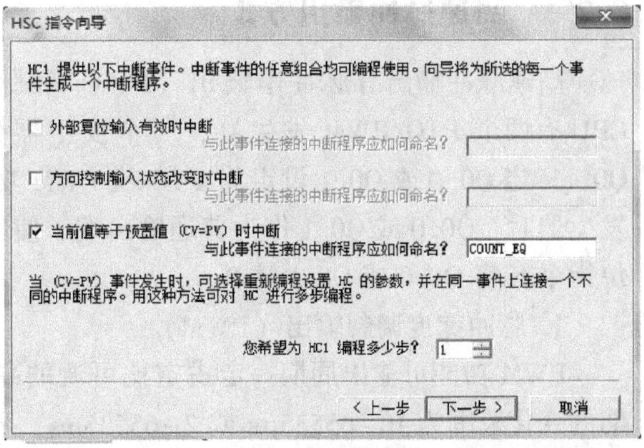

图8-11　设置当前值等于预设值时中断及中断步数

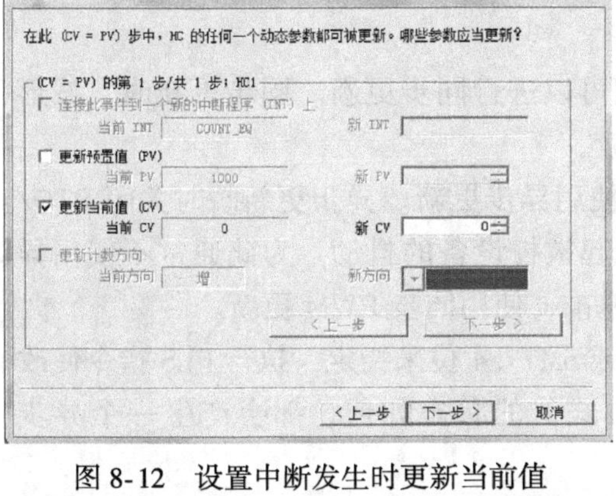

图8-12　设置中断发生时更新当前值

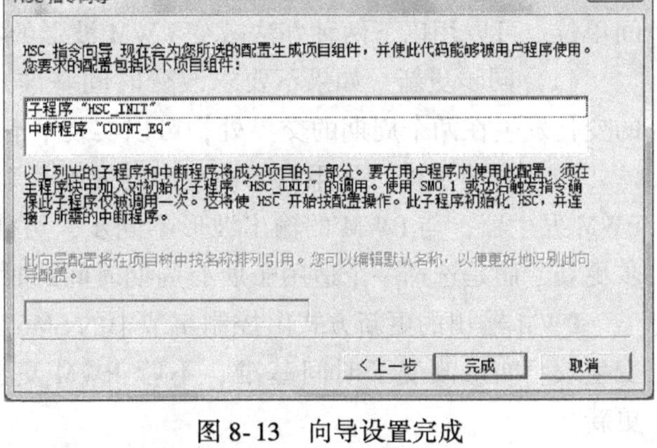

图8-13　向导设置完成

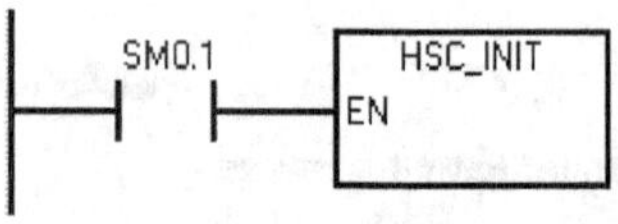

图 8-14 主程序

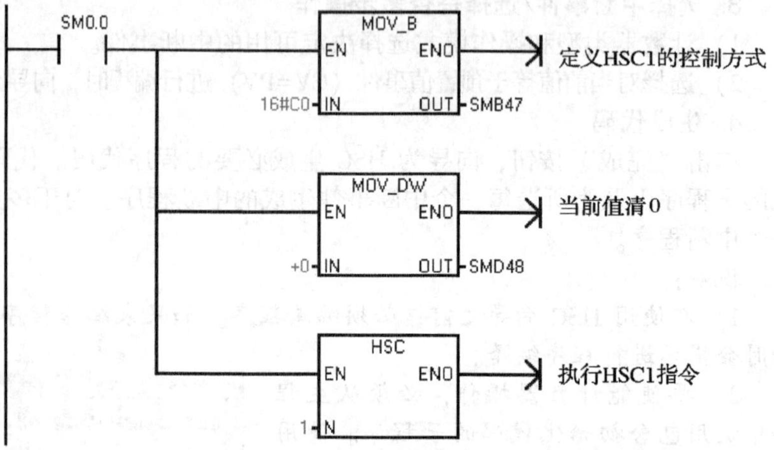

图 8-15 根据向导设置自动生成的中断子程序 COUNT_EQ

8.2 高速输出指令及应用

高速脉冲输出功能在 S7-200 系列 PLC 的 Q0.0 或 Q0.1 输出端产生高速脉冲，用来驱动诸如步进电动机、伺服电动机等一类负载，实现速度和位置控制。

8.2.1 高速脉冲输出方式

高速脉冲输出有脉冲串输出（PTO）和脉冲宽度调制输出（PWM）两种形式。每个 CPU 有两个 PTO/PWM 发生器，一个发生器分配给输出端 Q0.0，另一个分配给输出端 Q0.1。当 Q0.0 或 Q0.1 设定为 PTO 或 PWM 功能时，其他操作均失效。不使用 PTO/PWM 发生器时，Q0.0 或 Q0.1 作为普通输出端子使用。通常在启动 PTO 或 PWM 操作之前，用复位指令 R 将 Q0.0 或 Q0.1 清 0。

1. 脉冲宽度调制输出（PWM）

PWM 功能可输出周期一定占空比可调的高速脉冲串，其时间基准可以是 μs 或 ms，周期的变化范围为 10~65535μs 或 2~65535ms，脉宽的变化范围为 0~65535μs 或 0~65535ms。

当指定的脉冲宽度大于周期值时，占空比为 100%，输出连续接通。当脉冲宽度为 0 时，占空比为 0%，输出断开。如果指定的周期小于两个时间单位，则周期被默认为两个时间单位。可以用以下两种办法改变 PWM 波形的特性。

（1）同步更新　如果不要求改变时间基准，即可以进行同步更新。同步更新时，波形的变化发生在两个周期的交界处，可以实现平滑过渡。

（2）异步更新　如果需要改变时间基准，则应使用异步更新。异步更新瞬时关闭 PTO/PWM 发生器，与 PWM 的输出波形不同步，可能引起被控设备的抖动。为此通常不使用异步更新，而是选择一个适用于所有周期时间的时间基准，使用同步 PWM 更新。

PWM 输出的更新方式由控制字节中的 SM67.4 或 SM77.4 位来指定，执行 PLS 指令使改变生效。如果改变了时间基准，不管 PWM 更新方式位的状态如何，都会产生一个异步更新。

2. 脉冲串输出（PTO）

PTO 功能可输出一定脉冲个数和占空比为 50% 的方波脉冲。输出脉冲的个数在 1～4294967295范围内可调；输出脉冲的周期以 μs 或 ms 为增量单位，变化范围分别是 10～65535μs或 2～65535ms。

如果周期小于两个时间单位，则周期被默认为两个时间单位。如果指定的脉冲数为 0，则脉冲数默认为 1。

PTO 功能允许多个脉冲串排队输出，从而形成流水线。流水线分为两种：单段流水线和多段流水线。

单段流水线是指流水线中每次只能存储一个脉冲串的控制参数，初始 PTO 段一旦启动，必须按照对第二个波形的要求立即刷新特殊存储器，并再次执行 PLS 指令，在第一个脉冲串完成后，第二个脉冲串输出立即开始，重复这一步骤可以实现多个脉冲串的输出。单段流水线中的各段脉冲串可以采用不同的时间基准，但有可能造成脉冲串之间的不平稳过渡。输出多段高速脉冲时，编程复杂。

多段流水线是指在变量存储区 V 建立一个包络表（包络表 Profile 是一个预先定义的横坐标为位置、纵坐标为速度的曲线，是运动的图形描述）。包络表存放每个脉冲串的参数，执行 PLS 指令时，S7-200 PLC 自动按包络表中的顺序及参数进行脉冲串输出。包络表中每段脉冲串的参数占用 8B，由一个 16 位周期值（2B）、一个 16 位周期增量值Δ（2B）和一个 32 位脉冲计数值（4B）组成。包络表的格式见表 8-6。

表 8-6 包络表的格式

从包络表起始地址的字节偏移	段	说 明
VB_n		总段数(1～255)；数值 0 产生非致命错误,无 PTO 输出
VB_{n+1}	段 1	初始周期(2～65535 个时基单位)
VB_{n+3}		每个脉冲的周期增量 Δ(符号整数：-32768～32767 个时基单位)
VB_{n+5}		脉冲数(1～4294967295)
VB_{n+9}	段 2	初始周期(2～65535 个时基单位)
VB_{n+11}		每个脉冲的周期增量 Δ(符号整数：-32768～32767 个时基单位)
VB_{n+13}		脉冲数(1～4294967295)
VB_{n+17}	段 3	初始周期(2～65535 个时基单位)
VB_{n+19}		每个脉冲的周期增量值 Δ(符号整数：-32768～32767 个时基单位)
VB_{n+21}		脉冲数(1～4294967295)

注：周期增量值 Δ 为整数微秒或毫秒。

多段流水线的特点是编程简单，能够通过指定脉冲的数量自动增加或减少周期，周期增量值 Δ 为正值会增加周期，周期增量值 Δ 为负值会减少周期，若 Δ 为零，则周期不变。在包络表中的所有的脉冲串必须采用同一时基，在多段流水线执行时，包络表的各段参数不能改变。多段流水线常用于步进电动机的控制。

使用 STEP7-Micro/WIN 中的位控向导可以方便地设置 PTO/PWM 输出功能，使 PTO/PWM 的编程自动实现，大大减轻了用户编程负担。

3. PTO/PWM 寄存器

Q0.0 和 Q0.1 输出端子的高速输出功能通过对 PTO/PWM 寄存器的不同设置来实现。PTO/PWM 寄存器由 SM66～SM85 特殊存储器组成，它们的作用是监视和控制脉冲输出（PTO）和脉宽调制（PWM）功能。各寄存器的意义见表 8-7。

表 8-7 PTO/PWM 寄存器的意义

Q0.0	Q0.1	说　明	寄存器名
SM66.4	SM76.4	PTO 包络由于增量计算错误异常终止　0:无错;　1:异常终止	脉冲串输出状态寄存器
SM66.5	SM76.5	PTO 包络由于用户命令异常终止　0:无错;　1:异常终止	
SM66.6	SM76.6	PTO 流水线溢出　0:无溢出;　1:溢出	
SM66.7	SM76.7	PTO 空闲　0:运行中;　1:PTO 空闲	
SM67.0	SM77.0	PTO/PWM 刷新周期值　0 :不刷新;　1 :刷新	PTO/PWM 输出控制寄存器
SM67.1	SM77.1	PWM 刷新脉冲宽度值　0 :不刷新;　1:刷新	
SM67.2	SM77.2	PTO 刷新脉冲计数值　0 :不刷新;　1:刷新	
SM67.3	SM77.3	PTO/PWM 时基选择　0 :1 μs;　1:1ms	
SM67.4	SM77.4	PWM 更新方法　0 :异步更新;　1:同步更新	
SM67.5	SM77.5	PTO 操作　0 :单段操作;　1:多段操作	
SM67.6	SM77.6	PTO/PWM 模式选择　0 :选择 PTO　1:选择 PWM	
SM67.7	SM77.7	PTO/PWM 允许　0:禁止;　1 :允许	
SMW68	SMW78	PTO/PWM 周期时间值(范围:2~ 65 535)	周期值设定寄存器
SMW70	SMW80	PWM 脉冲宽度值(范围:0~65 535)	脉宽值设定寄存器
SMD72	SMD82	PTO 脉冲计数值(范围:1~4 294 967 295)	脉冲计数值设定寄存器
SMB166	SMB176	段号(仅用于多段 PTO 操作),多段流水线 PTO 运行中的段的编号	多段 PTO 操作寄存器
SMW168	SMW178	包络表起始位置,用距离 V0 的字节偏移量表示(仅用于多段 PTO 操作)	

8.2.2 高速脉冲输出指令

1. 指令格式及功能(见表 8-8)

表 8-8 高速脉冲输出指令的格式及功能

梯形图 LAD	语句表 STL		功　能
	操作码	操作数	
PLS EN Q0.X	PLS	Q0. X	当使能端输入有效时,PLC 首先检测为脉冲输出位Q0. X 设置的特殊存储器位,然后激活由特殊存储器位定义的脉冲操作

说明:

1) 高速脉冲串输出 PTO 和脉宽调制输出 PWM 都由 PLS 指令来激活。

2) 操作数 X 指定脉冲输出端子, 0 为 Q0.0 输出, 1 为 Q0.1 输出。

3) 高速脉冲串输出 PTO 可采用中断方式进行控制, 而脉宽调制输出 PWM 只能由指令 PLS 来激活。

2. PTO/PWM 指令编程举例

例 3 脉冲宽度调制输出 PWM 举例。

假定PLC 运行后, 通过 Q0. 1 连续输出周期为 10 000ms、脉冲宽度为 1 000ms 的脉冲宽度调制输出波形, 并利用 I0. 1 上升沿中断实现脉宽的更新 (每中断一次, 脉冲宽度增加 10ms)。

通过调用子程序 0 设置 PWM 操作, 通过中断程序 0 来改变脉宽。对应的梯形图主程序如图 8-16 所示、子程序 0 如图 8-17 所示、中断程序 0 如图 8-18 所示, 对应的时序图如图 8-19 所示。

例 4 脉冲串输出 PTO 举例。

假定脉冲串通过 Q0. 0 输出。脉冲串输出时, 先输出 6 个脉冲周期为 500 ms 的脉冲串后, 自动更新为输出 6 个脉冲为 1 000 ms 的脉冲串, 然后再输出 6 个脉冲周期为 500 ms 的脉冲串, 不断循环输出。使用 I0. 0 上升沿起动脉冲串输出, 使用 I0. 1 上升沿停止脉冲串输

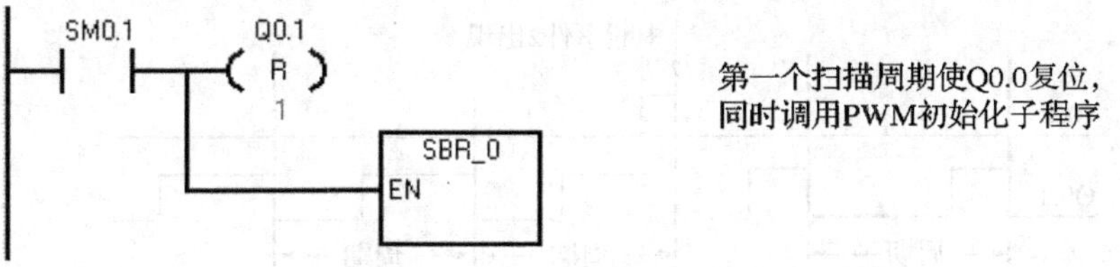

图 8-16 PWM 脉冲串输出主程序

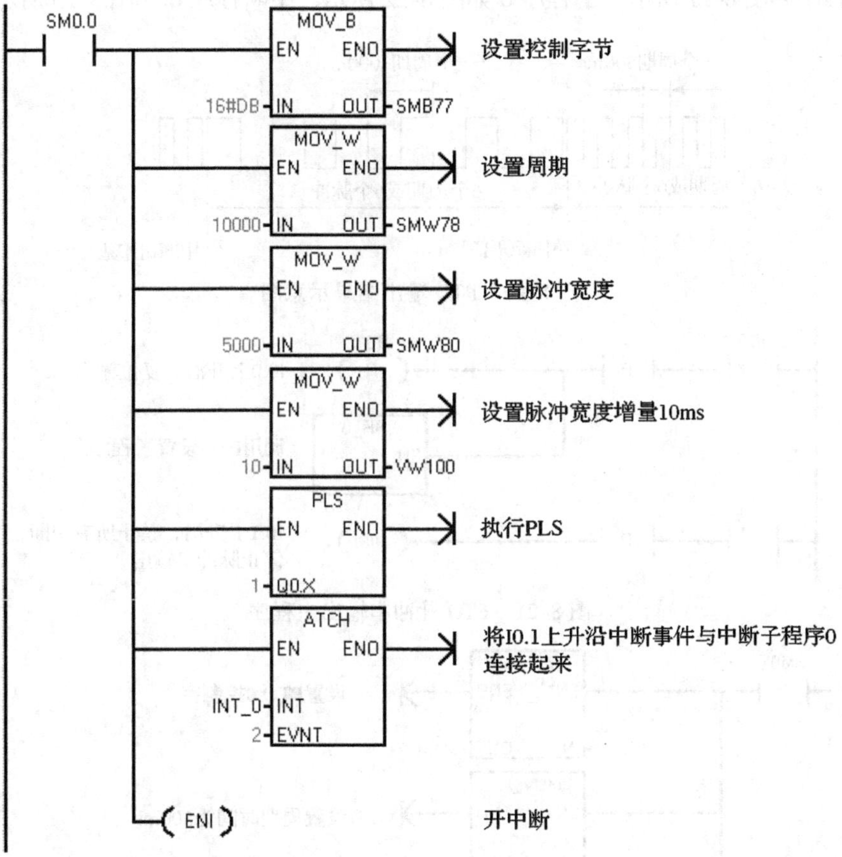

图 8-17 PWM 输出初始化子程序

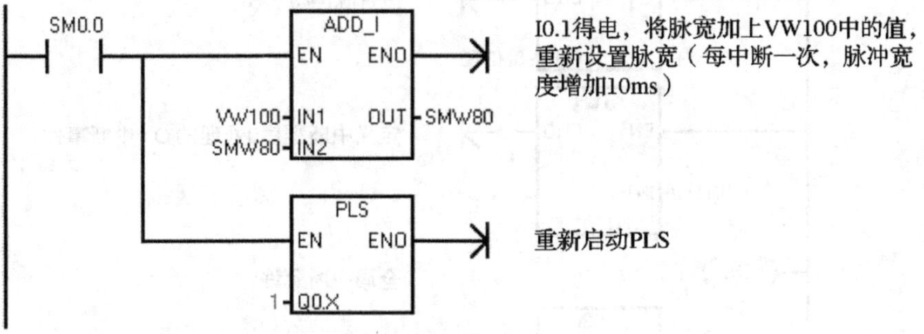

图 8-18 PWM 输出中断程序

出。通过 I0.0 上升沿调用子程序 0 设置 PTO 操作，通过脉冲串输出完成中断程序 0 来改变脉冲周期，通过 I0.1 上升沿禁止中断完成脉冲串输出的停止。PTO 输出的结果如图 8-20 所示。对应

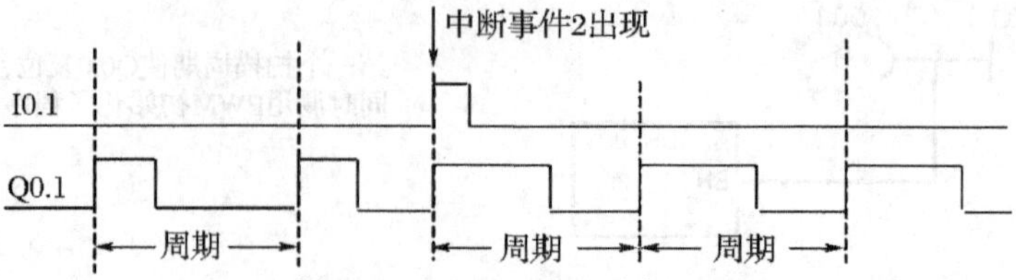

图 8-19 PWM 输出时序图

的梯形图主程序如图 8-21 所示、子程序 0 如图 8-22 所示、中断程序 0 如图 8-23 所示。

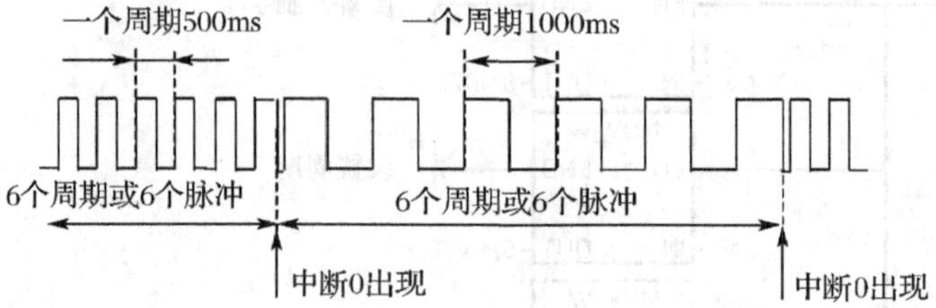

图 8-20 PTO 输出结果示意图

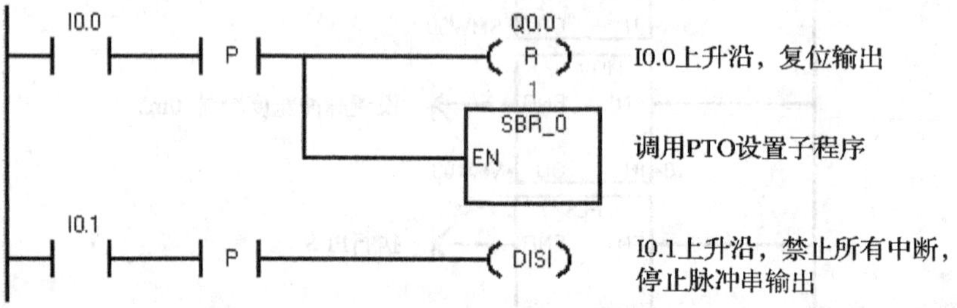

图 8-21 PTO 脉冲串输出主程序

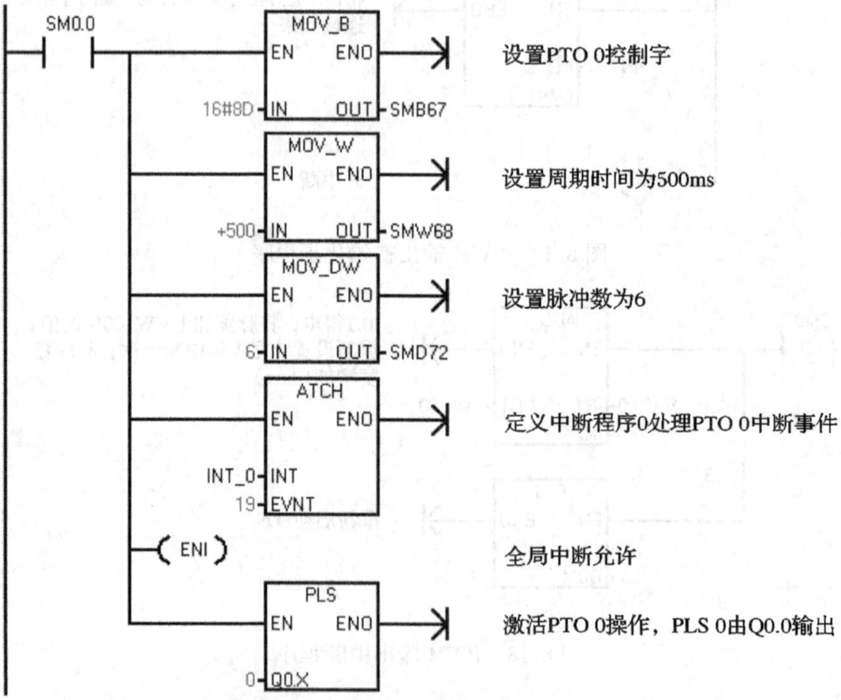

图 8-22 PTO 脉冲输出初始化子程序

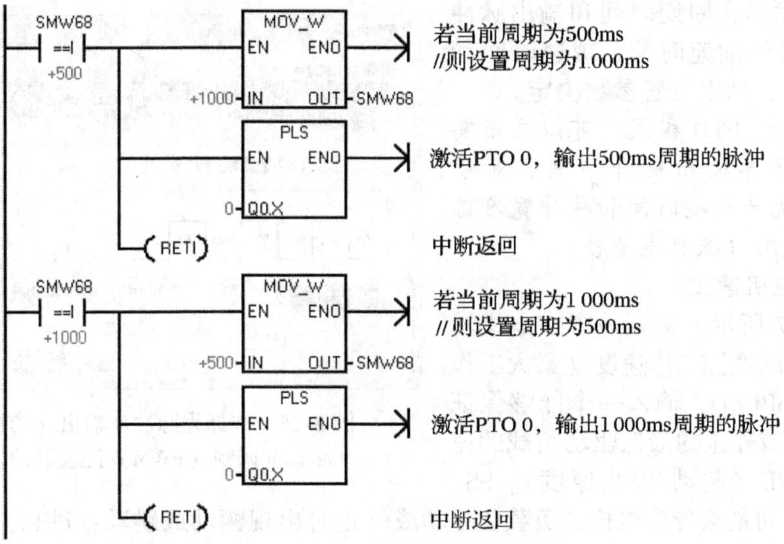

图 8-23 改变 PTO 输出脉冲周期的中断程序

8.2.3 高速脉冲输出向导的设置

STEP7-Micro/WIN 提供的位控向导可以帮助用户快速地完成 PWM、PTO 或位控模块的组态。向导可以生成位置指令，用户可以用这些指令在其应用程序中为速度和位置提供动态控制。使用位控向导编程的步骤如图 8-24 ~ 图 8-33 所示。

1. 选择配置 PTO/PWM 操作

打开位置控制向导后，选择配置 S7-200 PLC 内置 PTO/PWM 操作，如图 8-24 所示。

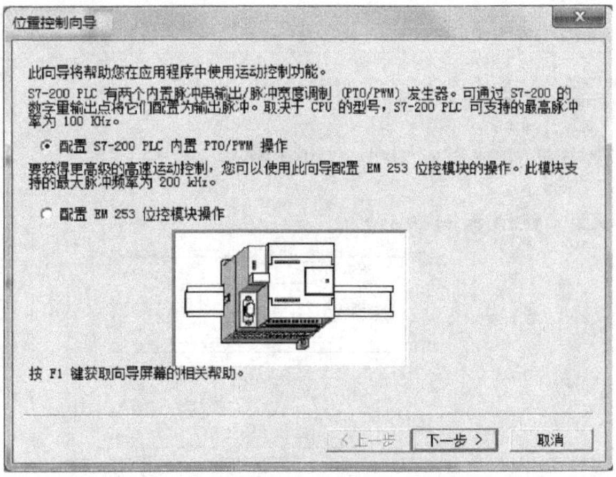

图 8-24 配置 PTO/PWM 操作

2. 指定一个脉冲发生器

S7-200 PLC 有两个脉冲发生器：一个指定给数字输出点 Q0.0，另一个指定给数字输出点 Q0.1，通过向导可指定其中一个，如图 8-25 所示。

3. 选择 PTO 或 PWM

在脉冲输出向导中，通过下拉式菜单，可选择线性脉冲串输出（PTO）或脉冲宽度调制输出（PWM），如图 8-26 所示。

如选择 PWM 模式，需为周期时间和脉冲宽度选择一个时间基准（微秒或毫秒），选择完成后，PWM 向导配置完毕，输出脉冲的周期和脉冲宽度将在生成的

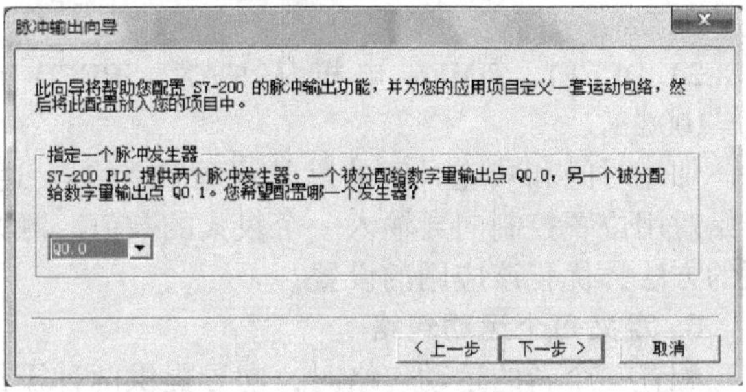

图 8-25 指定脉冲发生器

子程序 PTOx_MAN 中进行设置，PTOx_MAN 指令功能见表 8-9。

对 PTO 输出，周期时间和输出脉冲数由后续设置的加速时间、减速时间和电机目标速度、结束位置参数决定。

说明：*对于 PTO 模式，可以启用高速计数器，计算输出脉冲数目。对于 PWM 模式，需为周期时间和脉冲宽度选择一个时间基准（微秒或毫秒）。*

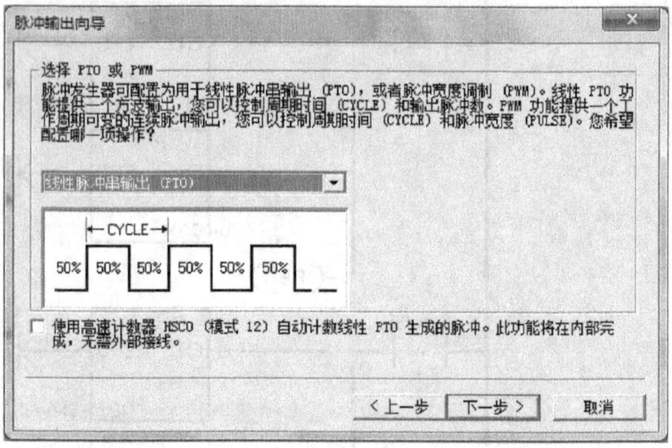

图 8-26 选择为脉冲串输出（PTO）或脉冲宽度调制（PWM）配置脉冲发生器

4. 指定电机速度

如图 8-27 所示，输入一个在电机转矩能力范围内的最佳工作速度（最大工作速度）MAX_SPEED，输入一个能够保证电机正常起动或停止的最低驱动负载的速度值 SS_SPEED（起动/停止速度）。SS_SPEED 过低，可能会导致电机和负载在起动或停止时出现颤动或跳动；过高，可能会在起动时丢失脉冲。在电机减速停止时，若速度降低到 SS_SPEED，PLC 将停止脉冲输出，电机惯性停止。向导会自动计算出能够控制的最低速度 MIN_SPEED，并显示在向导中。

5. 设置加速和减速时间

设置时需以毫秒（ms）为单位指定下列时间，如图 8-28 所示：

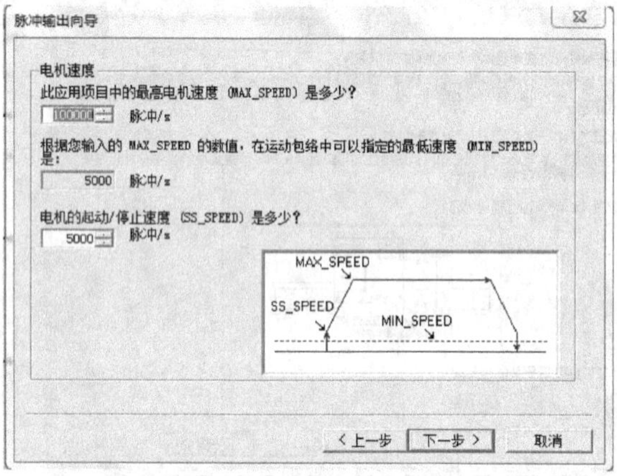

图 8-27 指定电机最高速度（MAX_SPEED）和开始/停止速度（SS_SPEED）

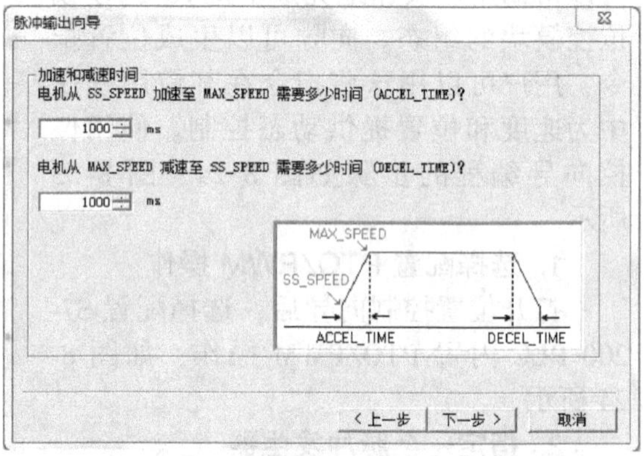

图 8-28 设置电机加速与减速时间

1）ACCEL_TIME：电机从 SS_SPEED 加速至 MAX_SPEED 所需要的时间，默认值 = 1000ms。

2）DECEL_TIME：电机从 MAX_SPEED 减速至 SS_SPEED 所需要的时间，默认值 = 1000ms。

加速时间和减速时间的默认设置均为 1s。通常电机加速和减速时间由反复试验决定，开始时用位置控制向导输入一个较大的数值。测试时，可通过逐渐减少时间直至电机开始停顿的方法，优化该应用的设置。

6. 定义每个运动包络

配置一个新的运动包络时，向导提供两种操作模式，一是相对位置操作模式，其运动轨迹如图 8-29a 所示，二是单速连续旋转操作模式，其运动轨迹如图 8-29b、c 所示。

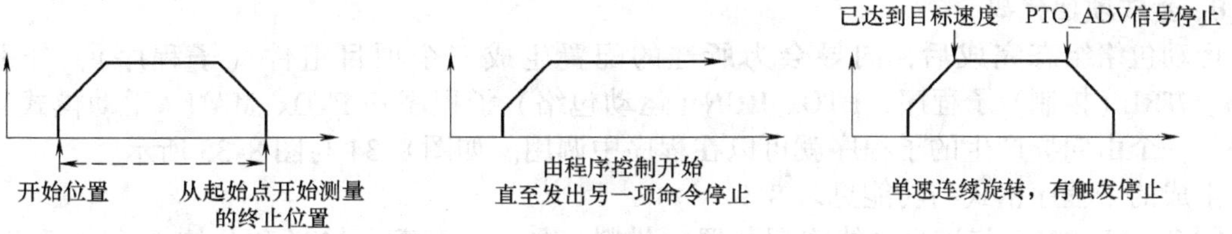

a) 相对位置模式　　b) 单速连续旋转模式　　c) 单速连续旋转模式

图 8-29　不同操作模式下的运动轨迹

当选择相对位置操作模式时，需设定目标速度及结束位置，如图 8-30 所示。

若要经过几个速度才能到达结束位置，则需要通过向导中的“新步”来设置每一步的目标速度及结束位置，每个包络最多有 4 个单独步。单击“绘制包络”按钮，可观察到位置控制向导计算出来的运动包络轨迹。

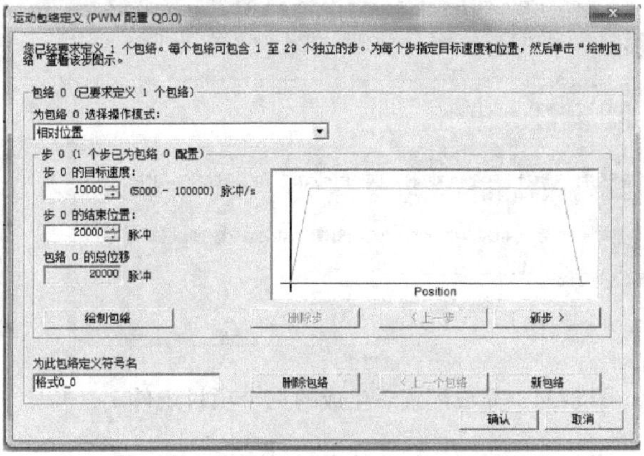

图 8-30　相对位置操作模式设置界面

具有 3 个步的包络轨迹如图 8-31 所示。

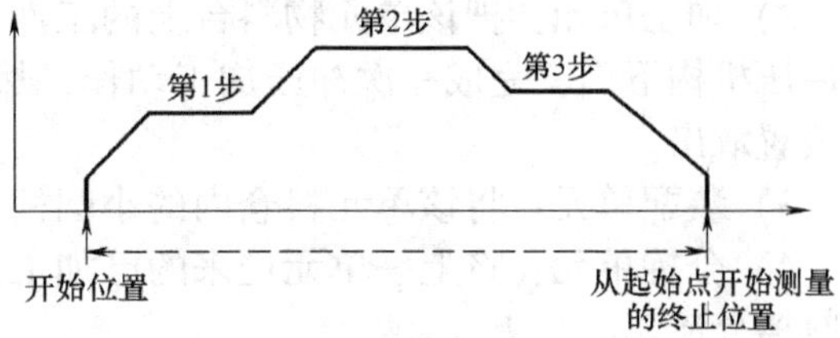

图 8-31　相对位置模式 3 步包络轨迹示意图

对单速连续旋转模式，需为包络设置目标速度，包络的停止方式可采用调用子程序 PTO_ADV 的方式，当选择这一方式时，需进一步设置停止事件发生后移动的距离，即脉冲数，如脉冲数设为 0，则表示尽快停止。设置界面如图 8-32 所示。若不选择 PTO_ADV 停止的方式，包络的停止也可由 PTOx_CTRL 指令中 I_STOP（立即停止）和 D_STOP（减速停止）端子终止。

7. 设定运动包络数据的起始内存地址

运动包络的所有数据需存储在 PLC 的数据存储器中，以便运动控制启动时调用这些数据。向导在设置结束时，会为用户计算出所需存储器的大小，用户只需根据提示，给出变量存储器 V 的起始地址即可，如图 8-33 所示。

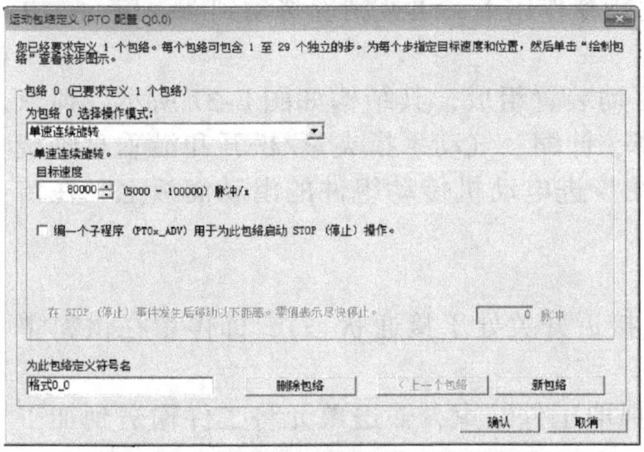

图 8-32　单速连续旋转模式设置界面

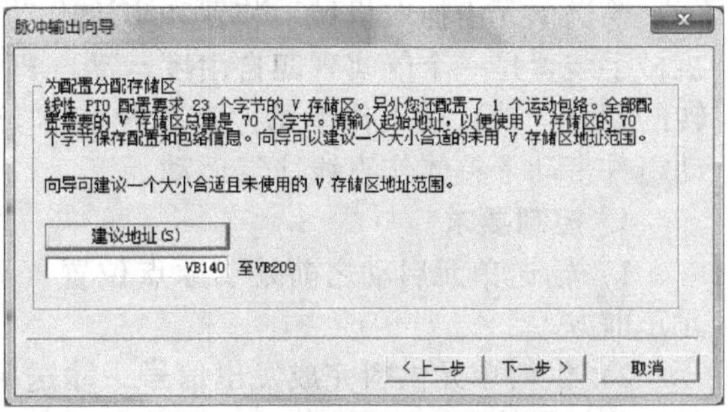

图 8-33　为配置分配存储区

8. 生成项目代码

运动包络组态完成后，向导会为所选的配置生成三个项目组件（子程序），分别是 PTOx_CTRL（控制）子程序、PTOx_RUN（运动包络）子程序和 PTOx_MAN（手动模式）子程序。一个由向导产生的子程序就可以在程序中调用。如图 8-34 与图 8-35 所示。

生成的子程序格式与功能见表 8-9。

例 5 YL-235A 步进自动线实训装置由供料、加工、装配、输送和分拣 5 个单元组成，每一个工作单元都自成一个独立的系统，由一台 PLC 承担其控制任务，各 PLC 之间通过 RS485 串行通信实现互连的分布式控制，各单元安装位置如图 8-36 所示。

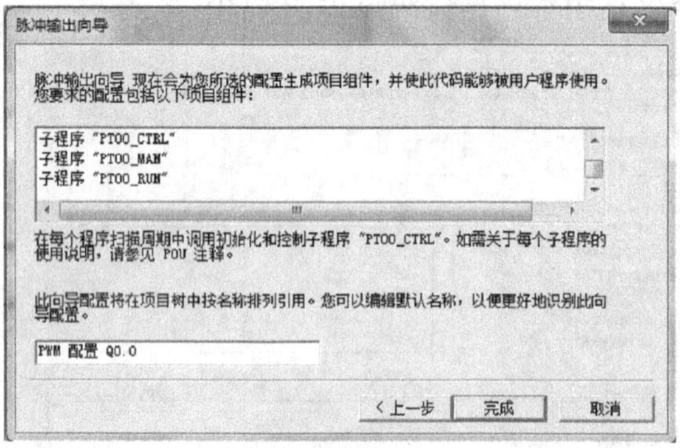

图 8-34 完成配置后生成的三个项目组件

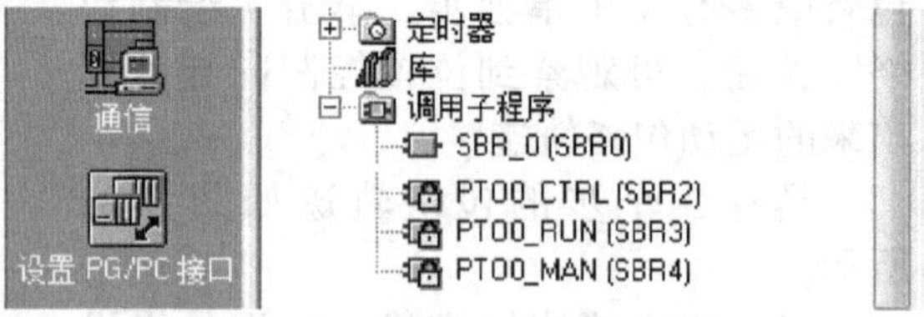

图 8-35 完成配置后生成的子程序

图 8-36 中各单元的基本功能如下：

1）供料单元：按照需要将放置在料仓中待加工的工件自动送到物料台上，以便输送单元的抓取机械手装置将工件抓取送往其他工作单元。

2）加工单元：把该单元物料台上的工件（工件由输送单元的抓取机械手装置送来）送到冲压机构下面，完成一次冲压加工动作，然后再送回到物料台上，待输送单元的抓取机械手装置取出。

3）装配单元：将该单元料仓内的小圆柱工件嵌入到已加工的工件中。

4）分拣单元：将上一单元送来的已加工、装配的工件进行分拣，使不同的工件从不同的料槽分流。

5）输送单元：精确移动到指定单元的物料台，并抓取物料台上的工件，输送到指定地点后放下。具体工作过程基本可描述为：某单元物料台有工件备取，这时该单元会发出工件准备好信号（工作完成信号），在此信号作用下，抓取机械手进行抓取工作，当抓取工作结束后，会发出输送单元移位指令，输送单元在此指令作用下，迅速精确移动到下一单元，并将工件放到该单元物料台上。

输送单元由抓取机械手装置和步进电动机驱动装置组成，其结构如图 8-37 所示。抓取机械手装置是一个能实现四自由度运动（即升降、伸缩、气动手指夹紧/松开和沿垂直轴旋转的四维运动）的工作单元，该装置整体安装在步进电动机传动组件的滑动溜板上，在传动组件带动下整体作直线往复运动。

1. 控制要求

1）输送单元启动之前处于原点位置（原点接近开关处于接通状态），即停留在供料单元正前方。

2）供料单元供料完成发出信号，输送单元抓取工件结束，输送单元将工件输送到加工单元物料台放下。

表 8-9　位控向导配置完成生成的子程序格式与功能

梯形图 LAD	功　　能
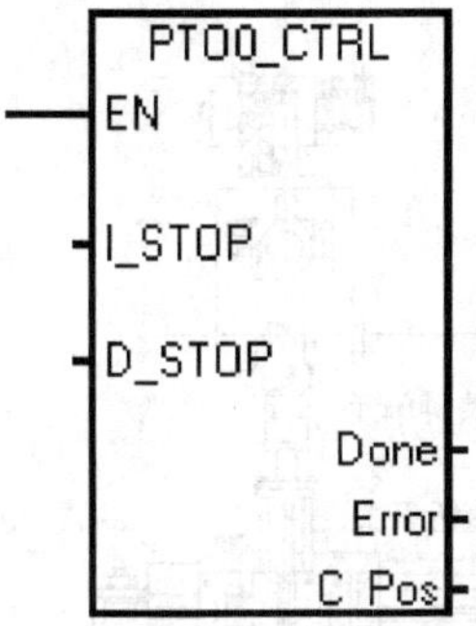	PTOx_CTRL 子程序（控制）启用和初始化与步进电动机或伺服电动机合用的 PTO 输出，在程序中只使用一次，始终使用 SM0.0 作为 EN 的输入 I_STOP（立即停止）输入：布尔输入。当此输入为低时，PTO 功能会正常工作。当此输入变为高时，PTO 立即终止脉冲的发出 D_STOP（减速停止）输入：布尔输入。当此输入为低时，PTO 功能会正常工作。当此输入变为高时，PTO 会产生将电动机减速至停止的脉冲串 Done（完成）输出：布尔输出。当完成位被设置为高时，它表明上一个指令也已执行 当完成位为高时，错误字节会报告无错误或有错误代码的正常完成 如果 PTO 向导的 HSC 计数器功能已启用，C_Pos 参数包含用脉冲数目表示的模块；否则此数值始终为零
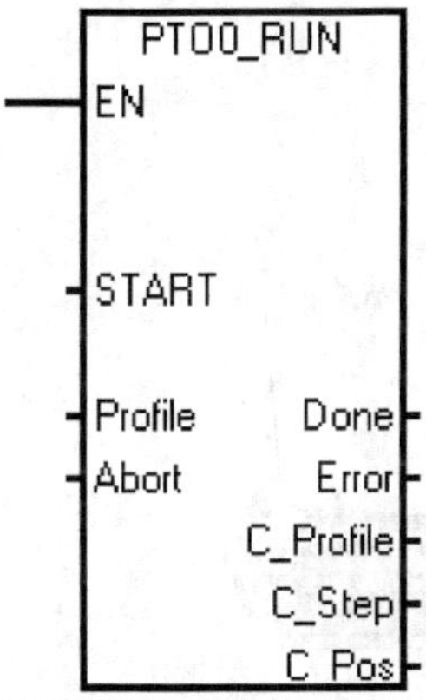	PTOx_RUN 子程序（运行轮廓）命令 PLC 执行存储于配置/轮廓表的特定轮廓中的运动操作 EN：启用此子程序的使能位。在完成位发出子程序执行已经完成的信号前，要确定 EN 位保持开启 START 参数：包络的执行启动信号。对于在 START 参数已开启且 PTO 当前不活动时的每次扫描，此子程序会激活 PTO。为了确保仅发送一个命令，请使用上升沿以脉冲方式开启 START 参数 Profile（包络）参数：包含为此运动包络指定的编号或符号名 Abort（终止）参数命令：开启时位控模块停止当前轮廓并减速至电机停止。 Done（完成）参数：当模块完成本子程序时，此参数 ON Error（错误）参数：包含本子程序的结果。 C_Profile 参数：包含位控模块当前执行的包络 C_Step 参数：包含目前正在执行的包络步骤 如果 PTO 向导的 HSC 计数器功能已启用，C_Pos 参数包含用脉冲数目表示的模块；否则此数值始终为零
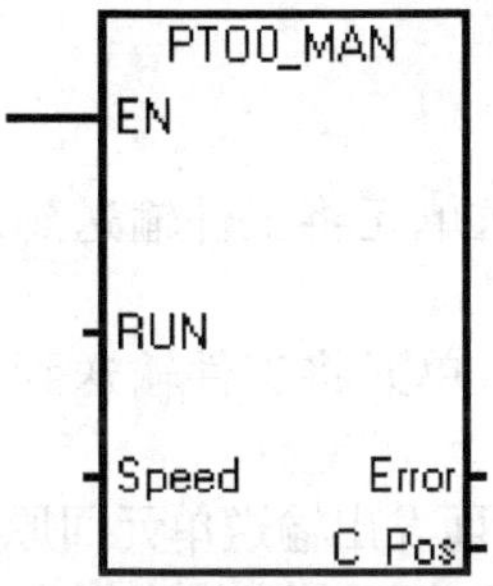	PTOx_MAN 子程序（手动模式）将 PTO 输出置于手动模式，允许电动机启动、停止和按不同的速度运行。当 PTOx_MAN 子程序已启用时，任何其他 PTO 子程序都无法执行 EN：启用此子程序的使能位。在完成位发出子程序执行已经完成的信号前，要确定 EN 位保持开启 RUN（运行/停止）参数：命令 PTO 加速至指定速度（Speed 参数）。用户可以在电机运行中更改 Speed 参数的数值。停用 RUN 参数命令 PTO 减速至电动机停止。当 RUN 已启用时，Speed 参数确定着速度。速度是一个用每秒脉冲数计算的 DINT（双整数）值。可以在电动机运行中更改此参数 Error（错误）参数包含本子程序的结果 如果 PTO 向导的 HSC 计数器功能已启用，C_Pos 参数包含用脉冲数目表示的模块；否则此数值始终为零
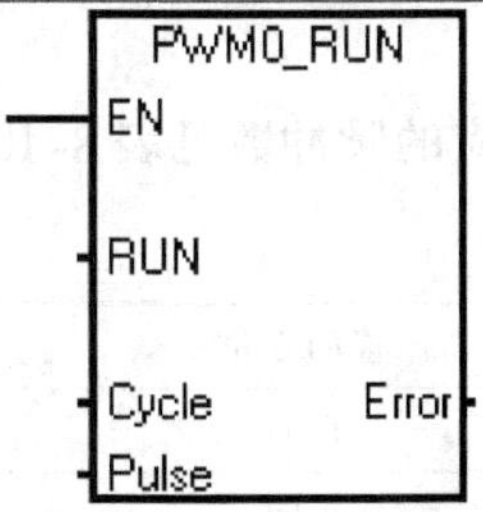	PWMx_RUN 为手动 PWM 模式，用于在程序控制下执行 PMW 输出 EN：启用此子程序的使能位。在完成位发出子程序执行已经完成的信号前，要确定 EN 位保持开启 Cycle（循环）参数：定义周期时间。有效范围为 2～65535，单位是在位置控制向导中指定的时间基准（微秒或毫秒） Pulse（脉冲）参数：定义脉冲宽度。其有效范围为 2～65535，单位是相同的时间基准
	PTOx_ADV 为停止当前单速连续旋转模式指令

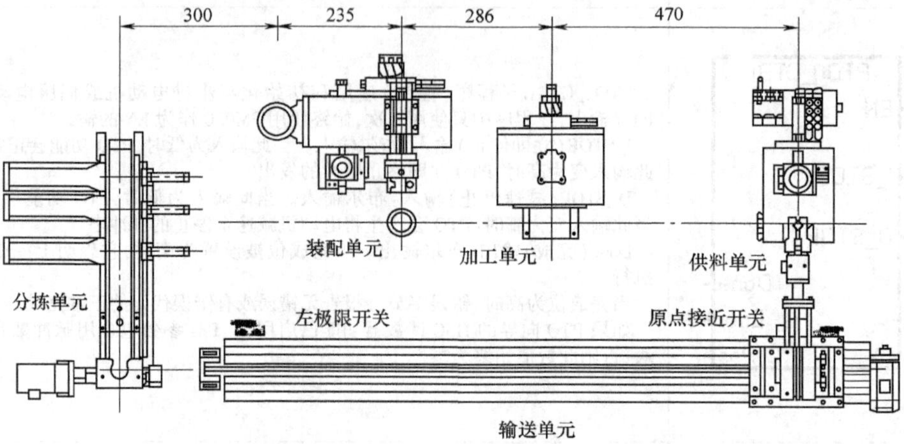

图 8-36 YL-235A 步进自动线实训装置

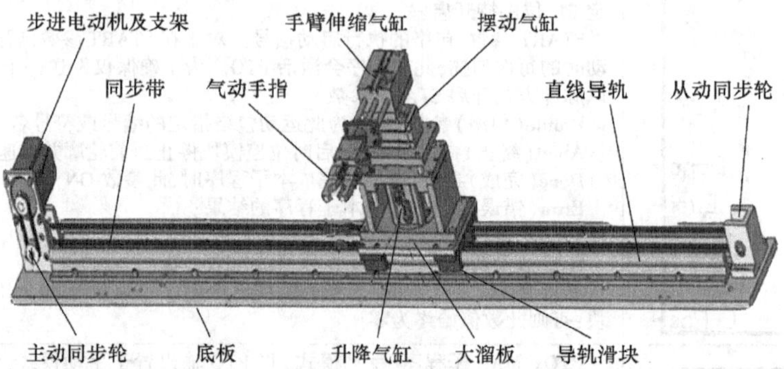

图 8-37 输送单元示意图

3）加工单元加工完成发出信号，输送单元抓取工件结束，输送单元将工件输送到装配单元物料台放下。

4）装配单元装配完成发出信号，输送单元抓取工件结束，输送单元将工件输送到分拣单元物料台放下。

5）分拣单元物料台检测到工件后，一方面启动分拣工作，另一方面发出输送单元回原点信号，在此信号作用下，输送单元高速返回至接近原点位置时，改为低速，直至回到原点停止。

6）如遇紧急情况，按下急停按钮，可立即停止系统运行。

生产线各单元安装的尺寸以及驱动步进电动机行走该距离所对应的脉冲数见表 8-10，

表 8-10 步进电动机运动包络

运动包络	单元间移动距离	脉冲量	移动方向
0	供料单元-加工单元 470mm	85600	正向
1	加工单元-装配单元 286mm	52000	正向
2	装配单元-分拣单元 235mm	42700	正向
3	分拣单元-高速单元 925mm	168000	反向
4	低速回零 66mm	单速返回	反向

试采用位控向导进行各段包络配置，并编程实现输送单元步进电动机的控制。

2. 输送单元 PLC 的 I/O 分配

输送单元 PLC I/O 分配见表 8-11。

表 8-11　I/O 端子分配表

输　入		输　出	
元件名称	端子号	元件名称	端子号
原点接近开关	I0.0	脉冲输出	Q0.0
急停按钮	I2.6	方向控制	Q0.1
供料完成信号	V1020.1		
加工完成信号	V1030.1		
装配完成信号	V1040.1		
分拣单元物料检测信号	V1050.1		
机械手抓取完成信号	V130.0	PTO 配置存储区分配地址	
手动模式启动按钮	I2.5	VB1130~VB1355	

3. 位控向导编程

分析控制要求可知，输送单元步进电动机的运行共需设置 5 个运动包络，各运动包络均为单步，即在各包络中只需设置 1 步即步 0 的输出速度和脉冲数量即可。输送单元低速回零可选择单速连续旋转，当回到原点时，由原点接近开关的得电触发 PTOx_CTRL 指令中的立即停止位来停止脉冲输出。

包络配置完毕后，需为包络编写控制程序，在调用 PTOx_RUN 指令时，需要在接收到各单元完成信号时，同时将对应的包络号（0、1、2、3、4）通过传送指令传送给 Profile 输入端（VB502），这样 Q0.0 将输出该包络号中所设置的脉冲数，来驱动输送单元到达目的单元。注意输送单元高速回零和低速回零时需要强制 Q0.1 得电，使步进电动机由正转改为反转。

具体配置步骤如下：

1）单击指令树中的“向导”文件夹并随后打开 PTO/PWM 向导。

2）指定 Q0.0 为脉冲发生器。

3）选择 PTO 脉冲输出模式。

4）设定电动机速度。电机起动/停止速度设定为“600”，最大速度设置为 90000。

5）设定电动机加速与减速时间。加速时间设置为 1500ms，减速时间设置为 200ms。

6）配置 5 个运动包络。根据表 8-10 运动包络中的脉冲数，配置各个包络。对 0~2 号包络设定目标速度为 60000 脉冲/s，对 3 号包络设定目标速度为 57000 脉冲/s，对 4 号包络设定目标速度为 20000 脉冲/s。

7）为运动包络配置 V 存储区，其地址为 VB1130~VB1355。

8）编写程序，如图 8-38 所示，实际运行时需要附加 VB502 的赋值传送指令以及 Q0.1 的置位和复位指令。

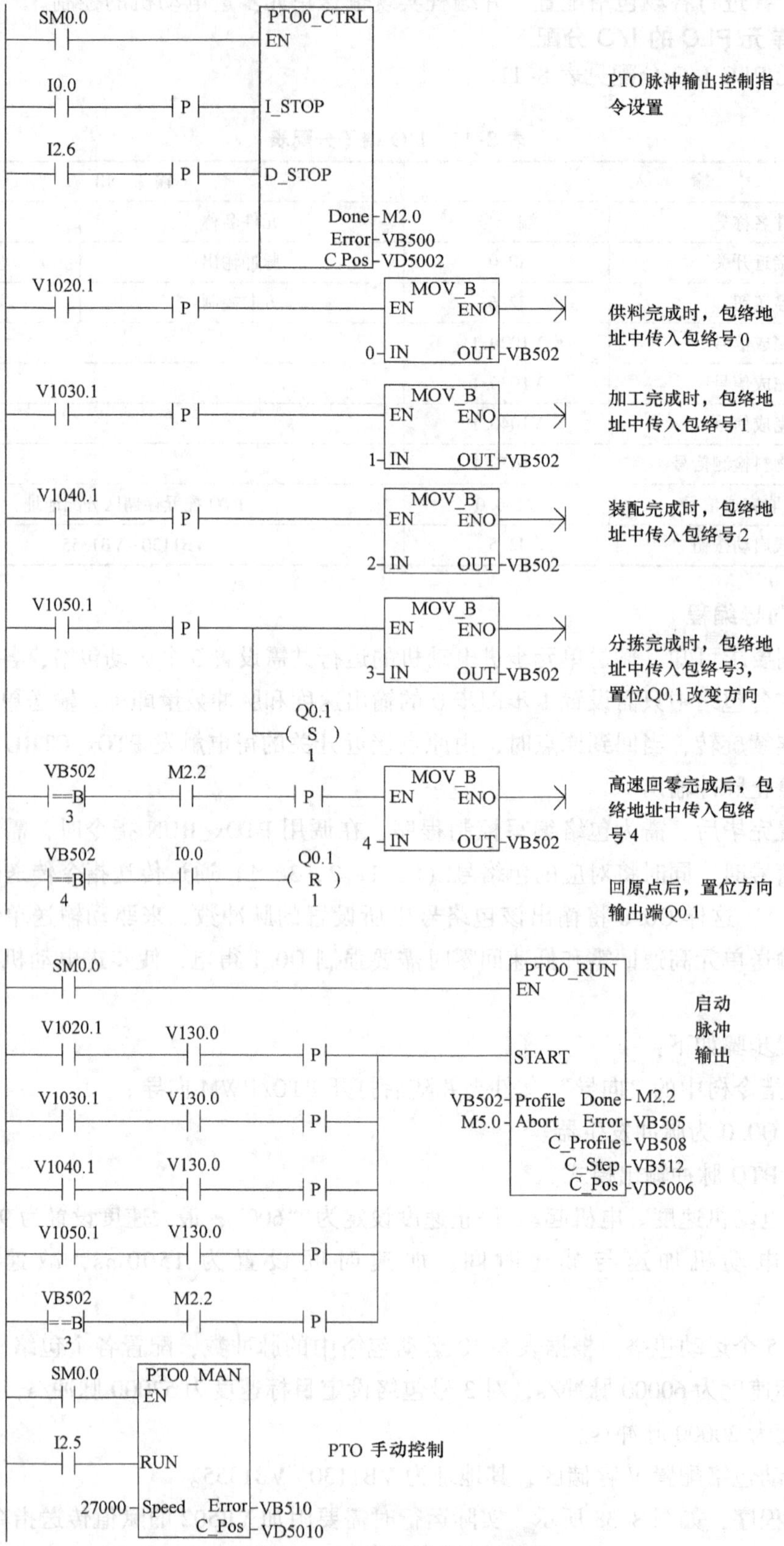

图 8-38 步进电动机控制程序

8.3 MAP 指令库指令及应用

8.3.1 MAP 指令库基本描述

S7-200 PLC 提供了 MAP SERVQ0.0 和 MAP SERV Q0.1 两个定位控制指令库，它们分别用于 Q0.0 和 Q0.1 的脉冲串输出，其功能完全相同。

1. MAP 指令库的安装

由于 MAP 指令库不包含在 STEP7-Micro/WIN 编程软件基本库指令中，所以使用前需到西门子官方网站下载 ZIP 文件“MAP SERV. zip”后进行后续安装。安装时，打开 STEP7-Micro/WIN 软件，单击“库”，添加下载的库文件即可，安装完毕后指令库所在位置如图 8-39所示。使用该库时，必须为该库分配 68Byte（每个库）的全局变量，单击“文件-库存储区”即可对 Q0.0 和 Q0.1 的 MAP 库文件作存储区分配，如图 8-40 所示。

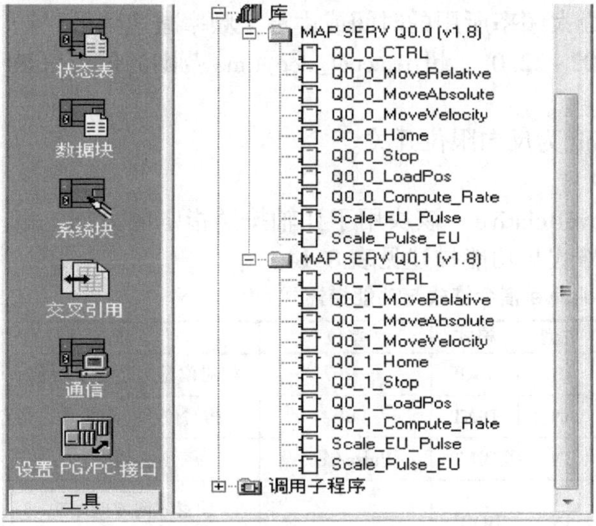

图 8-39　安装后指令库位置

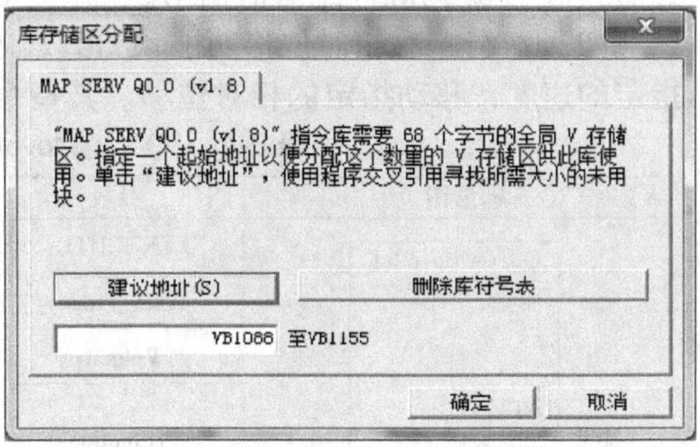

图 8-40　为 MAP 库文件作存储区分配

2. MAP 指令库各功能块功能

MAP SERV Q0. x 指令库包括 9 个功能块，各功能块符号及名称见表 8-12。

表 8-12　MAP SERV Q0. x 指令库功能块及其功能

序号	功能块	名称	序号	功能块	名称
1	Q0_x_CTRL	参数定义和控制	6	Q0_x_Stop	停止运行
2	Q0_x_MoveRelative	执行一次相对位移	7	Q0_x_LoadPos	重新装载当前位置
3	Q0_x_MoveAbsolute	执行一次绝对位移	8	Scale_EU_Pulse	距离脉冲转换
4	Q0_x_MoveVelocity	按预设速度运行	9	Scale_Pulse_EU	脉冲距离转换
5	Q0_x_Home	寻找参考点位置			

（1）参数定义和控制功能块 Q0_x_CTRL　该块用于传递全局参数，每个扫描周期都需要被调用。其指令格式与功能描述见表 8-13。

说明：

1）Velocity_SS 是最小脉冲频率，即电动机起动/停止速度，与高速脉冲输出向导设置过程中指定电动机转速的 SS_SPEED 参数设置相同。

2）Velocity_Max 是最大脉冲频率，受限于电动机最大频率和 PLC 的最大输出频率，与高速脉冲输出向导设置过程中指定电机转速的 Max_SPEED 参数设置相同。在程序中如果输入超出（Velocity_SS，Velocity_Max）范围的脉冲频率，将会被 Velocity_SS 或 Velocity_Max 所取代。

表 8-13 Q0_x_CTRL 指令格式与功能描述

梯形图	参数	类型	格式	单位	意义
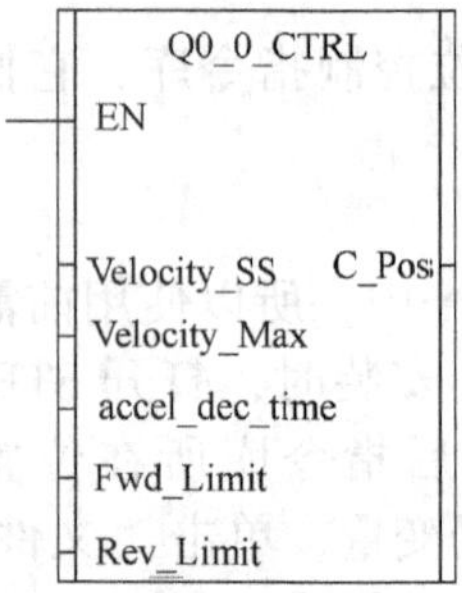	Velocity_SS	IN	DINT	Pulse/sec.	启动/停止频率
	Velocity_Max	IN	DINT	Pulse/sec.	最大频率
	accel_dec_time	IN	REAL	sec.	最大加减速时间
	Fwd_Limit	IN	BOOL		正向限位开关
	Rev_Limit	IN	BOOL		反向限位开关
	C_Pos	OUT	DINT	Pulse	当前绝对位置

3）accel_dec_time 是由最小频率加速到最大频率所用的时间或由最大频率减速到最小频率所用的时间，两者相等，范围被规定为 0.02~32.0s。超出 accel_dec_time 范围的值可以被写入块中，但会导致定位过程中出错。

4）Fwd_Limit 为正向限位开关，Rev_Limit 为反向限位开关。

5）C_Pos 为脉冲绝对值输出。

（2）执行一次相对位移功能块 Q0_x_MoveRelative 该块用于让轴按照指定的方向，以指定的速度，移动指定的相对位移。其指令格式与功能描述见表 8-14。

表 8-14 Q0_x_MoveRelative 指令格式与功能描述

梯形图	参数	类型	格式	单位	意义
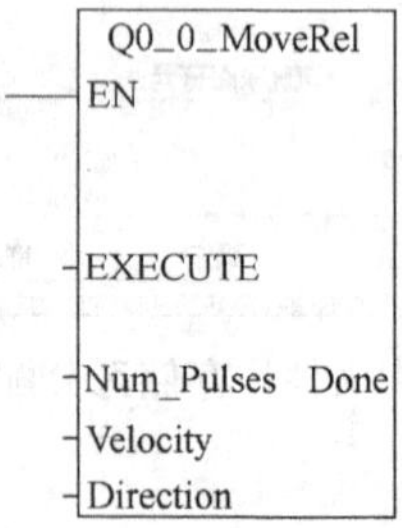	EXECUTE	IN	BOOL		相对位置运动的执行位
	Num_Pulses	IN	DINT	Pulse	相对位移(必须>1)
	Velocity	IN	DINT	Pulse/sec.	预置频率
	Direction	IN	BOOL		预置方向 0=反向 1=正向
	Done	OUT	BOOL		完成位(1=完成)

（3）执行一次绝对位移功能块 Q0_x_MoveAbsolute 该块用于让轴以指定的速度，运动到指定的绝对位移位置。其指令格式与功能描述见表 8-15。

表 8-15 Q0_x_MoveAbsolute 指令格式与功能描述

梯形图	参数	类型	格式	单位	意义
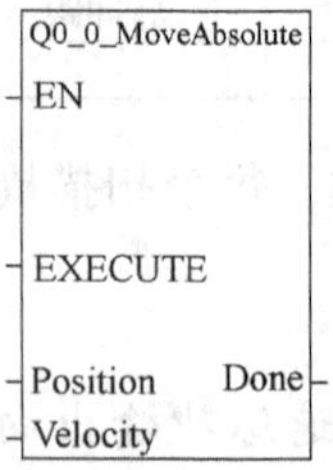	EXECUTE	IN	BOOL		绝对位移运动的执行位
	Position	IN	DINT	Pulse	绝对位移
	Velocity	IN	DINT	Pulse/sec.	预置频率
	Done	OUT	BOOL		完成位(1=完成)

（4）按预设速度运行功能块 Q0_x_MoveVelocity　该块用于让轴按照指定的方向和频率运动，在运动过程中可对频率进行更改。其指令格式与功能描述见表 8-16。

表 8-16　Q0_x_MoveVelocity 指令格式与功能描述

梯形图	参数	类型	格式	单位	意义
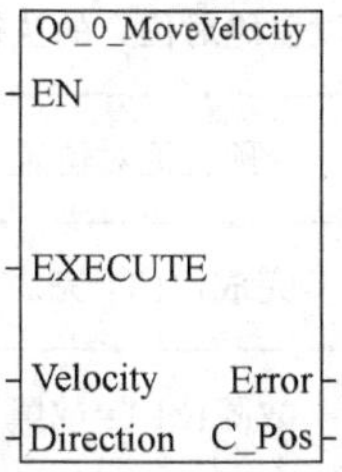	EXECUTE	IN	BOOL		执行位
	Velocity	IN	DINT	Pulse/sec	预置频率
	Direction	IN	BOOL		预置方向 0=反向 1=正向
	Error	OUT	BYTE		故障标识 0=无故障 1=立即停止　3=执行错误
	C_Pos	OUT	DINT	Pulse	当前绝对位置

说明：Q0_x_MoveVelocity 功能块只能通过 Q0_x_Stop 功能块来停止轴的运动。

（5）寻找参考点位置功能块 Q0_x_Home　该块用于寻找参考点。其指令格式与功能描述见表 8-17。

表 8-17　Q0_x_Home 指令格式与功能描述

梯形图	参数	类型	格式	单位	意义
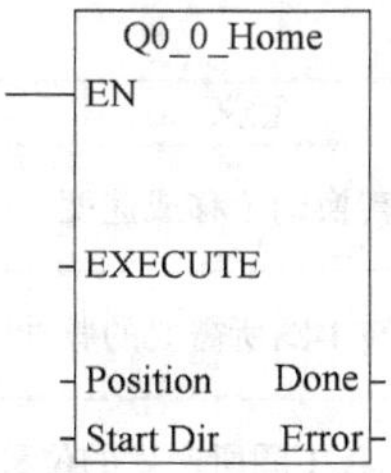	EXECUTE	IN	BOOL		寻找参考点的执行位
	Position	IN	DINT	Pulse	参考点的绝对位移
	Start_Dir	IN	BOOL		寻找参考点的起始方向 0=反向　1=正向
	Done	OUT	BOOL		完成位(1=完成)
	Error	OUT	BOOL		故障位(1=故障)

说明：该块用于寻找参考点，在寻找过程的起始，电动机首先以 Start_Dir 的方向，Homing_Fast_Spd 的速度开始寻找；在碰到 limit swich（Fwd_Limit 或 Rev_Limit）后，减速至停止，然后开始相反方向的寻找；当碰到参考点开关（I0.0 或 I0.1）的上升沿时，开始减速到“Homing_Slow_Spd”。如果此时的方向与“Final_Dir”相同，则在碰到参考点开关下降沿时停止运动，并且将计数器 HC0 的计数值设为“Position”中所定义的值。

（6）寻找参考点位置功能块 Q0_x_Stop　该块用于使轴减速直至停止。其指令格式与功能描述见表 8-18。

表 8-18　Q0_x_Stop 指令格式与功能描述

梯形图	参数	类型	格式	单位	意义
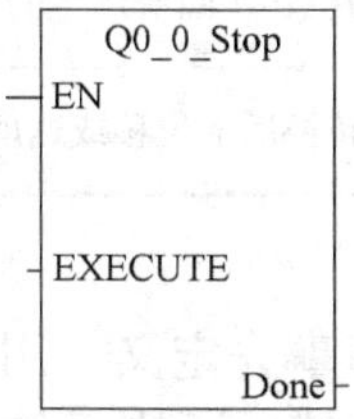	EXECUTE	IN	BOOL		执行位
	Done	OUT	BOOL		完成位(1=完成)

（7）重新装载当前位置功能块 Q0_x_LoadPos　该块用于将当前位置的绝对位置设置为预置值。其指令格式与功能描述见表 8-19。

表 8-19　Q0_x_LoadPos 指令格式与功能描述

梯形图	参数	类型	格式	单位	意义
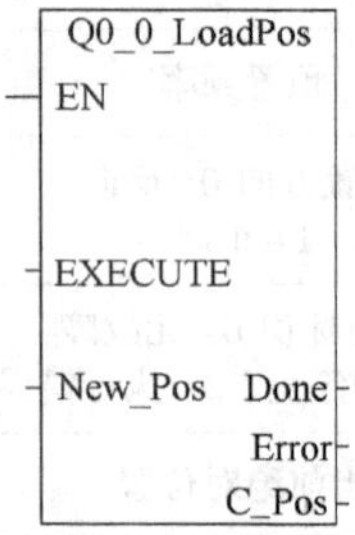	EXECUTE	IN	BOOL		设置绝对位置的执行位
	New_Pos	IN	DINT	Pulse	预置绝对位置
	Done	OUT	BOOL		完成位（1=完成）
	Error	OUT	BYTE		故障位（1=故障）
	C_Pos	OUT	DINT	Pulse	当前绝对位置

说明：使用该块将使得原参考点失效。

（8）距离脉冲转换功能块 Scale_EU_Pulse　该块用于将 1 个位置量转化为 1 个脉冲量，可用于将 1 段位移转化为脉冲数，或将 1 个速度转化为脉冲频率。其指令格式与功能描述见表 8-20。

表 8-20　Scale_EU_Pulse 指令格式与功能描述

梯形图	参数	类型	格式	单位	意义
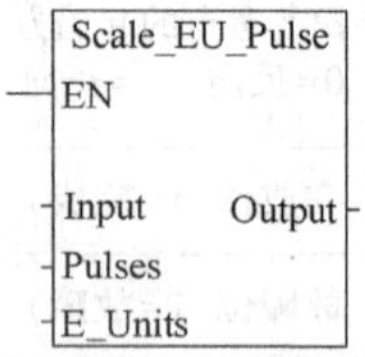	Input	IN	REAL	mm 或 mm/s	欲转换的位移或速度
	Pulses	IN	DINT	Pulse/revol.	电动机转 1 圈所需要的脉冲数
	E_Units	IN	REAL	mm/revol.	电动机转 1 圈所产生的位移
	Output	OUT	BYTE	Pulse 或 Pulse/s	转换后的脉冲数或脉冲频率

（9）脉冲距离转换功能块 Scale_Pulse_EU　该块用于将 1 个脉冲量转化为一个位置量，可用于将 1 段脉冲数转化为位移，或将 1 个脉冲频率转化为速度。其指令格式与功能描述见表 8-21。

表 8-21　Scale_Pulse_EU 指令格式与功能描述

梯形图	参数	类型	格式	单位	意义
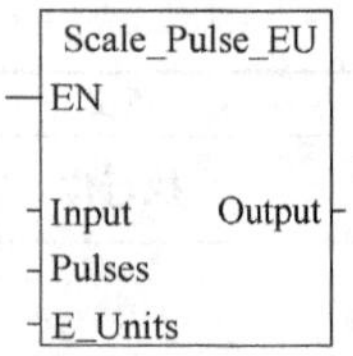	Input	IN	REAL	Pulse 或 Pulse/s	欲转换的脉冲数或脉冲频率
	Pulses	IN	DINT	Pulse/revol.	电动机转 1 圈所需要的脉冲数
	E_Units	IN	REAL	mm/revol.	电动机转 1 圈所产生的位移
	Output	OUT	DINT	mm 或 mm/s	转换后的位移或速度

3. MAP 指令库使用注意事项

（1）MAP 指令库的输入输出点　MAP 指令库的输入输出点由指令库事先定义，用户无法变更。因此，使用 MAP 指令库时，必须按照预先定义的输入输出点接线，否则系统不会按要求运行。各输入输出点定义见表 8-22。

表 8-22　预先定义的输入输出点

名称	MAP SERVQ0.0	MAP SERV Q0.1
脉冲输出	Q0.0	Q0.1
方向输出	Q0.2	Q0.3
参考点输入	I0.0	I0.1
所用高速计数器	HC0	HC3
高速计数器预置值	SMD42	SMD142
手动速度	SMD172	SMD182

（2）限位开关意义　为了很好地应用 MAP 指令库进行移位控制，需要在运动轨迹上添加 3 个限位开关，它们是参考点接近开关（home）、正向限位开关（Fwd_Limit）和反向限位开关（Rev_Limit），如图 8-41 所示。

参考点接近开关（Home），用于定义绝对位置（C_Pos）的零点。系统运行以绝对位置（C_Pos）为参考点，通过加减计数实现定位控制，其计数范围为（-2147483648～+2147483647）。如果限位开关被运动设备触碰，则该运动设备会减速停止，因此，限位开关的安装位置应当留出足够的裕量 ΔS_{min}，以避免运动设备滑出轨道尽头。

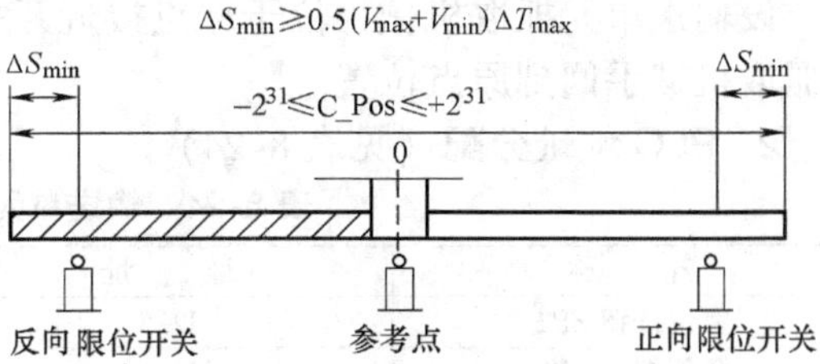

图 8-41　限位开关位置

（3）用户程序需避开 MAP 指令库已使用的部分变量地址　为了保证程序的正常运行，对 MAP 指令库已使用过的变量存储器地址，编程时必须避开，不得重复使用。库使用时用到的一些重要变量见表 8-23。

表 8-23　库使用时用到的变量（相对地址表示）

符号名	相对地址	注　释
Disable_Auto_Stop	+V0.0	默认值=0 意味着当运动物件已经到达预设地点时，即使尚未减速到 Velocity_SS，依然停止运动。=1 时则减速至 Velocity_SS 时才停止
Dir_Active_Low	+V0.1	方向定义，默认值 0 方向输出为 1 时表示正向
Final_Dir	+V0.2	寻找参考点过程中的最后方向
Tune_Factor	+VD1	调整因子（默认值=0）
Ramp_Time	+VD5	Ramp_Time=accel_dec_time（加减速时间）
Max_Speed_DI	+VD9	最大输出频率=Velocity_Max
SS_Speed_DI	+VD13	最小输出频率=Velocity_SS
Homing_State	+VD18	寻找参考点过程的状态
Homing_Slow_Spd	+VD19	寻找参考点时的低速（默认值=Velocity_SS）
Homing_Fast_Spd	+VD23	寻找参考点时的高速（默认值= Velocity_Max/2）
Fwd_Limit	+V27.1	正向限位开关
Rev_Limit	+V27.2	反向限位开关
Homing_Active	+V27.3	寻找参考点激活
C_Dir	+V27.4	当前方向
Homing_Limit_Chk	+V27.5	限位开关标志
Dec_Stop_Flag	+V27.6	开始减速
PTO0_LDPOS_Error	+VB28	使用时 Q0_x_LoadPos 的故障信息（16#00 无故障；16#FF 故障）
Taeget_Location	+VD29	目标位置

（续）

符号名	相对地址	注 释
Deceleration_factor	+VD33	减速因子=(Velocity_SS-Velocity_Max)/accel_dec_time
SS_Speed_real	+VD37	最小速度=Velocity_SS
Est_Stopping_Dist	+VD41	计算出来的减速距离

8.3.2 MAP指令库应用举例

例6 输送单元抓取机械手回参考点控制

图8-37所示自动生产线实训装置的输送单元传动组件，现改由伺服电动机及伺服放大器驱动，原点接近开关和左、右极限开关安装在直线导轨底板上。

1. 控制要求

设输送单元抓取机械手位于原点接近开关左侧位置，按下复位按钮SB1，执行复位操作使抓取机械手回到原点位置。

2. PLC地址分配（见表8-24）

表8-24 输送单元回原位PLC地址分配

名 称	地 址	名 称	地 址
复位按钮SB1	I2.5	原点接近开关	I0.0
急停按钮SB2	I2.6	左极限开关	I0.2
库存储区	VB0-VB67	右极限开关	I0.1

3. 用MAP指令库编写回原点程序

输送单元抓取机械手回原点，可直接使用MAP指令库中寻找参考点指令Q0_x_Home，但在主程序中需同时设置Q0_x_CTRL控制指令用于传递全局参数。由于回原点速度不能设置太快，根据库存储区分配可知VD23为回原点速度地址，利用传送指令将回原点速度传入该地址即可。寻找完参考点后要利用Q0_x_LoadPos指令将当前位置装载为零点。

编写的主程序与子程序如图8-42和图8-43所示。

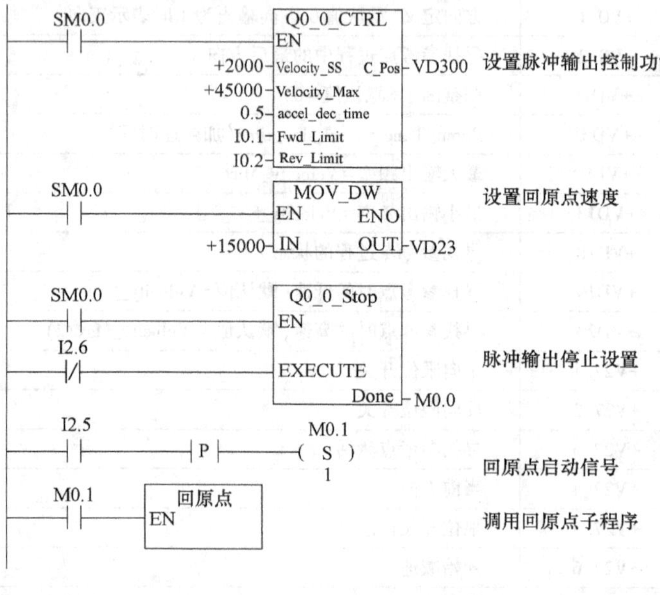

图8-42 输送单元回原点控制主程序

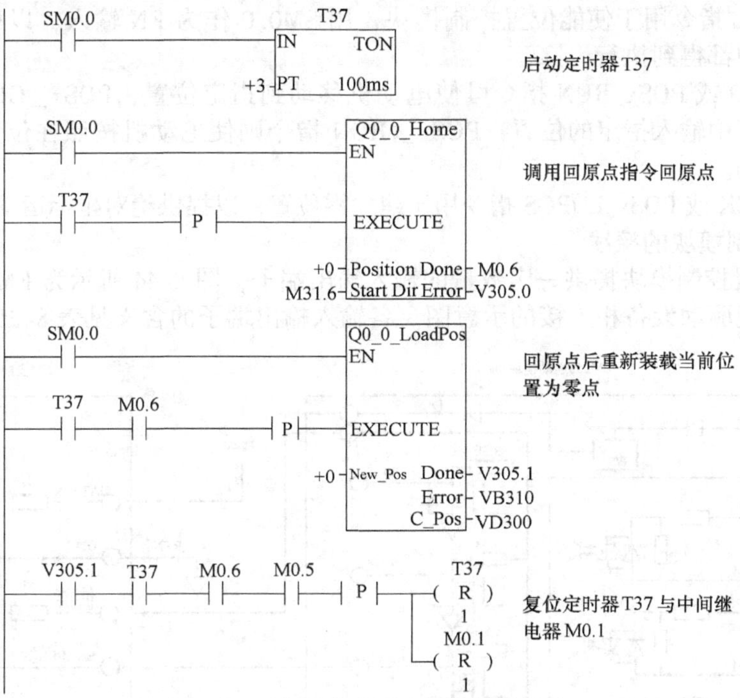

图 8-43 输送单元回原点控制子程序

8.4 位置控制模块 EM253 简介

EM253 位置控制模块是为 S7-200 系列 PLC 配置的特殊功能模块，它能够产生系列脉冲串用于步进电动机和伺服电动机速度和位置的开环控制。

1. 位置控制模块 EM253 的功能

1）位置控制模块 EM253 每秒钟产生的脉冲可在 20~200 000个范围内变化，因此可方便地实现对步进电动机的速度控制。

2）通过组态和编程设置，可容易地实现 S 曲线或线性加速、减速控制以及啮合间隙补偿功能。

3）可以使用工程单位（如 in 或 cm），也可以使用脉冲数来设置系统参数。

4）能够支持绝对、相对和手动的位置控制方式。

5）能够提供 25 个包络，每个最多 4 种速度，实现各种连续操作。

6）能够提供 4 种不同的参考点寻找模式，每种模式都可以对起始的寻找方向和最终的接近方向进行选择。

S7-200 在输出的过程映像区中（Q 区）保留 8 位作为位置控制模块的接口。S7-200 系列 PLC 的应用程序将使用这些位来控制位置控制模块的操作。这 8 个输出位与位置控制模块上的物理输出没有关系。

2. 位置控制模块向导编程指令

STEP 7-Micro/WIN 为位置控制模块的组态和编程提供了位置控制向导，可以生成组态/包络表和位置控制指令。STEP 7-Micro/WIN 提供的 EM253 控制面板，用来测试位置控制模块的输入/输出接线、组态以及运动包络的执行。

STEP 7-Micro/WIN 软件中的位控向导可指导用户利用位控指令自动生成位置控制程序。向导中涉及到的位控指令主要有 POSx_CTRL，POSx_GOTO，POSx_RUN，POSx_RSEEK，POSx_LDPOS。

POSx_CTRL 指令用于使能位置控制模块，用 SM0.0 作为 EN 输入，以确保这条指令在每个循环周期中都得到执行。

POSx_GOTO 或 POSx_RUN 指令可使电动机移动到指定位置，POSx_ GOTO 指令使电动机运动到在程序中输入指定的位置；POSx_ RUN 指令则使电动机按照在位置控制向导中所组态的路线运动。

POSx_RSEEK 或 POSx_LDPOS 指令用于建立零位置，以提供绝对坐标运动时的基准。

3. 位置控制模块的接线

EM253 位置控制模块提供一定数量的输入输出端子，图 8-44 所示为 EM253 位置控制模块与步进电动机驱动设备相连接的示意图。各输入输出端子的含义见表 8-25。

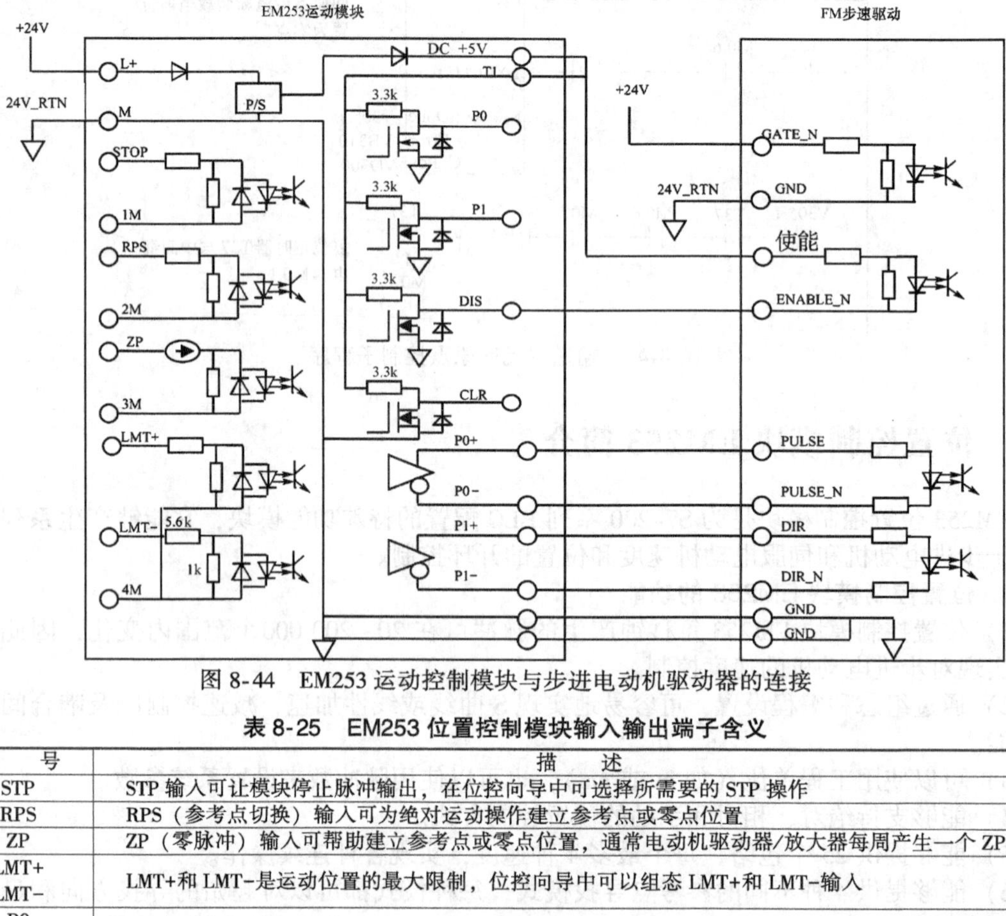

图 8-44 EM253 运动控制模块与步进电动机驱动器的连接

表 8-25 EM253 位置控制模块输入输出端子含义

信号	描述
STP	STP 输入可让模块停止脉冲输出，在位控向导中可选择所需要的 STP 操作
RPS	RPS（参考点切换）输入可为绝对运动操作建立参考点或零点位置
ZP	ZP（零脉冲）输入可帮助建立参考点或零点位置，通常电动机驱动器/放大器每周产生一个 ZP 脉冲
LMT+ LMT-	LMT+和 LMT-是运动位置的最大限制，位控向导中可以组态 LMT+和 LMT-输入
P0 P1 P0+，P0- P1+，P1-	P0 和 P1 是漏型晶体管输出，用以控制电动机的运动和方向，P0+、P0-以及 P1+、P1-是差分脉冲输出，与 P0 和 P1 的功能一样，但所提供的信号更好。漏型输出和差分输出同时有效，可以根据电动机驱动器/放大器的接口要求来选择使用哪种输出
DIS	DIS 是一个漏型输出，用来禁止或使能电动机驱动器/放大器
CLR	CLR 是一个漏型输出，用来清除伺服脉冲计数器

8.5 高速处理指令上机实践

实践 1 高速计数器测量电动机转速

电动机输出轴与齿轮刚性连接，齿轮的齿数为 12。电动机旋转时通过齿轮传感器测量转过的齿轮齿数，进而可以计算出电动机的转速（r/min）。齿轮传感器与 PLC 的接线图如图 8-45 所示。

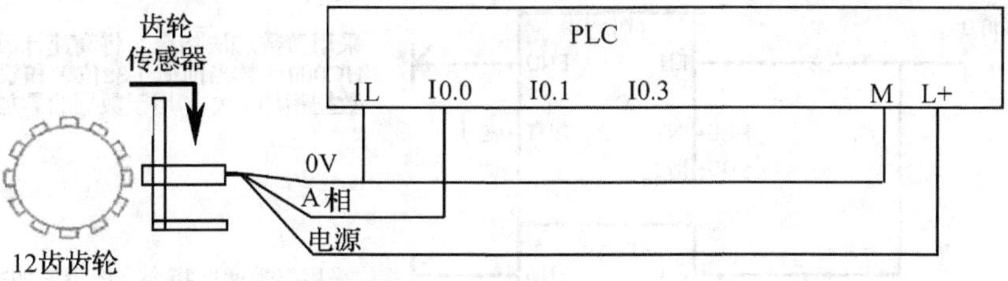

图 8-45　齿轮传感器与 PLC 接线图

采用高速计数器测量电动机转速的主程序如图 8-46 所示，高速计数器初始化子程序如图 8-47 所示，转速计算中断子程序如图 8-48 所示。

图 8-46　高速计数器电动机测速主程序

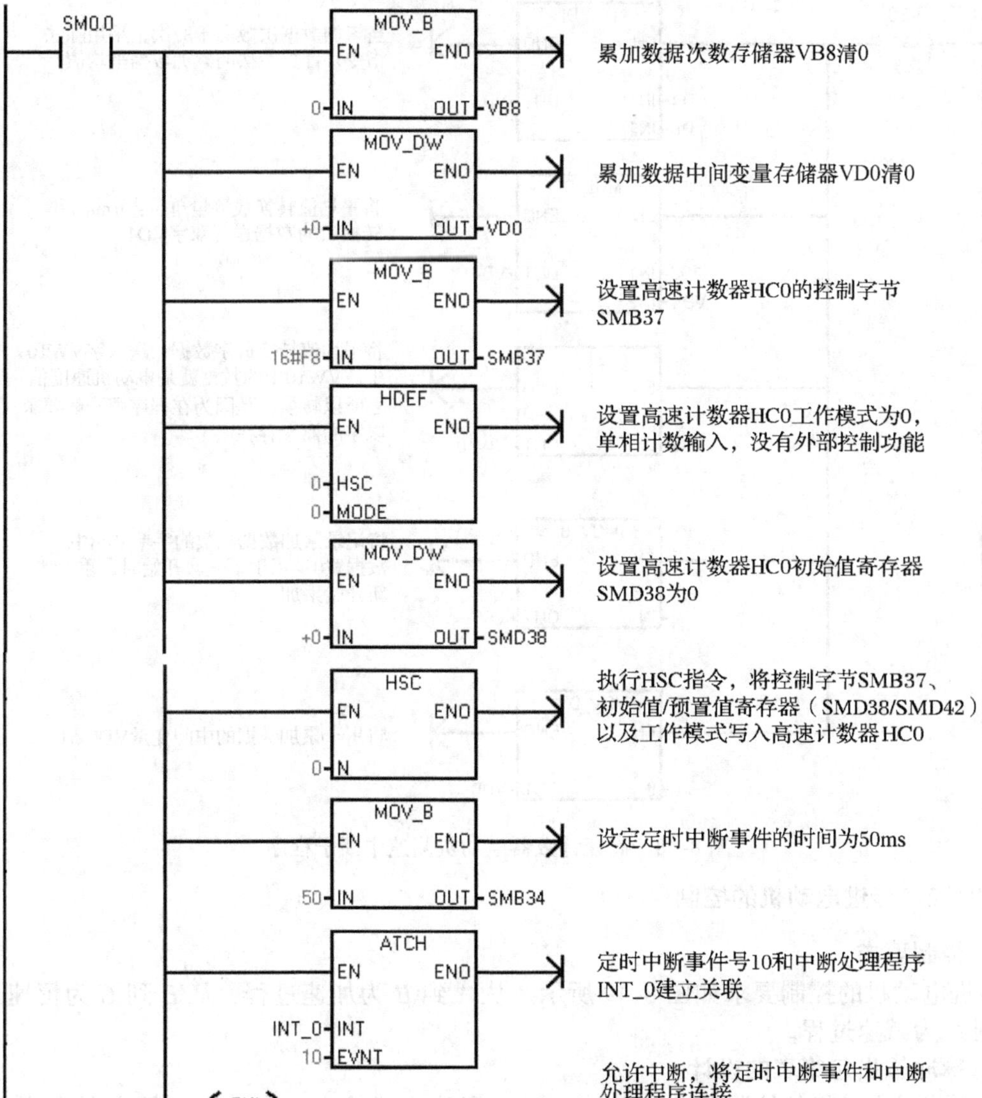

图 8-47　高速计数器电动机测速初始化子程序

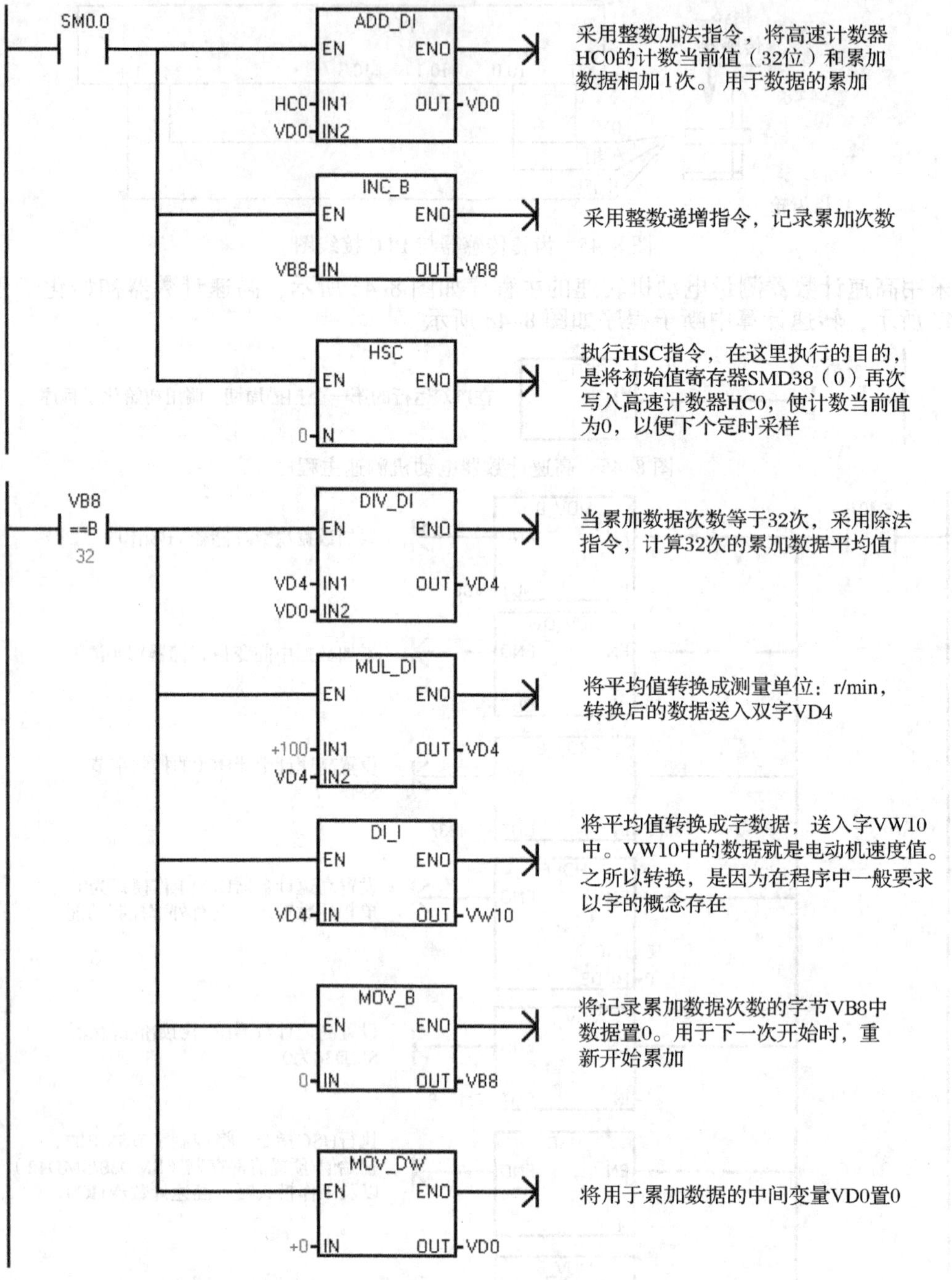

图 8-48 高速计数器电动机测速中断子程序

实践 2 步进电动机的控制

1. 控制要求

步进电动机的控制要求如图 8-49 所示。从 A 到 B 为加速过程，从 B 到 C 为恒速运行，从 C 到 D 为减速过程。

2. 脉冲输出包络表的设计

根据步进电动机的控制要求确定 PTO 为 3 段流水线输出。为实现 3 段流水线输出，需建立 3 段脉冲的包络表。设起始和终止脉冲频率为 2kHz，最大脉冲频率为 10kHz，则最小

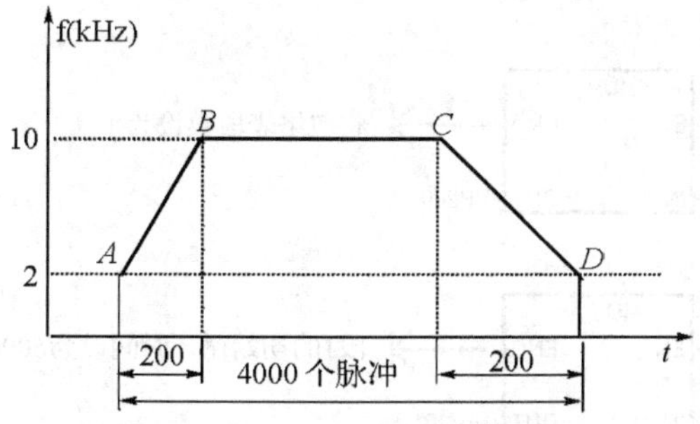

图 8-49　步进电动机的控制要求

频率起始和终止周期为 500μs、最大频率周期为 100μs。由此各段对应的脉冲数为：加速运行的第 1 段需 200 个脉冲时达到最大脉冲频率；恒速运行的第 2 段需（4000-200-200）= 3600 个脉冲；减速运行的第 3 段需 200 个脉冲完成。

根据周期增量值的计算公式［周期增量值 Δ =（该段结束时的周期时间-该段初始的周期时间）/该段的脉冲数］，可计算出 1 段的周期增量值 Δ 为-2μs，2 段的周期增量值 Δ 为 0，3 段的周期增量值 Δ 为 2μs。假设包络表位于从 VB200 开始的 V 存储区中，包络表见表 8-26。

表 8-26　包络表

V 变量存储器地址	段号	参数值	说　明
VB200		3	段数
VB201	段 1	500μs	初始周期
VB203		-2μs	每个脉冲的周期增量 Δ
VB205		200	脉冲数
VB209	段 2	100μs	初始周期
VB211		0	每个脉冲的周期增量 Δ
VB213		3600	脉冲数
VB217	段 3	100μs	初始周期
VB219		2μs	每个脉冲的周期增量 Δ
VB221		200	脉冲数

3. 程序设计

在主程序中通过初始化脉冲 SM0.1 调用子程序来设置 PTO，其梯形图如图 8-50 所示。

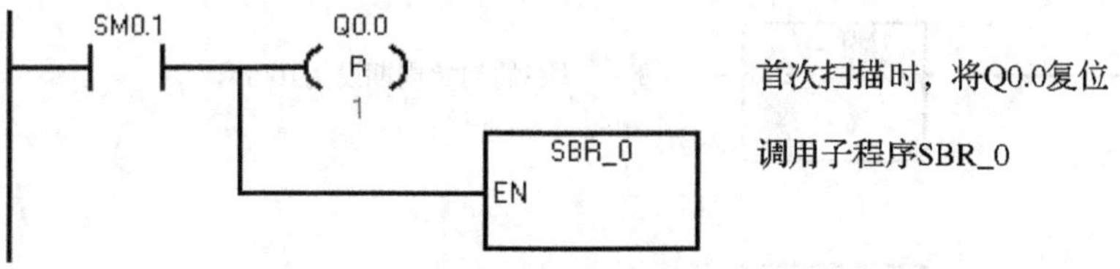

图 8-50　步进电动机控制主程序

在初始化子程序中，设置 PTO 控制字节 SMB67 为 16#A0（允许 PTO 功能、选择 PTO 操作、选择多段操作以及选择时基为微秒，不允许更新周期和脉冲数）；建立 3 段包络表，并将包络表的首地址装入 SMW168；设置中断连接，使 PTO 完成中断事件 19 与中断子程序 0 连接，全局开中断；执行 PLS 指令，启动 PTO 脉冲输出。对应的梯形图如图8-51、图 8-52 所示。

在中断子程序 0 中，通过 Q1.0 发出脉冲输出结束信号。对应的梯形图如图 8-53 所示。

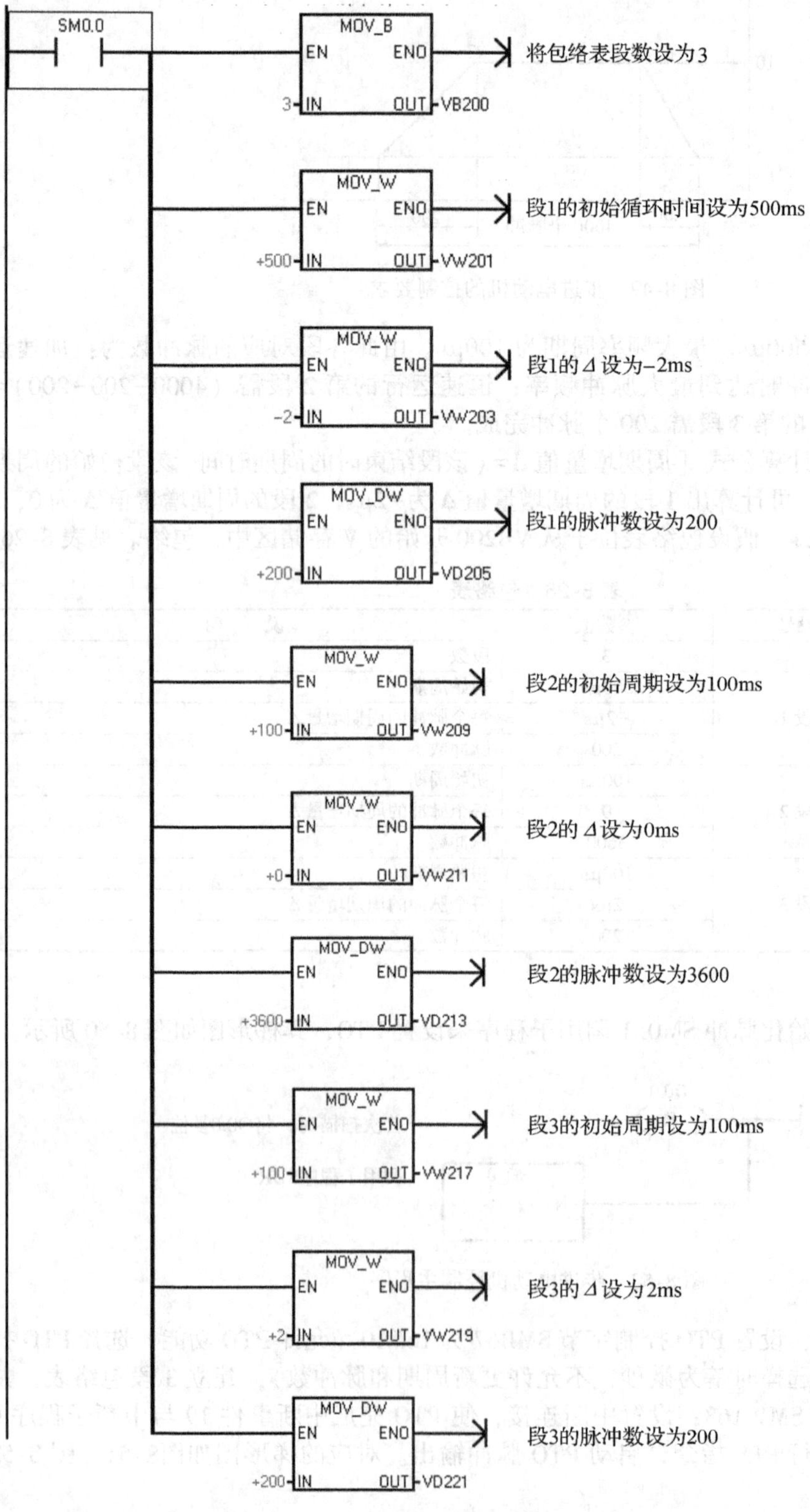

图8-51　步进电动机转速控制初始化子程序（一）

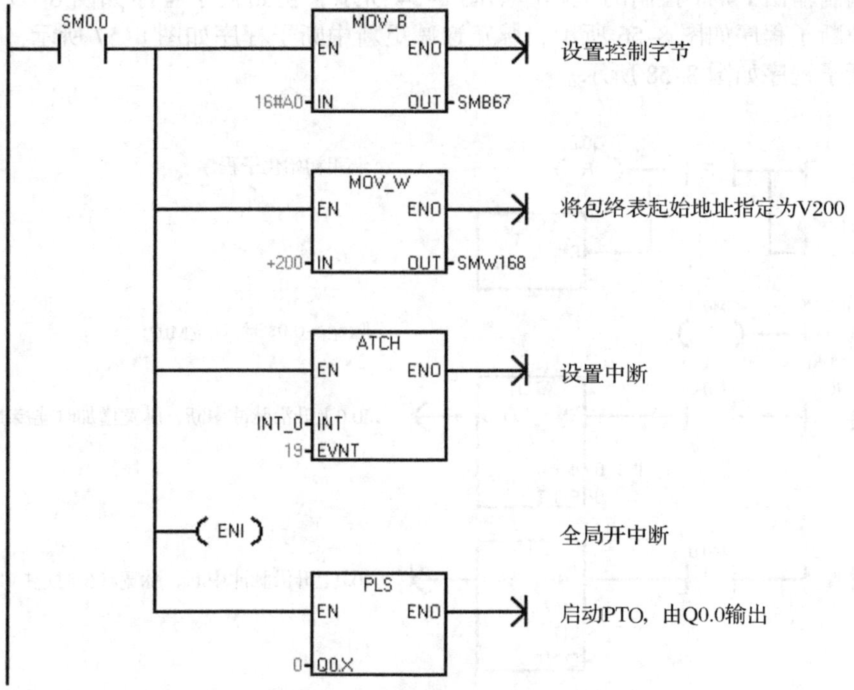

图 8-52 步进电动机转速控制初始化子程序（二）

图 8-53 步进电动机转速停止中断子程序

实践 3 脉宽调制输出 PWM 控制

1. 控制要求

从 PLC 的 Q0.0 输出 PWM 脉冲波。脉冲周期为 5s，脉宽初始值为 0.5s。当 PLC 运行后，由 I0.1 起动 PWM 输出。脉冲输出启动后，每周期脉宽递增 0.5s，当脉宽达到设定值的 4.5s 时，脉宽开始改为每周期递减 0.5s，当脉宽减小至设定值的 0.5s 时又开始递增，不断重复执行。脉冲输出的停止由 I0.2 的上升沿控制。

2. 程序设计

1）因为每个周期都有操作，所以需把 Q0.0 接到 I0.0，采用输入中断的方法完成控制任务。并且编写两个脉宽更新中断程序，一个中断程序实现脉宽递增，一个中断程序实现脉宽递减。

2）设置中断控制标志位 M0.0，在初始化操作时使其置位，执行脉宽递增中断程序，当脉宽达到 4.5s 时，使其复位，执行脉宽递减中断程序。

3）在子程序中完成 PWM 的初始化操作，控制字节 SMB67 设定为 16#DB（允许 PWM 输出，Q0.0 为 PWM 方式，同步更新，时基为 ms，允许更新脉宽，不允许更新周期）；设置 I0.2 上升沿中断；全局开中断。

4）在中断服务程序 2 中，编写禁止脉冲输出的程序段。

脉宽调制输出 PWM 控制的主程序如图 8-54 所示，初始化子程序如图 8-55 所示，脉宽递增更新中断子程序如图 8-56 所示，脉宽递减更新中断子程序如图 8-57 所示，脉冲输出禁止控制中断子程序如图 8-58 所示。

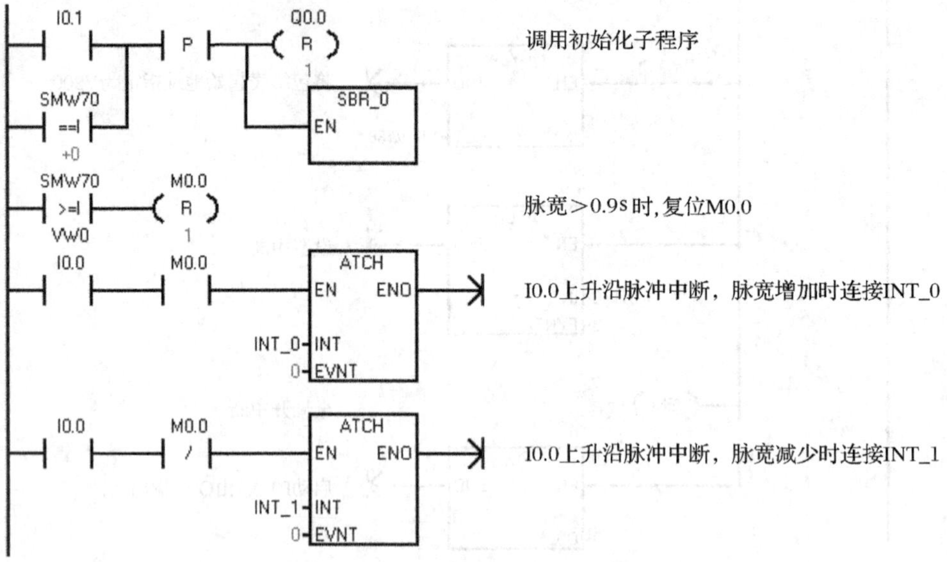

图 8-54 脉宽调制 PWM 输出主程序

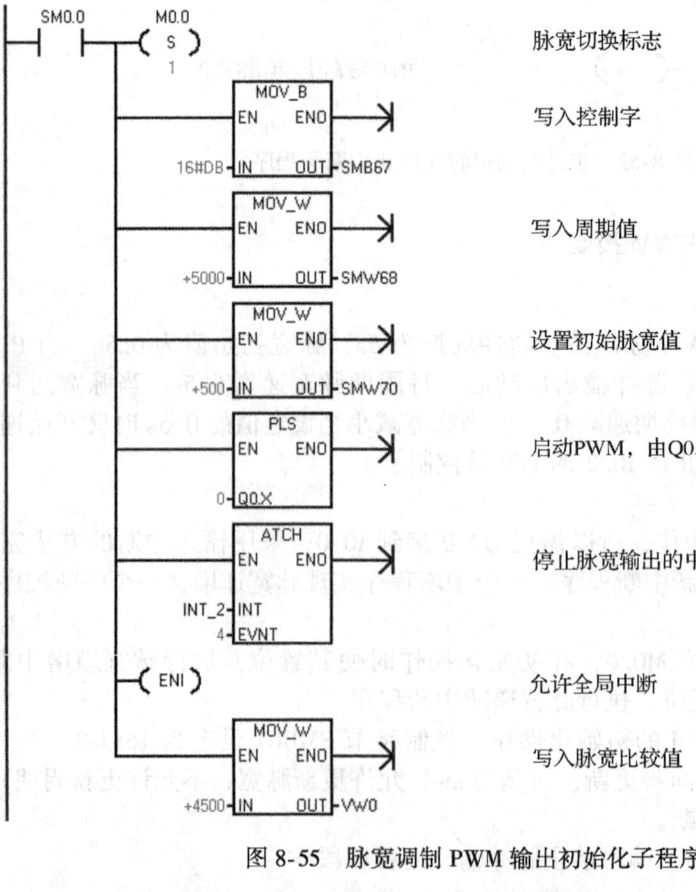

图 8-55 脉宽调制 PWM 输出初始化子程序

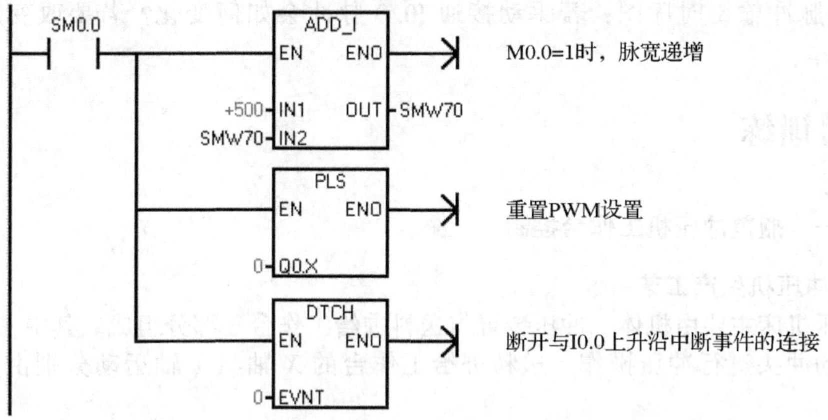

图 8-56　脉宽递增更新中断子程序（INT0）

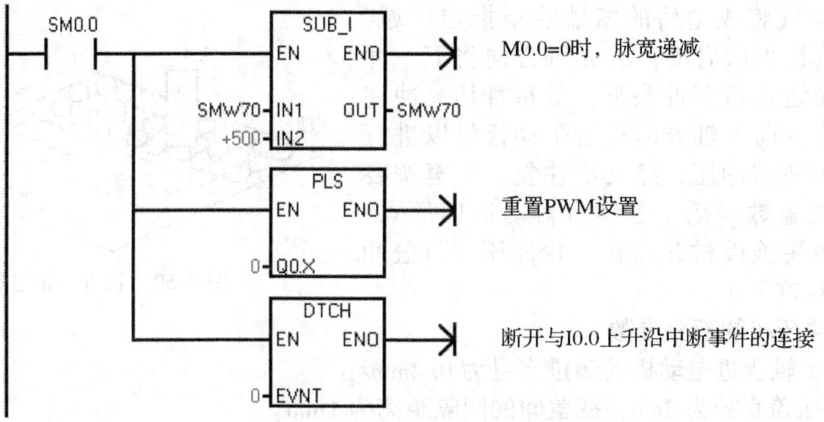

图 8-57　脉宽递减更新中断子程序（INT1）

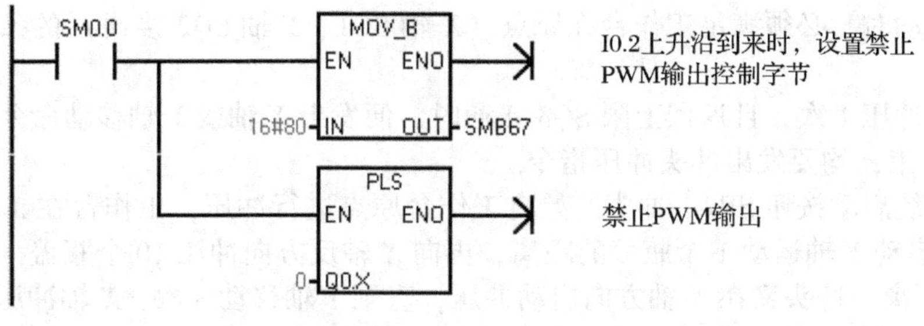

图 8-58　脉冲输出禁止中断子程序（INT2）

3. 上机实践步骤及要求

1）将 Q0.0 输出连接到 I0.0，将 I0.1、I0.2 连接到按钮，使 PLC 投入电源。

2）启动 STEP7-Micro/WIN 编程软件，将程序录入并下载到 PLC，然后使 PLC 进入运行状态。

3）启动状态表编辑器，在地址栏中输入 I0.0、I0.1、I0.2、SMB67、SMW68、SMW70、Q0.0。

4）使状态表进入监控状态，按一下 I0.1 按钮，观察脉宽变化情况；按一下 I0.2 按钮，观察各个变量的值。

5）绘出脉冲输出时序图；若手动接通 I0.0 脉冲会如何变化？若要改变周期应如何编程？

8.6 项目训练

项目十一 瓶盖冲压机工作台控制

1. 瓶盖冲压机生产工艺

瓶盖冲压机床主要由机体、冲压装置与送料进给工作台三部分组成。其中，冲压装置由液压系统驱动冲头进行冲压操作，送料进给工作台的 *X* 轴与 *Y* 轴运动分别由步进电动机驱动。

瓶盖冲压机的生产工艺流程如下：操作人员将待冲压板材固定于工作台上，按下启动按钮后，冲头启动开始冲压，冲完一个瓶盖，冲头自动抬起，待冲头返回至上限位时，一方面吹气管吹出空气将成型后的瓶盖吹至指定区域，另一方面工作台再次启动，沿 *X* 轴方向将下一冲压瓶盖中心位置运行至冲头下方等待冲压。冲完一行后，工作台向 *Y* 轴方向运行带动板材以进行第二行位置的瓶盖冲压，经几次往复，直至按要求冲完所有瓶盖数量后，工作台自动返回原点，等待操作人员更换板材开启新一轮冲压。瓶盖冲压过程如图 8-59 所示。

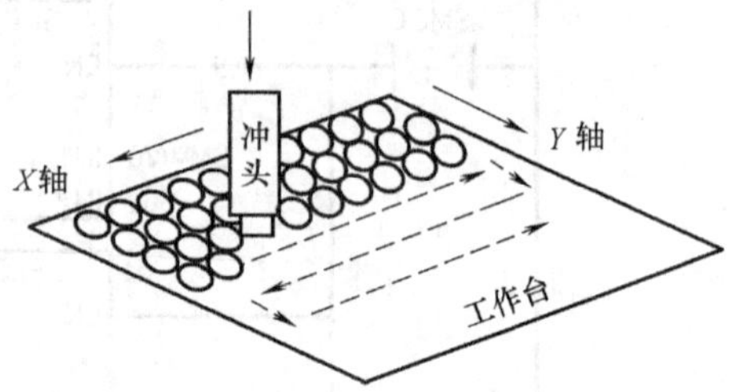

图 8-59 瓶盖冲压过程

2. 瓶盖冲压机的部分参数

1）*X* 轴 *Y* 轴步进电动机的步进当量为 0.2mm/p。

2）冲压瓶盖直径为 3cm，瓶盖间的间隔距离为 1mm。

3）工作台返回位置（更换板材位置）在 *X* 轴 *Y* 轴坐标的（0，0）点处。

3. 瓶盖冲压机的控制要求

1）系统启动时，必须满足工作台在原点（*X* 轴 SQ1、*Y* 轴 SQ2 接通）的条件，否则不能启动。

2）冲头每冲压 1 次，且返回上限 SQ3 接通时，便发出 *X* 轴或 *Y* 轴移动命令，而 *X* 轴或 *Y* 轴每次移动结束，均要发出冲头冲压指令。

3）按下系统启动按钮 SB2，冲头开始自工作台原点进行冲压，工作台在 *X* 轴方向冲压 10 个瓶盖后，启动 *Y* 轴运动 1 个瓶盖的距离，再向 *X* 轴反方向冲压 10 个瓶盖，然后 *Y* 轴再移 1 个瓶盖的距离，冲头又在 *X* 轴方向启动冲压，直到 *Y* 轴移动 8 次，*X* 轴冲压结束后，工作台自动返回到原点待命。

4）电磁阀 YV1 得电，冲头进行冲压，断电时，冲头返回。

5）电磁阀 YA1 得电，吹气管吹气，断电停止吹气。

6）板材的固定由气夹完成，电磁阀 YA2 得电，气夹夹紧，YA2 断电气夹松开。

4. 训练任务

1）根据瓶盖冲压机生产工艺流程和控制要求，选择电器元件，给出 PLC I/O 分配表。

2）根据 I/ O 分配表，绘出瓶盖冲压机进给工作台 PLC 控制系统原理图。

3）编写 PLC 程序。

4）下载瓶盖冲压机进给工作台 PLC 控制程序至 PLC，进行程序运行空载调试。

5）连接瓶盖冲压机进给工作台 PLC 控制输入输出设备，进行有载仿真调试。

6）编写瓶盖冲压机进给工作台 PLC 控制系统设计调试报告。

项目十二 YL-335B 伺服自动线实训装置输送单元控制

YL-335B 伺服自动线实训装置各单元安装尺寸如图 8-60 所示。输送单元的设备组成同图 8-37 所示。

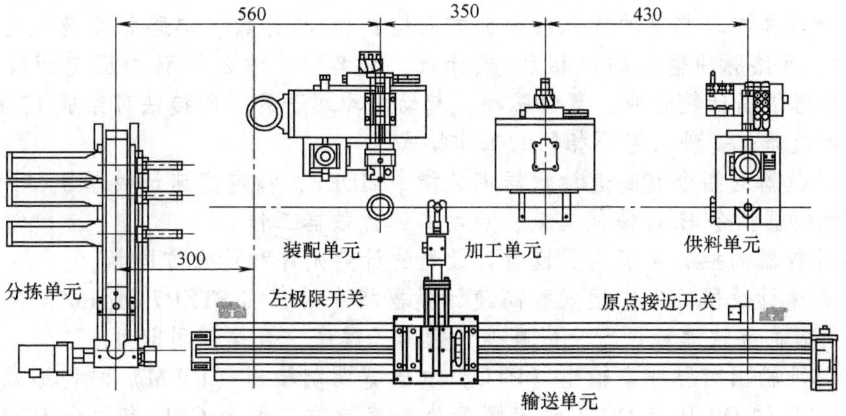

图 8-60 YL-335B 自动线实训装置

1. 控制要求

1）机械手输送工件的左右移动由伺服电动机正反转驱动，机械手升降由上升电磁阀驱动、左右旋转分别由左右旋转电磁阀驱动、伸缩由伸出电磁阀驱动、手指的夹紧与放松分别由夹紧放松电磁阀驱动。机械手设有上升下降、左右旋转、伸出缩回极限检测，设有手指夹紧检测、左右移行极限检测、原点接近开关检测。设有启动按钮及停止按钮一只。

2）当输送单元处于初始状态时，按下按钮 SB2，设备启动。

3）抓取机械手装置首先从供料单元出料台抓取工件。抓取动作完成后，伺服电动机驱动机械手装置向加工单元移动，移动速度不小于 300mm/s。

4）机械手装置移动到加工单元加工台的正前方后，把工件放到加工台上，放下工件动作完成 2s 后，抓取机械手又重新取回工件。

5）机械手装置移动到装配单元装配台的正前方后，把工件放到装配台上，放下工件动作完成 2s 后，抓取机械手又重新取回工件。

6）机械手手臂缩回后，摆台逆时针旋转 90°，伺服电动机驱动机械手装置从装配单元向分拣单元运送工件，到达分拣单元传送带上方入料口后将工件放下。

7）放下工件动作完成机械手手臂缩回后，摆台顺时针旋转 90°，然后伺服电动机驱动机械手装置以 400mm/s 的速度返回原点停止。

当抓取机械手装置回到原点后，一个工作周期结束。当供料单元的出料台上放置了工件时，再次触摸启动按钮 SB2，开始新一轮的工作。

2. 训练任务

1）根据输送单元的控制要求，确定 PLC 输入输出端子分配表。

2）根据 PLC 输入输出端子分配表，绘出系统电气原理接线图。

3）用 MAP 指令库完成满足要求的输送单元控制程序。

4）下载输送单元 PLC 控制用户程序至 PLC，进行程序运行的空载调试。

5）连接输送单元 PLC 控制输入输出设备，进行有载仿真调试。

6）编写输送单元PLC控制程序设计调试报告。

本章小结

S7-200系列PLC有6个高速计数器HSC0、HSC1、HSC2 、HSC3、HSC4、和HSC5。可以处理比PLC扫描周期更短的高速事件，通过中断服务程序实现对控制目标的控制。

1. 高速计数器有单路脉冲输入的内部方向控制加/减计数、单路脉冲输入的外部方向控制加/减计数、两路脉冲输入的单相加/减计数、两路脉冲输入的双相正交计数4种计数方式。高速计数器依据计数脉冲、复位脉冲、起动脉冲端子的不同接法可组成12种工作模式，不同的高速计数器有多种功能不相同的工作模式。

2. 高速计数器的指令有高速计数器定义指令HDEF，指定高速计数器号和计数器的工作模式；高速计数器指令HSC使能有效，启动高速计数器工作。

3. 高速计数器的控制字节用于设置计数器的计数允许和计数方向等。

4. 理解高速计数器的工作模式和高速计数器指令后，在STEP7-Micro/WIN软件中可以通过高速计数器向导快速地设置生成高速计数器子程序，直接调用即可。

5. 高速脉冲输出有脉冲串输出（PTO）和脉宽调制输出（PWM）两种形式。高速脉冲输出功能在PLC的Q0.0或Q0.1输出端产生高速脉冲，每个CPU有两个PTO/PWM发生器，一个发生器分配给输出端Q0.0，另一个分配给Q0.1。

6. PWM可输出周期一定、占空比可调的高速脉冲串，PTO可输出一定脉冲个数和占空比为50%的方波脉冲，高速输出功能通过对PTO/PWM寄存器的不同设置来实现，由PLS指令来激活PTO和PWM。

7. PTO和PWM在STEP7-Micro/WIN软件中均可通过向导设置生成子程序调用输出，简化了程序编制过程。

8. EM253位控模块是为S7-200系列PLC配置的特殊功能模块，它能够产生系列脉冲串用于步进电动机和伺服电动机速度和位置的开环控制。

9. MAP指令库为运动控制提供了简便易用的编程手段，它可方便准确地实现设备的归0运动及各种相对运动。

思考与练习题

8-1　编写一高速计数器程序，要求：

（1）首次扫描时调用一个子程序，完成初始化操作。

（2）用高速计数器HSC1实现加计数，当计数值=200时，将当前值清0。

8-2　编写实现脉宽调制PWM的程序。要求从PLC的Q0.1输出高速脉冲，脉宽的初始值为0.5s，周期固定为5s，其脉宽每周期递增0.5s，当脉宽达到设定的4.5s时，脉宽改为每周期递减0.5s，直到脉宽减为0，以上过程重复执行。

8-3　试编写PWM程序，要求PLC运行后，在Q0.0或Q0.1上产生周期为10s、占空比为30%的PWM信号。

8-4　试编写PTO程序，要求PLC运行后，在Q0.0或Q0.1上产生周期为6s、占空比为50%的PTO信号。

8-5　试用位置控制向导编程的方法实现题8-4的控制要求。

8-6　某工作台的直线位移由电动机通过联轴器带动丝杠旋转驱动，丝杠的螺距为6mm。连接在电动机轴上的光电编码器每旋转1圈，A相、B相各输出1000个脉冲信号，现利用HSC1的工作模式9对其进行增减计数，并将HC1的值乘以0.006送入VD100中，作为工作台的移动距离。试编写PLC程序。

第9章　PLC的通信功能及应用

学习目标

理解S7-200系列PLC自由端口通信协议的含义及实现方法；掌握S7-200系列PLC网络通信协议及网络通信的实现方法。掌握S7-200与S7-300系列PLC的网络通信方式以及实现方法。理解S7-200系列PLC与变频器通信指令以及通信的实现方法。掌握TD400C文本显示器的使用以及与S7-200进行通信的实现方法。掌握MCGS嵌入版组态软件的应用以及与S7-200进行通信的实现方法。

随着计算机网络技术的发展，现代企业的自动化程度越来越高。在大型控制系统中，由于控制任务复杂，点数过多，各任务间的数字量、模拟量相互交叉，因而出现了仅靠增强单机的控制功能及点数已难以胜任的现象。所以，各PLC生产厂家为了适应复杂生产的需要，也为了便于对PLC进行监控，均开发了各自的PLC通信技术。

PLC的通信就是指PLC与计算机之间、PLC与PLC之间、PLC与其他智能设备之间的数据通信。

9.1　S7-200系列PLC之间的通信

9.1.1　S7-200系列PLC的自由端口通信

1. 自由端口通信模式

S7-200系列PLC的串行通信口可以由用户程序来控制，这种由用户程序控制的通信方式称为自由端口通信模式。利用自由端口通信模式，可以实现用户定义的通信协议，可以同多种智能设备进行通信。当选择自由端口通信模式时，用户程序可通过发送/接收中断、发送/接收指令来控制串行通信口的操作。通信所使用的波特率、奇偶校验以及数据位数等由特殊存储器位SMB30（对应端口0）和SMB130（对应端口1）来设定。特殊存储器位SMB30和SMB130的具体内容见表9-1。

表9-1　通信用特殊存储器位SMB30和SMB130的具体内容

端口0	端口1	内　容
SMB30格式	SMB130格式	7 ... 0 p p d B b b m m 自由端口通信模式控制字
SM30.7 SM30.6	SM130.7 SM130.6	pp:奇偶校验选择 00:无奇偶校验;01:偶校验 10:无奇偶校验;11:奇校验
SM30.5	SM130.5	d: 每个字符的数据位 d= 0:每个字符8位有效数据 d=1:每个字符7位有效数据
SM30.4 SM30.3 SM30.2	SM130.4 SM130.3 SM130.2	bbb:波特率 000:38400波特; 001:19200波特; 010:9600波特; 011:4800波特;　100:2400波特; 101:1200波特; 110:600波特;　111:300波特

(续)

端口 0	端口 1	内　容
SMB30 格式	SMB130 格式	7 …… 0 p | p | d | B | b | b | m | m 自由端口通信模式控制字
SM30.0 SM30.1	SM130.0 SM130.1	mm:协议选择 00:点对点接口协议(PPI 从机模式);01:自由端口协议 10:PPI/主机模式;11:保留(默认为 PPI/从机模式)

为了方便地设置自由端口通信模式，可参照表 9-2 直接选取 SMB30（或 SMB130）的值。

表 9-2　SMB30 通信功能控制字节值与自由端口通信模式特性选项参照表

波特率/(bit/s)		38.4K CPU 224	19.2K	9.6K	4.8K	2.4K	1.2K	600	300	说明
8位字符	无校验	01H 81H	05H 85H	09H 89H	0DH 8DH	11H 91H	15H 95H	19H 99H	1DH 9DH	两组数任取
	偶校验	41H	45H	49H	4DH	51H	55H	59H	5DH	
	奇校验	C1H	C5H	C9H	CDH	D1H	D5H	D9H	DDH	
波特率/(bit/s)		38.4K CPU 224	19.2K	9.6K	4.8K	2.4K	1.2K	600	300	说明
7位字符	无校验	21H A1H	25H A5H	29H A9H	2DH ADH	31H B1H	35H B5H	39H B9H	3DH BDH	两组数任取
	偶校验	61H	65H	69H	6DH	71H	75H	79H	7DH	
	奇校验	E1H	E5H	E9H	EDH	F1H	F5H	F9H	FDH	

在对 SMB30 赋值之后，通信模式就被确定。要发送数据则使用 XMT 指令；要接收数据则可在相应的中断程序中直接从特殊存储区中的 SMB2（自由端口通信模式的接收寄存器）读取。若采用有奇偶校验的自由端口通信模式，还需在接收数据之前检查特殊存储区中的 SMB3.0（自由端口通信模式奇偶校验错误标志位，置位时表示出错）的状态。

注意：只有 PLC 处于 RUN 模式时，才能进行自由端口通信。处于自由端口通信模式时，不能与可编程设备通信，比如编程器、计算机等。若要修改 PLC 程序，则需将 PLC 处于 STOP 方式。此时，所有的自由端口通信被禁止，通信协议自动切换到 PPI 通信模式。

2. 自由端口通信发送/接收指令

（1）发送/接收数据指令格式与功能（见表 9-3）

表 9-3　发送/接收数据指令格式及功能

梯形图 LAD		语句表 STL 操作码	语句表 STL 操作数	功　能
发送数据指令	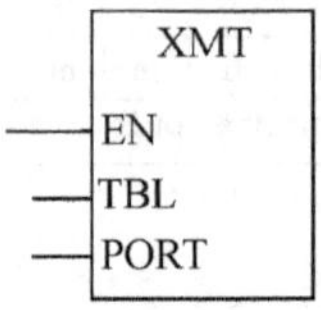	XMT	TBL,PORT	当使能输入 EN 有效时，把 TBL 指定的数据缓冲区的内容通过 PORT 指定的串行口发送出去
接收数据指令	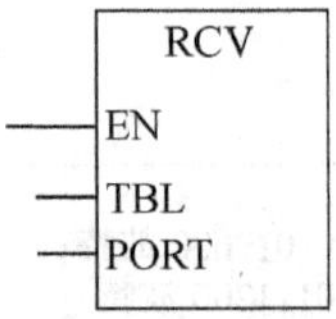	RCV	TBL,PORT	当使能输入 EN 有效时，通过 PORT 指定的串行通信口把接收到的信息存入 TBL 指定的数据缓冲区

说明：

1）TBL 指定接收/发送数据缓冲区的首地址。可寻址的寄存器地址为 VB、IB、QB、MB、SMB、SB、＊VD、＊AC。

2）TBL 数据缓冲区中的第一个字节用于设定应发送/应接收的字节数，缓冲区的大小在 255 个字符以内。

3）PORT 指定通信端口，可取 0 或 1。

4）对发送 XMT 指令

① 在缓冲区内的最后一个字符发送后会产生中断事件 9（通信端口 0）或中断事件 26（通信端口 1），利用这一事件可进行相应的操作。

② SM4.5（通信端口 0）或 SM4.6（通信端口 1）用于监视通信端口的发送空闲状态，当发送空闲时，SM4.5 或 SM4.6 将置 1。利用该位，可在通信端口处空闲状态时发送数据。

5）对接收 RCV 指令

① 可利用字符中断控制接收数据。每接收完成 1 个字符，通信端口 0 就产生一个中断事件 8（或通信端口 1 产生一个中断事件 25）。接收到的字符会自动存放在特殊存储器 SMB2 中。利用接收字符完成中断事件 8（或 25），可方便地将存储在 SMB2 中的字符及时取出。

② 可利用接收结束中断控制接收数据。当由 TBL 指定的多个字符接收完成时，将产生接收结束中断事件 23（通信端口 0）或接收结束中断事件 24（通信端口 1），利用这个中断事件可在接收到最后一个字符后，通过中断子程序迅速处理接收到缓冲区的字符。

③ 接收信息特殊存储器字节 SMB86～SMB94（SMB186～SMB194）。PLC 在进行数据接收通信时，通过 SMB87（或 SMB187）来控制接收信息；通过 SMB86（或 SMB186）来监控接收信息。其具体字节含义见表 9-4。

表 9-4　通信用特殊存储器字节 SMB86（SMB186）～SMB94（SMB194）的含义

端口 0	端口 1	字节含义
SMB86	SMB186	接受信息状态字节　7 … 0：N | R | E | 0 | 0 | T | C | P N=1：用户的禁止命令，使接收信息停止；R=1：因输入参数错误或缺少起始条件引起的接收信息结束；E=1：接收到结束字符； T=1：因超时引起的接收信息停止；C=1：因字符数超长引起的接收信息停止； P=1：因奇偶校验错误引起的接收信息停止
SMB87	SMB187	接受信息控制字节　7 … 0：EN | SC | EC | IL | C/M | TMR | BK | 0 EN= 0：禁止接收信息的功能；EN=1：允许接收信息的功能； 每当执行 RCV 指令时，检查允许接收信息位。 SC：是否用 SMB88 或 SMB188 的值检测起始信息。0=忽略，1=使用； EC：是否用 SMB89 或 SMB189 的值检测结束信息。0=忽略，1=使用； IL：是否用 SMW90 或 SMW190 的值检测空闲状态。0=忽略，1=使用； C/M：定时器定时性质。0=内部字符定时器，1=信息定时器； TMR：是否使用 SMW92 或 SMW192 的值终止接收。0=忽略，1=使用； BK：是否使用中断条件来检测起始信息。0=忽略，1=使用
SMB88	SMB188	信息的开始字符
SMB89	SMB189	信息的结束字符
SMB90 SMB91	SMB190 SMB191	空闲线时间段。按毫秒设定。空闲线时间溢出后接收的第一个字符是新信息的开始字符。SMB90(或 SMB190)是最高有效字节，而 SMB91(或 SMB191)是最低有效字节
SMB92 SMB93	SMB192 SMB193	字符间/信息间定时器超时。按毫秒设定。如果超过这个时间段，则终止接收信息。SMB92(或 SMB192)是最高有效字节，而 SMB93(或 SMB193)是最低有效字节
SMB94	SMB194	要接收的最大字符数(1～255B) 注：不论何情况，这个范围必须设置到所希望的最大缓冲区大小

（2）发送/接收指令编程举例

例1 当输入信号I0.0接通时，若PLC处于发送空闲状态，将数据缓冲区VB200中的数据信息发送到打印机或显示器。

编程要点是首先利用首次扫描脉冲，进行自由端口通信协议的设置，即初始化自由端口；然后在发送空闲时执行发送命令。对应的梯形图程序如图9-1所示。

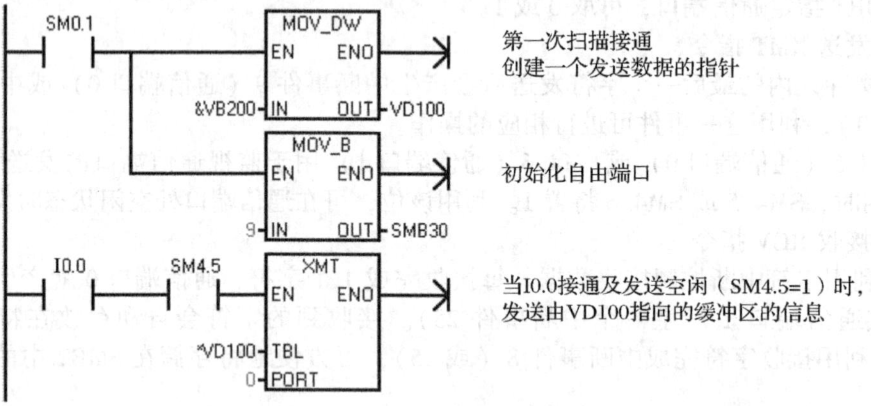

图9-1 发送数据梯形图程序

例2 用本地CPU 224的输入信号I0.0上升沿控制接收来自远程CPU 226的20个字符，接收完成后，又将信息发送回远程PLC；当发送任务完成后用本地CPU 224的输出信号Q0.1进行提示。

设置通信参数SMB30=9，即无奇偶检验、有效数据位8位、波特率9600bit/s、自由端口通信模式；不设超时时间，接收和发送使用同一个数据缓冲区，首地址为VB200。对应的梯形图程序如图9-2所示。

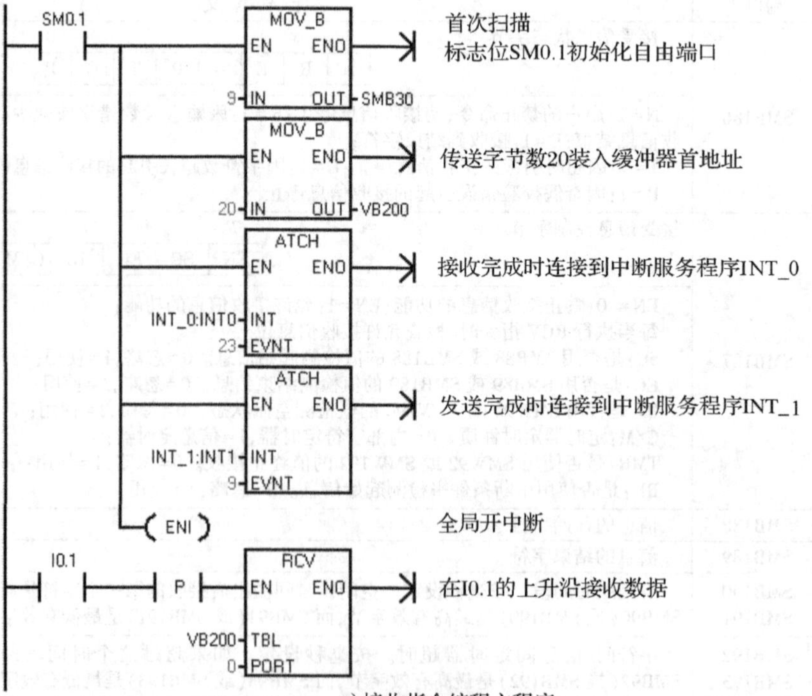

a) 接收指令编程主程序

图9-2 接收指令编程举例

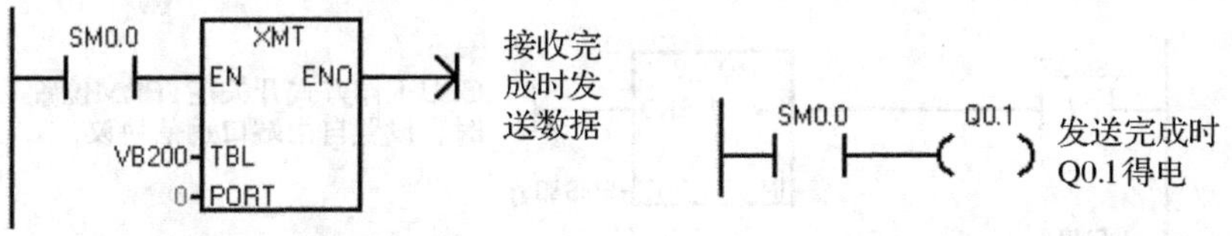

b) 接收完成中断服务程序0　　c) 发送完成中断服务程序1

图 9-2　接收指令编程举例（续）

例 3　两个 PLC 之间的自由口通信。已知有两台 S7-224 型号 PLC 甲和乙。要求甲机和乙机采用可编程通信模式进行数据交换。乙机的 IB0 控制甲机的 QB0。对发送和接收的时间配合关系无特殊要求。

1）编程要领。设乙机发送数据缓冲区首地址为 VB200，在方式开关由 RUN 位置转向 TERM 位置时，建立自由端口通信协议，将 IB0 的数据送至数据缓冲区，执行 XMT 指令发送数据；甲机通过 SMB2 接收乙机发送过来的数据，在方式开关由 RUN 位置转向 TERM 位置时，建立自由端口通信协议，将接收字符中断事件 8 连接到中断子程序 0，在中断服务程序中从 SMB2 读取乙机数据，然后再送至 QB0。

2）控制程序。乙机的发送程序如图 9-3 所示，甲机的接收程序如图 9-4 所示。

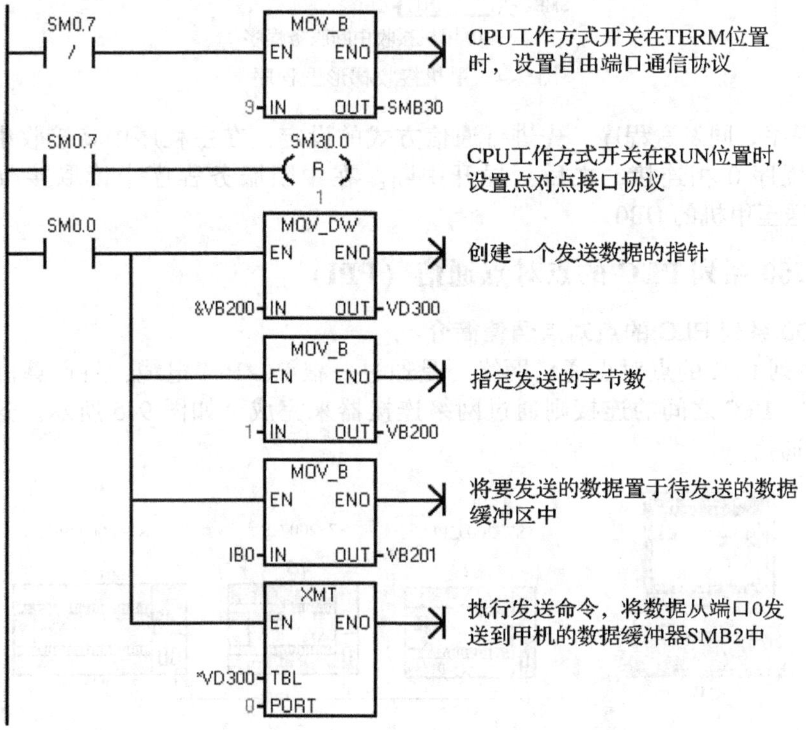

图 9-3　乙机发送梯形图程序

3）程序说明。

① 发送程序。由于指令 XMT 的格式要求，其 PORT 端除支持直接寻址方式外，还可支持间接寻址。考虑到该程序对发送数据所存放地址的灵活性，故选用指针方式的间接寻址。指针的内容放在 VD300 中。通过查表 9-2，将 SMB30 设置为 09H，其含义是：自由端口通信模式，每字符 8 位，无奇偶校验，波特率为 9600bit/s 等特性。一直将 IB0 的内容送往发送缓冲区 VB201 中，这样可保证乙机的 IB0 对甲机的 QB0 的控制作用一直有效。

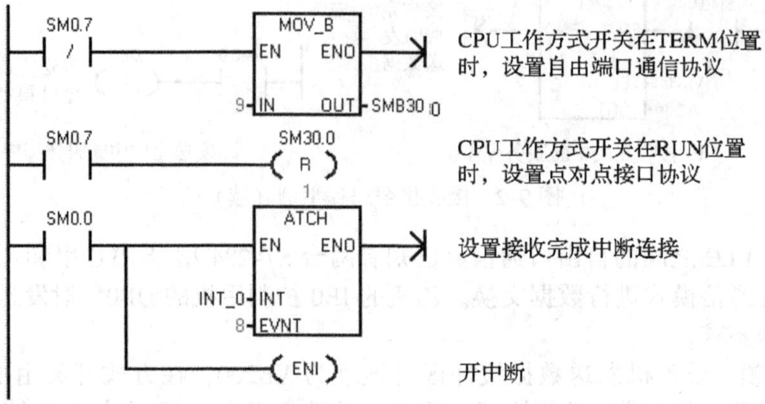

a) 甲机接收主程序

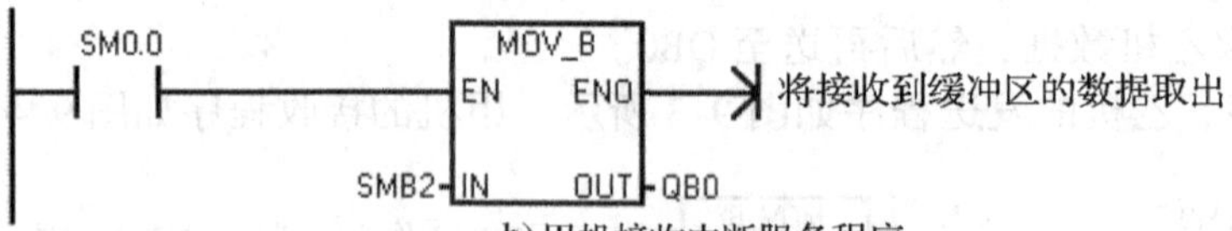

b) 甲机接收中断服务程序

图 9-4 甲机接收梯形图程序

② 接收程序。同发送程序，先进行通信方式的设定，在主程序中将接收中断（事件号 8）与中断子程序 0 相连接，之后全局开中断。在中断服务程序中读取接收缓冲寄存器 SMB2 的内容送至甲机的 QB0。

9.1.2 S7-200 系列 PLC 的点对点通信（PPI）

1. S7-200 系列 PLC 的点对点通信简介

S7-200 系列 PLC 的点对点通信网络 是通过一根 PC/PPI 电缆，将计算机与 PLC 连接在一个网络中，PLC 之间的连接则通过网络连接器来完成，如图 9-5 所示。这种网络使用 PPI 协议进行通信。

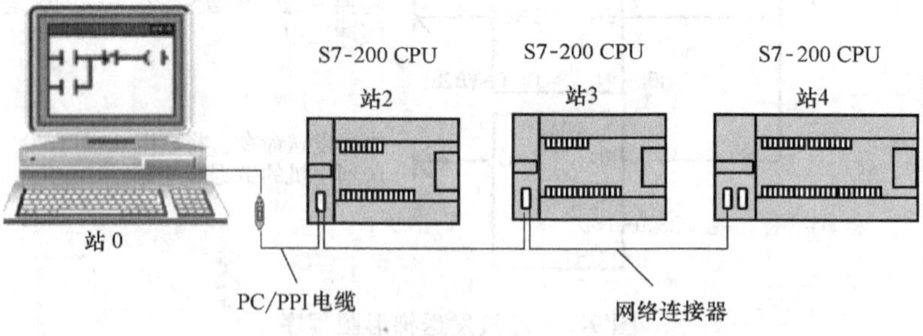

图 9-5 1 台电脑与多台 PLC 相连

PPI 协议是一个主/从协议。这是一种基于字符的协议，共使用字符 11 位：1 位起始位，8 位数据位，1 位奇偶校验位，1 位结束位。通信帧依赖于特定起始位字符和结束字符，源和目的站地址，帧长，以及全部数据和校验字符。这个协议支持一主机多从机连接和多主机多从机连接方式。在这个协议中，主站给从站发送申请，从站进行响应。

如果在程序中允许 PPI 主站模式，一些 S7-200 系列 CPU 在 RUN 模式下可以作为主站。

一旦允许主站模式，就可以利用网络读和网络写指令读写其他 CPU。当 S7-200 系列 CPU 作为 PPI 主站时，它还可以作为从站响应来自其他主站的申请。对于任何一个从站有多少个主站与它通信，PPI 没有限制，但是在网络中最多只能有 32 个主站。

2. 网络读/写通信指令

在 SIMATIC S7 的网络中，S7-200 被默认为从站。只有在采用 PPI 通信协议时，有些 S7-200 系列的 PLC 允许工作于 PPI 主站模式。将 PLC 的通信端口 0 或通信端口 1 设定工作于 PPI 主站模式，是通过设置 SMB30 或 SMB130 的低两位的值来进行的（见表 9-1）。所以只要将 SMB30 或 SMB130 的低两位取值 2#10，就将 PLC 的通信端口 0 或通信端口 1 设定工作于 PPI 主站模式，就可以执行网络读写指令了。

（1）网络读指令的格式与功能（见表 9-5）

表 9-5　网络读指令的格式与功能

梯形图 LAD		语句表 STL		功　能
		操作码	操作数	
网络读指令	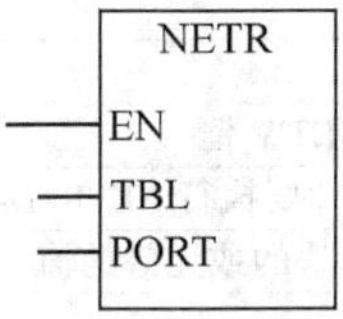	NETR	TBL,PORT	当使能输入 EN 有效时，通过 PORT 指定的通信口，根据 TBL 指定的表中的定义读取远程装置的数据
网络写指令	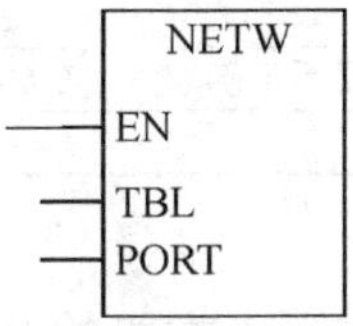	NETW	TBL,PORT	当使能输入 EN 有效时，通过 PORT 指定的通信口，根据 TBL 指定的表中的定义将数据写入远程设备中去

说明：

1）TBL 指定被读/写的网络通信数据表，其寻址的寄存器为 VB、MB、*VD、*AC，其表的格式如表 9-5 所示。

2）PORT 指定通信端口 0 或 1。

3）NETR（NETW）指令可从远程站最多读入（写）16 字节的信息，同时可最多激活 8 条 NETR 和 NETW 指令。例如，在一个 S7-200 系列 PLC 中可以有 4 条 NETR 和 4 条 NETW 指令，或 6 条 NETR 指令和 2 条 NETW 指令。

（2）网络通信数据表的格式　在执行网络读写指令时，PPI 主站与从站之间传送数据的网络通信数据表（TBL）的格式见表 9-6。

表 9-6　PPI 主站与从站之间传送数据的网络通信数据表格式

字节偏移地址	字 节 名 称	描　　述
0	状态字节	7 ... 0 D | A | E | 0 | E1 | E2 | E3 | E4
0	状态字节	D：操作完成位。D=0：未完成；D=1：完成 A：操作排队有效位。A=0：无效；A=1：有效 E：错误标志位。E=0：无错误；E=1：有错误 E1、E2、E3、E4 为错误编码。如果执行指令后，E=1，则 E1、E2、E3、E4 返回一个错误编码，编码及说明见表 9-7
1	远程设备地址	被访问的 PLC 从站地址

（续）

字节偏移地址	字 节 名 称	描　述
2	远程设备的数据指针	被访问数据的间接指针 指针可以指向 I、Q、M 和 V 数据区
3		
4		
5		
6	数据长度	远程站点上被访问数据的字节数
7	数据字节 0	收或发送数据区：对 NETR，执行 NETR 后，从远程站点读到的数据存放在这个数据区中；对 NETW，执行 NETW 前，要发送到远程站点的数据存放在这个数据区
8	数据字节 1	
…	……	
22	数据字节 15	

表 9-7　网络通信指令错误编码表

E1E2E3E4	错误码	含　义
0000	0	无错误
0001	1	时间溢出错误：远程站无响应
0010	2	接收错误：校验错误，或检查时出错
0011	3	离线错误：站号重复或硬件损坏
0100	4	队列溢出出错：激活超过 8 个 NETR/NETW 框
0101	5	违反协议：没有在 SMB30 中使能 PPI，却要执行 NETR/NETW 指令
0110	6	非法参数：NETR/NETW 的表中含有非法的或无效的值
0111	7	没有资源：远程站忙
1000	8	Layer7 错误：应用协议冲突
1001	9	信息错误：错误的数据地址或数据长度不正确
1010~1111	A~F	未用，为将来的使用保留

（3）网络读/写指令编程举例

例 4　要求 A 机用网络读指令读取 B 机的 IB0 的值后，将它写入本机的 QB0，A 机同时用网络写指令将它的 IB0 的值写入 B 机的 QB0 中。在这一网络通信过程中，B 机是被动的，它不需要编写通信程序。所以只要求设计 A 机的通信程序。假定 A 机的网络地址是 2，B 机的网络地址是 3。对应的网络通信数据表见表 9-8 所示，对应的梯形图程序如图 9-6 和图9-7 所示。

表 9-8　网络通信数据表

字节意义	状态字节	远程站地址	远程站数据区指针	读写的数据长度	数据字节
NETR 缓冲区	VB200	VB201	VD202	VB206	VB207
NETW 缓冲区	VB210	VB211	VD212	VB216	VB217

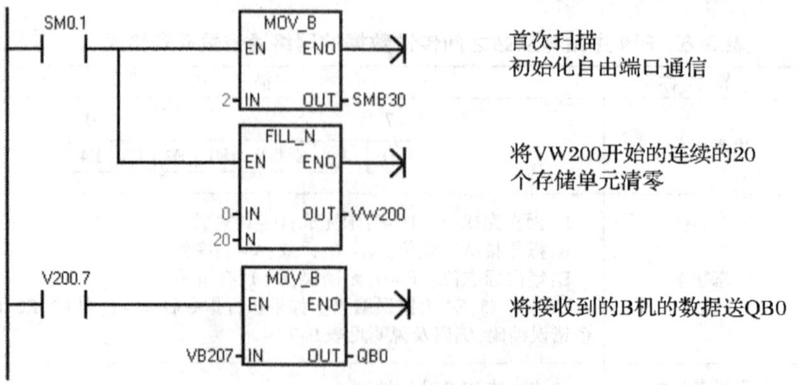

图 9-6　A 机通信与控制程序

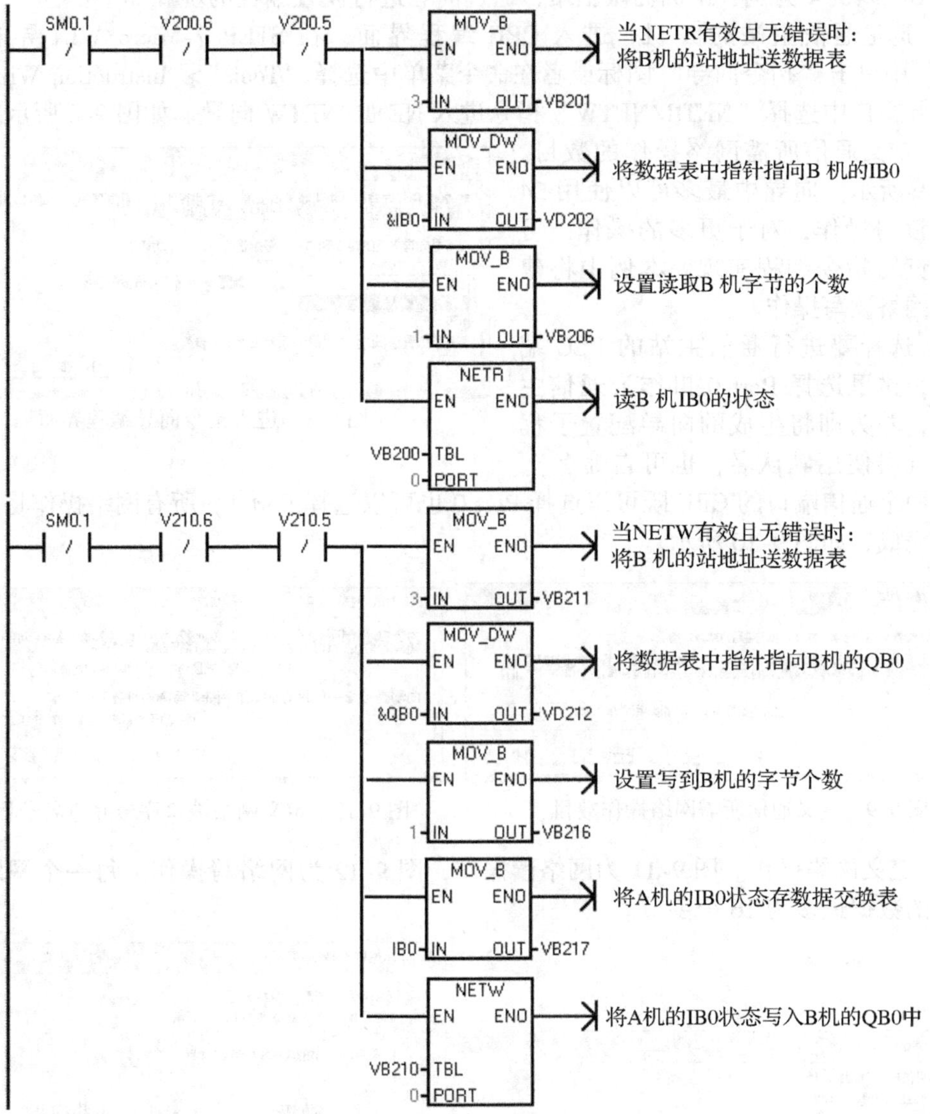

图 9-7 A 机通信与控制程序（续）

3. 网络读/写通信向导的设置

网络读写向导可以帮助用户自动生成一个 PPI 网络中多个 CPU 之间的通信指令，简化网络读写的编程步骤。用户只要按照向导的要求输入初始信息以及 CPU 之间的读写通信数据区，向导就会自动生成网络读写指令及数据块。

PPI 通信前要保证 PPI 网络上的所有站点都应当有各自不同的网络地址，否则通信不会正常进行。另外，网络读写指令进行编程和应用时要注意以下几点：

1）在程序中可以使用任意条网络读写指令，但是在同一时刻，最多只能有 8 条网络读写指令被激活。

2）每条网络读写指令可以从远程站点读取/写入最多 16 个字节的信息。

3）使用 NETR/NETW 指令向导可以编辑最多 24 条网络读写指令，其核心是使用顺序控制指令，这样在任一时刻只有一条 NETR/NETW 指令有效。

4）每个 CPU 的端口只能配置一个网络读写指令向导。

例5 以例4为例，A机仍做主站，通过向导进行设置编程的步骤如下：

1）选定通信主站的A机，进入CPU编程界面，在STEP 7-Micro/WIN导航栏中的“Tools”中单击“指令向导”图标或者在命令菜单中选择“Tools”>“Instruction Wizard”，在指令向导窗口中选择“NETR/NETW”指令进入NETR/NETW向导。如图9-8所示。

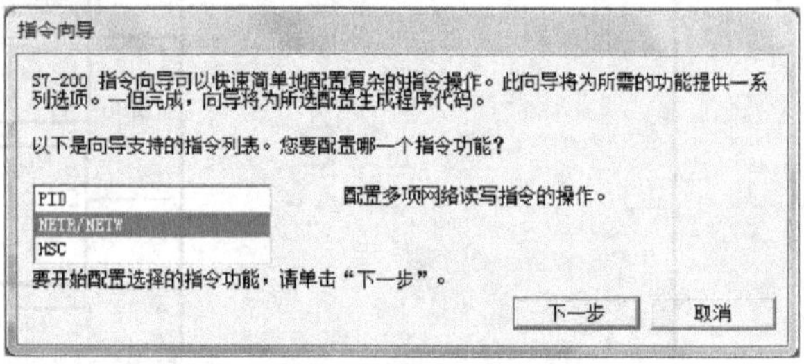

图9-8 进入指令向导编程界面

2）定义通信所需网络操作的数目，如图9-9所示。向导中最多可以使用24个网络读写操作，对于更多的操作，可用网络读写指令编程实现，本例中将建立两个网络读写操作。

3）选择要进行通信主站的PLC端口序号，这里选择Port 0口作为通信主站端口，并为即将生成的向导配置子程序命名（可使用默认名，也可自命名）。对于有两个通信端口的CPU既可以选择Port 0也可以选择Port 1，所有网络操作将由定义的通信口完成，如图9-10所示。

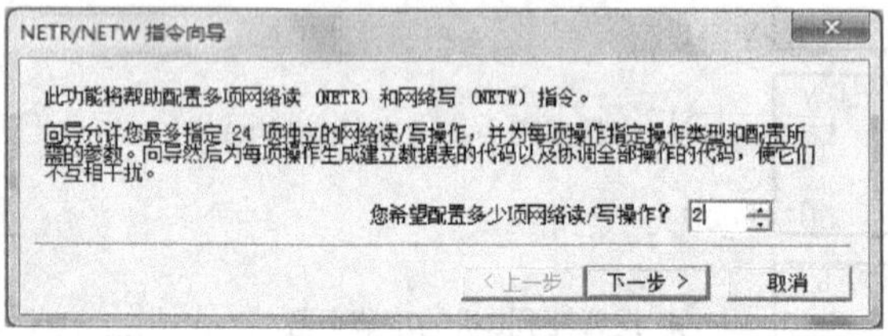

图9-9 定义通信所需网络操作数目

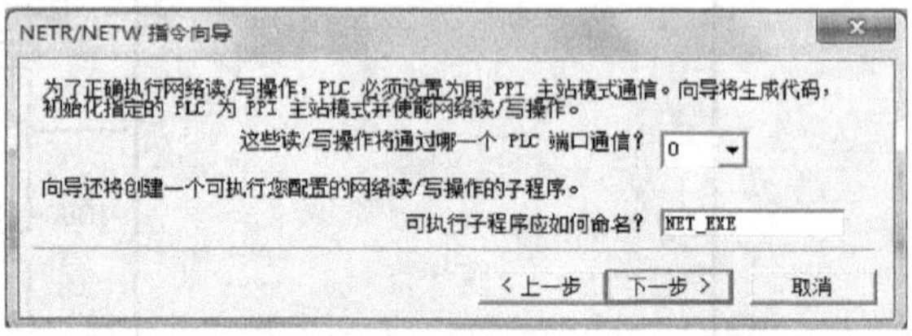

图9-10 定义网络端口序号并命名子程序名称

4）定义网络操作。图9-11为网络读操作，图9-12为网络写操作。每一个网络操作指令通信的数据最多为16个字节。

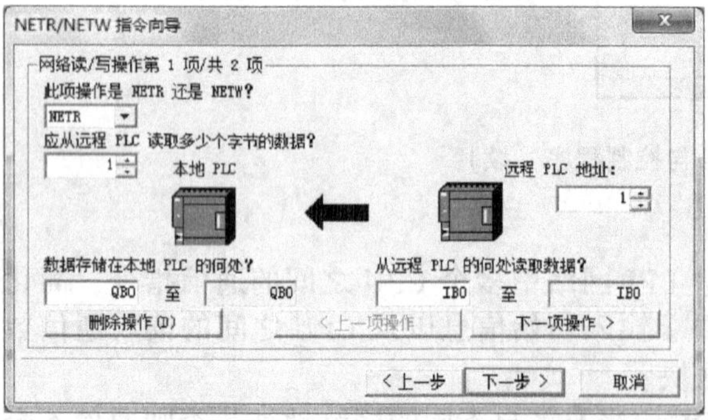

图9-11 定义网络读操作（B机IB0读入A机QB0）

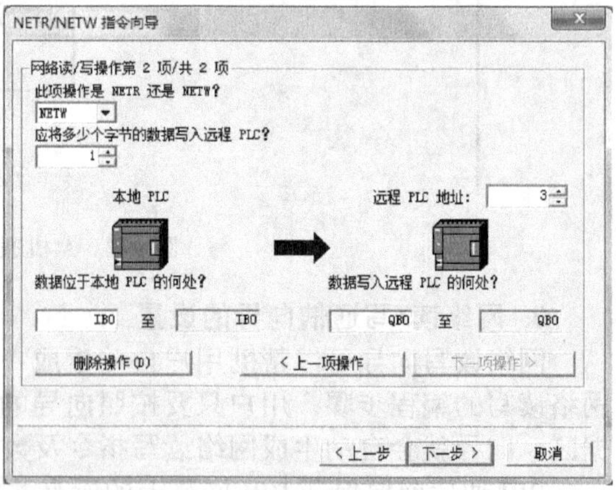

图9-12 定义网络写操作（A机IB0写入B机QB0）

5）分配V存储区地址。可自己指定也可直接单击“建议地址”让向导分配程序中未用过的地址空间，如图9-13所示。

6）自动生成网络读写指令及符号表，如图9-14所示。

在完成向导配置后，只需在CPU程序中调用向导所生成的网络读写子程序即可，利用网络通信向导指令编写的主站程序如图9-15所示。

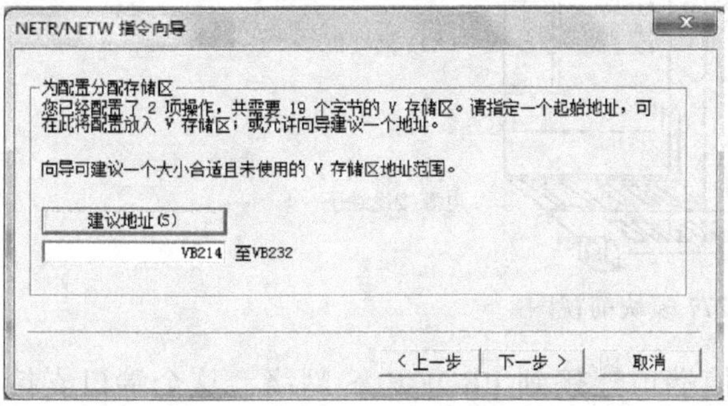

图 9-13　分配 V 存储区地址

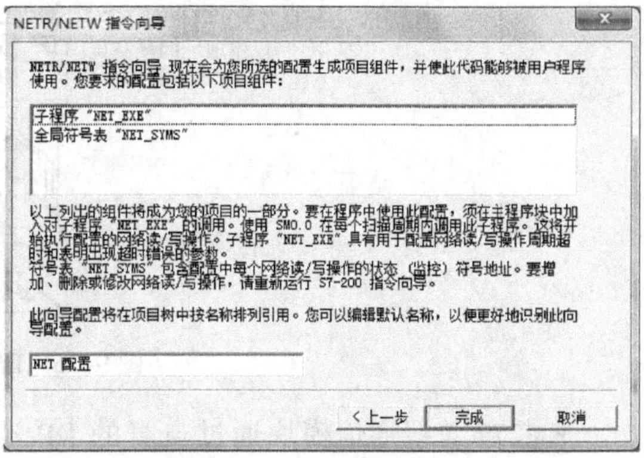

图 9-14　生成网络读写指令及符号表

说明：

① 为保证正常运行，必须用 SM0.0 来调用 NETR/NETW 子程序。

② Timeout：超时参数。0 表示不延时；1～32767 表示以秒为单位的延时时间。如果通信有问题的时间超出此延时时间，则报错误。

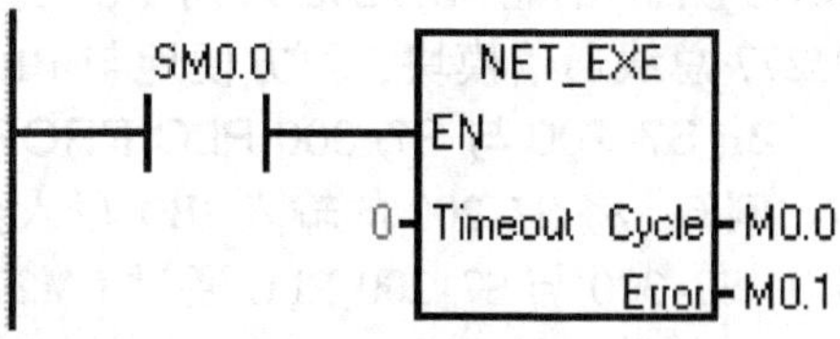

图 9-15　主站程序

③ Cycle：周期参数。此参数在每次所有网络读写操作完成时切换其开关量状态。

④ Error：错误参数。0＝无错误，1＝有错误。

9.2　S7-200 与 S7-300 PLC 之间的通信

随着工业自动化技术的发展，工业现场越来越多地需要各种子系统和上一级控制系统进行通信，西门子产品方案中常见有 S7-200 与 S7-300 PLC 之间的通信问题。

S7-300 系列 PLC 是继 S7-200 系列 PLC 之后，德国西门子公司推出的一种中小规模 PLC 系统。由于其模块化结构易于实现分布式配置，以及性价比高、电磁兼容性强等特点，使其广泛应用于工业控制的各个领域。

9.2.1　S7-200 与 S7-300 的 PROFIBUS 通信

S7-200 与 S7-300 PLC 可以通过 EM277 进行 PROFIBUS-DP 通信。为了实现它们之间的通信，需要用 S7-300 的编程软件 STEP7 在对 S7-300 进行硬件组态时，指定一个与 S7-200 进行交换数据的数据存储区，而在 S7-200 系统中不需要对通信进行组态和编程，只需要将通信数据整理存储到指定的 V 存储区即可。

1. EM277 模块简介

EM277 总线通信模块是专门用于 PROFIBUS-DP 协议通信的 S7-200 系列 PLC 的智能扩展模块。它的外观如图 9-16 所示，它支持 PROFIBUS-DP 和 MPI 从站协议，其上的选择开关可以进行地址设置，地址范围为 0～99。其状态指示灯含义见表 9-9。

表 9-9　EM277 状态指示灯

灯	灭	红灯亮	红灯闪烁	绿灯亮
CPU 故障	模块完好	内部模块故障	—	—
电源	无 DC 24V 电源	—	—	DC 24V 接通
DP 错误	没有错误	处于非数据交换模式	参数/组态错误	—
DX 模式	不处于数据交换模式	—	—	处于数据交换模式

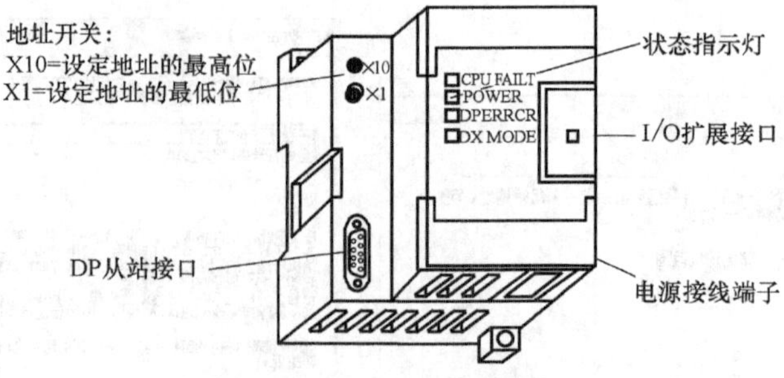

图 9-16 EM277 模块前视图

EM277 总线通信模块通过自身的 DP 通信端口连接到 PROFIBUS 网络，这个端口支持 9600bit/s～12Mbit/s 之间的任何传输速率。在 PROFIBUS 网络中 EM277 模块只能作为 PROFIBUS 从站出现。S7-200 系列 PLC 经过串行 I/O 总线连接到 EM277 总线通信模块，通过 EM277 总线通信模块，可方便地与 PROFIBUS 网络中的设备交换数据。

2. S7-200 与 S7-300 PLC PROFIBUS 通信举例

例 6 将 S7-200 的输入 IB0 写入到 S7-300 的 QB8，S7-300 的输入 IB8 控制 S7-200 的 QB0，S7-300 与 S7-200 PLC 通过 EM277 进行 PROFIBUS DP 通信，两者连接如图 9-17 所示，S7-300 的站地址设为 2，S7-200 的站地址设为 3。

1）主站组态

① 打开 STEP 7 管理器，单击“文件”菜单中的“新建”命令来建立一个项目，在“名称”文本框中输入项目名称，单击“确定”按钮完成项目的建立，如图 9-18 所示。

② 插入新对象。在新建立的项目名上单击鼠标右键选择“插入新对象”，可以看到这里供用户插入多种资源，包括 300 或 400 站、网络和程序等。这里，选择插入一个“SIMATIC 300 站点”。

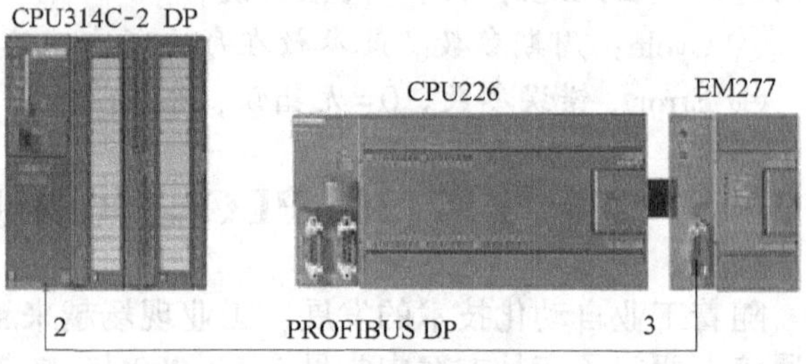

图 9-17 S7-200 与 S7-300 通过 EM277 通信连接示意图

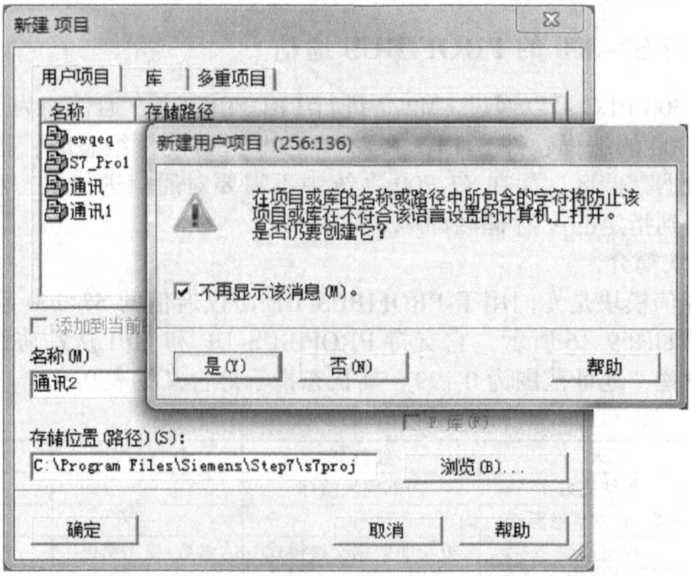

图 9-18 新建项目

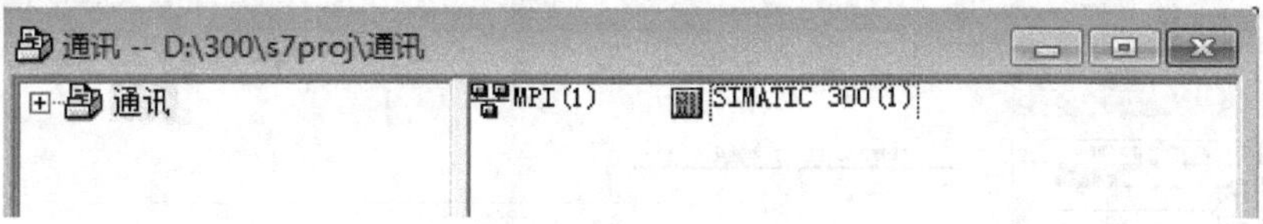

图 9-19　插入工作站

③ 如图 9-19 所示，双击 SIMATIC 300（1），出现“硬件”项，双击“硬件图标”，在弹出的“HW Config”窗口中进行硬件组态，在右侧的硬件选项框中选择菜单“SIMATIC 300/RACK300”，展开后出现“Rail”，即 S7-300 PLC 的机架，双击“Rail”，然后按照订货号和硬件安装次序依次插入电源和 CPU 模块，如图 9-20 所示。

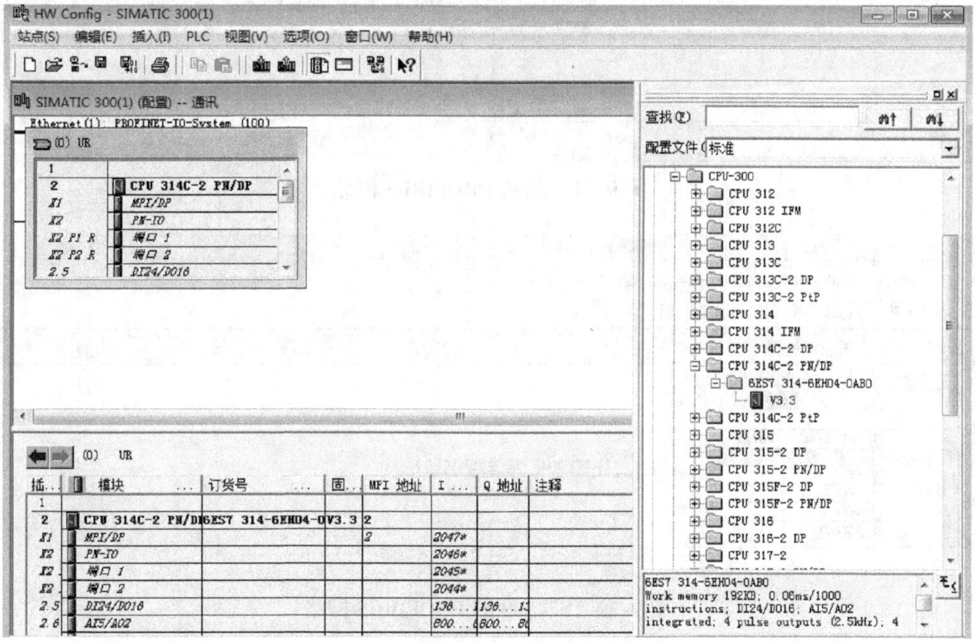

图 9-20　设定硬件具体配置

④ 在配置 CPU 时，需要新建网络，双击 2 号槽 DP 模块，单击“属性”按钮，新建 PROFIBUS，然后对网络类型和传输速率进行设置，如图 9-21 所示。设置完成后，DP 后将延伸出一条总线，如图 9-22 所示。

2）EM 277 从站组态

① 安装 EM277 模块的 GSD 文件。将 S7-200 PLC 总线通信模块 EM277 组态到网络中，是通过安装“GSD”文件实现的。打开硬件组态，单击“选项”菜单下的“安装 GSD 文件”命令。在弹出的对话框中选择 SIEM089D. GSD 文件，并单击“安装”按钮。这样，EM277 模块的 GSD 文件就安装成功了，如图 9-23 所示。

② 添加 EM277。在 STEP7 软件中打开硬件组态，然后在右侧配置目录下选择 PROFIBUS-DP→Additional Field Devices→PLC→SIMATIC→EM277 项；弹出 PROFIBUS 接口属性参数对话框，在“地址”文本框中输入 3（要和 EM277 实际地址设置相同）；根据需要设置通信的字节数，本例中选择了 8 字节入/8 字节出的方式，地址分配为 IB0 ~ IB7、QB0 ~ QB7，从站组态完成，如图 9-24 所示。

③ 定义 EM277 在 S7-200 中的地址。用鼠标右键单击 EM277 图标，在弹出的快捷菜单中选择“对象属性”命令，在弹出的属性对话框中单击“分配参数”标签页查看工作站点

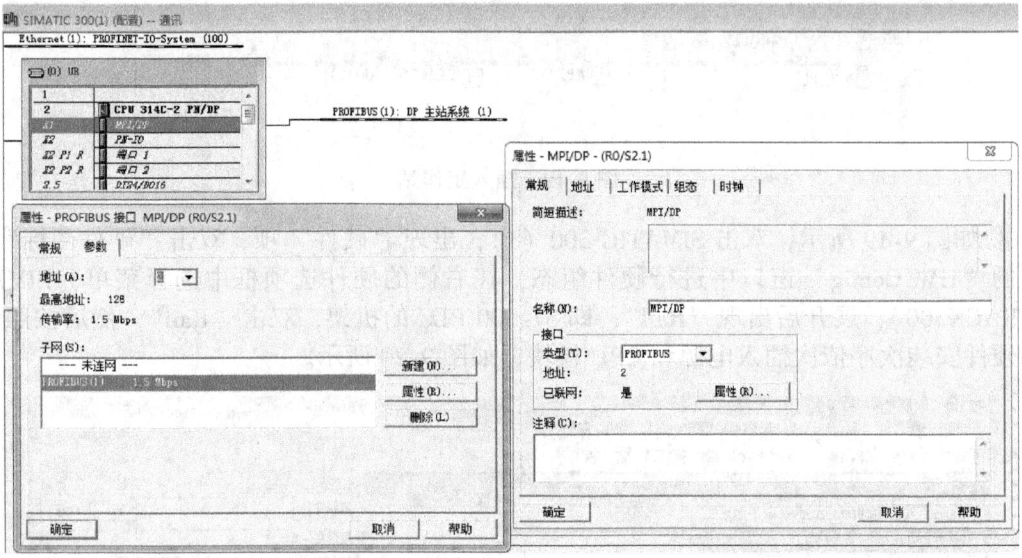

图 9-21　新建 PROFIBUS 网络

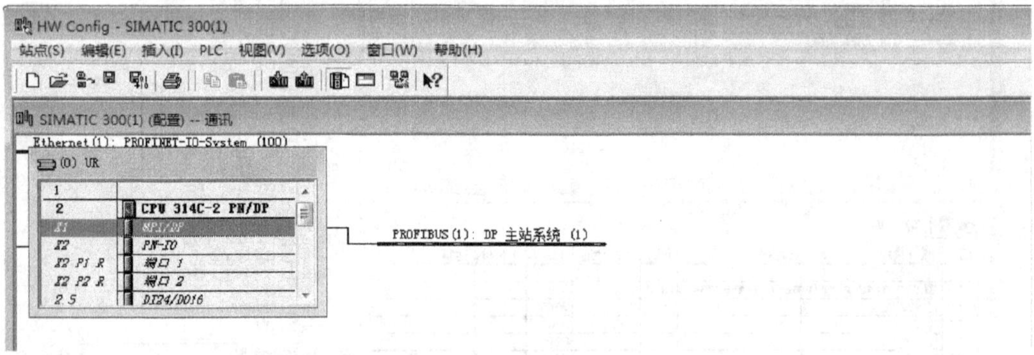

图 9-22　S7-300 的 PROFIBUS 网络

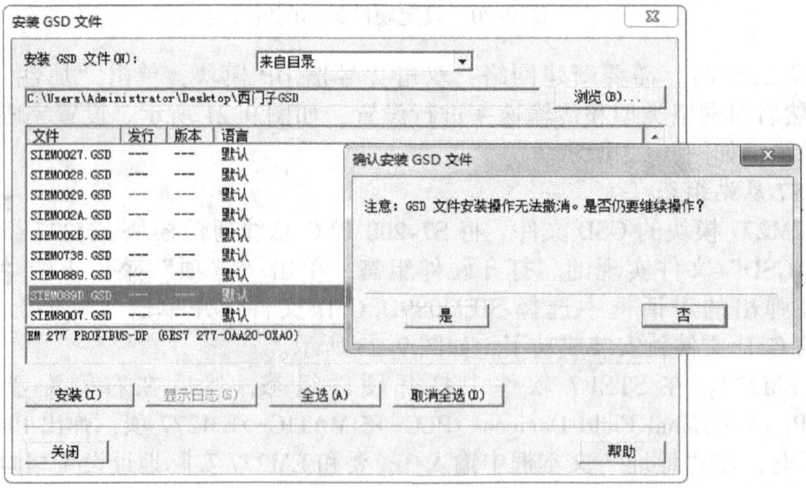

图 9-23　GSD 文件安装

的参数，如图 9-25 所示。设置“I/O Offset in the V-memory”（V 存储区中的 I/O 偏移量）为 0，即用 S7-200 的 VB0～VB15 与 S7-300 的 IB0～IB7 和 QB0～QB7 交换数据。若 V 存储区

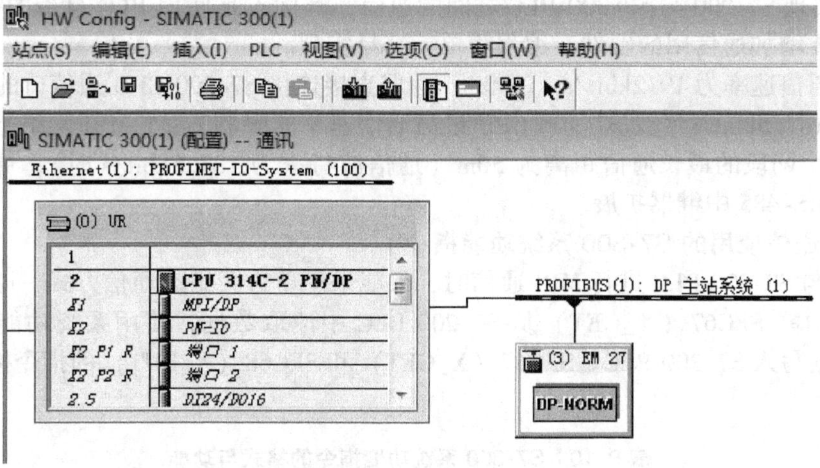

图 9-24 添加 EM277

中的 I/O 偏移量设为 500，则其含义为用 S7-200 的 VB500～VB515 与 S7-300 的 IB0～IB7 和 QB0～QB7 交换数据。

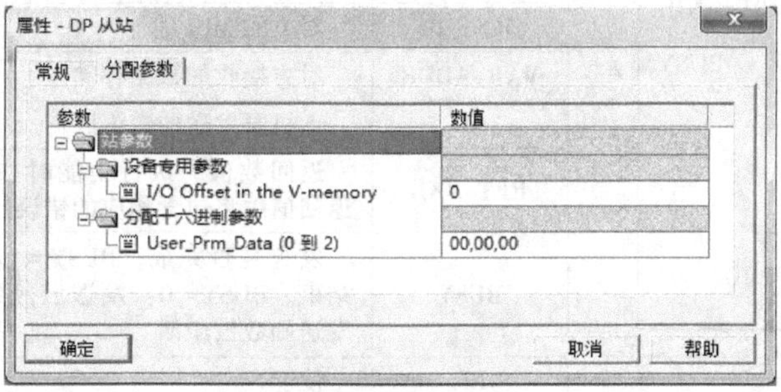

图 9-25 查看参数属性

3）程序设计。S7-200 PLC 编写程序如图 9-26a 所示，S7-300 PLC 编写程序如图 9-26b 所示。

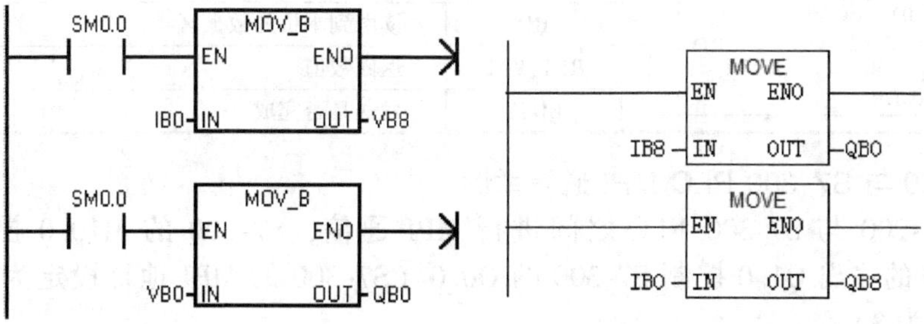

a) S7-200 PLC编写程序 b) S7-300 PLC编写程序

图 9-26 S7-200 与 S7-300 PLC 的 PROFIBUS 通信程序

9.2.2 S7-200 与 S7-300 的 MPI 通信

S7-200 与 S7-300 PLC 之间采用 MPI 通信方式时，S7-200 PLC 中不需要编写任何与通信有关的程序，只需要将交换的数据整理到一个连续的 V 存储区当中即可，而 S7-300 中需要在 OB1（或是定时中断组织块 OB35）当中调用系统功能 X_GET（SFC67）和 X_PUT

（SFC68），实现 S7-200 与 S7-300 PLC 之间的通信，其优点是使用 PLC 自带的 RS-485 通信接口，不需要增加通信用的硬件，编程简单，容易实现。

MPI 的通信速率为 19.2kbit/s~12Mbit/s，但直接连接 S7-200 CPU 通信口的 MPI 网最高速率通常为 187.5kbit/s（受 S7-200 CPU 最高通信速率的限制），在 MPI 网络上最多可以有 32 个站，一个网段的最长通信距离为 50m（通信波特率为 187.5kbit/s 时），更长的通信距离可以通过 RS-485 中继器扩展。

1. MPI 通信使用的 S7-300 系统功能指令

S7-300 与 S7-200 PLC 进行 MPI 通信时，只能采用单边无组态通信方式，即仅在 S7-300 中使用系统功能 SFC67（X_GET）从 S7-200 PLC 中读取数据，使用系统功能 SFC68（X_PUT）将数据写入 S7-200 PLC。SFC67（X_GET）和 SFC68（X_PUT）的指令格式与功能见表 9-10。

表 9-10 S7-300 系统功能指令的格式与功能

梯形图 LAD		输入/输出	功能	数据类型
发送数据指令	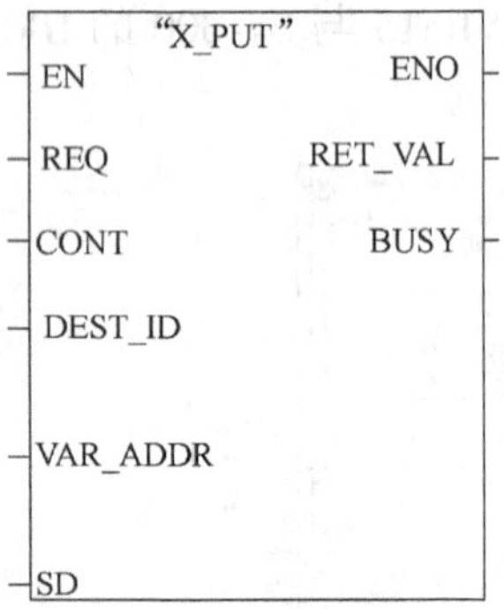	EN	使能	BOOL
		REQ	发送请求	BOOL
		CONT	作业结束后是否继续保持与对方的连接	BOOL
		DEST_ID	对方的 MPI 地址	WORD
		VAR_ADDR	对方接收的数据存储区	ANY
		SD	本机要发送的数据区	ANY
		RET_VAL	返回数值，执行功能时如果发生错误，返回值中将包含相应的错误代码	INT
		BUSY	发送是否完成。BUSY=1：发送还没有结束。BUSY=0：发送已经结束，或没有发送函数被激活	BOOL
接收数据指令	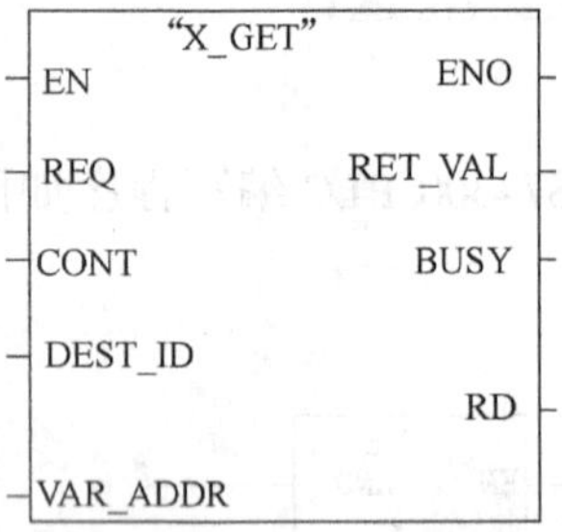	EN	使能	BOOL
		REQ	发送请求	BOOL
		CONT	作业结束后是否继续保持与对方的连接	BOOL
		DEST_ID	对方的 MPI 地址	WORD
		VAR_ADDR	对方的数据区	ANY
		RD	读取到本机的数据区	ANY
		RET_VAL	返回数值	INT
		BUSY	发送是否完成	BOOL

2. S7-200 与 S7-300 PLC MPI 通信举例

例 7 S7-200 与 S7-300 PLC 之间进行 MPI 通信，S7-300 的 M10.0 控制 S7-200 的 Q1.0，S7-200 的输出 Q1.0 控制 S7-300 的 Q0.0（S7-300 的 MPI 地址设定为 2，S7-200 的 MPI 地址设定为 3）。

1）从站组态。新建 S7-200 程序，在系统块中设置 CPU224 通信端口的 MPI 地址为 3，MPI 通信波特率为 19.2kbit/s，将程序下载到 CPU224 中，如图 9-27 所示。

2）主站组态

① 新建 S7-300 站点，新建项目组态过程与例 6 相同，在硬件配置中的 CPU 属性中设置 CPU314C-2DP 的 MPI 地址为 2，MPI 通信速率为 19.2kbit/s，如图 9-28 所示。

② 插入定时中断组织块 OB35（默认定时中断时间为 100ms），编写程序并下载到 CPU314C-2DP 中，如图 9-29 所示。

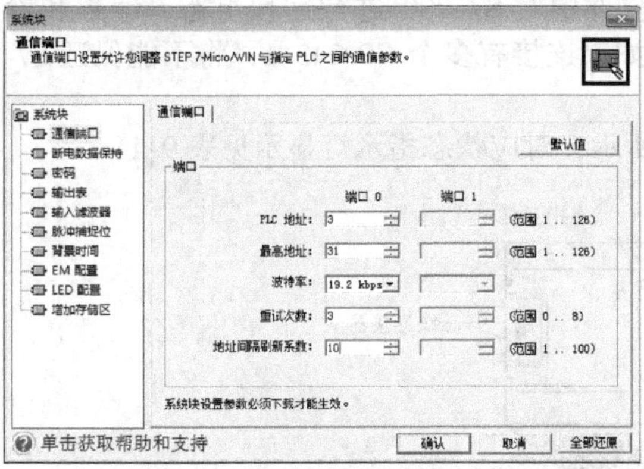

图 9-27　S7-200 PLC 系统块通信端口设置

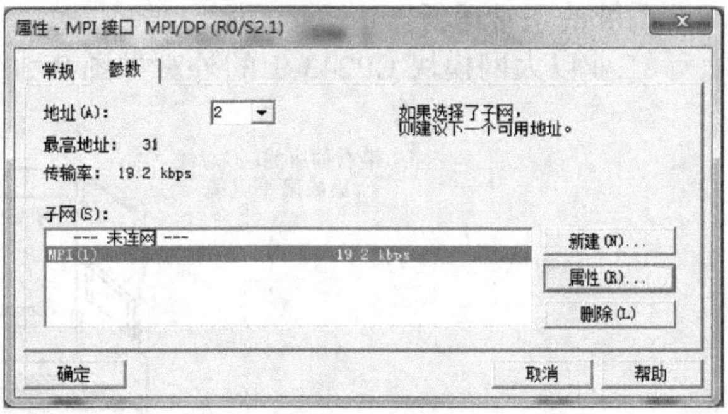

图 9-28　S7-300 PLC MPI 属性设置

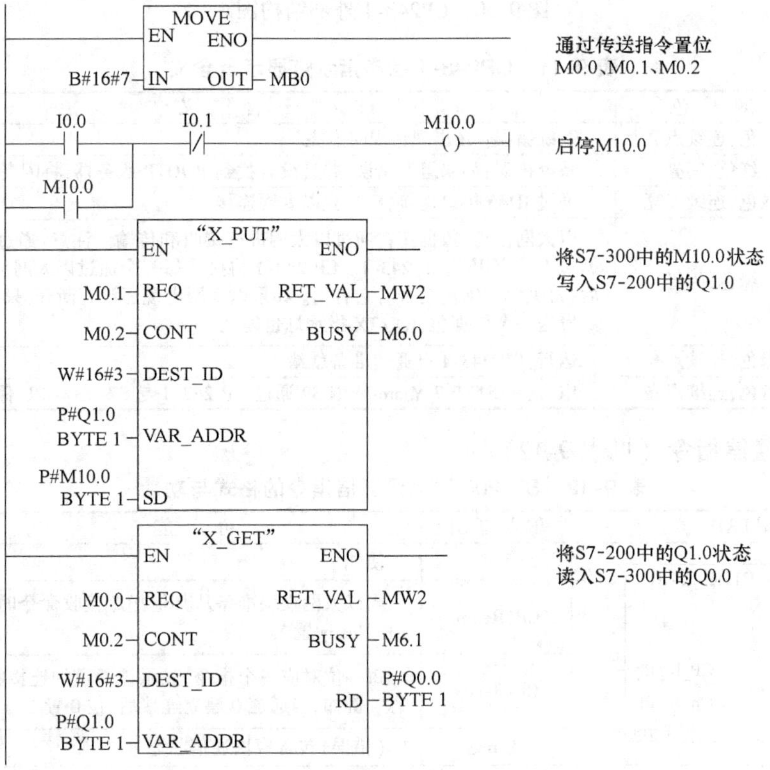

图 9-29　S7-300 PLC OB35 编写程序

9.2.3　S7-200 和 S7-300 之间的以太网通信

S7-200 通过 CP243-1 或 CP243_1IT 接入工业以太网有以下几种方式：S7-200 之间的以太网通信、S7-200 与 S7-300/400 之间的以太网通信、S7-200 与 OPC 及 WINCC 的以太网通信。在 S7-200 与 S7-300/400 之间的以太网通信中，S7-200 既可以做 Server（服务器）端，也可以做 Client（客户）端。

1. 工业以太网模块 CP243-1 简介

CP 243-1 是一种通信处理器，设计在 S7-200 自动化系统中运行，用于将 S7-200 系统连接到工业以太网（IE）中。使用时，需在编程软件中对 S7-200 进行远程组态、编程和诊断。每个 S7-200 CPU 只能连接一个 CP 243-1，如果连接有多个 CP 243-1，将不能保证 S7-200 系统的正常运行。

工业以太网模块 CP243-1 的外观如图 9-30 所示，对应状态指示灯显示见表 9-11。

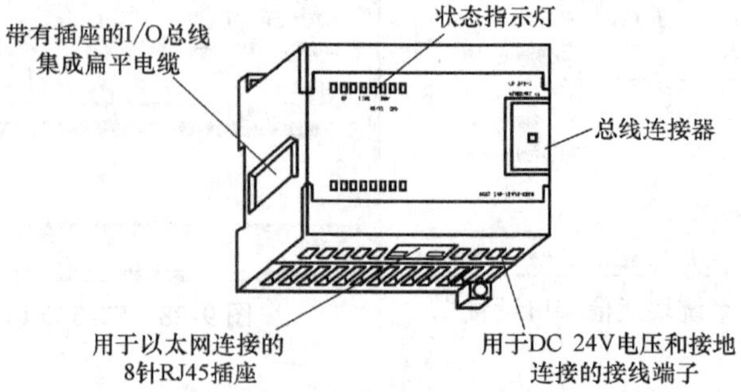

图 9-30 CP243-1 外部结构图

表 9-11 CP243-1 状态指示灯显示及含义

LED 显示	颜 色	含 义
SF	红色,连续点亮	系统错误：在出现错误时点亮
	红色,闪亮	系统错误：如果组态错误,并且没有找到 BOOTP 服务器,将闪亮(每秒钟一次)
LINK	绿色,连续点亮	通过 RJ45 接口连接：已建立以太网连接
RX/TX	绿色,闪烁	以太网活动：数据正在通过以太网进行接收和传输。注意：通过以太网接收的数据包不一定用于 CP 243-1。CP 243-1 将接受每一个通过以太网传送的数据包。然后，再决定数据包是否对它有用。如果以太网电缆还没有断开，只要 CP 243-1 一尝试发送一个数据包，RX/TX 指示灯也闪亮
RUN(运行)	绿色,连续点亮	运行：CP 243-1 已通信准备就绪
CFG	黄色,连续点亮	组态：在 STEP 7 Micro/WIN 32 通过 CP 243-1 与 S7-200 CPU 保持连接时点亮

2. 以太网通信指令（见表 9-12）

表 9-12 S7-200 以太网通信指令的格式与功能

梯形图 LAD		输入/输出	功 能	数据类型
初始化和控制子程序	ETHO_CTRL EN CP_Ready Ch_Ready Error	EN	使能	BOOL
		CP-Ready	当以太网模块准备从其他指令接收命令时，CP_Ready 置 1	BOOL
		Ch-Ready	每一位对应一个指令，显示该通道的连接状态。例如，当通道 0 建立连接后，位 0 置 1	WORD
		Error	（错误）包含模块通信状态	WORD
数据发送和接收子程序	ETHO_XFR EN START Chan_ID Done Data Error Abort	EN	使能	BOOL
		START	=1 时触发数据交换	BOOL
		Chan_ID	在向导中配置的客户机通道号码，连接号(0~7)，也可输入连接名称	BYTE
		Data	在向导中配置的指定信号定义的一个数据传送，数据传输号(0~31)，也可输入数据传输的名称	BYTE
		Abort	（异常中止）命令以太网模块停止在指定通道上的数据传送	BOOL
		Done	当以太网模块完成数据传送时，Done(完成)打开	BOOL
		Error	（错误）包含模块通信状态	BYTE

3. S7-200 与 S7-300 PLC 以太网通信举例

例 8　通过以太网通信，实现 S7-300 中的 M0.0 控制 S7-200 中 Q0.0 的要求，系统连接示意图如图 9-31 所示。

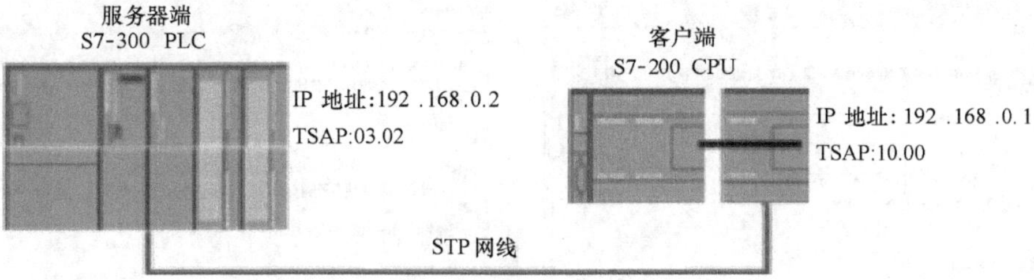

图 9-31　S7-200 与 S7-300 以太网通信连接示意图

当 S7-200 系列 PLC 与 S7-300 系列 PLC 进行以太网通信时，S7-300 可以作为服务器端或者客户端，S7-200 也可以作为服务器端或者客户端，但对于 S7-300 配置的部分型号的以太网模块，如 CP343-1 Lean，S7-300 只能作为服务器端，而 CP343-1 IT 模块则既可以作为服务器端，又可以作为客户端。本例题中 S7-300 CPU 型号为紧凑型 314-2DP，自带 2 端口交换机集成 PROFINET 接口，S7-200 CPU 型号为 224XP，设置 S7-300 为服务器端，S7-200 为客户端。

远程对象属性中 TASP（Transport Service Access Point）为通信连接地址，该地址包含两个字节：第一字节为通信连接号，为 0x10+连接数目，或 0x03+连接数目（S7-300/400），如果配置为第 0 个连接，则为 10，配置第 1 个连接，则为 11，依次类推；第二个字节为模块位置（或机架或槽位（S7-300/400）），如“00”则代表 CP243-1 模块安装在 0 号机架 0 号槽，即 CPU 后的第一个模块。如果 CP243-1 与 CPU 隔两个模块放置，连接 1 设定为服务器连接时，本地 TSAP 默认为 11.02，注意本地 TSAP 地址是自动生成的，无法修改。

1）客户端配置

① 打开 STEP 7-Micro/WIN 编程软件，单击“工具”菜单下的“以太网向导”，弹出以太网向导设置对话框，如图 9-32 所示，单击“下一步”按钮。

② 设置 CP243-1 模块位置，如不能确定，可以单击“读取模块”由软件自动探测模块的位置，如图 9-33 所示，单击“下一步”按钮。

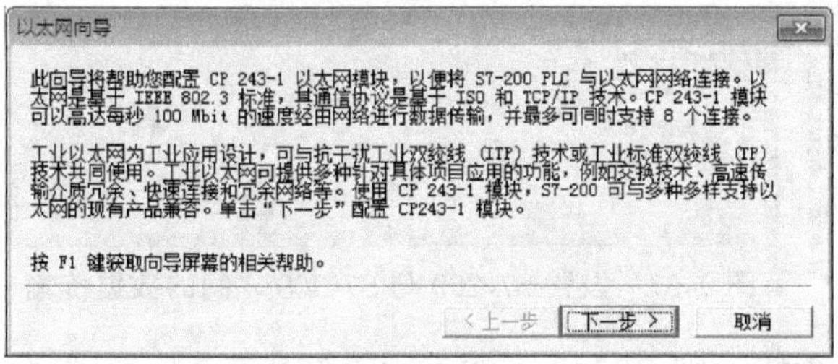

图 9-32　以太网设置初始界面

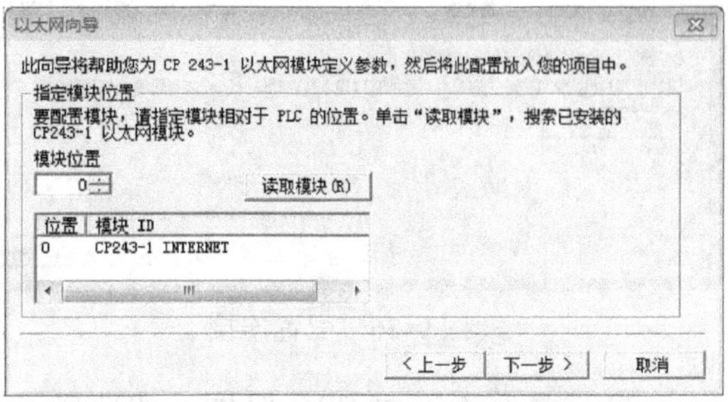

图 9-33　设置 CP243-1 模块位置

③ 设定 CP243-1 模块的 IP 地址和子网掩码，并指定模块连接的类型。在 IP 地址中输入“192.168.0.1”，子网掩码输入“255.255.255.0”，网关可以空置，“为此模块指定通信连接类型”中选择“自动检测通信”选项，设置界面如图 9-34 所示，最后单击“下一步”按钮。

④ 确定 PLC 为 CP243-1 分布的输出口的起始字节地址（一般使用默认值即可）和连接数据数，因为只有两个模块，所以“要为此模块配置的连接数目”选定为“1”，如图 9-35 所示，单击“下一步”按钮。

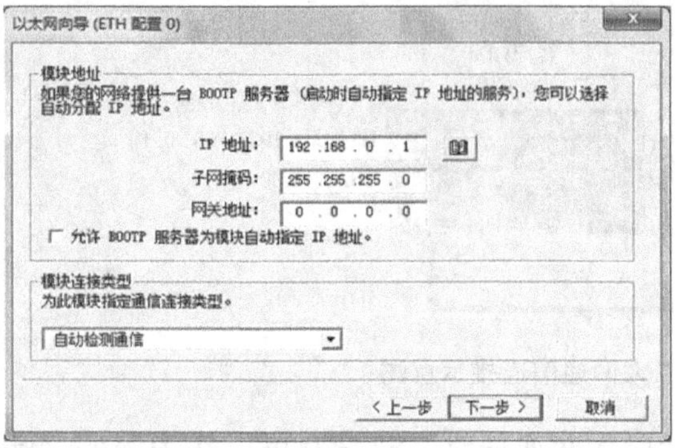

图 9-34 设置 CP243-1 模块的 IP 地址和子网掩码

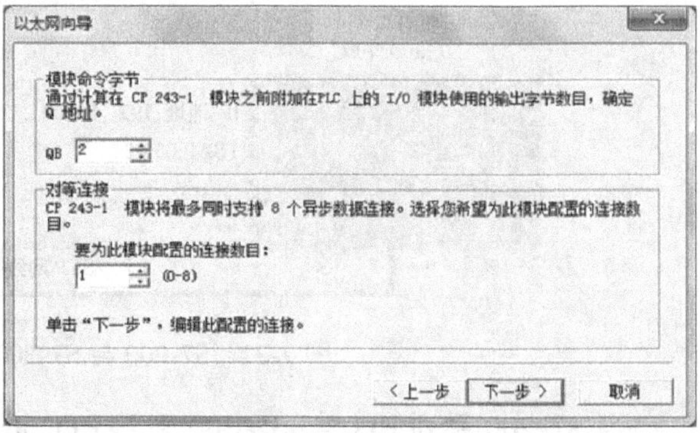

图 9-35 设置命令字节与连接数目

⑤ 配置连接。将“远程对象”设置为“03.02”（若为 S7-200 则设定为 10.00），再将“为此连接指定服务器的 IP 地址”设定为“192.168.0.2”，如图 9-36 所示。

单击“数据传输…”按钮，添加一个新数据传输，选定“从远程服务器连接读取数据”，因本例只从 S7-300 中读取 M0.0 一个开关量，所以读取字节设定为“1”，对应地址设定为将服务器端的 MB0 数据传送到客户端 VB0 中，单击“确认”按钮，如图 9-37 所示。

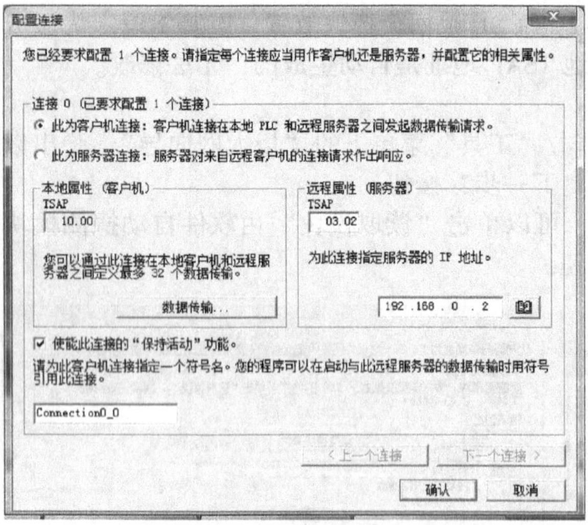

图 9-36 配置连接

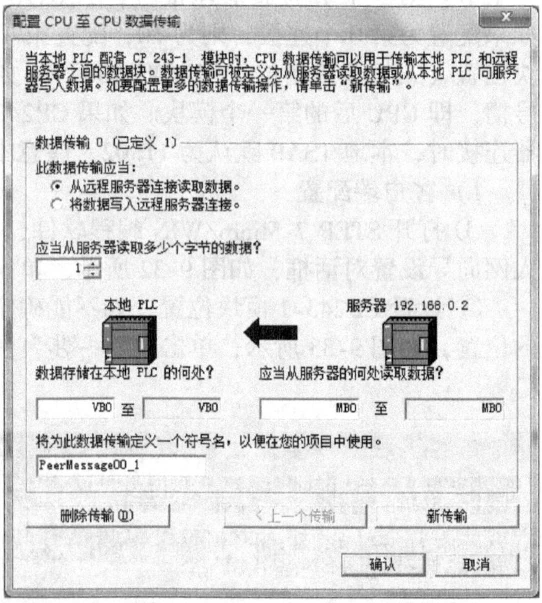

图 9-37 设置 S7-200 与 S7-300 之间的数据传输

⑥ 选择是否需要 CRC 保护，如选择了此功能，则 CP243-1 在每次系统重启时，就校验 S7-200 中的组态信息是否被修改，如被改过，则停止启动，并重新设置 IP 地址，本例设置为“是”，如图 9-38 所示，单击“下一步”按钮。

⑦ 分配配置内存。选定 CP243-1 组态信息的存放地址，此地址区在用户程序中不可再用，单击“建议地址”，再单击“下一步”按钮，如图 9-39 所示。

⑧ 生成项目部件。如图 9-40 所示，单击“完成”按钮，完成客户端的配置。

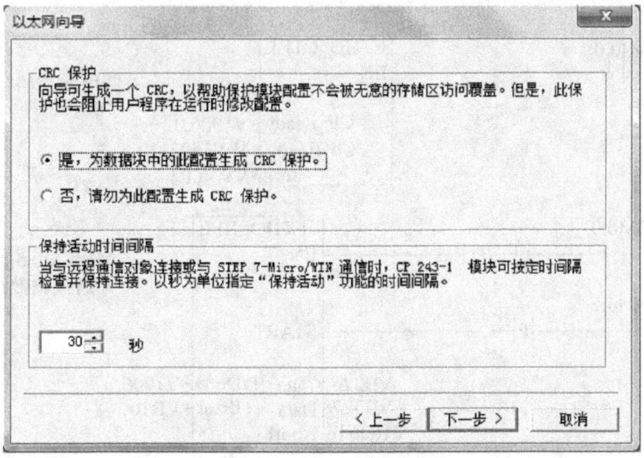

图 9-38　设置 CRC 保护

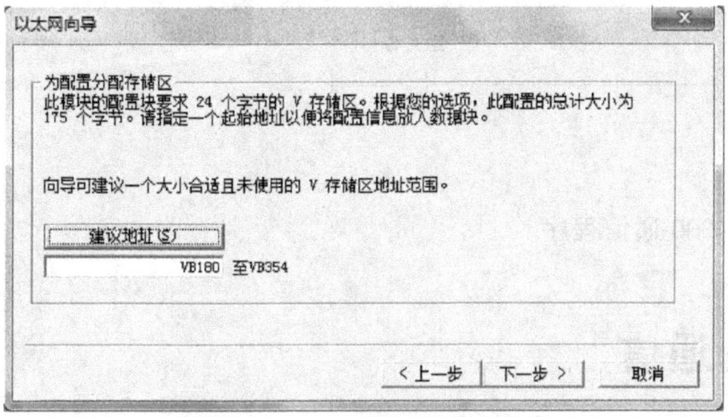

图 9-39　为配置分配存储区

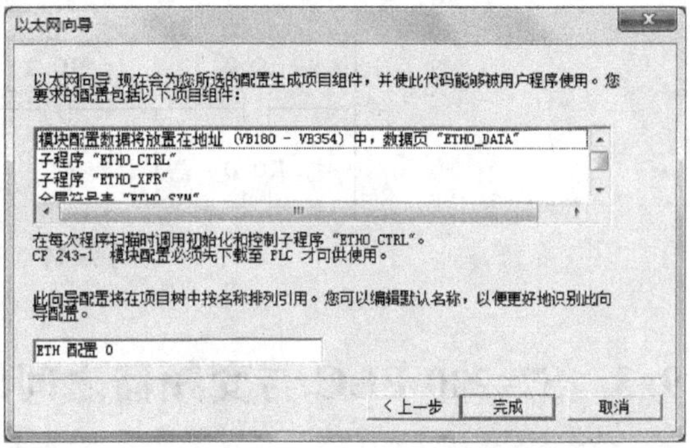

图 9-40　生成项目部件

2）服务器端配置

① 打开 STEP 7 管理器，新建工程，选择插入一个“SIMATIC 300 站点”，硬件组态中按照订货号和硬件安装次序依次插入机架和 CPU 模块，插入 CPU 模块时，会自动弹出“属性-Ethernet 接口”对话框，设置 IP 地址为“192.168.0.2”，子网掩码输入“255.255.255.0”，如图 9-41 所示。

② 组建以太网。单击图 9-41 中的“新建”按钮，弹出“组建以太网”界面，如图9-42 所示，选中“Ethernet（1）”，单击“确定”按钮，以太网组建完成。

3）程序编写。S7-200 中编写程序如图 9-43 所示。S7-300 中编写程序如 9-44 所示。

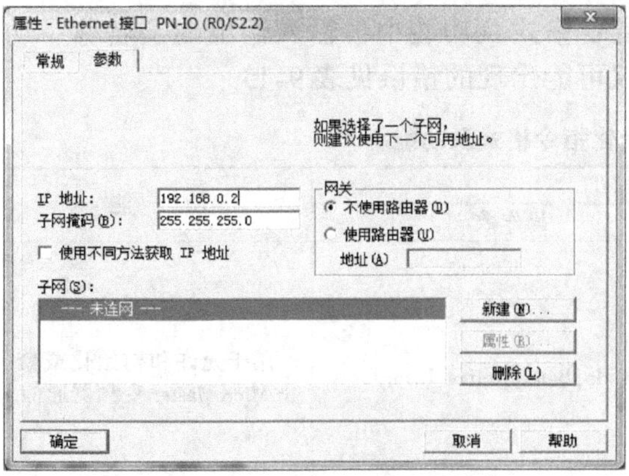

图 9-41　以太网接口设置

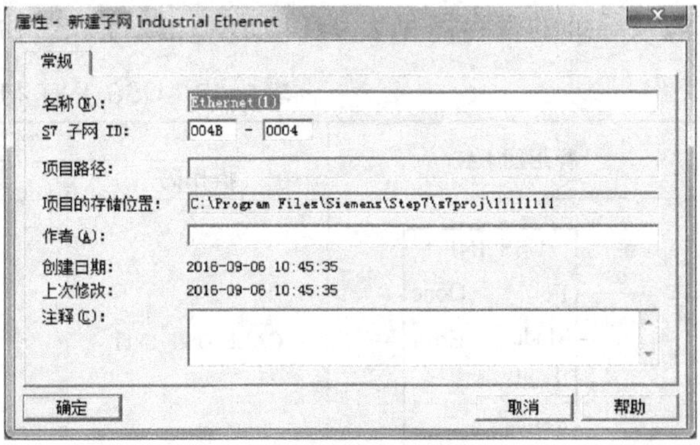

图 9-42　组建以太网

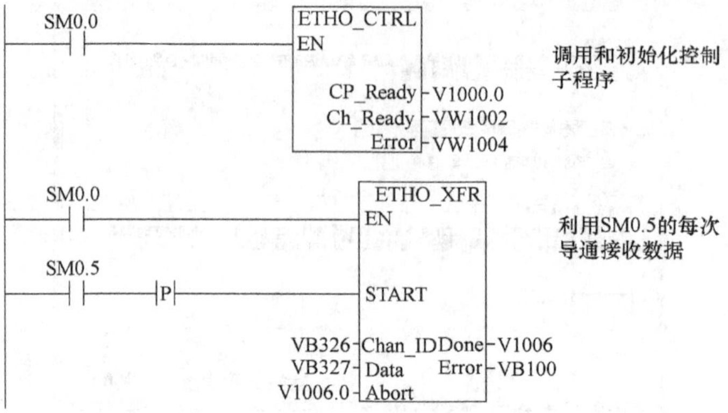

图 9-43　S7-200 通信程序

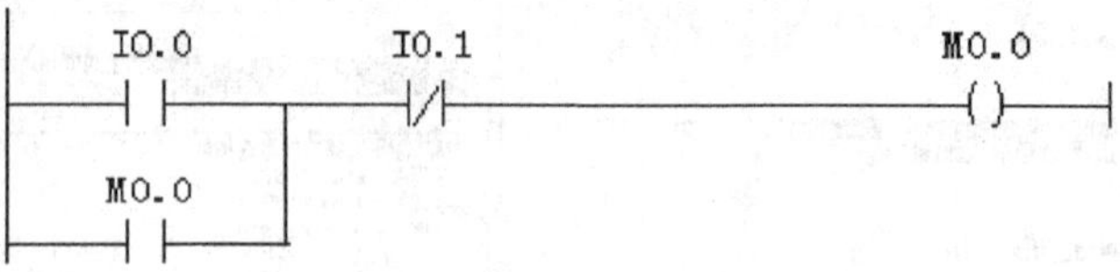

图 9-44　S7-300 通信程序

9.3　S7-200 PLC 与变频器之间的通信

西门子 S7-200 系列 PLC 与西门子 MicroMaster 变频器采用西门子的专用 USS 协议进行通信，应用在各类自动控制系统中。使用 USS 通信协议，用户可通过 PLC 程序调用的方式方便地控制和监测 MicroMaster 变频器的运行状态。S7-200 CPU 的通信端口规格是 RS485，将其通信端口与驱动装置的 RS485 端口连接，在 RS485 网络上实现 USS 通信，不仅编程工作量小，而且费用低、使用方便，是最经济的通信方式。

PLC 与变频器之间的通信在西门子产品中是分以下几个步骤来完成的：首先要在 STEP7-Micro/WIN 编程软件上对变频器的控制通过 USS 协议指令进行各种设定，然后将其设定下载到 PLC，最后连接变频器与 PLC。当 PLC 进入运行状态后，就会根据 USS 协议指令的要求与变频器进行通信，实现对变频器的控制。

1. USS 协议指令

（1）USS_INIT 初始化指令（见表 9-13）　指令格式及功能中各输入输出端子名称、功能及寻址的寄存器见表 9-14 所示。执行 USS 协议可能出现的错误见表 9-15。

表 9-13　USS_INIT 初始化指令格式及功能

梯形图 LAD	语句表 STL		功　　能
	操作码	操作数	
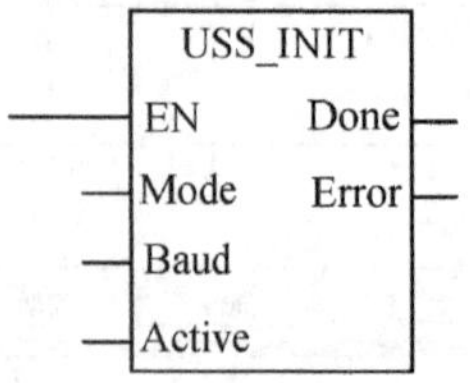	CALL USS_INIT	Mode, Baud, Active, Error	用于允许和初始化或禁止 MicroMaster 变频器通信

表 9-14　USS_INIT 初始化指令的输入输出端子说明

符号	端子名称	状态	作　用	可寻址寄存器
EN	使能端	1	USS_INIT 指令被执行,USS 协议被启动	
Mode	通信协议选择端	字节	为 1 时,将 PLC 的端口分配给 USS 协议,并允许该协议	VB, IB, QB, MB, SB, SMB, LB, AC, * VD, * AC, * LD,常数
			为 0 时,将 PLC 的端口分配给 PPI 协议,并禁止 USS 协议	
Baud	通信速率设置端	字	可选择的波特率为 120、2400、4800、9600 或 19200	VW,QW,IW,MW,SW,SMW,LW,T,C,AIW,AC, * VD, * AC, * LD,常数
Active	变频器激活端	双字	用于激活需要通信的变频器,双字寄存器的位表示被激活的变频器的地址(范围 0~31)	VD, ID, QD, MD, SD, SMD, LD, AC, * VD, * AC, * LD,常数
Done	完成 USS 协议设置标志端	位	当 USS_INIT 指令顺利执行完成时,Done 输出接通,否则出错	I,Q,M,S,SM,T,C,V,L
Error	USS 协议执行出错指示端	字节	当 USS_NIT 指令执行出错时,Error 输出错误代码。其可能的错误类型如表 9-15 所示	VB, IB, QB, MB, SB, SMB, LB, AC, * VD, * AC, * LD

表 9-15　执行 USS 协议可能出现的错误

出错代码	说　明	出错代码	说　明
0	没有出错	11	变频器响应的第一字符不正确
1	变频器不能响应	12	变频器响应的长度字符不正确
2	检测到变频器响应中包含加和校验错误	13	变频器错误响应
3	检测到变频器响应中包含奇偶校验错误	14	提供的 DB-PTR 地址不正确
4	由用户程序干扰引起的错误	15	提供的参数号不正确
5	企图执行非法命令	16	所选择的协议无效
6	提供非法的变频器地址	17	USS 激活;不允许更改
7	没有为 USS 协议设置通信口	18	指定了非法的波特率
8	通信口正忙于处理指令	19	没有通信;变频器没有激活
9	输入的变频器速率超出范围	20	在变频器中响应中的参数和数值有错
10	变频器响应的长度不正确		

(2) USS_CTRL 驱动变频器指令(见表 9-16)　指令格式及功能中各输入输出端子名称、功能及寻址的寄存器见表 9-17。

表 9-16　USS_CTRL 驱动变频器指令格式及功能

<table>
<tr><th rowspan="2">梯形图 LAD</th><th colspan="2">语句表 STL</th><th rowspan="2">功　能</th></tr>
<tr><th>操作码</th><th>操作数</th></tr>
<tr><td>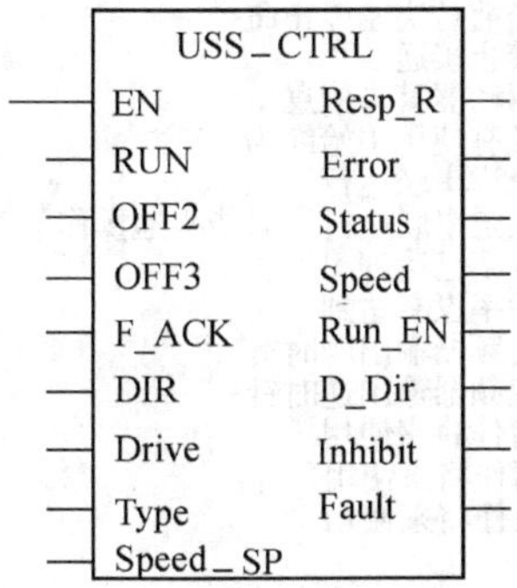
</td><td>CALL USS_CTRL</td><td>RUN,OFF2,OFF3,F_ACK,DIR,Drive,Speed_SP,Resp_R,Error,Status,Speed,Run_EN,D_Dir,Inhibit,Fault</td><td>USS_CRTL 指令用于控制被激活的 MicroMaster 变频器
USS_CRTL 指令把选择的命令放在一个通信缓冲区内,经通信缓冲区发送到由 Drive 参数指定的变频器,如果该变频器已由 USS_INIT 指令的 Active 参数选中,则变频器将按选中的命令运行</td></tr>
</table>

表 9-17 USS_CTRL 驱动变频器指令中各输入输出端子名称、功能及寻址的寄存器

符号	端子名称	状态	作 用	可寻址寄存器
EN	使能端	1	USS_CRTL 指令被启动。EN 断开时，禁止 USS_CRTL 指令	
RUN	运行/停止控制端	位	当 RUN 接通时，Micro Master 变频器开始以规定的速度和方向运转 当 RUN 断开时，Micro Master 变频器开始输出频率下降，直至为 0	I,Q,M,S,SM,T,C,V,L
OFF2	减速停止控制端	位		I,Q,M,S,SM,T,C,V,L
OFF3	快速停止控制端	位		I,Q,M,S,SM,T,C,V,L
F_ACK	故障确认端	位	当 F_ACK 从低变高时，变频器清除故障(FAULT)	I,Q,M,S,SM,T,C,V,L
DIR	方向控制端	位	变频器顺时针方向运行 变频器逆时针方向运行	I,Q,M,S,SM,T,C,V,L
Drive	地址输入端	字节	变频器的地址可在 0~31 范围内选择	IB, VB, QB, MB, SB, SMB, LB, AC, * VD, * AC, * LD, 常数
Type	类型选择	字节	将 MicroMaster 3(或更早版本)驱动器的类型设为 0；将 MicroMaster 4 驱动器的类型设为 1	VB, IB, QB, MB, SB, SMB, LB, AC, 常量, * VD, * AC, * LD
Speed_SP	速度设定端	实数	以全速百分值(-200%~+200%)设定变频器的速度，若值为负则变频器反向旋转	VD, ID, QD, MD, SD, SMD, LD, AC, * AC, * VD, * LD, 常数
Resp_R	变频器响应确认端	位	当 CPU 从变频器接收到一个响应，Resp_R 接通一次，并更新所有数据	I,Q,M,S,SM,T,C,V,L
Error	出错状态字	字节	显示执行 USS_CRTL 指令的出错情况	IB, VB, QB, MB, SB, SMB, LB, AC, * VD, * AC, * LD
Status	工作状态指示端	字	其显示的变频器工作状态如图 9-45 所示	VW, T, C, IW, QW, SW, MW, SMW, LW, AC, AQW, * AC, * VD, * LD
Speed	速度指示端	实数	存储全速度百分值的变频器速度(-200%~200%)	VD, ID, QD, MD, SD, SMD, LD, AC, * AC, * VD, * LD
Run_EN	运行状态指示端	位	变频器正在运行为 1，已经停止为 0	I,Q,M,S,SM,T,C,V,L
D_Dir	旋转方向指示端	位	变频器顺时针旋转为 1，逆时针旋转为 0	I,Q,M,S,SM,T,C,V,L
Inhibit	禁止位状态指示端	位	变频器被禁止时为 1，不禁止时为 0	I,Q,M,S,SM,T,C,V,L
Fault	故障状态指示端	位	变频器故障为 1，无故障为 0	I,Q,M,S,SM,T,C,V,L

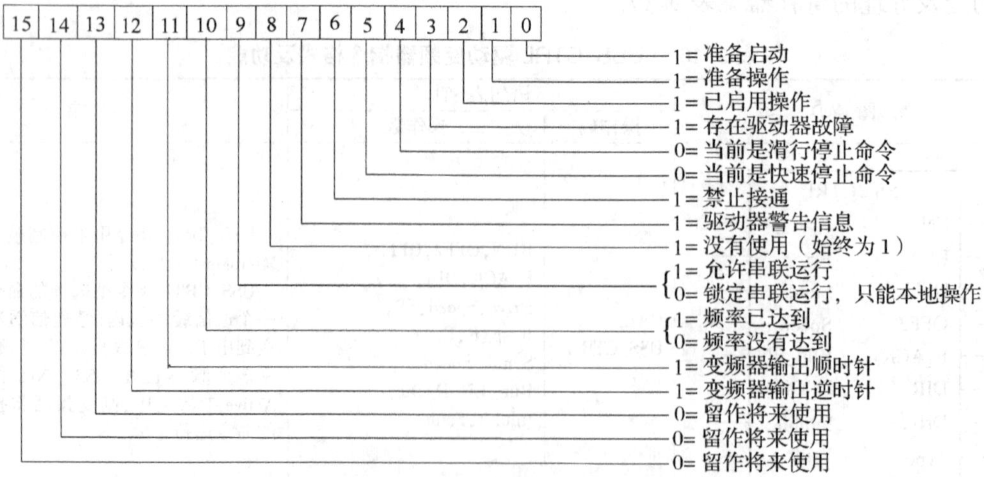

图 9-45 变频器工作状态指示含义

（3）USS_RPM_x（USS_WPM_x）读取（写入）变频器参数指令（见表 9-18）　指令格式及功能中各输入输出端子的名称、功能及寻址的寄存器见表 9-19 所示。

表 9-18　USS_RPM_x（USS_WPM_x）读取（写入）变频器参数指令格式及功能

梯形图 LAD	语句表 STL		功　能
	操作码	操作数	
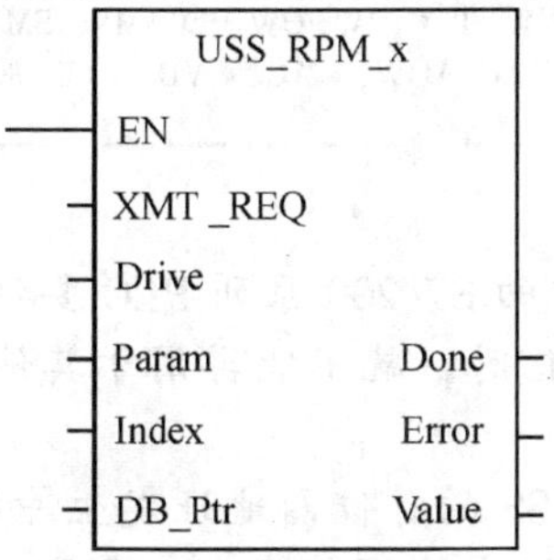	CALL USS_RPM_W	XMT_REQ, Drive, Param, Index, DB_Ptr, Done, Error, Value	USS_RPM_x 指令读取变频器的参数，当变频器确认接收到命令时或发送一个出错状况时，则完成 USS_RPM_x 指令处理，在该处理等待响应时，逻辑扫描仍继续进行
	CALL USS_RPM_D		
	CALL USS_RPM_R		
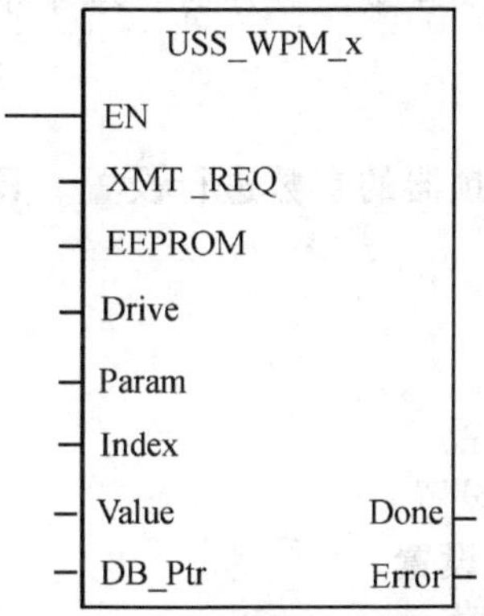	CALL USS_WPM_W	XMT_REQ, EEPROM, Drive, Param, Index, Value, DB_Ptr, Done, Error	USS-WPM_x 指令将变频器参数写入到指定的位置，当变频器确认接收到命令时或发送一个出错状况时，则完成 USS-WPM_x 指令处理，在该处理等待响应时，逻辑扫描仍继续进行
	CALL USS_WPM_D		
	CALL USS_WPM_R		

表 9-19　USS_RPM_x（USS_WPM_x）读取（写入）变频器参数指令中各输入输出端子的名称、功能及寻址的寄存器

符　号	端子名称	状态	作　用	可寻址寄存器
EN	指令允许端	1	用于启动发送请求，其接通时间必须保持到 DONE 位被置位为止	
XMT_REQ	发送请求端	位	在 EN 输入的上升沿到来时，USS_RPM_x(USS_WPM_x) 的请求被发送到变频器	I, Q, M, S, SM, T, C, V, L, 能流
EEPROM	写入启用端	位	当驱动器打开时，EEPROM 输入启用对驱动器的 RAM 和 EEPROM 的写入，当驱动器关闭时，仅启用对 RAM 的写入	I, Q, M, S, SM, T, C, V, L, 能流
Drive	地址输入端	字节	USS_RPM_x(USS_WPM_x) 命令将发送到这个地址的变频器。每个变频器的有效地址为 0 到 31	VB, IB, QB, MB, SB, SMB, LB, AC, * VD, * AC, * AC, * LD, 常数
Param	参数号输入端	字	用于指定变频器的参数号，以便读写该项参数值	VW, T, C, IW, QW, SW, MW, SMW, LW, AC, AQW, * AC, * VD, * LD, 常数
Index	索引地址	字	需要读取参数的索引值	VW, IW, QW, MW, SW, SMW, LW, T, C, AC, AIW, 常量, * VD, * AC, * LD 字
DB _PTR	缓冲区初始地址设定端	双字	缓冲区的大小为 16B，USS_RPM_x (USS_WPM_x) 指令使用这个缓冲区以存储向变频器所发送命令的结果	&VB
DONE	指令执行结束标志端	位	USS_RPM_x(USS_WPM_x) 指令完成时，DONE 输出接通	I, Q, M, S, SM, T, C, V, L

（续）

符　号	端子名称	状态	作　用	可寻址寄存器
ERR	出错状态字	字节	输出执行 USS_RPM_x(USS_WPM_x)指令出错时的信息，其输出的代码含义如表 9-11 所示	VB, IB, QB, MB, SB, SMB, LB, AC, * VD, * AC, * AC, * LD
VAL	参数值存取端	字	对 USS_RPM_x 指令为从变频器读取的参数值，对 USS_WPM_x 指令为写入到变频器的参数值	VW, T, C, IW, QW, SW, MW, SMW, LW, AC, AQW, * AC, * VD, * LD, 常数

在使用 USS 协议和西门子变频器通信时，**需注意以下几项**：

1）USS 协议使用 PLC 端口和变频器通信，对于有两个端口的 S7-200 系列 PLC 要注意不要用错端口号对应的库指令，而且当端口 0 用于 USS 协议通信时，就不能再用于其他的目的，包括与 STEP7-Micro/WIN 的通信。

2）在编程时，要注意使用的 V 存储器地址不要与分配给 USS 的存储器地址发生冲突。在 USS 协议中使用的是 VW4725～VW5117 之间的 V 存储器，建议在编写程序时，尽量不要使用这个区域附近的 V 存储器，以防出现不可预料的情况。

2. MM420 变频器的参数设置

在将变频器与 PLC 连接之前，需用变频器的 BOP 面板对变频器的参数进行设置。具体参数设置如下：

1）将变频器复位到出厂设置，即 P0010=30，P0970=1。

2）P0003=3，允许读/写所有参数（专家级）。

3）P0304=380，电机额定电压（V），根据实际接入电机设置。

P0305=0.18，电机额定电流（A），根据实际接入电机设置。

P0307=0.06，电机额定功率（kW），根据实际接入电机设置。

P0310=50，电机额定频率（Hz），根据实际接入电机设置。

4）P0700=5，控制方式选择 USS。

P1000=5，频率给定选择 USS。

P1120=2，加速时间设置，根据实际情况设定。

P1121=2，减速时间设置，根据实际情况设定。

5）P2010=6，设定 RS-485 串行接口的波特率。不同设定值对应的波特率分别为：3～1200bit；4～2400bit；5～4800bit；6～9600bit；7～19200bit。

6）P2011=0，设置变频器的站地址，可设置为 0～31，与程序必须对应。

7）P0971=1，将上述设定参数保存到 EEPROM。

3. S7-200 系列 PLC 与 MM420 装置的连接

用电缆将 S7-200 PORT 0 端口与 MM420 的 RS485 接口相连的规则如下：PLC 端“D”型头，1 号线接屏蔽电缆的屏蔽层，3 号和 8 号线分别接 MM420 变频器的 14、15 号两个通信端子，在干扰比较大的场合，还需接偏置电阻，如图 9-46 所示。

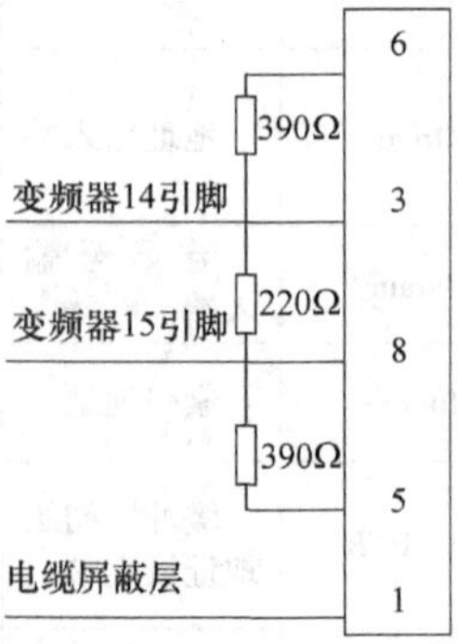

图 9-46　偏置电阻接线图

另外，要注意动力线和通信线分开布线，并且通信线要使用短而粗的屏蔽电缆，且屏蔽层要接到和变频器相同的接地点，否则会给通信造成干扰，导致变频器不能正常运行。

特别强调，只有订货号倒数第二位字母是 B 的装置才能实现 USS 串口通信方式，如订货号 6SE6420-2UC17-5AA1 的变频器则不能使用 USS 协议，而 6SE6420-2UC21-1BA1 则可以。

4. USS 协议指令应用举例

例 9　假定采用 PLC 的输入输出触点及变量存储器见表 9-20，则据 USS 协议指令编写的 PLC 控制变频器的梯形图程序如图 9-47 所示。

表 9-20　PLC 内部资源使用情况

输入输出	用　途	输入输出	用　途
I0.0	为 1 时启动 0 号变频器运行	M0.0	当 CPU 接收到变频器的响应后该位接通一次
I0.1	为 1 时 0 号变频器以减速停车方式停车	M0.1	执行 USS_RPM_W 指令完成时为 1
I0.2	为 1 时 0 号变频器以快速停车方式停车	M0.2	执行 USS_WPM_R 指令完成时为 1
I0.3	为 1 时清除 0 号变频器故障状态指示(Q0.3)	VB1	执行 USS_INIT 指令出错时显示其错误代码
I0.4	为 1 时 0 号变频器顺时针旋转	VB2	执行 USS_CRTL 指令出错时显示其错误代码
I0.5	读取操作命令	VB10	执行 USS_RPM_W 指令出错时显示其错误代码
I0.6	写出操作命令	VB14	执行 USS_WPM_R 指令出错时显示其错误代码
Q0.0	为 1 完成 USS 协议设置	VB20	读取变频器参数的存储初始地址
Q0.1	为 1 表示运行,否则停止	VB40	写变频器参数的存储初始地址
Q0.2	为 1 表示正向运行,为 0 则反向运行	VW4	0 号变频器的工作状态显示
Q0.3	0 号变频器被禁止时为 1,不禁止时为 0	VW12	存储由 0 号变频器读取的参数
Q0.4	0 号变频器故障时为 1,无故障时为 0	VD60	存储全速度百分值的变频器速度

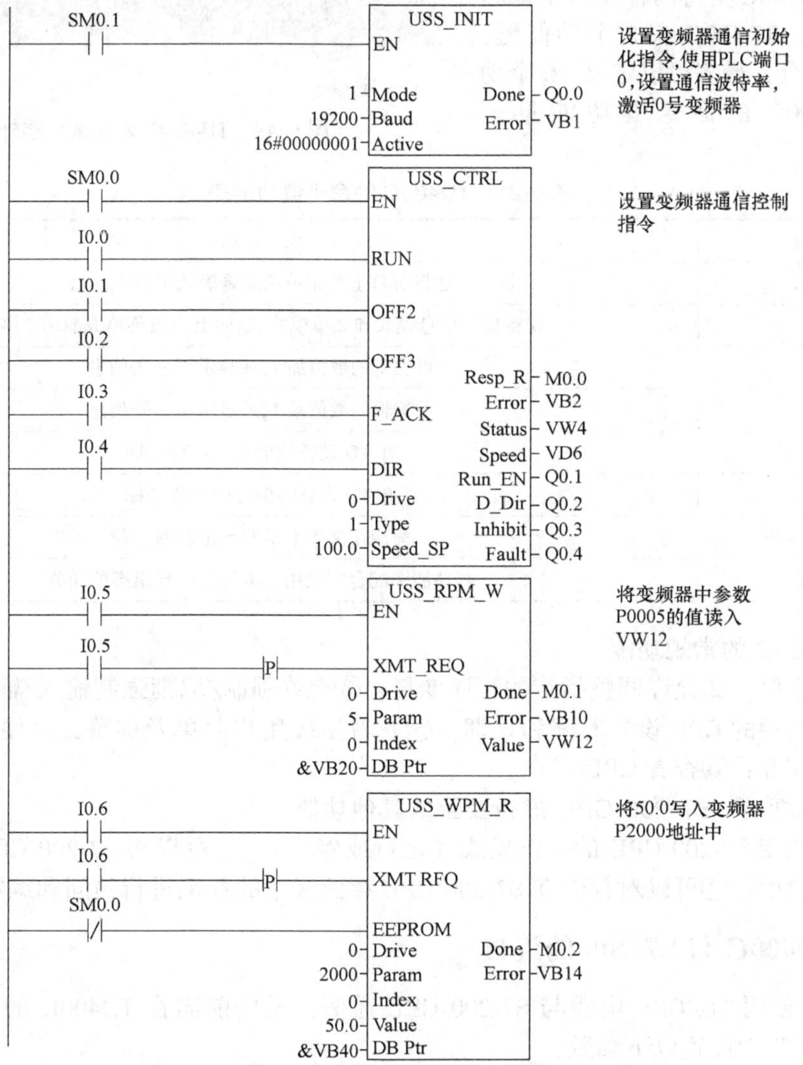

图 9-47　USS 协议指令应用举例

9.4 文本显示器 TD400C 在 S7-200 系列 PLC 系统中的应用

S7-200 TD 文本显示器是一种低成本的人机界面（HMI），用户可以使用 TD 设备组态一组层级式用户菜单，用于查看、监控和修改 S7-200 用户程序中的过程变量。

S7-200 产品系列提供了四种 TD 设备：TD100C、TD200C、TD200 和 TD400C。下面以功能最多的 TD400C 为例，讲述文本显示器在 S7-200 系列 PLC 系统中的应用。

9.4.1 TD400C 功能简介

TD400C 是 S7-200 专用的文本显示器，其外形如图 9-48 所示。

TD400C 可显示 2 行或 4 行文本（取决于用户选择的字体和字符），每行最多 12 个中文字符，分辨率为 192×64 像素。TD400C 支持两种显示字体和中英文显示。TD400C 有 8 个功能键，与 Shift 键配合，最多可以定义 16 个功能键。TD400C 的命令键功能见表 9-21。

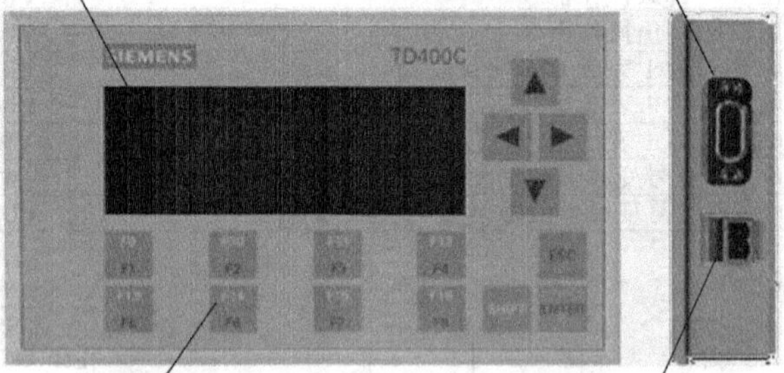

图 9-48　TD400C 文本显示器外观

表 9-21　TD400C 的命令键功能表

命令键	说　明
ENTER	选择屏幕上的菜单项或是确认屏幕上的值
ESC	切换显示信息模式和菜单模式，返回上一级菜单或前一个屏幕
▲键	可编辑的数值加 1，或显示上一条信息
▼键	可编辑的数值减 1，或显示下一条信息
键◀	在 TD 设备的信息内左移光标
键▶	在 TD 设备的信息内右移光标
功能键 F1～F8	完成用文本显示向导组态的任务
SHIFT	与功能键配合完成用文本显示向导组态的任务

1. TD400C 的常规功能

①显示报警；②允许调整指定的程序变量；③允许强制/取消强制输入/输出点；④允许为具有实时时钟的 CPU 设置时间和日期；⑤查看层级用户菜单及屏幕，以便于和应用程序或过程进行交互；⑥查看 CPU 状态。

2. TD400C 与 S7-200 CPU 进行交互的其他功能

①可以改变 S7-200 CPU 的操作模式（运行或停止）；②可以将 S7-200 CPU 的用户程序加载到内存盒中；③可以对存储在 S7-200 CPU 存储区中的数据进行访问和编辑。

9.4.2 TD400C 与 S7-200 的连接

TD400C 使用 TD/CPU 电缆与 S7-200 CPU 通信，通信前需在 TD400C 的“诊断菜单 > TD400C 设置”中设置以下参数：

1）TD400C ADDRESS（TD400C 地址）：用上下键为 TD400C 设定地址，该地址在网上

必须是唯一的，不能与网上其他 CPU 或 TD 设备地址重复。默认地址为 1。

2）CPU ADDRESS（CPU 地址）：设定 TD400C 所连接 CPU 的地址。必须与所连 CPU 的地址一致，否则会造成“CPU 无响应”。默认地址为 2。

3）PARM BLOCK ADDRESS（参数块地址）：设定参数块起始地址，要与 CPU 向导中设定的参数块起始地址一致（见向导编程中完成向导配置第一步）。如果这里的地址设置不对，会引起无参数块错误或乱码及数据错误。默认设置地址为 VB0。

1. 一对一配置

将 TD400C 直接连接到 S7-200 CPU，建立一对一网络组态。在这种组态中，一个 TD400C 通过 TD/CPU 电缆连接到一个 S7-200 CPU，如图 9-49 所示。此时 TD400C 的 DC24V 电源由 CPU（或 EM277 通信模块）提供，不要再外接 DC24V 电源，否则会导致损坏。

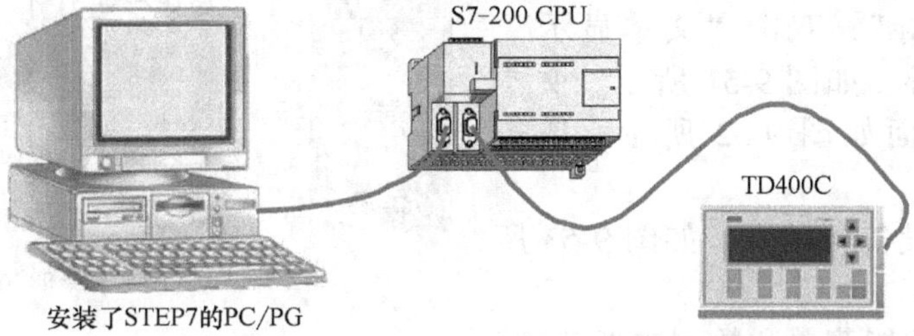

图 9-49　TD400C 与 S7-200 CPU 的连接

2. TD400C 连接到多 CPU 网络

多台 S7-200 CPU 联网时，如果还需要连接 TD400C，可在某个 CPU 的通信口上使用带编程口的网络连接器，在与其他 CPU 组成网络的同时，从 TD400C 设备来的电缆连接到扩展的编程口上。此时 TD 设备的 DC24V 电源由 CPU 提供。

3. TD400C 接入 PROFIBUS 网络

可用网络连接器和 PROFIBUS 电缆将 TD400C 设备连入网络。通过 PROFIBUS 电缆连接 TD400C 时，只连接了通信信号线（3 针和 8 针），没有连接电源线（2 针和 7 针），就需要外接 DC 24V 电源为 TD400C 设备供电。S7-200 系列 PLC 配备的专用于 RS-485 通信的标准 D 型插座通信引脚及功能如图 9-50 和表 9-22 所示。

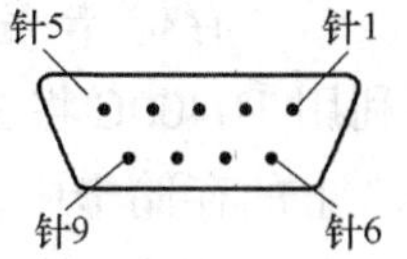

图 9-50　S7-200 通信引脚

如果在同一个网络中，使用多台 TD400C 设备，则每个设备都必须使用不同的网络地址。如果在网络中有多个 CPU，则组态 TD400C 与每个设备的不同地址进行通信。

表 9-22　S7-200 系列 PLC 通信口引脚分配

引脚号	PROFIBUS 名称	Port0 或 1	DP 口
1	屏蔽	逻辑 0	逻辑 0
2	24V 地线	逻辑 0	逻辑 0
3	RS-485 信号线 B	RS-485 信号线 B	RS-485 信号线 B
4	请求发送	没有使用	请求发送
5	5V 地线	逻辑 0	隔离的 5V 地线
6	+5V	+5V(50mA)	隔离的+5V(90mA)
7	+24V	+24V	+24V
8	RS-485 信号线 A	RS-485 信号线 A	RS-485 信号线 A
9	没有使用	10 位信号选择	没有使用
插座外壳	屏蔽	逻辑 0(CPU212/214) 机壳地(CPU215/216)	机壳地

注意： 在使用TD/CPU电缆的方式提供电源时，如果TD400C与S7-200之间的距离超过2.5m，应使用外部电源（DC24V，120 mA的电源）供电，并使用PROFIBUS组件连接网络。

9.4.3 TD400C基本用户配置

使用STEP7-Micro/WIN的向导，可以轻松地在S7-200 CPU的数据存储区中组态参数块和消息。要注意只有在STEP7-Micro/WIN V4.0 SP4以上版本的中文界面下才能对TD400C进行编程组态。TD400C基本用户配置步骤如下：

1）启动STEP7-Micro/WIN，选择“工具>文本显示向导”菜单命令，或在指令树框架中展开“向导”，双击“文本显示”，打开文本显示向导，如图9-51所示。文本显示向导打开界面如图9-52所示，单击“下一步”。

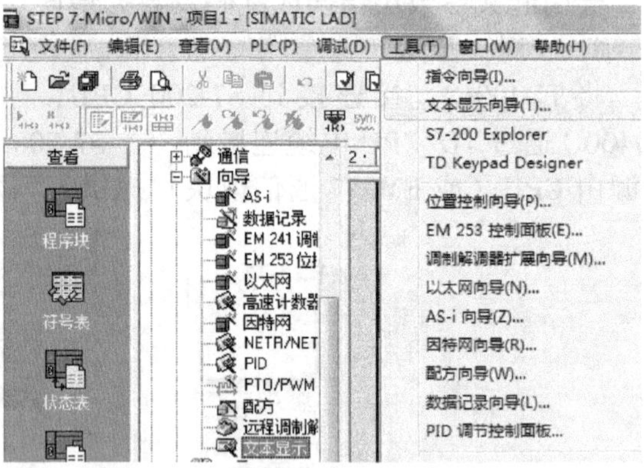

图9-51 打开文本显示向导路径

2）选择TD设备和版本，如图9-53所示，单击“下一步”。

3）选择TD功能菜单和数据更新速率，如图9-54所示。在本页面，用户可选择TD400C的5个功能菜单，以便通过TD400C对PLC进行操作。

若“实时时钟（TOD）”被使能，则用户可以在TD400C上对PLC的实时时钟进行设置。

若“强制”被使能，则用户可以在TD400C上对PLC的I/O点进行强制操作。

若“存储卡编程”被使能，则用户可以利用TD400C将PLC中程序复制到外插在PLC上的存储卡中。

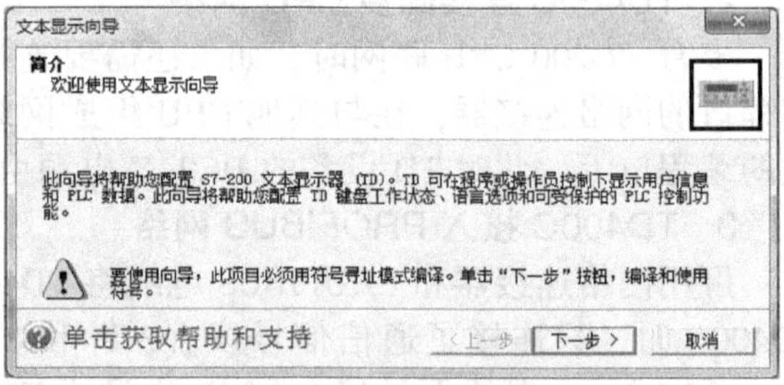

图9-52 打开后的文本显示向导

若“改变PLC工作模式”被使能，则用户可以利用TD400C启动或停止PLC。

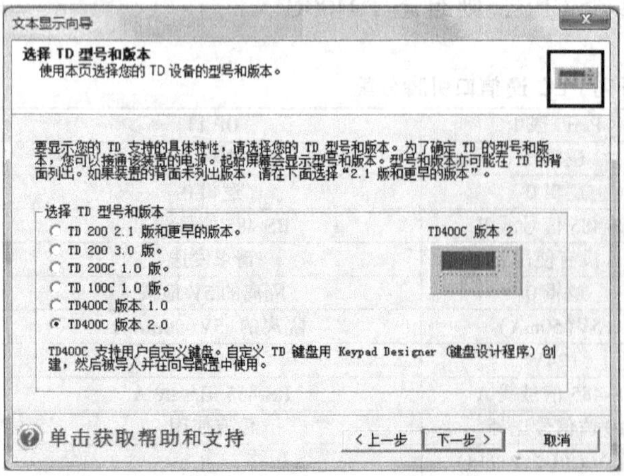

图9-53 选择TD设备和版本

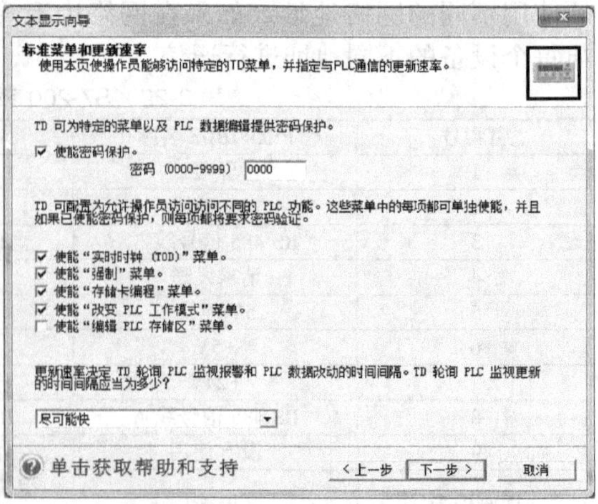

图9-54 选择TD的功能菜单和数据更新速率

若“编辑PLC存储区”被使能，则用户可以利用TD400C修改PLC的V存储区的数据。

若在本页向导中选择了“使能密码保护”，则在未经许可的情况下，上述五项功能均无法操作。该密码设置为4个数字，不能为字符。

在本页向导中还可以选择数据更新时间，即TD400C循环检查PLC数据的间隔时间。此时间长，则监视跟踪PLC数据不能及时；此时间短，则会占用PLC的扫描周期。

4）设定语言及字符集，如图9-55所示。这里设定的TD400C本身的系统菜单等界面显示语言，设置用户菜单、报警消息的语言字符集。如果想显示中文消息，必须在这里设置中文字符集（也是默认设置）。

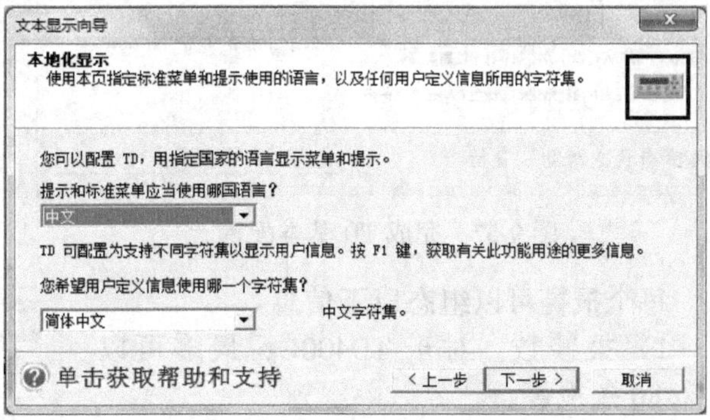

图9-55　设定语言及字符集

5）配置键盘按键，如图9-56所示。加上SHIFT组合键功能，TD400C可提供16个系统功能键直接控制PLC中的数据位。每一个键都可以设置成置位或瞬时接通功能。TD400C不需要用户为功能键（F1～F8）分配地址，向导将自动为其分配V区的地址。如果用户重新修改了向导，可能会引起已分配的功能键地址的改变，用户在逻辑编程时需加以注意。TD400C上的功能键的地址（及其符号名）可以在相关的符号表标签（如TD_SYM_x）中查看。

按下按键时在TD400C显示屏上显示响应标志，便于用户确认按键操作。

用户可以使用Keypad Designer（键盘设计程序）创建自定义键盘。所谓自定义键盘，就是改变默认键盘布局的按键功能分配，或者改变默认情况下的按键名称，或按键符号。如果项目中不需要改变功能键定义或符号等，自然不必自定义键盘。

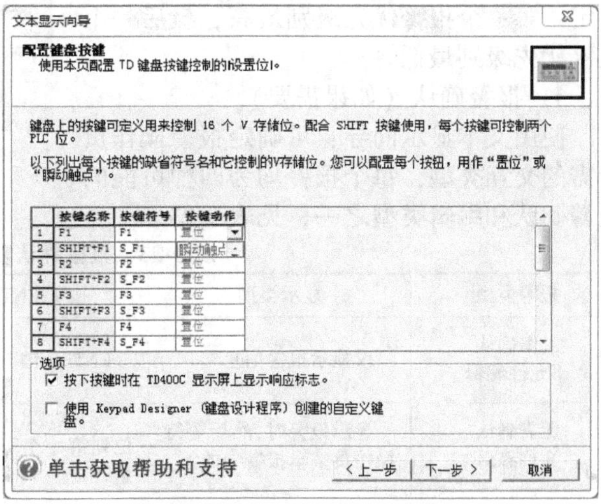

图9-56　配置键盘按键

6）完成TD基本配置，如图9-57所示。

7）为配置分配存储区，如图9-58所示。

8）配置完成后生成项目组件，如图9-59所示。

9.4.4　TD400C自定义报警

报警使S7-200 PLC中的用户程序能够在TD400C上显示报警信息，启动与操作员的交互。当用户程序设置报警位时，TD400C会从S7-200 CPU读取报警文本。

如果将用户屏幕设置为TD400C的默认显示模式并启动报警，则报警指示器会开始在TD显示器上闪烁。如果启动的报警需要确认，则指示器较大。如果报警不需要确认，则指示器较小。此时，用户可以切换到报警显示来查看报警。

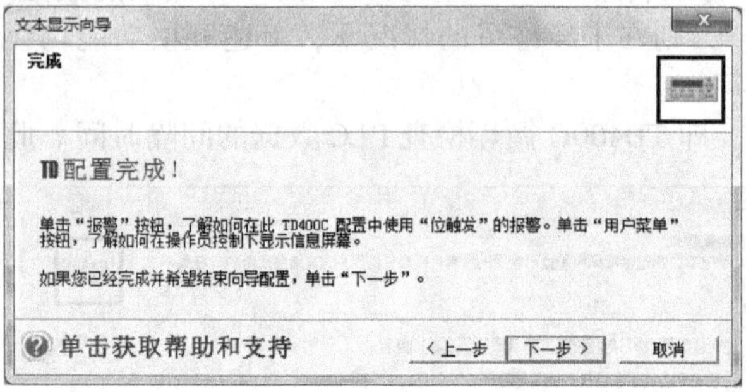

图 9-57 完成 TD 基本配置

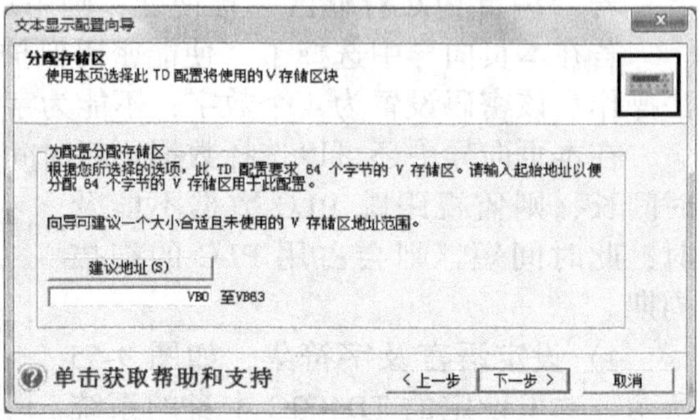

图 9-58 为配置分配存储区

每个报警可以组态以下信息：

1）报警数：对于 TD400C，最多可以组态 80 条报警。

2）各个报警的文本信息。

3）嵌入变量的选项：可编辑的、密码保护和自动编辑的。

4）报警的优先级别由组态报警的顺序决定：第一个报警优先级别最高，最后一个报警优先级别最低。

5）报警确认（如果需要）。

使用文本显示向导，可确定报警操作员所需的交互类型，每个报警均为四种可能的报警确认和编辑类型之一，见表 9-23。

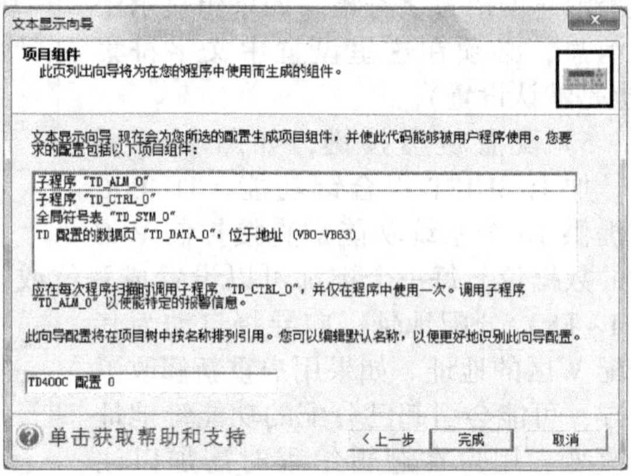

图 9-59 配置完成后生成的项目组件

表 9-23 报警确认和编辑类型

报警类型	显示类型	按下 ENTER 键	报警更新	报警优先级
无需确认 不允许编辑	仅显示报警信息	ENTER 键不起作用	报警包含的变量可能按照 TD400C 的更新速率进行更新	如果 S7-200 CPU 启用了更高优先级别的报警，则将取代显示器上的报警
无需确认 允许编辑	显示报警时，然后等待操作员编辑报警中的值	按 ENTER 时将光标定位到第一个可编辑的变量处		
需要确认 不允许编辑	显示报警时，会使整个报警闪烁，直到操作员按下 ENTER 键为止	按下 ENTER 键时，TD400C 设备将设置此报警的确认通知位，清除此报警的报警启用位，这会导致下一个更新周期从显示器中删除该报警	在报警闪烁时，会按照正常的更新速率从 S7-200 CPU 更新	在操作员确认闪烁的报警之前，其他报警不能取代闪烁的报警，即使 S7-200CPU 启用了更高优先级别的报警，也是如此
需要确认 允许编辑	显示报警时会使整个报警闪烁，然后等待操作员确认报警并编辑或接受报警中的值	按 ENTER 键确认闪烁的报警，但这种类型的报警仍需操作员编辑或接受报警中显示的值。如果操作员在编辑报警中的所有值之前试图按 ESC 键取消编辑，报警将闪烁以指示仍需要编辑		在操作员确认闪烁的报警之前，其他报警不能取代闪烁的报警

自定义报警的步骤如下所示：

1）在指令树框架中展开“向导”，双击“文本显示>TD400C 配置”，单击“报警”，如图 9-60 所示。

2）组态报警显示，如图 9-61 所示。

选择 TD400C 的默认显示模式，这是 TD400C 上电后开始工作时进入的显示模式。

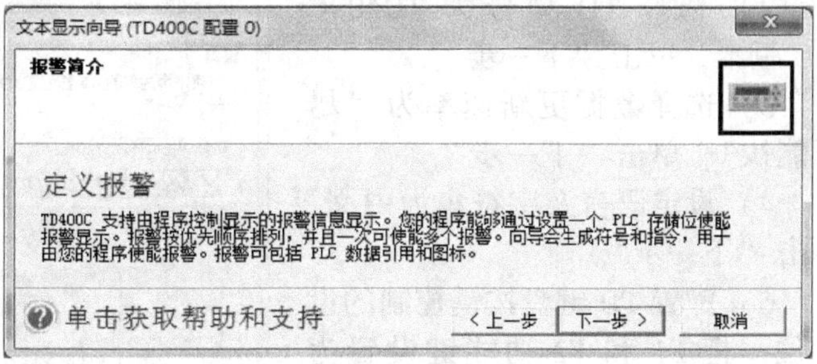

图 9-60　自定义报警

用户屏幕：即用户菜单模式优先。

报警信息：报警显示信息优先。

如果 TD400C 的配置中既有菜单，也有报警，用户也可以使用 TD400C 的系统菜单，在默认显示模式和次要显示模式之间切换。在默认的菜单显示模式下，如果有报警信息需要显示，在菜单画面上会出现提示符号，而不会直接显示相关的报警信息；在默认的报警模式下，报警信息得到优先显示。因此如果由用户程序控制其显示的消息对于工艺操作很重要的话，建议把报警信息模式设置为默认。

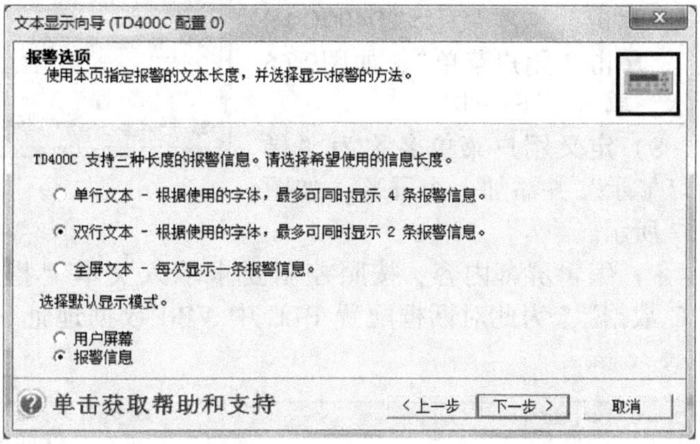

图 9-61　组态报警显示

3）增加新报警，如图 9-62 所示。

4）设置新报警，如图 9-63 所示。

5）报警完成，单击“下一步”为本次配置分配 V 存储区，如图 9-64 和图 9-65 所示。

TD400C 的 V 存储区大小根据所设置的菜单和报警数量决定，建议使用编程中不会用到的存储区。

例 10　S7-200 CPU 与 TD400C 的通信应用。

控制要求：当按下 TD400C 的 F1 键时，S7-200 CPU Q0.0 置位为 ON，并在 TD400C 的屏幕上显示“指示灯状态：ON”；当按下 TD400C 的 F2 键时，Q0.0 复位为 OFF，并在 TD400C 的屏幕上显示：“指示灯状态：OFF”。

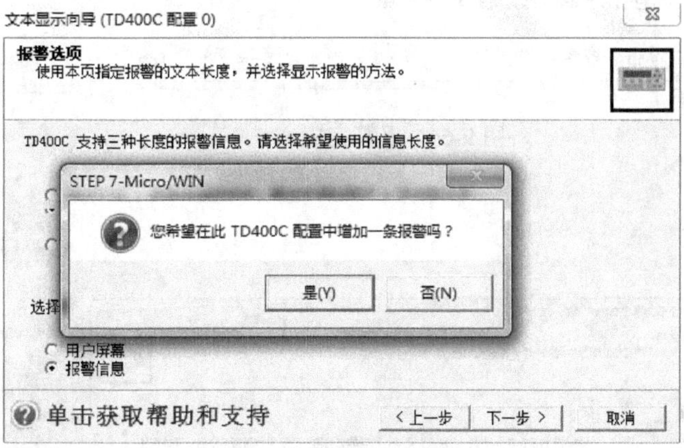

图 9-62　增加新报警

TD 400C 配置步骤如下：

1）启动 STEP7-Micro/WIN，选择“工具> 文本显示向导”菜单命令，或在指令树框架中展开“向导”，双击“文本显示”，打开文本显示向导，单击“下一步”。

2）选择 TD 型号为 TD400C 2.0 版本，单击“下一步”。

3）选择数据更新速率为“尽可能快”，单击“下一步”。

4）设定语言及字符集为中文，单击“下一步”。

5）配置 TD 键盘按键控制的设置位，把 F1 和 F2 功能键设置为“瞬动触点”，单击“下一步”。

6）完成 TD 基本配置，为配置分配存储区 VB612 ~ VB675，单击“完成”。

7）在指令树框架中展开“向导”，双击“文本显示>TD400C 配置”，单击“用户菜单”，如图9-66所示，单击“下一步”。

8）定义用户菜单名称为“指示灯显示”并添加一个屏幕，如图9-67 所示。

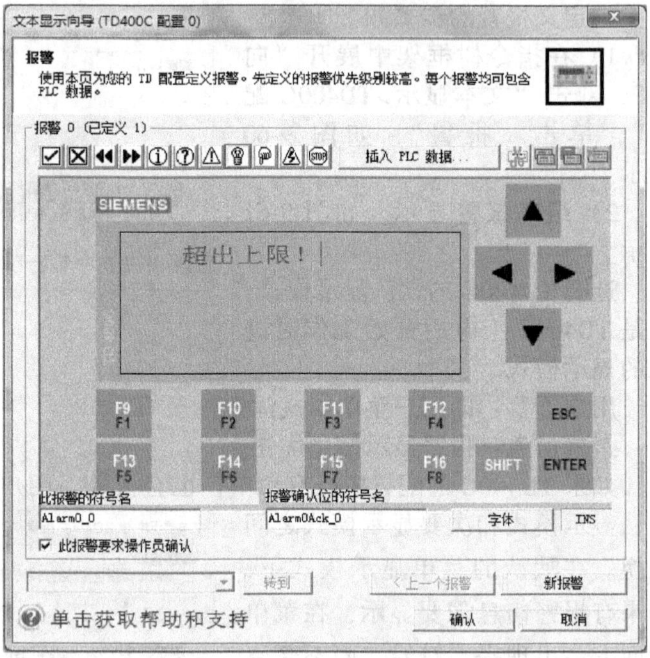

图 9-63 设置新报警

9）编辑屏幕内容，按照控制要求输入文本“指示灯状态:”，然后选择上方“插入 PLC 数据”，为此对话框配置 PLC 中 VB0 数据地址，格式选择为“字符串”，如图 9-68 所示。

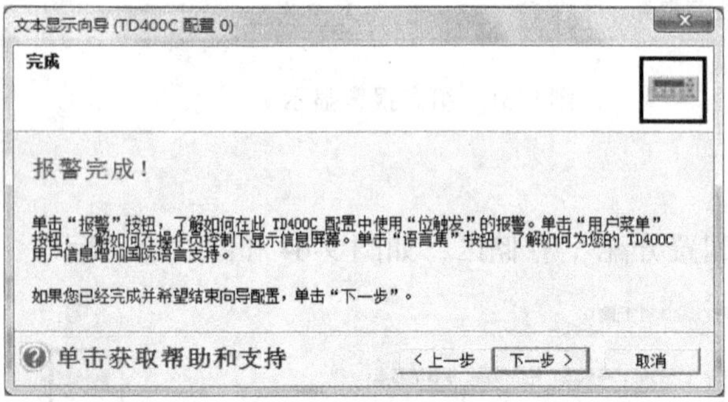

图 9-64 报警完成

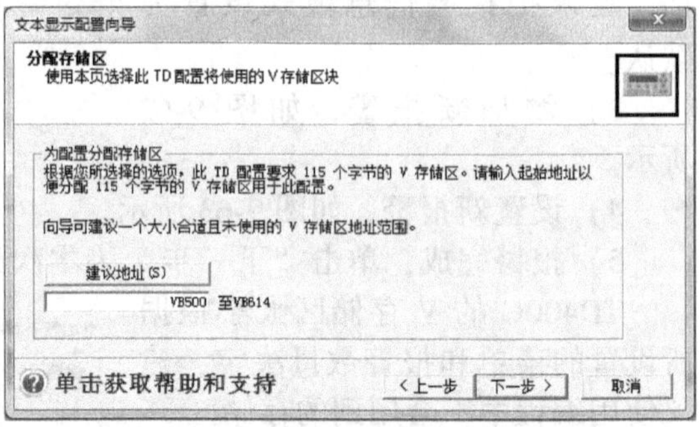

图 9-65 为本次配置分配 V 存储区

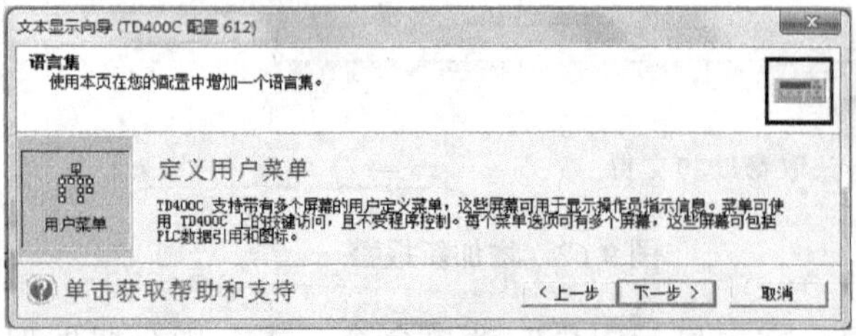

图 9-66 定义用户菜单

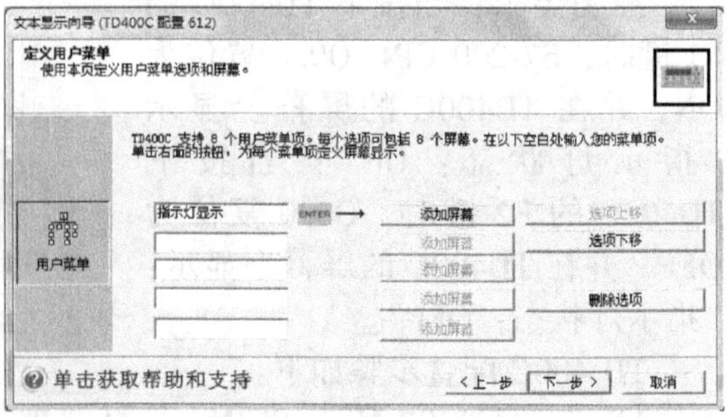

图 9-67 定义用户菜单名称并添加一个屏幕

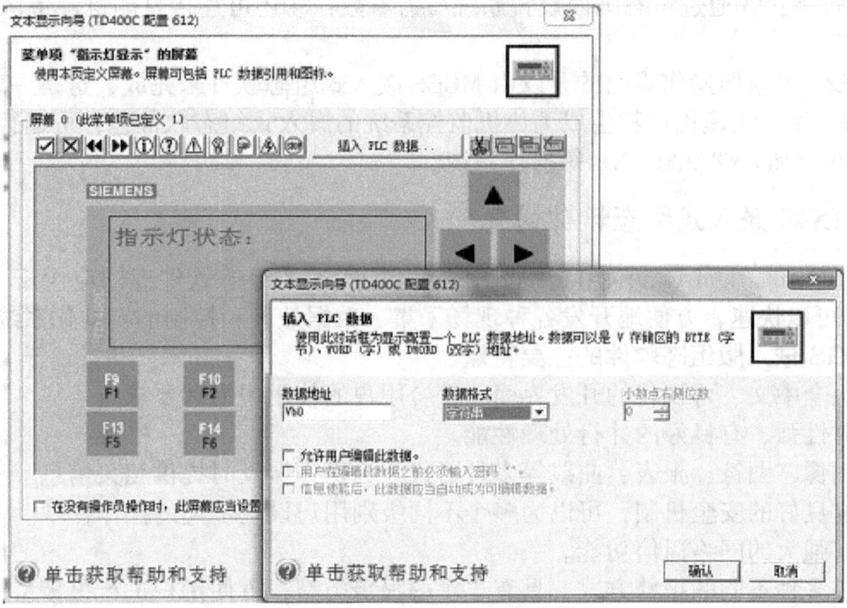

图 9-68　输入屏幕文本并配置 PLC 数据地址

10）确认，完成用户菜单配置，并分配存储区地址。

11）编写用户程序，如图 9-69 所示。

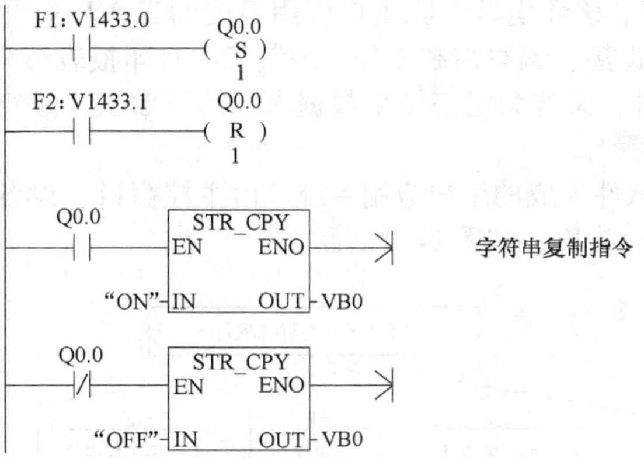

图 9-69　编写主程序

说明：PLC 的默认地址为 2，通信速率为 9.6kbit/s。TD 设备的默认地址为 1，通信速率为 9.6kbit/s。若 PLC 和 TD 设备均采用以上默认设置，则通信正常。若连接不上，则需检查地址与通信速率。

9.5　TPC7062K 触摸屏在 S7-200 系列 PLC 系统中的应用

触摸屏又称为人机操作界面，它是 PLC 与操作者之间沟通的一座桥梁。使用时人们通过计算机对它进行组态设计，然后再将设计好的组态结果下载到触摸屏，在触摸屏与 PLC 已联机的情况下，操作者就可以通过触摸屏对 PLC 进行各种操作，其主要作用是：①通过组态画面实时监视生产过程的各种状态；②通过组态画面中的各种触摸键控制生产过程的启、停、运行等；③通过组态画面设置系统所需参数；④还可连接打印机设备输出系统运行报表等。

TPC7062K 触摸屏操作界面的开发由 MCGS 嵌入式组态软件来完成，这是一款基于 Windows 平台的、用于快速构造和生成上位机监控系统的嵌入式组态软件包，可运行于 Microsoft Windows 95/98/Me/NT/2000/XP 等操作系统。

9.5.1 MCGS 嵌入式组态软件简介

MCGS（Monitor and Control Generated System）嵌入式组态软件专门应用于 TPC 一体机（触摸屏），可以快速、方便地开发各种现场采集、数据处理和控制的自动化系统。

1. MCGS 嵌入版组态软件的主要特点

1）采用全中文、可视化的开发界面，符合用户的使用习惯和要求。

2）实时性强、有良好的并行处理性能。

3）以图像、图符、报表、曲线等多种形式，为操作员及时提供相关信息。

4）提供良好的安全机制，可以为多个不同级别用户设定不同的操作权限。

5）具有强大的网络通信功能。

6）提供多种不同的报警方式，具有丰富的报警类型，方便用户进行报警设置。

7）支持多种硬件设备。

2. MCGS 嵌入版组态软件的组成

按使用环境分，MCGS 组态软件由“MCGS 组态环境”和“MCGS 运行环境”两个系统组成。

1）MCGS 组态环境。该环境是生成用户应用系统的工作环境，用户在 MCGS 组态环境中完成动画设计、设备连接、编写控制流程、编制工程打印报表等全部组态工作后，生成扩展名为 .mcg 的工程文件，又称为组态结果数据库，其与 MCGS 运行环境一起，构成了用户应用系统，统称为“工程”。

MCGS 嵌入版组态软件生成的用户应用系统，由主控窗口、设备窗口、用户窗口、实时数据库和运行策略五部分构成，如图 9-70 所示。

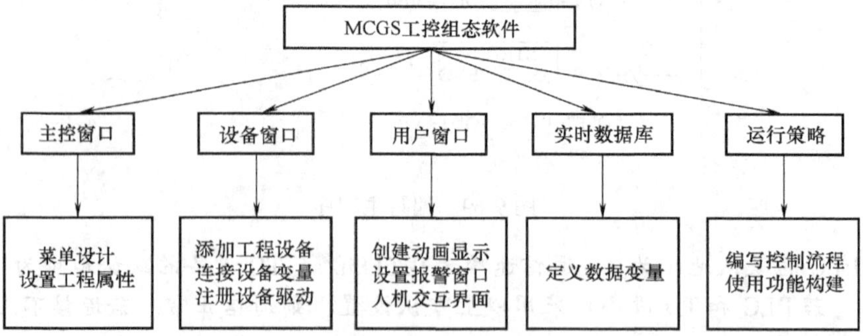

图 9-70 MCGS 嵌入版组态软件的组成

① 主控窗口：是工程的主窗口或主框架。在主控窗口中可以放置一个设备窗口和多个用户窗口，负责调度和管理这些窗口的打开或关闭。主要的组态操作包括：定义工程的名称，编制工程菜单，设计封面图形，确定自动启动的窗口，设定动画刷新周期，指定数据库存盘文件名称及存盘时间等。

② 设备窗口：是连接和驱动外部设备的工作环境。在本窗口内配置数据采集与控制输

出设备，注册设备驱动程序，定义连接与驱动设备用的数据变量。

③ 用户窗口：本窗口主要用于设置工程中人机交互的界面，诸如：生成各种动画显示画面、报警输出、数据与曲线图表等。

④ 实时数据库：是工程各个部分的数据交换与处理中心，它将 MCGS 工程的各个部分连接成有机的整体。在本窗口内定义不同类型和名称的变量，作为数据采集、处理、输出控制、动画连接及设备驱动的对象。

⑤ 运行策略：本窗口主要完成工程运行流程的控制。包括编写控制程序（if… then 脚本程序），选用各种功能构件，如数据提取、定时器、配方操作及多媒体输出等。

2）MCGS 运行环境。该环境是用户应用系统的运行环境，在运行环境中完成对工程的控制工作。

9.5.2　TPC7062K 触摸屏简介

组态工程完成后，将组态好的工程下载到嵌入式一体化触摸屏的运行环境中，组态工程就可以离开组态环境而独立运行。TPC 是北京昆仑通态自动化软件公司自主生产的嵌入式一体化触摸屏系列型号，其中 TPC7062K 具有一定的代表性。

1. TPC7062K 触摸屏外部接口

TPC7062K 是一套以嵌入式低功耗 CPU 为核心（主频 400MHz）的高性能嵌入式一体化触摸屏。该产品设计采用了 7in（1in = 25.4mm）高亮度 TFT 液晶显示屏（分辨率 800×480），四线电阻式触摸屏（分辨率 1024×1024）。其外观如图 9-71 所示。TPC7062K 外部接口及说明如图 9-72 及表 9-24 所示，串口引脚及定义如图 9-73 及表 9-25 所示。

2. TPC7062K 触摸屏与 PLC 通信接线

由于不同厂家的 PLC 产品通信口支持协议不同，故 TPC7062K 触摸屏与 PLC 进行通信时，其通信连接的方法也不尽相同，以下为 TPC7062K 触摸屏与常见的西门子、欧姆龙、三菱 PLC 的接线示意图。

图 9-71　TPC7062K 触摸屏外观

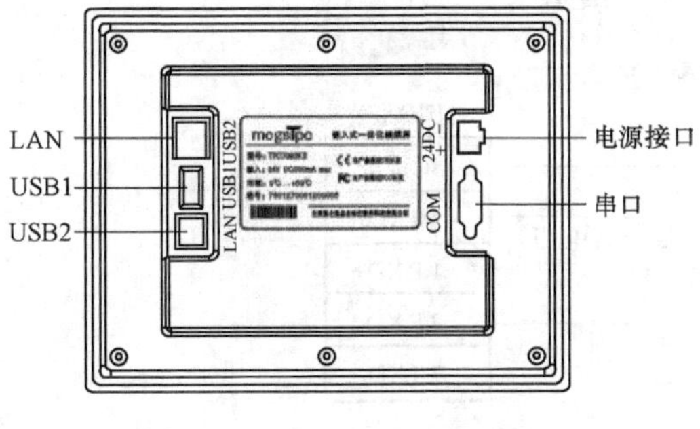

图 9-72　TPC7062K 外部接口

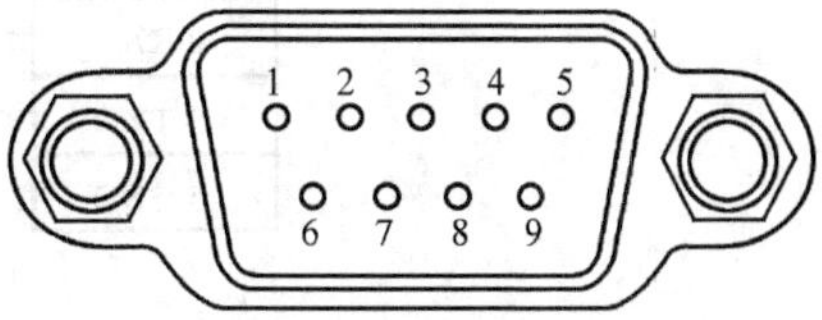

图 9-73　TPC7062K 引脚

表 9-24 TPC7062K 外部接口说明

LAN	以太网接口
串口(DB9)	1×RS-232 1×RS-485
USB1	主口,USB1.1 兼容
USB2	从口,可用于下载工程
电源接口	DC24V ±20%

表 9-25 TPC7062K 引脚定义

接口	PIN	引脚定义
COM1	2	RS-232 RXD
	3	RS-232 TXD
	5	GND
COM2	7	RS-485+
	8	RS-485-

1）TPC7062K 与西门子 PLC 通信接线如图 9-74 所示。

2）TPC7062K 与欧姆龙 PLC 通信接线如图 9-75 所示。

3）TPC7062K 与三菱 PLC 通信接线如图 9-76 所示。

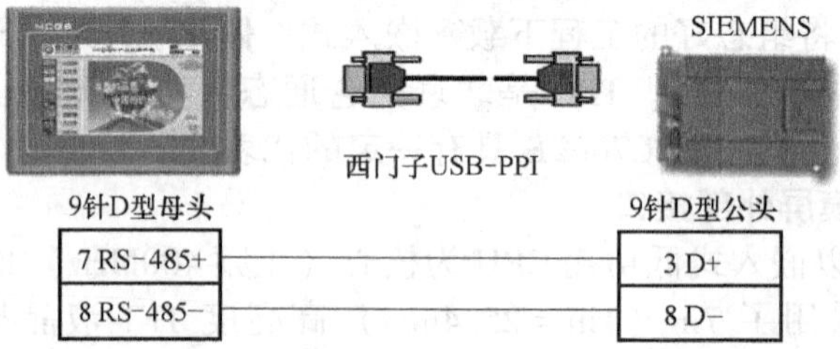

图 9-74 TPC7062K 触摸屏与西门子 PLC 通信接线

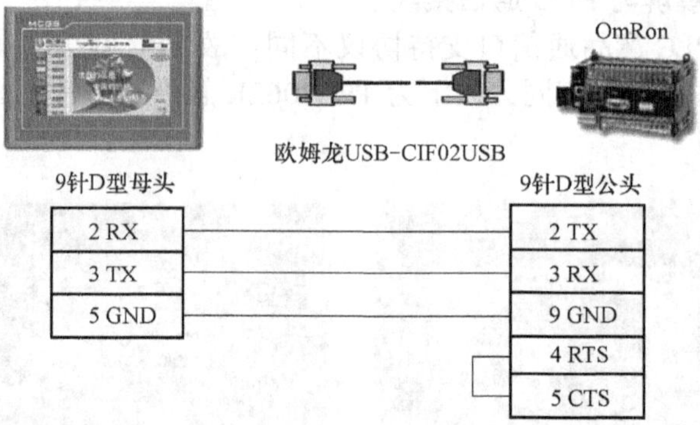

图 9-75 TPC7062K 触摸屏与欧姆龙 PLC 通信接线

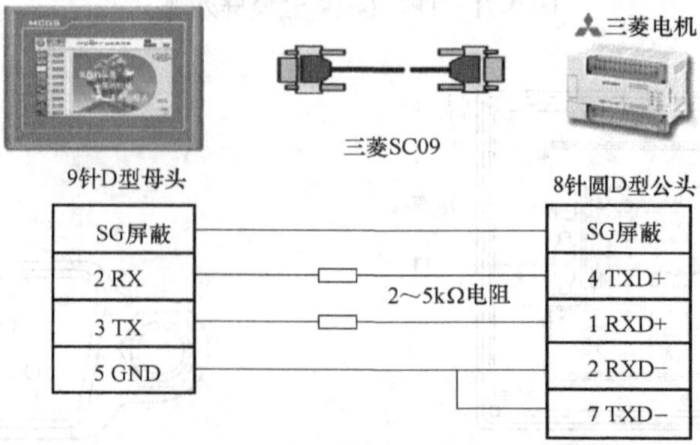

图 9-76 TPC7062K 触摸屏与三菱 PLC 通信接线

9.5.3 MCGS 嵌入版组态工程的组建步骤

组建新工程的过程一般可分为九个步骤，如图 9-77 所示。

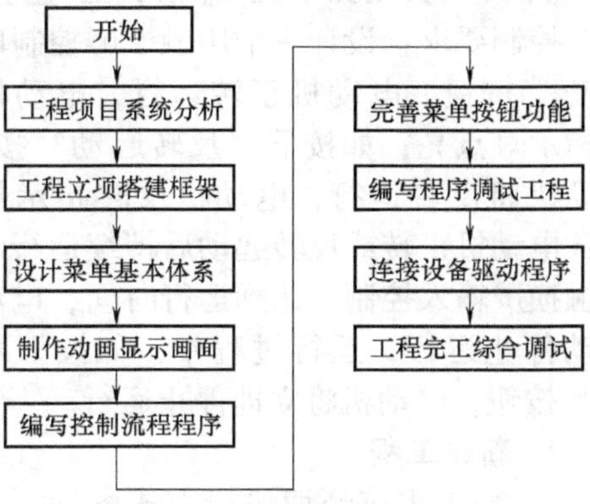

图 9-77 组建新工程的一般步骤

1）工程项目系统分析：分析工程项目的系统构成、技术要求和工艺流程，弄清系统的控制流程和监控对象的特征，明确监控要求和动画显示方式，分析工程中的设备采集及输出通道与软件中实时数据库变量的对应关系，分清哪些变量是要求与设备连接的，哪些变量是软件内部用来传递数据及动画显示的。

2）设计菜单基本体系：为了对系统运行的状态及工作流程进行有效地调度和控制，通常要在主控窗口内编制菜单。编制菜单分两步进行，第一步首先搭建菜单的框架，第二步再对各级菜单命令进行功能组态。在组态过程中，可根据实际需要，随时对菜单的内容进行增加或删除，不断完善工程的菜单。

3）制作动画显示画面：动画制作分为静态图形设计和动态属性设置两个过程。前一部分类似于“画画”，用户通过 MCGS 组态软件中提供的基本图形元素及动画构件库，在用户窗口内“组合”成各种复杂的画面。后一部分则设置图形的动画属性，与实时数据库中定义的变量建立相关性的连接关系，作为动画图形的驱动源。

4）编写控制流程程序：在运行策略窗口内，从策略构件箱中，选择所需功能策略构件，构成各种功能模块（称为策略块），由这些模块实现各种人机交互操作。MCGS 还为用户提供了编程用的功能构件（称之为“脚本程序”功能构件），使用简单的编程语言，编写工程控制程序。

5）完善菜单按钮功能：包括对菜单命令、监控器件、操作按钮的功能组态；实现历史数据、实时数据、各种曲线、数据报表、报警信息输出等功能；建立工程安全机制等。

6）编写程序调试工程：利用调试程序产生的模拟数据，检查动画显示和控制流程是否正确。

7）连接设备驱动程序：选定与设备相匹配的设备构件，连接设备通道，确定数据变量的数据处理方式，完成设备属性的设置。此项操作在设备窗口内进行。

8）工程完工综合测试：最后测试工程各部分的工作情况，完成整个工程的组态工作，实施工程交接。

注意：以上步骤只是按照组态工程的一般思路列出的。在实际组态中，有些过程是交织在一起进行的，用户可根据工程的实际需要和自己的习惯，调整步骤的先后顺序，而并没有严格的限制与规定。

9.5.4 S7-200 PLC 与 MCGS 监控工程实例

一套完整的工控系统主要由控制系统（如 PLC、触摸屏）、测量元件（如流量计、温度计、压力传感器）、控制元件（如各种调节仪表）、执行元件（如调节阀、执行机构）等共同构成。触摸屏与西门子、欧姆龙、三菱等不同品牌的 PLC 建立串口通信及基本组态构建，建立了一般工业控制系统的雏形。下面将通过实例介绍 MCGS 嵌入版组态软件与西门子 S7-200 PLC 建立通信的过程与步骤。

例 11 S7-200 PLC 与 MCGS 监控工程实例

控制要求：设计一个用触摸屏控制电动机正反转的控制系统。按下触摸屏上的“正转起动”按钮，电动机正转运行，电动机正转指示灯点亮；如按下“反转起动”按钮，电动机将反转运行，电动机反转指示灯点亮；电动机正转或反转起动后持续运行时间由触摸屏输入控制，达到运行时间，电动机自动停止运行，运行过程中，如按下“急停”按钮，电动机将立即停止运行。

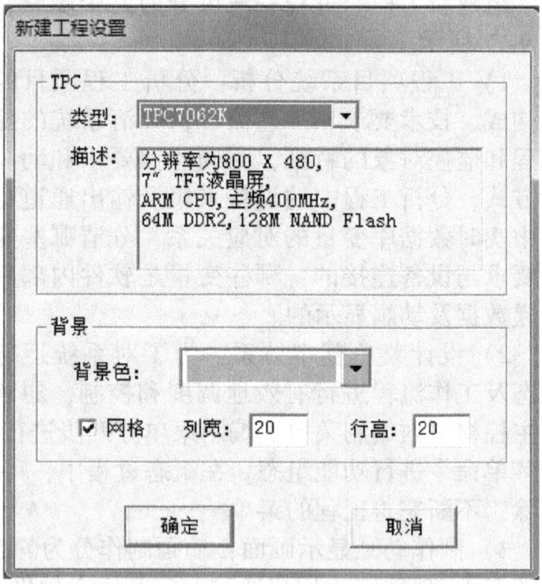

图 9-78 新建工程，选择 TPC 类型

1. 新建工程

1）双击组态环境快捷方式图标，打开嵌入版组态软件，在菜单“文件”中选择“新建工程”命令，弹出“新建工程设置”对话框，如图 9-78 所示。TPC 类型选择“TPC7062K”后，单击“确定”按钮。

2）如果 MCGS 安装在“D:”根目录下，则会在“D:\MCGS\WORK\”下自动生成新建工程，默认的工程名为新建工程 X.MCG（X 表示新建工程的顺序号，如：0、1、2 等）。也可选择“文件”菜单中的“文件另存为”命令。

2. 设备组态

1）在工作台中激活设备窗口，双击 

按钮进入设备组态画面，单击工具条中的  按钮，弹出“设备工具箱”对话框，如图 9-79 所示。

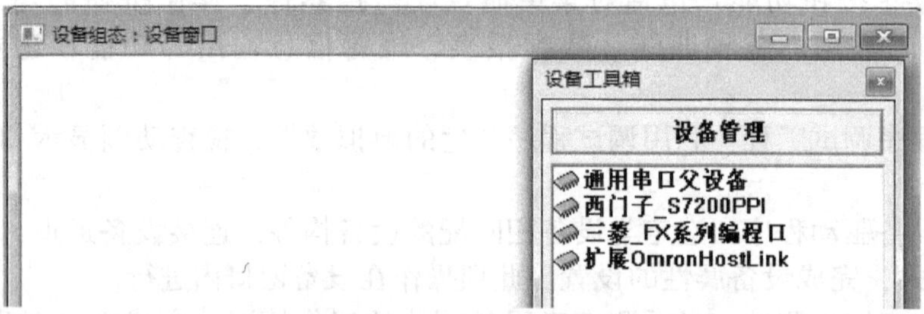

图 9-79 设备窗口组态

2）在设备工具箱中，用鼠标按顺序先后双击“通用串口父设备”和“西门子_S7200PPI”添加至组态画面窗口，如图 9-80 所示。提示是否使用西门子默认通讯参数设置

图 9-80 设备组态界面窗口

串口父设备，如图 9-81 所示，选择“是”。双击“通用串口父设备”查看基本属性，如图 9-82 所示，此基本属性应与 PLC 通信参数设置一致，否则通信失败。

图 9-81　默认通信参数设置串口父设备

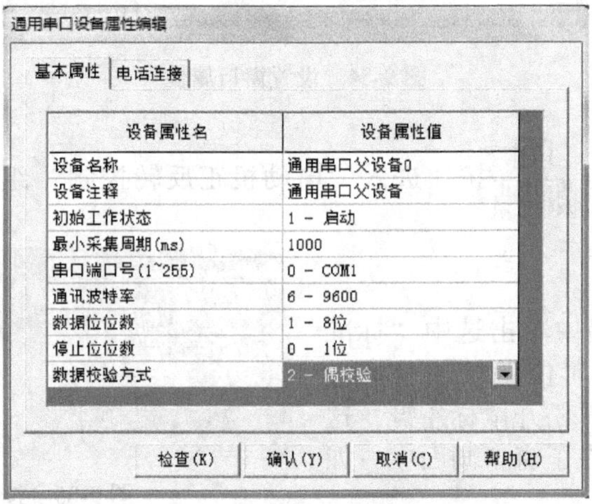

图 9-82　设置通用串口设备属性

3. 用户窗口组态

1）在 MCGS 组态平台上，单击“用户窗口”，在“用户窗口”中单击“新建窗口”按钮，则产生新“窗口 0”，如图 9-83 所示。

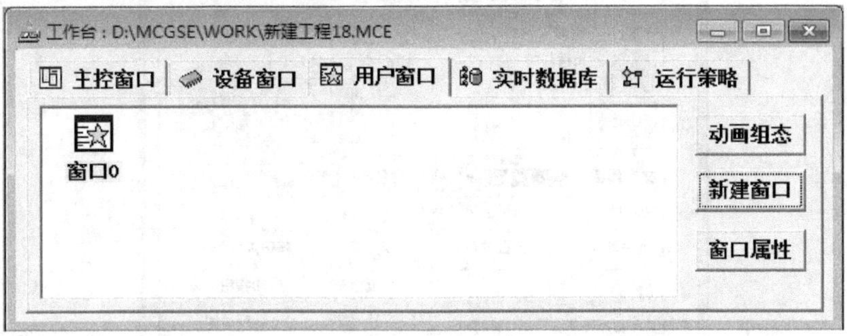

图 9-83　建立新窗口

2）选中“窗口 0”，单击“窗口属性”，进入“用户窗口属性设置”，将“窗口名称”改为“电动机正反转控制”；将“窗口标题”改为“电动机正反转控制”，如图 9-84 所示，其他不变，单击“确认”。

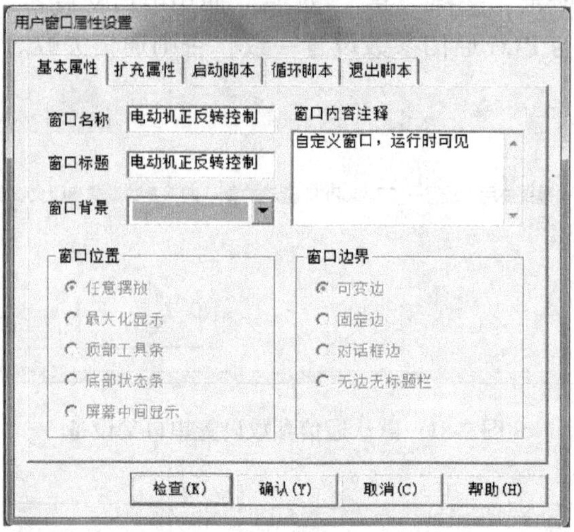

图 9-84 设置窗口属性

3）在用户窗口双击  按钮进入“电动机正反转控制”组态界面，单击  按钮，打开“设备工具箱”。

4. 组态基本构件

1）按钮：从工具箱中单击选中“标准按钮”构件，在窗口编辑位置按住鼠标左键，拖放出一定大小后，松开鼠标左键，这样一个按钮构件就绘制在了窗口画面中，如图 9-85 所示。

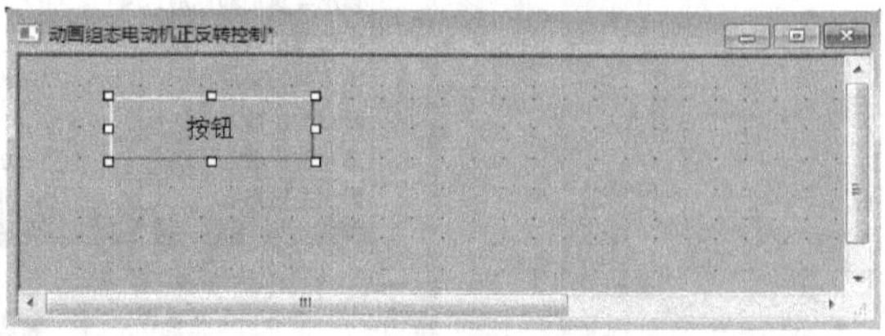

图 9-85 按钮构件组态

双击该按钮打开“标准按钮构件属性设置”对话框，在基本属性页中将“文本”修改为“正转起动”，单击“确认”按钮保存，如图 9-86 所示。

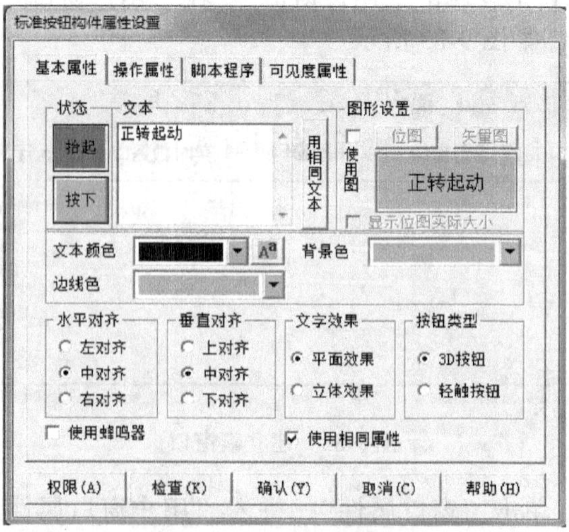

图 9-86 按钮构件属性设置

按照同样的操作步骤分别绘制另外两个按钮，文本框内容分别修改为“反转起动”和“急停”，完成后按住键盘的 Ctrl 键，然后单击鼠标左键，同时选中三个按钮，使用工具栏中的等高宽、左（右）对齐和纵向等间距对三个按钮进行排列对齐，设置完的窗口画面如图 9-87 所示。

2）指示灯：单击工具箱中的“插入元件”按钮，打开“对象元件库管理”对话框，选中图形对象库指示灯中的一款，单击确认添加到窗口画面中，并调整到合适大小。用同样的方法再添加第二个指示灯，摆放在窗口中适当位置，如图 9-88 所示。

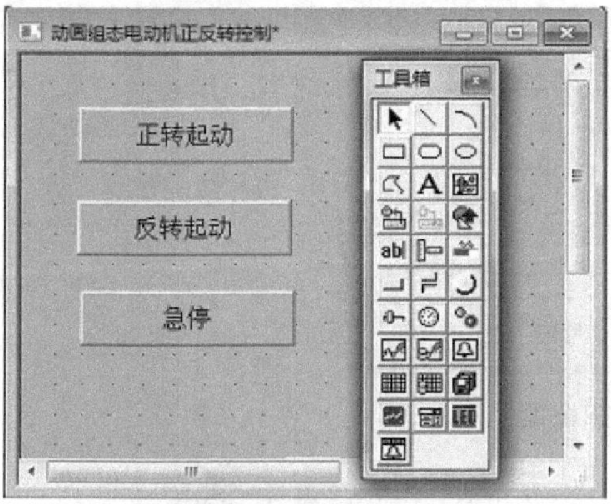

图 9-87　按钮构件组态

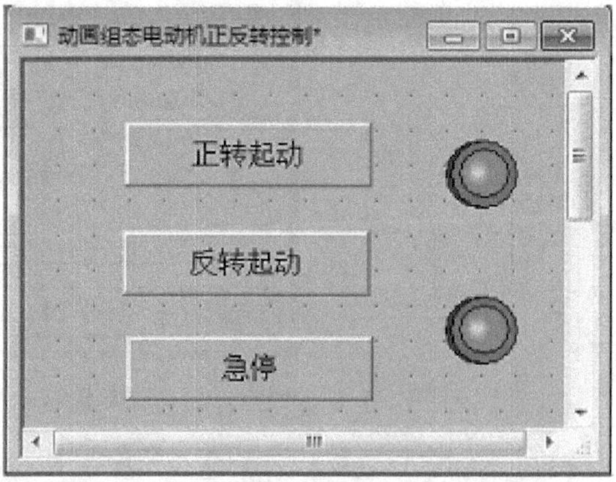

图 9-88　指示灯构件组态

3）标签：单击选中工具箱中的“标签”构件，在窗口按住鼠标左键，拖放出一定大小，双击该标签，弹出“标签动画组态属性设置”对话框，在扩展属性页中“文本内容输入”项输入“电动机正转指示灯”，单击确认。用同样方法添加“电动机反转指示灯”、“电动机运行时间设置”标签，完成后如图 9-89 所示。

4）输入框：单击工具箱中的“输入框”构件，在窗口按住鼠标左键，拖放出适当大小，摆放在“电动机运行时间设置”标签的旁边位置，如图 9-90 所示。

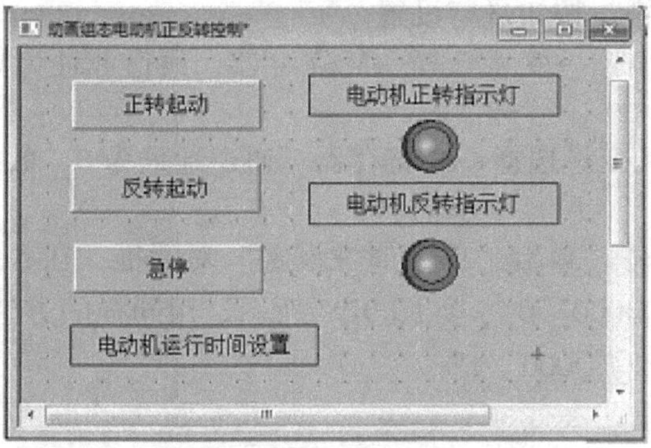

图 9-89　标签构件组态

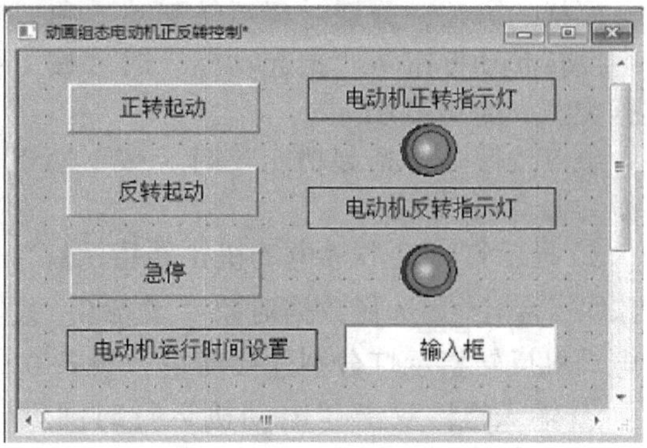

图 9-90　输入框构件组态

5）建立数据链接

① 按钮：双击“正转起动”按钮，弹出“标准按钮构件属性设置”对话框，如图 9-91 所示，在操作属性页，默认“抬起功能”按钮为按下状态，勾选“数据对象值操作”，选择“按 1 松 0”，单击后方 ? 弹出“变量选择”对话框，选择“根据采集信息生成”，通道类型选择“M 寄存器”，通道地址为“0”，数据类型选择“通道第 00 位”，读写类型选择

“读写”，即在该按钮抬起时，对西门子 200 的 M0.0 地址“按 1 松 0”。如图 9-92 所示，设置完成后单击“确认”。

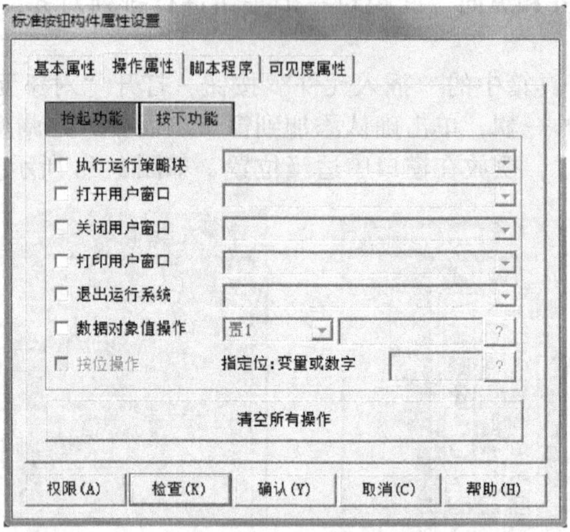

图 9-91 抬起功能设置

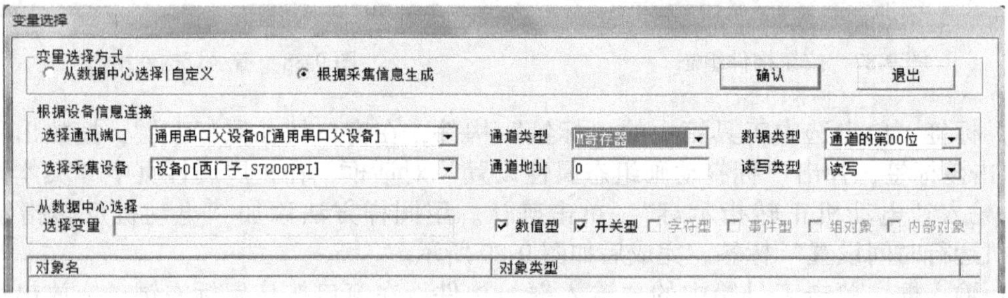

图 9-92 变量选择

同样的方法，分别对“反转起动”和“急停”按钮进行设置。

反转起动按钮→“抬起功能”时“按 1 松 0”→变量选择→M 寄存器，通道地址为 0，数据类型为通道第 01 位。

急停按钮→“抬起功能”时“按 1 松 0”→变量选择→M 寄存器，通道地址为 0，数据类型为通道第 02 位。

② 指示灯：双击“电动机正转指示灯”构件，弹出“单元属性设置”对话框，在数据对象页，单击?选择数据对象“设备 0_ 读写 Q000_ 0”，如图 9-93 所示。用同样的方法，将电动机反转指示灯分别连接变量“设备 0_ 读写 Q000_ 1”。

③ 输入框：双击“电动机运行时间设置”标签旁边的输入框构件，弹出“输入框构件属性设置”对话框，在操作属性页，单击使用单位，设置为“秒”，然后单击?进入“变量选择”对话框，选择“根据采集信息生成”，通道类型选择“V 寄存器”；通道地址为“0”；数据类型选择“16 位 无符号二进制”；读写类型选择“读写”。

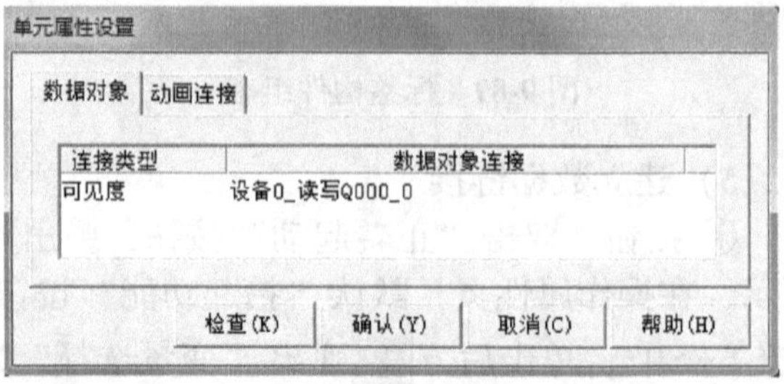

图 9-93 指示灯数据对象变量选择

如图 9-94 所示，设置完成后单击“确认”。

6）下载工程。单击工具条中的下载按钮，进行下载配置。选择“连机运行”，连接方式选择“USB 通讯”，然后单击“通讯测试”按扭，通讯测试正常后，单击“工程下载”，将本工程下载到 TPC。

7）编写 PLC 程序并下载到 PLC，如图 9-95所示。

8）联机调试。TPC 加电后，在初始状态下，输入电动机运行时间：3s，按下正转起动按钮，电动机起动，正转指示灯点亮，如图 9-96 所示，3s 后电动机停止，正转指示灯灭。按下反转起动按钮，电动机反转起动，反转指示灯点亮，3s 后电动机停止，反转指示灯灭。电动机无论正转或是反转起动运行，3s 时间未到时，按下急停，电动机立即停止，对应指示灯灭。

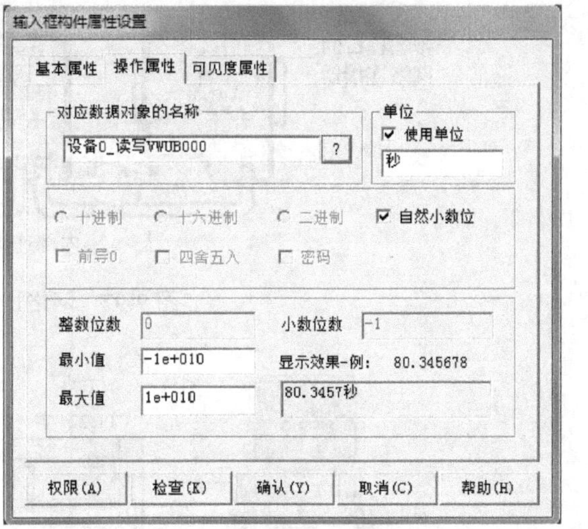

图 9-94　输入框变量选择

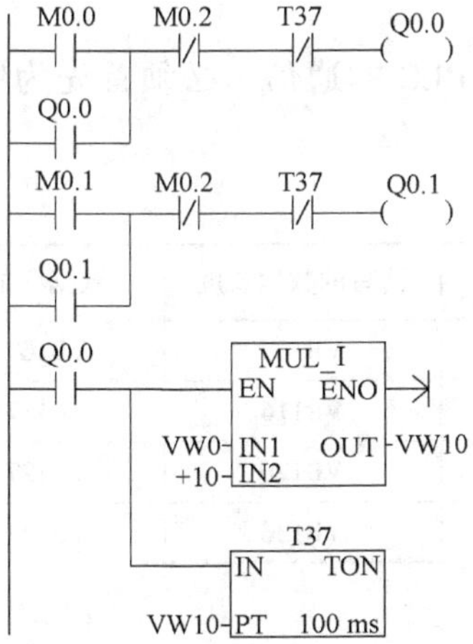

图 9-95　电动机运行 PLC 程序

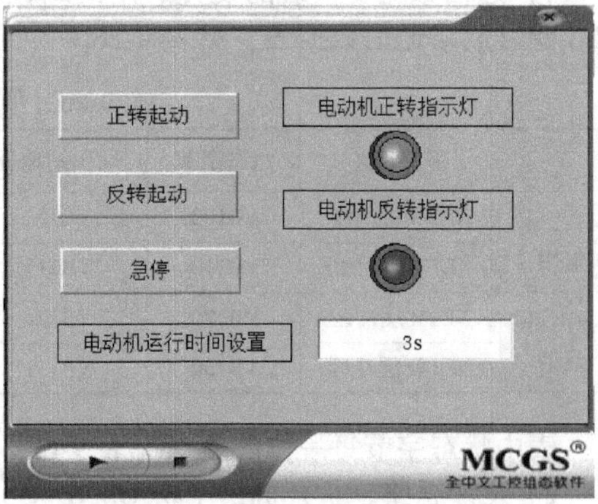

图 9-96　联机调试

9.6　通信功能上机实践

实践 1　网络通信上机实践

1. 控制要求

用 NETR 与 NETW 指令实现 3 台 PLC 的网络通信。3 台 PLC 甲、乙、丙与计算机通过 RS-485 通信接口和网络连接器（见图 9-97）组成一个使用 PPI 协议的单主站通信网络，如图 9-98 所示。甲作为主站，乙与丙作为从站。要求一开机，甲 PLC 的 Q0.0～Q0.7 控制的 8 盏灯每隔 1s 依次亮，接着乙 PLC 的 Q0.0～Q0.7 控制的 8 盏灯每隔 1s 依次亮，然后丙 PLC 的 Q0.0～Q0.7 控制的 8 盏灯每隔 1s 依次亮。然后再从甲 PLC 开始 24 盏灯不断循环地依次亮。

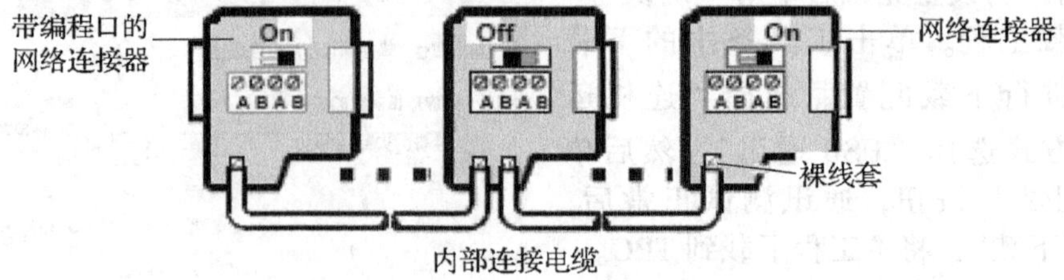

图 9-97 网络连接器连接示意图

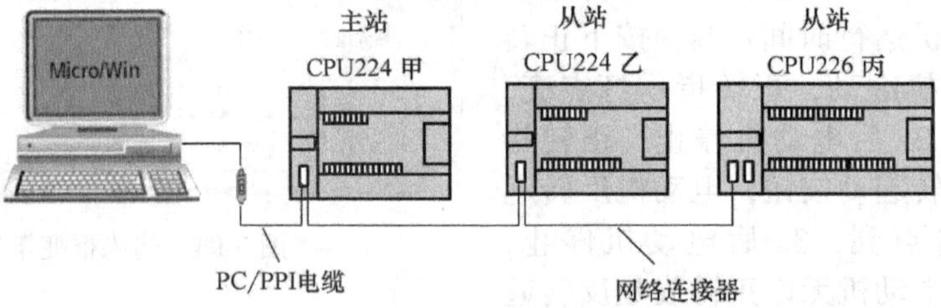

图 9-98 3 台 PLC 网络控制系统示意图

2. 程序设计

1）通信数据交换表的设置。用网络读/写指令实现 3 台 PLC 的通信，必须首先为甲机 PLC 建立网络通信数据表，见表 9-26。

表 9-26 甲机网络通信数据表

	字节意义	状态字节	远程站地址	远程站数据区指针	读写的数据长度	数据字节
与乙通信用	NETR 缓冲区	VB100	VB101	VD102	VB106	VB107
	NETW 缓冲区	VB110	VB111	VD112	VB116	VB117
与丙机通信	NETR 缓冲区	VB120	VB121	VD122	VB126	VB127
	NETW 缓冲区	VB130	VB131	VD132	VB136	VB137

表中状态字节每一位的含义见表 9-6。

2）设计思路。一开机，甲机 Q0.0~Q0.7 控制的 8 盏灯在位移位寄存器指令的控制下以秒速度依次亮。

当甲机的最后一盏灯亮以后，就停止甲机 MB0 的位移位，并将 MB0 的状态通过 NETW 指令写进乙机的写缓冲器 VB110；这时乙机的 Q0.0~Q0.7 控制的 8 盏灯通过位移位寄存器指令也以秒速度依次点亮。

通过 NETR 指令把乙机的 Q0.0~Q0.7 的状态读进乙机的读缓冲器 VB100 中，然后又通过 NETW 指令将 VB100 数据表的内容写进丙机的写缓冲器 VB130，当乙机的最后一盏灯亮了以后，丙机的 Q0.0~Q0.7 控制的灯依次亮。

通过 NETR 指令将丙机的 QB0 的状态读进丙机的读缓冲器 VB120 中，当丙机的最后一盏灯亮，即 V120.7 得电，则重新启动甲灯的依次亮。

这样整个网络控制的 24 盏灯将按顺序依次亮。

3）甲机的通信设置及存储器初始化程序、对乙机的读写操作主程序、对丙机的读写操作主程序、甲机彩灯移位控制主程序分别如图 9-99、图 9-100、图 9-101、图 9-102 所示。

4）乙机（站 3）及丙机（站 4）彩灯移位控制主程序如图 9-103 所示。

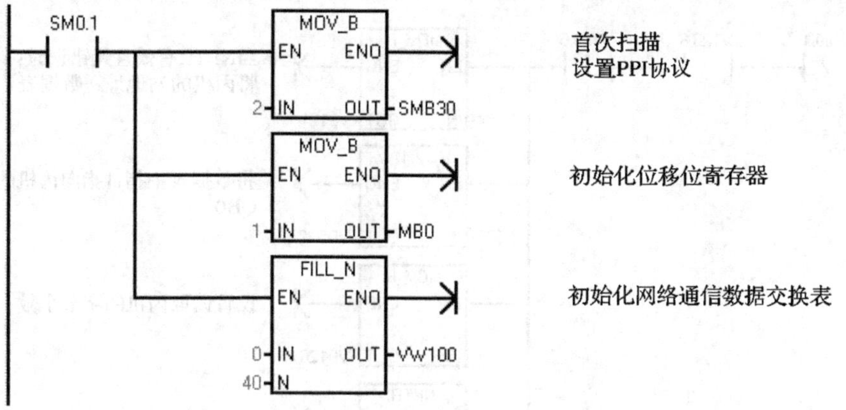

图 9-99　甲机的通信设置及存储器初始化程序

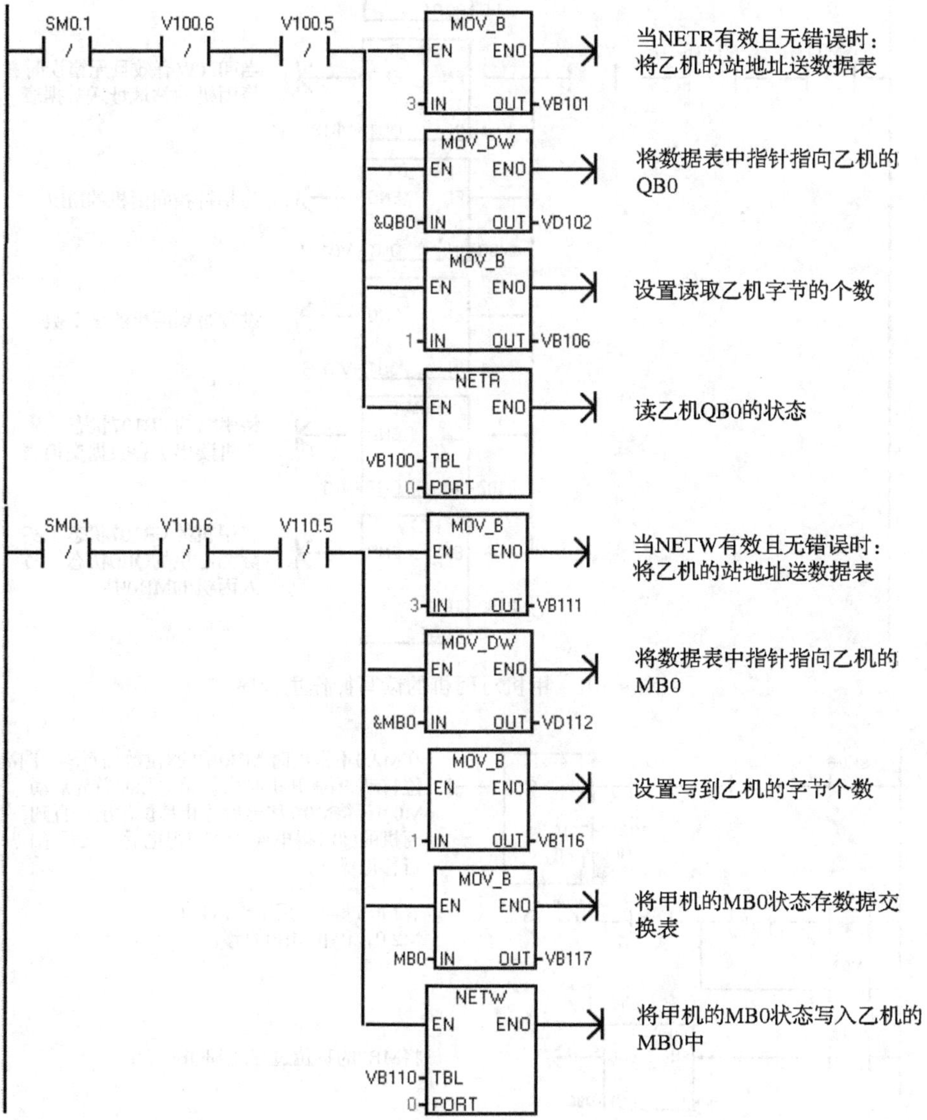

图 9-100　甲机对乙机的读写操作主程序

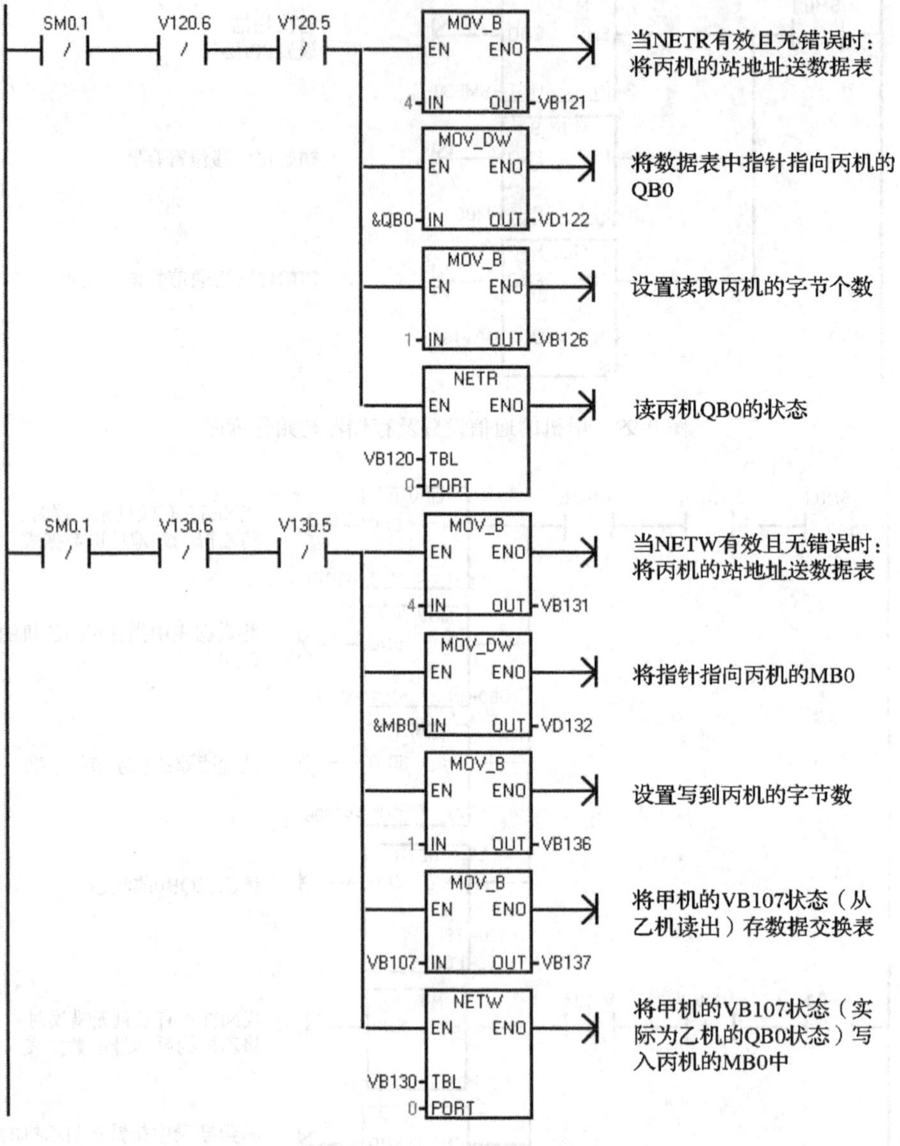

图 9-101 甲机对丙机的读写操作主程序

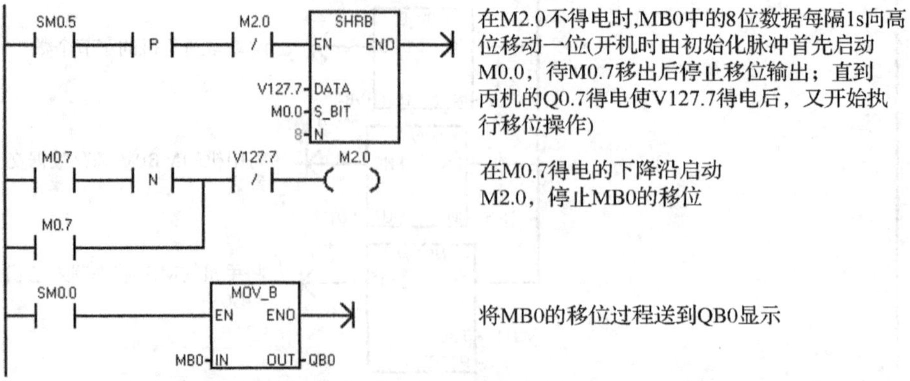

图 9-102 甲机彩灯移位控制主程序

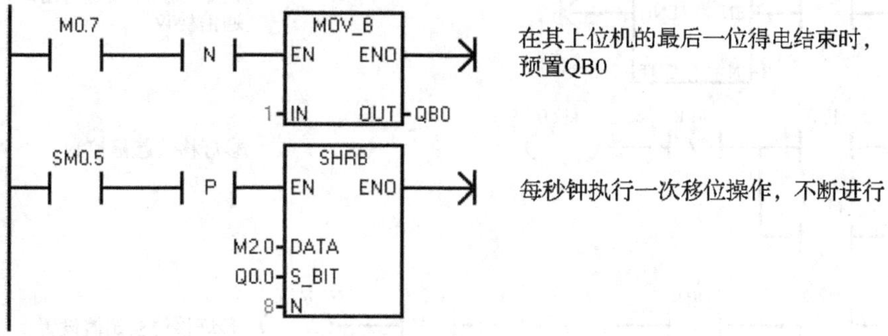

图 9-103 乙机及丙机彩灯移位控制主程序

3. 上机实践操作步骤

1）通过 STEP7-Micro/WIN 编程软件在“系统块”中分别将甲乙丙 3 台 PLC 的站地址，设为 2、3 和 4，并下载到相应的 PLC 中。

2）采用网络连接器及 PC/PPI 电缆，将 3 台 PLC 连接起来。接电后在 STEP7-Micro/WIN 编程软件的浏览条中单击“通信”图标，打开通信设置界面，双击“通信”窗口右侧的“双击以刷新”图标，编程软件将会显示 3 台 PLC 的站地址，如图 9-104 所示。

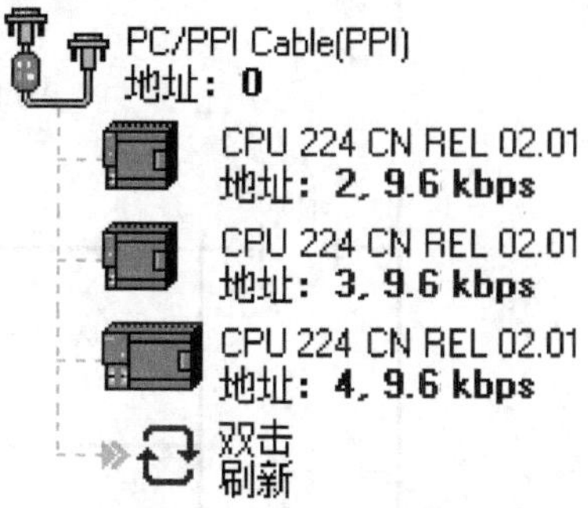

图 9-104 通信窗口显示的 3 台 PLC 站地址情况

3）双击某一个 PLC 图标，编程软件将和该 PLC 建立连接，就可以将它的控制程序进行下载、上传和监视等通信操作。

4）输入、编译主站的通信程序，将它下载到主站（站 2）甲机的 PLC 中，输入、编译两个从站的控制程序，分别将它下载到两个从站 PLC 中。然后将 3 台 PLC 的工作方式开关置于 RUN 位置，即可观察通信效果。

实践 2 自由端口通信上机实践

1. 控制要求

乙 PLC 的 Q0.0~Q0.7 分别连接着 8 只彩灯，甲 PLC 的 I0.0 和 I0.1 用于实现 8 只彩灯依次循环点亮（间隔时间 1s）的起停控制。要求采用自由端口通信模式进行控制。对发送和接收的时间配合关系无特殊要求。

2. 程序设计

采用自由端口通信模式的特殊存储器字节 SMB30 取值 09H，含义如表 9-1 所示。由于是甲机控制乙机，故考虑用甲机数据传送到乙机的方式实现 8 只彩灯的依次点亮。在甲机程序中，用 I0.0 启动 M0.0~M0.7 的循环移位；用 I0.1 停止 M0.0~M0.7 的循环移位；然后通过执行发送指令 XMT 将 MB0 的数据送至乙机的变量缓冲区 SMB2 中。

在乙机中将接收中断事件 8 连接到一个中断服务程序 0，再开中断，然后不断循环地从 SMB2 中读取数据再送至 QB0，即实现了甲机 M0.0~M0.7 与乙机 Q0.0~Q0.7 的同步移位控制。

甲机的彩灯移位起停控制程序及发送数据控制程序如图 9-105、图 9-106 所示，乙机的初始化主程序、中断服务程序如图 9-107、图 9-108 所示。

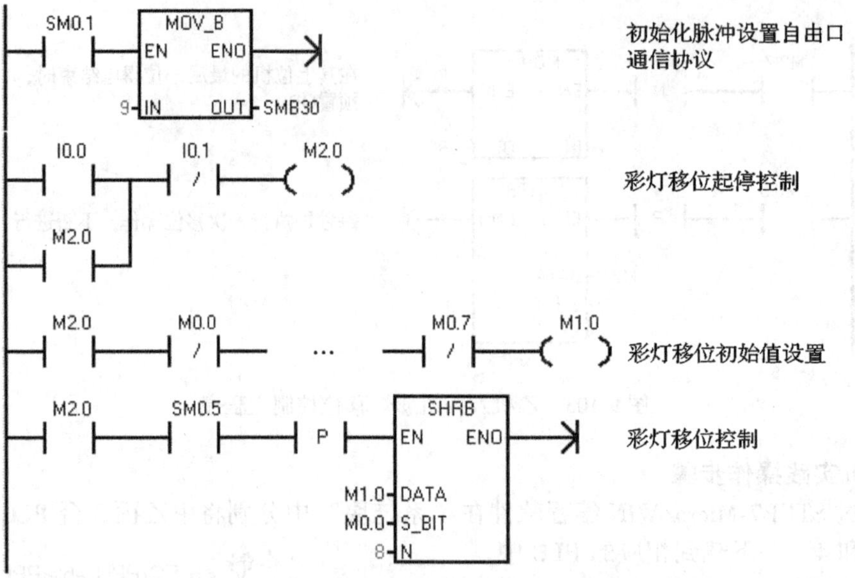

图 9-105 甲机彩灯移位起停控制程序

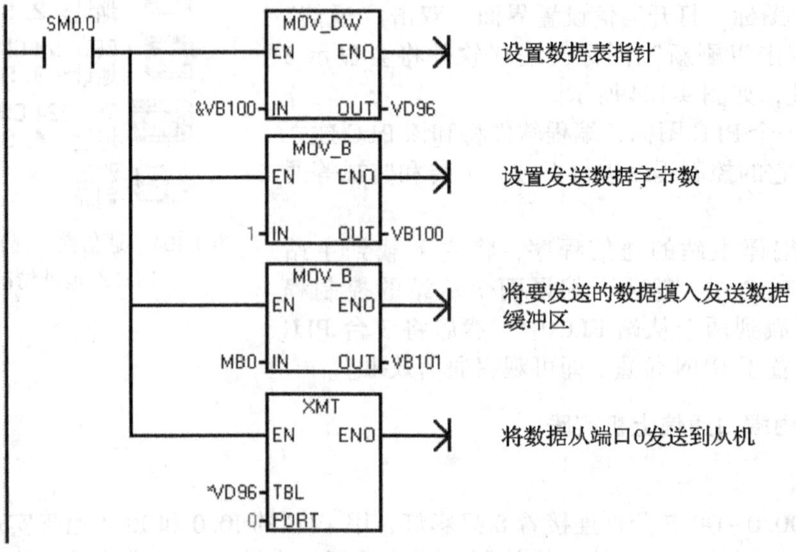

图 9-106 甲机发送数据控制程序

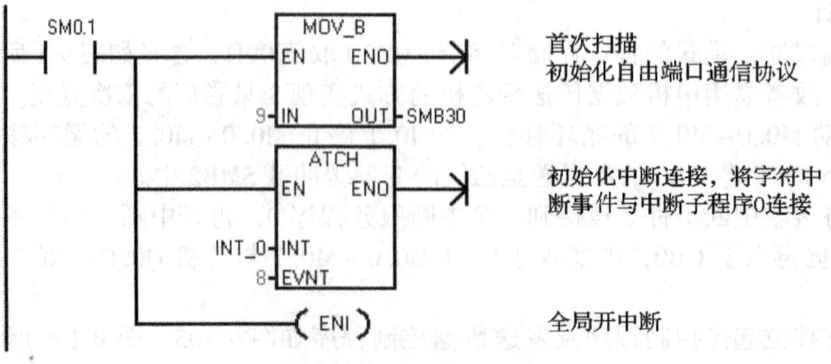

图 9-107 乙机的初始化主程序

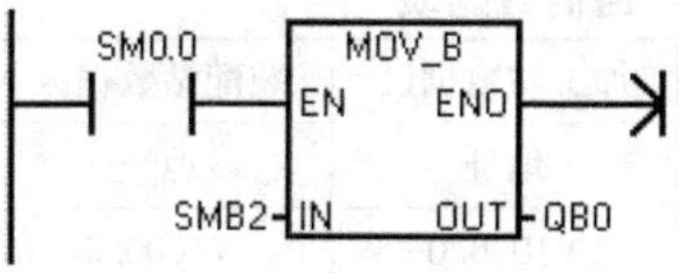

图 9-108 乙机接收中断服务程序

3. 上机实践操作步骤

1）如图 9-109 所示，用 PC/PPI 电缆及网络连接器连接甲乙两台 PLC，双击“通信刷新”图标，编程软件将会显示出网站中站号为 2、3 的两台 PLC。

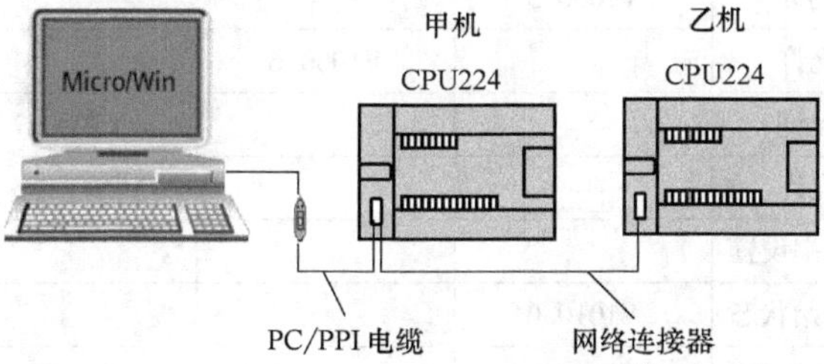

图 9-109 两台 PLC 自由端口通信示意图

2）输入甲机的通信控制程序，编译并确认无错误后，将其下载至甲机 PLC 中；输入乙机的通信控制程序及中断服务程序，编译并确认无错误后，将其下载至乙机 PLC 中。

3）将两台 PLC 的工作方式开关置于 RUN 位置，即可观察通信效果。

9.7 训练项目

项目十三 YL-335B 伺服自动线实训装置系统联机控制

YL-335B 伺服自动线实训装置由供料、加工、装配、输送和分拣 5 个单元组成，每一个工作单元都自成一个独立的系统，由一台 PLC 承担其控制任务，各 PLC 之间通过 RS485 串行通信实现互联的分布式控制，各单元安装位置如图 8-36 所示。系统主令信号由连接到系统主站输送单元 PLC 的触摸屏人机界面提供，主站与各从站之间通过网络交换信息。

1. 控制要求

TPC7062K 人机界面组态画面要求：

1）提供系统工作方式（单站/全线）选择信号和系统复位、启动和停止信号。

2）在人机界面上设定分拣单元变频器的输入运行频率（40~50Hz）。

3）在人机界面上动态显示输送单元机械手装置当前位置（以原点位置为参考点，度量单位为 mm）。

4）指示网络的运行状态（正常、故障）。

5）指示各工作单元的运行、故障状态。其中故障状态包括：

① 供料单元的供料不足状态和缺料状态。

② 装配单元的供料不足状态和缺料状态。

③ 输送单元抓取机械手装置越程故障（左或右极限开关动作）。

6）指示全线运行时系统的紧急停止状态。

各单元通信数据见表 9-27。

表 9-27 通信数据表

主站发送数据区	数据含义	供料站数据区	加工站数据区	装配站数据区	分拣站数据区
地址		地址	地址	地址	地址
V1000.0	联机模式	V1000.0	V1000.0	V1000.0	V1000.0
V1000.1	系统运行	V1000.1	V1000.1	V1000.1	V1000.1
V1000.2	系统急停	V1000.2	V1000.2	V1000.2	V1000.2
V1000.3	从站复位命令	V1000.3	V1000.3	V1000.3	V1000.3
V1000.4	系统复位完成	V1000.4	V1000.4	V1000.4	V1000.4
V1000.5	推料允许	V1000.5			
V1000.6	加工允许		V1000.6		
V1000.7	装配允许			V1000.7	
V1001.0	分拣允许				V1001.0
VW1002	变频器频率设置				VW1002
V1200.0	供料站初始状态	V1010.0			
V1200.1	供料站料不足	V1010.1			
V1200.2	供料站无料	V1010.2			
V1200.3	供料站料台有料	V1010.3			
V1204.0	加工站初始状态		V1010.0		
V1204.1	加工站料台有料		V1010.1		
V1204.2	加工完成		V1010.2		
V1208.0	装配站初始状态			V1010.0	
V1208.2	装配站料不足			V1010.2	
V1208.3	装配站无料			V1010.3	
V1208.4	装配站料台有料			V1010.4	
V1208.5	装配完成			V1010.5	
V1212.0	分拣站初始状态				V1010.0
V1212.1	分拣完成				V1010.1
VW1214	变频器转速显示				VW1014

2. 训练任务

1）根据人机界面组态控制要求及各单元通信数据表，确定组态界面中连接的数据对象地址。

2）按照组态控制要求设计人机界面组态画面。

3）利用网络读写向导设置输送单元与其他四单元的读写通信数据。

4）下载组态工程至触摸屏，进行程序运行的联机调试。

5）编写系统联机触摸屏控制及网络通信设置调试报告。

项目十四 桥式起重机变频调速 PLC 控制系统设计

桥式起重机是生产企业广泛使用的一种起重运输设备，它由主梁、大车、小车、吊钩、控制柜、驾驶室等组成，如图 9-110 所示。它通过大车、小车及吊钩的运动把重物起吊到所需位置。大车沿车间两侧高架上的轨道纵向前后运行，小车沿主梁上的轨道横向左右运行，

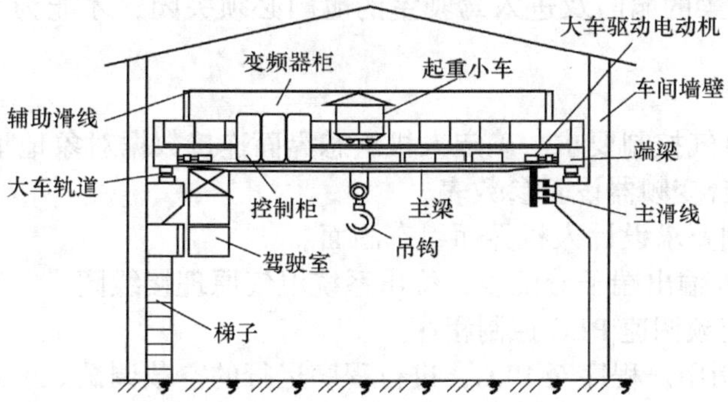

图 9-110　桥式起重机结构示意图

吊钩由小车上的卷扬机驱动升降运行。起重机的总电源通过车间一侧墙壁上的主滑线获得，也可通过伸缩电缆获得，小车电源则通过主梁上的辅助滑线获得。桥式起重机的操作通过驾驶室中的驾驶人员操作相应的主令设备来完成。

1. 控制要求

大车、小车和升降运行机构各采用一台电动机和一台变频器驱动，设备运行命令由连接到 PLC 的各种主令控制开关发出，PLC 通过 USS 协议控制 3 台变频器的运行，触摸屏作为仪表盘显示大车、小车及吊钩的运行状态，诸如运行方向、运行速度及故障报警等。

1）按下系统启动按钮，系统接入电源。系统未接入电源前操作任何主令开关均无响应。

2）大车前后移动的速度分为 3 档，通常起重量小于 50t 的起重机，大车各档位的速度分别为：高速 80～125m/min，中速 63～100m/min，低速 20～50m/min。本项目为 QD 型起重机，对应的变频器输出频率分别为 50Hz、33Hz 和 16Hz。本项目采用凸轮控制器 QM1 操作大车的运行，其 0 档位为制动档位，左右各有 3 个调速档位，分别对应低、中、高 3 种运行速度。

3）小车左右移动速度也分为高、中、低速 3 档，对起重量小于 50t 的起重机，小车各档位的速度分别为高速 40～63m/min、中速 32～50m/min、低速 10～25m/min，对应变频器的输出频率分别为 50Hz、40Hz 和 17Hz。同大车的操作方式一样，小车也采用凸轮控制器（QM2）控制。

4）吊钩上下移动速度也分为高、中、低速 3 档，对重量小于 50t 的起重机，吊钩升降的速度分别为高速 6.3～16m/min，中速 5～12.5m/min，低速 1.6～5m/min，对应变频器的输出频率分别为 50Hz、30 Hz 和 11 Hz。吊钩升降也采用凸轮控制器（QM3）控制。

5）大、小车运行机构及升降机构的制动停车，均采用电磁制动器实现，断电制动，通电松开。

6）为防止大车、小车和吊钩运行超出允许范围，设置三组限位开关：大车前进、后退限位开关；小车左移、右移限位开关；吊钩上升、下降限位开关。在运行过程中，一旦接触到任一限位开关，PLC 将立即发出该方向运行的停止信号，电磁制动器断电抱闸制动。

7）按下系统停止按钮，系统将断电停止。

8）保护措施

① 零压保护，即突然断电再通电时，系统不应工作。

② 零位保护，为防止操作手柄不在零位而接通电源，使设备直接运行而造成故障的现象发生，3 个运行机构的操作手柄必须在零位时才能为系统送电。

③ 驾驶室进出主梁的舱门及进入驾驶室的舱门必须关闭，才能为系统送电，以防人员或设备受到伤害。

2. 训练任务

1）根据起重机电气控制要求，确定人机组态界面连接数据对象地址以及PLC输入输出端子分配表，列出3台变频器设置参数表。

2）按照组态控制要求设计人机界面组态画面。

3）根据PLC输入输出端子分配表，绘出系统电气原理接线图。

4）编写起重机变频调速PLC控制程序。

5）下载PLC控制用户程序至PLC，进行程序运行的空载调试。

6）连接起重机PLC控制的输入输出设备，进行有载仿真调试。在无起重设备的情况下，可通过地面设备调试，观察仪表盘的运行情况。

7）编写起重机变频调速PLC控制系统设计调试报告。

本章小结

本章主要介绍S7-200系列PLC的通信协议以及通信的实现方法。

1. 自由端口通信是S7-200系列PLC的通信模式之一。它由用户程序控制，设置通信控制字节SMB30来实现，通过设置相应的特殊存储器，进行通信参数的设定，利用建立通信中断事件的连接和自由口接收与发送指令，完成自由端口的通信。一旦自由端口通信模式被允许，则PLC的点对点通信模式便被禁止。要想恢复点对点通信协议，必须使PLC的模式开关置于STOP侧。在这一部分主要学习了两条指令：数据发送指令XMT与数据接收指令RCV。

2. 网络通信是S7-200系列PLC的一大功能。通过网络读（NETR）/网络写（NETW）指令，可以实现PLC信息在点对点网络、多点网络及PROFIBUS网络中的传送。通过CP-242-1 IT通信处理模块，还可实现PLC信息的更广泛处理。

3. S7-200与S7-300PLC进行通信可采用MPI、PROFIBUS和以太网通信三种方式，另外介绍了S7-200系列PLC与MM420变频器、TD400C文本显示器以及MCGS人机界面进行通信的实现方法。

思考与练习题

9-1 何谓自由端口协议？设置它的寄存器格式如何？

9-2 叙述自由端口通信数据发送/接收方式的工作过程。

9-3 编程完成本地PLC与远程PLC自由端口通信的程序（只设计本地PLC控制程序）。

通信要求：①本地PLC CPU 224接收来自远程PLC CPU 222的20个字符，接收完成后，又将信息发送回远程PLC；②本地PLC通过一个外部信号I0.0的脉冲控制接收任务的开始，当发送任务完成后用指示灯Q0.1显示；③通信参数：9600bit/s，无奇偶检验，8位字符；④不设超时时间，接收和发送使用同一个数据缓冲区，首地址为VB300。

9-4 S7-200系列PLC的网络连接形式有哪些类型？每种类型有何特点？

9-5 PPI、MPI、PROFIBUS协议的含义是什么？

9-6 S7-200系列PLC的网络读/网络写指令的格式如何？设计通信程序时重点应做哪方面工作？

9-7 用NETR/NETW指令完成两台PLC之间的通信。要求A机读取B机的MB0的值后，将它写入本机的QB0，A机同时用网络写指令将它的MB0的值写入B机的QB0中。本题中，B机在通信中是被动的，它不需要通信程序。所以只要求设计A机的通信程序。网络通信数据表的格式见表9-28。

表 9-28　网络通信数据表

字节意义	状态字节	远程站地址	远程站数据区指针	读写的数据长度	数据字节
NETR 缓冲区	VB200	VB201	VD202	VB206	VB207
NETW 缓冲区	VB210	VB211	VD212	VB216	VB217

A 机的网络地址是 2，B 机的网络地址是 3。

9-8　TD400C、触摸屏在 PLC 网络系统中有何作用？

第10章　PLC控制系统设计

学习目标

掌握PLC控制系统的设计原则及步骤；掌握PLC机型选择的方法；掌握PLC输入输出电路及供电线路的设计方法；掌握PLC用户程序的经验设计法与逻辑设计法。

由PLC为核心组成的自动控制系统，称为PLC控制系统。PLC控制系统的设计同其他形式自动控制系统的设计不尽相同，需围绕PLC本身的特点，以满足生产工艺的控制要求为目的开展设计工作。一般包括硬件系统设计、软件系统设计及施工设计等内容。

10.1　PLC控制系统设计的基本原则及步骤

10.1.1　PLC控制系统设计的基本原则

为了实现生产工艺的控制要求，以提高生产效率和产品质量，在设计PLC控制系统时，应遵循以下基本原则：

1）最大限度地满足被控对象的控制要求。

2）在满足控制要求的前提下，力求使控制系统简单、经济，使用、维修方便。

3）保证控制系统的安全、可靠。

4）考虑到生产的发展和工艺的改进，应适当留有扩充裕量。

10.1.2　PLC控制系统设计的一般步骤

PLC控制系统的设计遵循自动控制系统设计的一般规律，其设计流程图如图10-1所示。

1. 分析生产工艺过程，明确工艺过程对电气控制的要求

分析生产工艺过程，是了解被控对象控制要求的前提。只有了解了被控对象的工艺过程及工作特点，才能弄清被控对象的控制要求。在这一过程中，要详细调查被控对象的工作性质，明确其功能要求，弄清系统是以逻辑量控制为主还是以模拟量控制为主，对模拟量控制系统还要弄清是慢连续量的过程控制系统还是快连续量的实时运动控制系统，并绘制出工艺控制过程流程图。

2. 确定控制方案

在分析被控对象的基础上，根据PLC的特点，与继电接触器控制系统、微型计算机控制系统比较，如果被控对象的工业环境较差，而安全性、可靠性要求较高，用人工进行控制工作量大、操作复杂、容易出错或者操作过于频繁，人工操作不容易满足工艺要求及工艺流程有要经常变动的对象和场合，则往往由PLC控制。对于采用PLC控制的系统，通常可考虑以下方案。

（1）单控制器系统　单控制器系统是指采用一台PLC控制一台被控设备或多台被控设备的控制系统。如图10-2所示。

（2）多控制器系统　多控制器系统即分布式控制系统，该系统中每一个控制对象都由

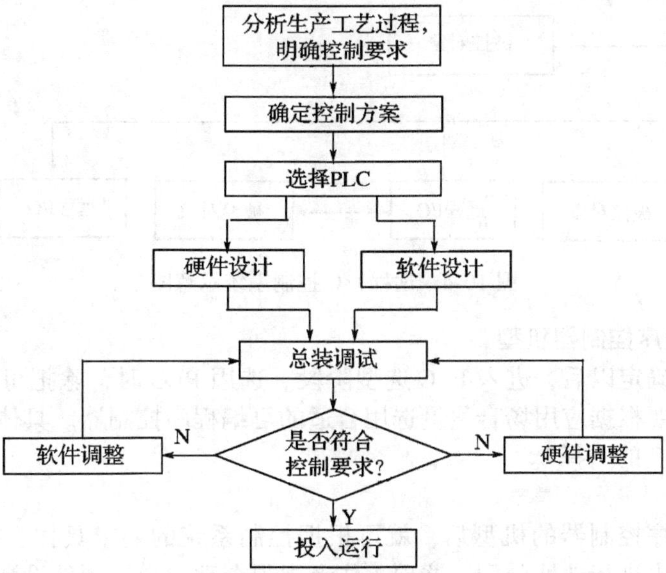

图 10-1　PLC 控制系统设计流程图

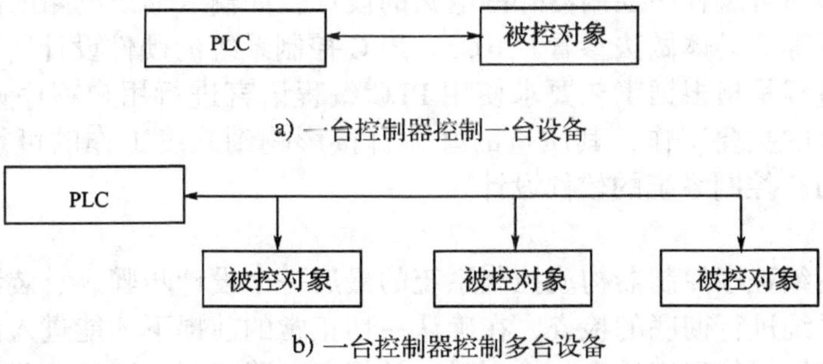

图 10-2　单控制器系统示意图

一台 PLC 控制器来控制，各 PLC 控制器之间可以通过信号传递进行内部联锁，或由上位机通过数据总线进行通信控制。如图 10-3 所示。

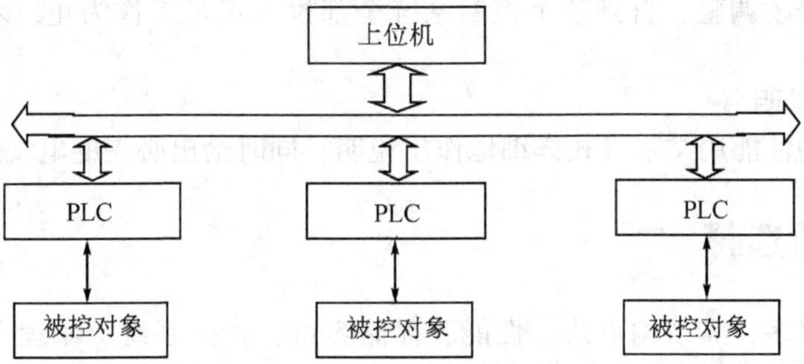

图 10-3　多控制器系统示意图

（3）远程 I/O 控制系统　远程 I/O 系统就是 I/O 模块不与控制器放在一起而是远距离地放在被控设备附近。如图 10-4 所示。

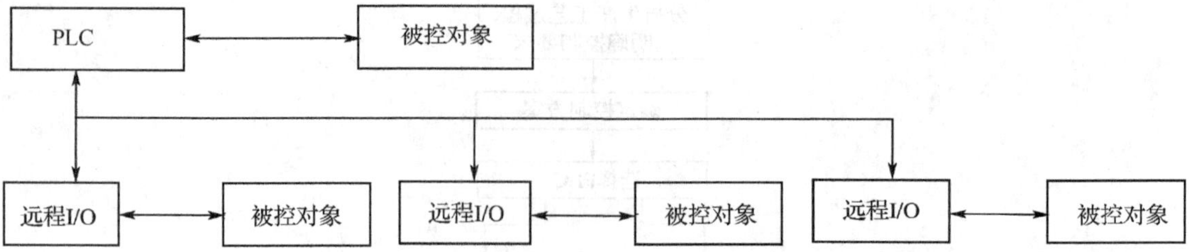

图 10-4 远程 I/O 控制系统示意图

3. 选择可编程序控制器机型

控制系统方案确定以后，进入 PLC 选型阶段。选用 PLC 时，除把可靠性、环境适应性等放在首位外，还要根据应用场合尽量选用合适的可编程序控制器。具体选用时应考虑的方面参看“10.2 PLC 的选择”。

4. 硬软件设计

选择好可编程序控制器的机型后，就可根据控制系统的要求具体安排输入、输出的配置，并对输入、输出进行地址分配。这项工作考虑得合理，会给硬件设计、程序编写和系统调试带来很多方便。然后便可分头对控制系统进行硬软件的设计。

硬件设计是指对可编程序控制器外围电路的设计，如输入输出电路的设计，电源、负载供电回路的设计等等。具体做法参看“10.3 PLC 控制系统的硬件设计”。

软件设计的过程是指根据工艺要求使用 PLC 编程语言进行用户程序设计的过程。这是 PLC 控制系统设计的主要工作，其质量的好坏直接影响到系统工作的可靠性。具体设计方法参看“10.4 PLC 控制系统的软件设计”。

5. 总装调试

总装统调是可编程序控制器构成控制系统的最后一个设计步骤。总装调试前，应分别对硬件系统及软件系统进行彻底的检查，在确认一切正常的前提下才能进入该阶段。首先对可编程序控制器外部接线作仔细检查。检查时，常将主电路断开，通过一些简单的试验程序对外部接线进行通电扫描查找接线故障。当确认接线无误后再接主电路，将模拟调试好的程序进行调试，直到各部分的功能都正常，并能协调一致工作为止。

由此可见，在进行完具体的硬件系统设计和软件系统设计后，除要分别对硬件系统和软件系统进行调试外，还必须对硬件系统和软件系统进行联合调试和试运行，反复进行硬件系统和软件系统的修改调整，直到整个控制系统全部投入正常工作为止，才算最终完成系统设计。

6. 编制技术说明书

将控制系统的性能用文字形式详细地作出说明，同时给出必需的电气原理图及接线图。

10.2 PLC 的选择

PLC 的品种繁多，其结构形式、性能、存储容量、指令系统、编程方法和价格等各不相同，适用场合也各有侧重。因此，合理选择 PLC，对于提高 PLC 控制系统的技术经济指标起着重要的作用。

10.2.1 机型的选择

机型选择的基本原则是在满足生产工艺要求的情况下，保证运行可靠、维护使用方便以及最佳的性能价格比。具体应考虑以下几方面。

1. 结构合理

对于工艺过程比较固定、环境条件较好（维修量较小）的场合，选用整体式结构 PLC，其他情况则选用模块式结构 PLC。

2. 功能合理

对于开关量控制的工程项目，对其控制速度无须考虑，一般的小型机就能满足要求；对于以开关量为主、带少量模拟量控制的工程项目，可选用带 A-D、D-A 转换、加减运算、数据传送功能的小型机；对于控制比较复杂、控制功能要求高的工程项目，例如要求实现 PID 运算、闭环控制、通信联网等，可视控制规模及复杂的程度，选用中型或大型机。其中大型机主要用于大规模过程控制、全 PLC 的分布式控制系统以及整个工厂的自动化等。

3. 机型统一

同一机型的 PLC，其模块可互为备用，便于备品备件的采购和管理；其功能及编程方法统一，有利于技术力量的培训、技术水平的提高和功能的开发，其外部设备通用，资源可共享，配以上位计算机后，可把控制各独立系统的多台 PLC 连成多级分布式控制系统，相互通信、集中管理。

4. 是否在线编程

PLC 的特点之一是使用灵活。当被控设备的工艺过程改变时，只需用编程器重新修改程序，就能满足新的控制要求，给生产带来很大方便。

PLC 的编程分为离线编程和在线编程两种。离线编程的 PLC，其特点是主机和编程器共用一个 CPU，在编程器上有一个“编程/运行”选择开关或按键，选择编程状态时，CPU 将失去对现场的控制，只为编程器服务，这就是所谓的“离线”编程。程序编好后，如选择运行状态，CPU 则去执行程序而对现场进行控制，这时，CPU 对编程指令按步作出响应。此类 PLC，由于编程器和主机共用一个 CPU，因此节省了大量的硬件和软件，编程器的价格也比较便宜。中、小型 PLC 多采用离线编程。

在线编程的 PLC，其特点是主机和编程器各有一个 CPU，编程器的 CPU 可以随时处理由键盘输入的各种编程指令。主机的 CPU 则是完成对现场的控制，并在一个扫描周期的末尾和编程器通信，编程器把编好或改好的程序发送给主机，在下一个扫描周期主机将按照新送入的程序控制现场，这就是所谓的“在线”编程。此类 PLC，由于增加了硬件和软件，故价格高，但应用领域较宽。大型 PLC 多采用在线编程。

是否在线编程，应根据被控设备工艺要求的不同来选择。对于产品定型的设备和工艺不常变动的设备，应选用离线编程的 PLC；反之，可考虑选用在线编程的 PLC。

10.2.2 输入/输出的选择

1. PLC 控制系统 I/O 点数的估算

PLC 控制系统的 I/O 点数是指要求 PLC 能够输入输出的开关量、模拟量的总点数。统计控制系统的输入输出种类及数量，以便决定选用 I/O 点数并留有一定余量的 PLC 机型，同时应考虑尽可能简化点数来降低价格。

（1）控制电磁阀等所需的 I/O 点数　由电磁阀的动作原理可知，一个单线圈电磁阀用可编程序控制器控制时需 2 个输入及 1 个输出；一个双线圈电磁阀需 3 个输入及 2 个输出；一个按钮需一个输入；一个光敏开关需 4 个或 2 个输入；一个信号灯需 1 个输出；波段开关，有几个波段就需几个输入；一般情况，各种位置开关都需占用 2 个输入点。

（2）控制交流电动机所需的 I/O 点数　用 PLC 控制交流电动机时，是以主令信号和反馈信号作为 PLC 的输入信号，以 PLC 的输出信号驱动接触器来完成对交流电动机的控制。

例如，用 PLC 控制一台Y-△起动的交流电动机，一般需占用 PLC 的 4 个输入点及 3 个输出点；用 PLC 控制一台单向运行的笼型电动机，需占用 4 个输入点及 1 个输出点；控制一台可逆运行的笼型电动机，需 5 个输入点及 2 个输出点；控制一台单向运行的变极调速电动机，需 5 个输入点及 2 个输出点；控制一台单向运行的绕线转子交流电动机，需 3 个输入点及 4 个输出点；控制一台可逆运行的绕线转子交流电动机，需 4 个输入点及 5 个输出点。

(3) 控制直流电动机所需的 I/O 点数　晶闸管直流电动机调速系统是直流调速的主要形式，它采用晶闸管整流装置对直流电动机供电。用 PLC 控制的直流传动系统中，PLC 的输入除考虑主令信号外，还需考虑合闸信号、传动装置综合故障信号、抱闸信号和风机故障信号等。PLC 的输出主要考虑速度指令信号正向 1~3 级、反向 1~3 级、允许合闸信号和抱闸打开信号等。一般情况下，一个用 PLC 控制的可逆直流传动系统大约需 12 个输入点和 8 个输出点；一个不可逆的直流传动系统需 9 个输入点和 6 个输出点。

2. 输入/输出模块的选择

可编程序控制器输入模块的任务是检测并转换来自现场设备（按钮、限位开关、接近开关等）的高电平信号为机器内部电平信号，模块类型分直流 5V、12V、24V、48V 和 60V 几种，交流 115V 和 220V 两种。由现场设备与模块之间的远近程度选择电压的大小。一般 5V、12V、24V 属低电平，传输距离不宜太远，例如 5V 的输入模块最远不能超过 10m，也就是说，距离较远的设备选用较高电压的模块比较可靠。另外，高密度的输入模块如 32 点、64 点，同时接通点数取决于输入电压和环境温度。一般而言，同时接通点数不得超过 60%。为了提高系统的稳定性，必须考虑门槛（接通电平与关断电平之差）电平的大小。门槛电平值越大，抗干扰能力越强，传输距离也就越远。

输出模块的任务是将机器内部信号电平转换为外部过程的控制信号。对于开关频率高、电感性、低功率因数的负载，推荐使用晶闸管输出模块，缺点是模块价格高，过载能力稍差。继电器输出模块的优点是适用电压范围宽，导通压降损失小，价格低；其缺点是寿命较短，响应速度较慢。输出模块同时接通点数的电流累计值必须小于公共端所允许通过的电流值。输出模块的电流值必须大于负载电流的额定值。

10.2.3 内存估计

用户程序所需内存容量受到下面几个因素的影响：内存利用率；开关量输入/输出点数；模拟量输入/输出点数；用户的编程水平。

1. 内存利用率

用户程序通过编程器键入主机内，最后是以机器语言的形式存放在内存中。同样的程序，不同厂家的产品，在把用户程序变成机器语言存放时所需的内存数是不同的。我们把一个程序段中的接点数与存放该程序段所代表的机器语言所需的内存字数的比值称为内存利用率。高的内存利用率给用户带来好处。同样的程序可以减少内存量，从而降低内存投资。

2. 开关量输入/输出点数

PLC 开关量输入/输出总点数是计算所需内存容量的重要依据。根据经验，开关量输入/输出点数占用内存容量的关系如下：

$$所需内存字数=开关量输入点数\times 10+开关量输出点数\times 8$$

3. 模拟量输入/输出点数

具有模拟量控制的系统要用到数字传送和运算的功能指令，这些功能指令的内存利用率较低，因此所占的内存数较多。

在只有模拟量输入的系统中，一般要对模拟量进行读入、数字滤波、传送和比较运算；在模拟量输入输出同时存在的情况下，就要进行较复杂的运算。一般采用闭环控制，内存要比只有模拟量输入的情况需要量大。在模拟量处理中，常常把模拟量读入、滤波及模拟量输出编成子程序使用，这样会使所占内存大大减少，特别是在模拟量路数比较多时，每一路模拟量所需的内存数会明显减少。下面给出一般情况下的经验公式：

只有模拟量输入时：所需内存字数=模拟量点数×100

模拟量输入输出同时存在：所需内存字数=模拟量点数×200

这些经验公式的算法是以 10 点模拟量输入输出为目标估算出来的，当点数小于 10 时，内存字数要适当加大，点数多时，可适当减少。

4. 程序编写质量

用户程序优劣对程序长短和运行时间都有较大影响。对于同样的系统，不同用户编写的程序可能会使程序长短和执行时间差距很大。一般来说，对初学者应为内存多留一些余量，而对有经验的编程者可少留一些余量。综上所述，推荐下面的经验计算公式：

总存储器字数=(开关量输入点数+开关量输出点数)×10+模拟量点数×150

然后按计算存储器字数的 25%考虑余量。

5. 响应时间

对过程控制，扫描周期和响应时间必须认真考虑。PLC 顺序扫描的工作方式使它不能可靠地接收持续时间小于扫描周期的输入信号。例如某产品有效检测宽度为 3cm，产品传送速度为 30m/min，为了确保不会漏检经过的产品，要求 PLC 的扫描周期不能大于产品通过检测点的时间间隔 60ms[T=3cm/(30m/min)]。

系统响应时间是指输入信号产生时刻与由此使输出信号状态发生变化的时间间隔。一般情况下，响应时间按下式估算：

系统响应时间=输入滤波时间+输出滤波时间+扫描时间

10.3　PLC 控制系统的硬件设计

PLC 控制系统的硬件设计包括设计 PLC 输入输出接线原理图、PLC 供电系统图以及选择输入输出元器件等工作。

10.3.1　PLC 输入/输出电路的设计

在 PLC 控制系统中，通常用作输入器件的是操作类器件如控制按钮、转换开关等，检测类器件如行程开关、光敏开关、传感器等；用作 PLC 负载的器件主要是各种执行器件，如接触器、电磁阀、继电器和信号灯等。

设计输入输出电路时，首先应对工艺要求提出的各种输入输出器件进行分类，把相同类型的输入输出器件编为一组，然后根据类型按顺序为所有器件分配 PLC 地址（即输入输出接线端子），并绘出 I/O 端子分配表，以便程序编制人员编程使用。

设计输入输出电路通常还要考虑以下问题：

1）一般情况下，输入输出器件可以直接与 PLC 的输入输出端子相连，但是，当配线距离较长或接近强干扰源或大负荷频繁通断的外部信号时，则最好加中间继电器再次隔离。

2）输入电路一般由 PLC 内部提供电源，输出电路需根据负载额定电压和额定电流外接电源。输出电路需注意每个输出点可能输出的额定电流及公共端子的总电流的大小。

3）对于双向晶闸管及晶体管输出型的 PLC，如输出点接感性负载，为保证输出点的安全和防止干扰，需并接过电压吸收回路。对交流负载应并接浪涌吸收回路，如阻容电路（电阻取 51~120Ω，电容取 0.1~0.47F，电容的额定电压应大于电源峰值电压）或压敏电阻，如图 10-5a 所示。对直流负载需并接续流二极管，续流二极管可以选 1A 的管子，其额定电压应大于电源电压的 3 倍，如图 10-5b 所示。

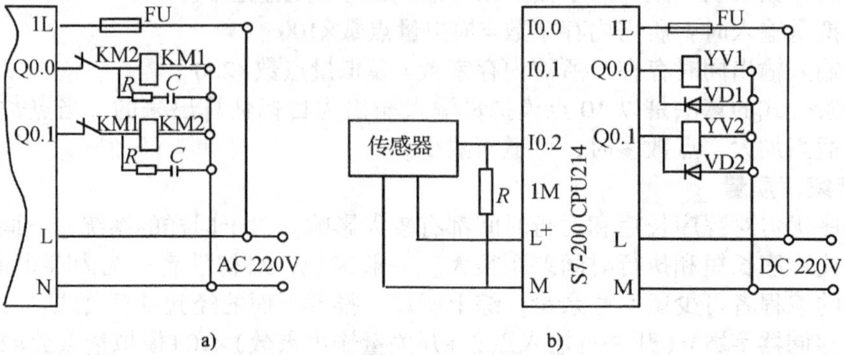

图 10-5 输入输出电路的设计

4）当接近开关、光敏开关这一类两线式传感器的漏电流较大时，可能出现故障的输入信号。通常在输入端并联旁路电阻，以减小输入电阻，如图 10-5b 所示。旁路电阻的阻值 R 可由下式确定：

$$I\cdot\frac{R\cdot U_e/I_e}{R+U_e/I_e}\leqslant U_L$$

式中，I 是传感器漏电流，U_e、I_e 分别是 PLC 的额定输入电压和额定输入电流，U_L 是 PLC 输入电压低电平的上限值。

5）为防止负载短路损坏 PLC，输出公共端需加熔断器保护。如图 10-5 所示。

6）对重要的互锁，如电动机正反转等，需在外电路中用硬件再互锁。如图 10-5a 所示。

7）当输入点不够时，可参考下列方法扩展：

① 硬件逻辑组合输入法。对两地操作按钮、安全保护开关等可先进行串并联后再接入 PLC 输入端子，如图 10-6 所示。

② 译码输入法。对在工艺上绝对不可能同时出现的开关信号，用二极管译码的方法扩展输入点，如图 10-7 所示。

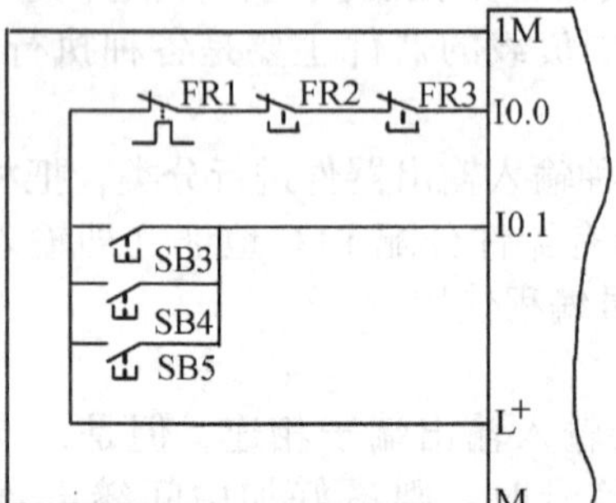

图 10-6 硬件逻辑组合输入法

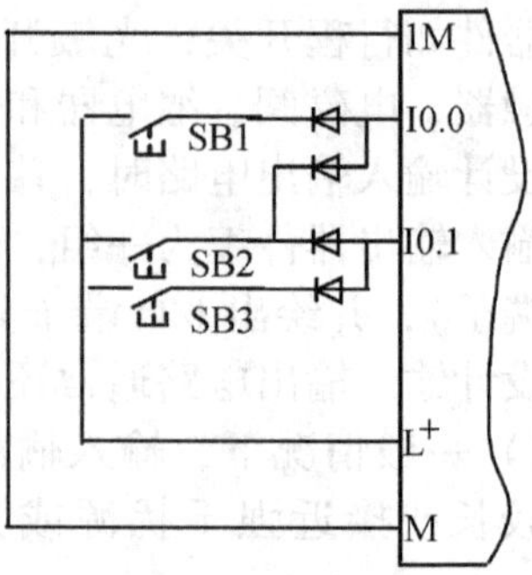

图 10-7 译码输入法

③ 分组输入法。对在工艺中不同工作方式使用的输入点，可通过外电路分组的方法达到扩展输入点的目的。如图 10-8 所示。

④ 二极管矩阵输入法。当 PLC 的输出点富裕且输入点不够用时，可通过对输出点的扫描，实现二极管矩阵输入，从而大大扩展输入点数，如图 10-9 所示。

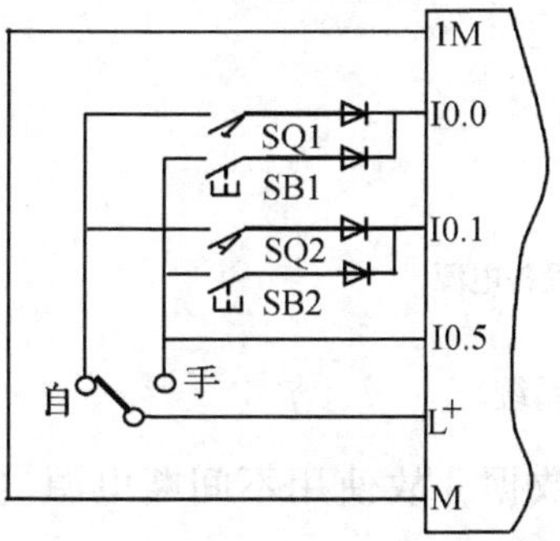

图 10-8　分组输入法

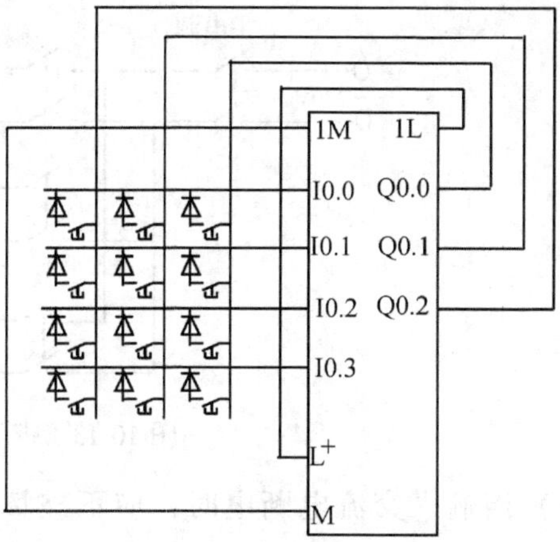

图 10-9　二极管矩阵输入法

⑤ 输入按钮直接控制法。将输入按钮直接连接在需要控制的输出设备上，以减少对输入点数的使用，如图 10-10 所示。

8）对输出点不够时，可参考下列方法扩展。

① 分组控制法。对不同时工作的负载，可通过分组控制的方法减少输出点的使用，如图 10-11 所示。

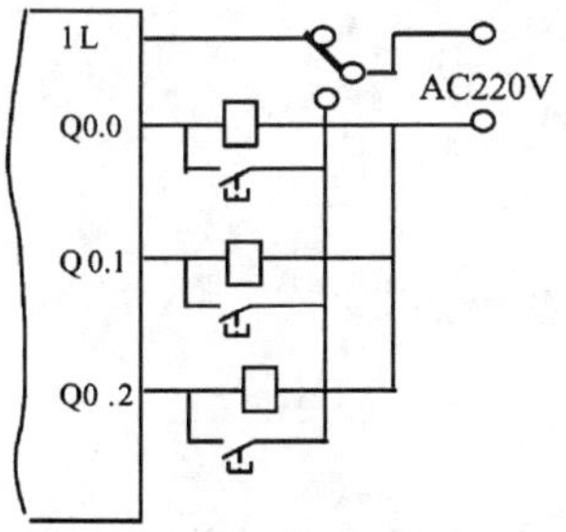

图 10-10　输入按钮的直接控制法

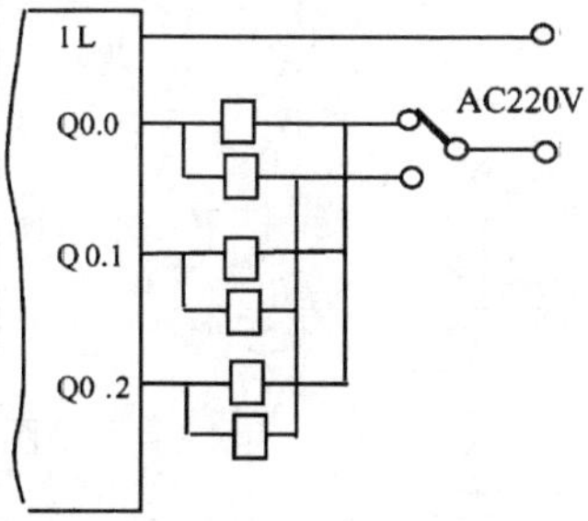

图 10-11　输出分组控制法

② 输出继电器接点译码法。通过输出继电器接点译码可扩展输出点，如图 10-12 所示。

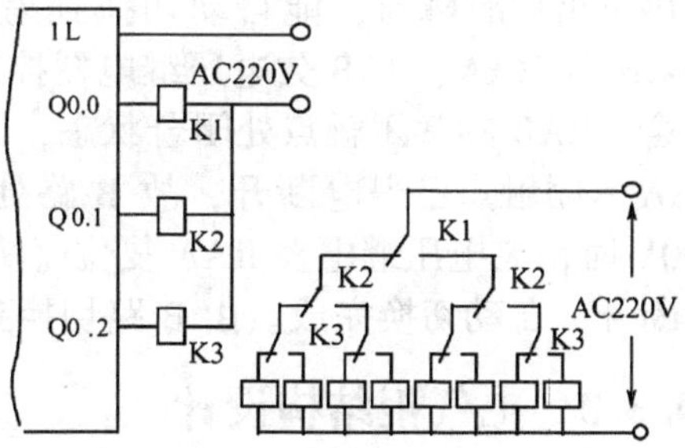

图 10-12　输出继电器接点译码法

10.3.2　PLC 供电系统的设计

供电系统的设计直接影响控制系统的可靠性，因此在设计供电系统时可从以下几方面考虑：

1）电源进线处应该设置紧急停止 PLC 的硬线主控继电器（Master Control Relay），它可以专用一只零压继电器，也可以借用液压泵电动机接触器的常开触点。

2）若用户电网电压波动较大或附近有大的电磁干扰源，则需在电源与 PLC 间加设隔离变压器或电源滤波器，使用隔离变压器供电。

图 10-13 所示为使用隔离变压器的供电系统示意图，控制器和 I/O 系统分别由各自的隔离变压器供电，并与主回路电源分开。这样当输入输出供电中断时不会影响控制器的电源。

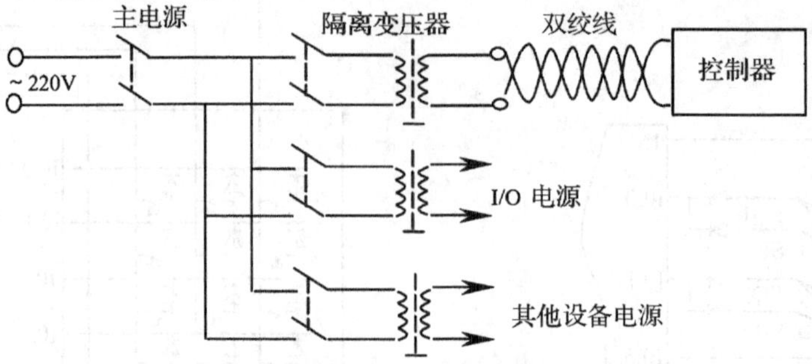

图 10-13 带隔离变压器的供电系统

3）当输入交流电断电时，应不破坏控制器程序和数据，故使用不间断电源（UPS）供电。

不间断电源（UPS）是电子计算机的有效保护装置，平时处于充电状态，当输入交流电（220V）失电时，UPS 能自动切换到输出状态，继续向计算机供电。

图 10-14 是使用 UPS 的供电系统示意图。根据 UPS 的容量，在交流电失电后可继续向控制器供电 10~30min。因此对于非长时间停电的系统，其效果是显著的。

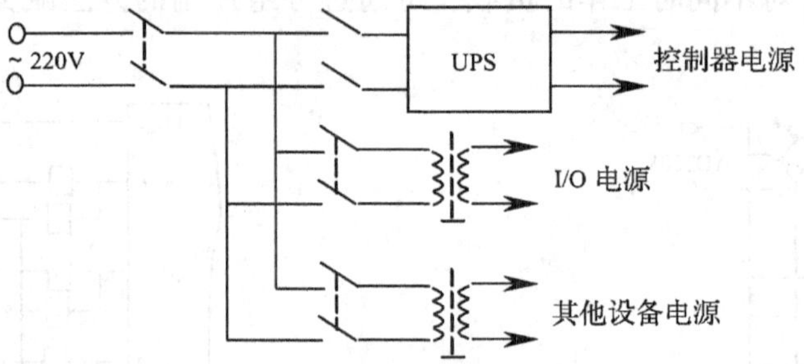

图 10-14 使用 UPS 的供电系统

4）在控制系统不允许断电的场合，应考虑供电电源的冗余，采用双路供电。

为了提高供电系统的可靠性，交流供电最好采用双路电源分别引自不同的变电站；当一路供电出现故障时，能自动切换到另一路供电。图 10-15a 为双路供电系统的示意图。图 10-15b为 RAA、RAB 欠电压继电器控制电路。假设先合上 AA 开关，则由于 B 路 RAB 没有吸合，RAB 的常闭触点处闭合状态，因而实现了 A 路的供电控制。然后合上 BB 开关，由于 RAA 常闭触点已得电断开，故 B 路处于备用状态。当 A 路电压降低到规定值时，如低于 190V 时，欠电压继电器 RAA 复位（失电），其常闭触点闭合使 B 路开始供电，同时 RAB 常闭断开，自动切换完成。由 B 路切换到 A 路供电的原理与此相同。

10.3.3 电气柜结构设计

PLC 的主机和扩展单元可以和电源断路器、控制变压器、主控继电器以及保护电器一起安装在控制柜内，既要防水、防粉尘、防腐蚀，又要注意散热，若 PLC 的环境温度大于 55℃时，要用风扇强制冷却。

与 PLC 装在同一个开关柜内、但不是由 PLC 控制的电感性元件，如接触器的线圈，应并联消弧电路，保证 PLC 不受干扰。

PLC 在柜内应远离动力线，两者之间的距离应大于 200mm，PLC 与柜壁间的距离不得小于 100mm，与顶盖、底板间距离要在 150mm 以上。

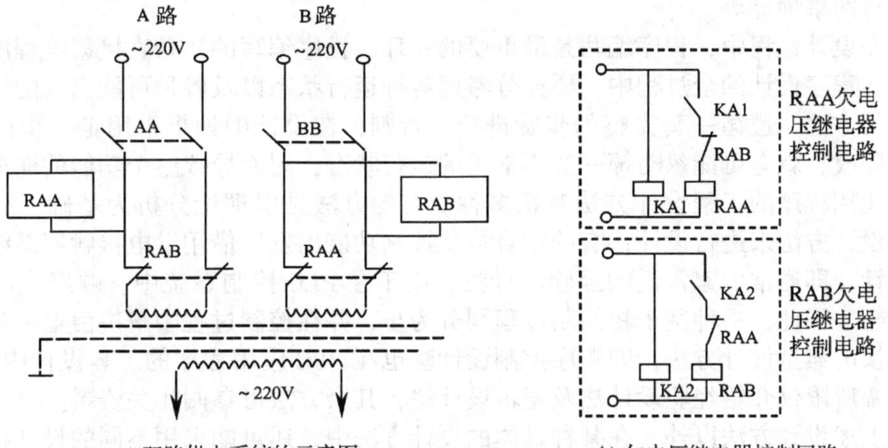

a) 双路供电系统的示意图　　b) 欠电压继电器控制回路

图 10-15　双路供电系统

10.3.4　现场布线图设计

1）PLC 系统应单独接地，其接地电阻应小于 100Ω，不可与动力电网共用接地线，也不可接在自来水管或房屋钢筋构件上，但允许多个 PLC 共用接地线，也允许与弱电系统共用接地线，接地极应尽量靠近 PLC 主机。

2）敷设控制线时要注意与动力线分开敷设（最好保持 200mm 以上的距离），分不开时要加屏蔽措施，屏蔽要有良好接地。控制线要远离有较强电气过渡现象发生的设备（如晶闸管整流装置、电焊机等）。交流线与直流线、输入线与输出线都最好分开走线。开关量、模拟量 I/O 线最好分开敷设，后者最好用屏蔽线。

10.4　PLC 控制系统的软件设计

PLC 控制系统的软件设计就是指针对生产工艺要求的控制程序的设计，也就是常说的用户程序的设计。用户程序的设计需在前述分析工艺过程，明确控制要求，列出输入输出分配表的基础上进行，通常包括的基本内容是：

1. 绘制系统控制流程图

根据系统的控制要求，用流程图形式将系统的控制过程描绘出来，以清楚地表明动作的顺序和条件。

2. 编制程序

根据系统控制流程图，用 PLC 的程序语言编制程序。这是程序设计的关键一步，也是比较困难的一步。要完成一个好的程序设计，首先要十分熟悉控制要求，同时还要有一定的电气设计的实践经验。

3. 程序测试

用编程器将程序输入到 PLC 的用户程序存储器中，并检查输入的程序是否正确。然后对程序进行调试和修改，直到满足要求为止。

4. 编制程序设计说明书

程序说明书是对所编程序功能、程序的基本结构、各功能单元分析、各参数的来源和运算过程、运行原理、程序测试方法等重要内容的注释和综合说明，主要是让程序维护者、现场调试人员、使用者了解程序的基本结构、基本原理和对某些问题的特定处理方法，以及使用中应注意的事项等等。

在程序设计过程中，程序编写是最重要的一环。程序编写的质量直接影响程序运行的工作效果。在程序设计的全过程中，要充分考虑各种运行状态以及各种可能出现的情况，要按一套有效的方法、遵循一套完整的步骤进行。否则，在设计中如果采用走一步试一步的做法，随用随改，就有可能忽略掉一些不常见的运行状态，因而导致整个功能的崩溃。

PLC 应用程序的工程设计方法有很多种。有的方法是以理论分析为基础，沿用数字电路的逻辑设计方法来进行设计；有的则直接从控制功能出发，借用继电接触器系统的原理图来进行设计，即通常大家常说的经验设计法；由于在 PLC 控制系统中，顺序控制方式占相当大的份额，因此，一种基于将控制过程划分为步、并在控制过程中解决由上一步进行到下一步的转换的典型设计方法，即顺序控制设计法也在 PLC 应用程序的工程设计中大量使用。本章因篇幅所限仅介绍经验设计法及逻辑设计法，其余方法可参阅相关资料。

除了上述设计方法以外，在某种具体的设计方法中，还可能采用不同的设计技巧。如通常在顺序控制设计中可能采用功能图设计，也可能采用状态图设计。就采用关键指令的技巧而言，无论简单系统还是复杂系统，在顺序控制设计中就有采用通用逻辑指令、步进指令、置位和复位指令以及使用位移位寄存器指令等数种方式。

10.4.1 梯形图的经验设计法

在 PLC 应用的初期，大多数工程技术人员基本上是沿用设计继电接触器控制电路图的方法来设计 PLC 应用程序的梯形图，这种方法即称为梯形图的经验设计法。这种方法是依据一些典型的电路来设计梯形图，并参照被控对象对控制系统的具体要求，不断地修改和完善梯形图。有时需要多次反复调试和修改，增加很多辅助触点和中间编程元件，最后才能得到一个较为满意的结果。这种方法没有确切的规则可以遵循，具有很大的试探性和随意性，更多依赖于设计人员的经验，最后所得出的结果不是唯一的。

这种方法设计所用的时间、设计的质量与设计者的经验有很大的关系。它可以用于较简单的梯形图的设计。下面通过两个例子来介绍这种设计方法。

1. 送料小车自动控制系统的梯形图设计

(1) 控制要求　送料小车首先在轨道的最左端装料，在这里小车同时压下行程开关 I0.3（见图 10-16），25s 后小车装料结束，开始右行。当小车碰到行程开关 I0.4 后右行停止，并停下来卸料，35s 后卸料完毕并开始左行。当小车再次碰到行程开关 I0.3 后停止左行，并在停下来的过程中装料。这样装料、右行、卸料、左行，不停地循环工作。直到按下停止按钮 I0.2 后，整个过程完全停止。按钮 I0.1 和 I0.0 分别用来起动小车右行和左行。

(2) 设计过程　根据小车的生产过程可知，小车的主要运动是正反转，在正反转基础上，再加入停车、装料、卸料等自动环节，即可完成设计任务。具体过程为：

① 绘出具有双重互锁的正反转控制梯形图；②为了达到小车自动停止的目的，在控制小车右行的 Q0.1 的输出线圈电路中和控制小车左行的 Q0.0 的输出线圈电路中分别串入了 I0.4 和 I0.3 的常闭触点；③为了使小车自动起动，将控制装、卸料延时的定时器 T38 和 T37 的常开触点分别与手动起动右行和左行的 I0.1 和 I0.0 的常开触点并联，即分别以控制装料延时的定时器 T37 的常开触点来控制小车自动起动右行，而用控制卸料延时的定时器 T38 的常开触点来控制小车自动起动左行；④为了自动装卸料，在小车左行或右行结束时，用限位开关 I0.3 和 I0.4 的常开触点分别接通装料、卸料电磁阀和相应的定时器。据此设计出的梯形图程序如图 10-16 所示。

2. 两处卸料小车的自动控制系统梯形图设计

(1) 控制要求　两处卸料小车控制系统与一处卸料小车控制系统大致相同，仍然要求在限位开关 I0.3 处装料，不同的是将分别依次在限位开关 I0.5 和限位开关 I0.4 处轮流卸料。

（2）设计过程　由于两个例子有很多相近之处，故上一个例子中的许多设计结果这里可以利用。而二者不同的地方，则需要我们着重加以分析，以解决新的矛盾。

如图 10-17 所示，小车在一次工作循环中的两次右行都将压下限位开关 I0.5，同时当从限位开关 I0.4 处开始左行时也将再次压下限位开关 I0.5。按照工作流程的要求，第一次压下它时停下卸料，第二次、第三次压下它时继续前进。显然，单靠限位开关 I0.5 是不可能同时满足这样两个要求的。解决这第一个矛盾的方法是设置一个具有记忆功能的编程元件，用来区分是第一次还是后两次碰到限位开关 I0.5。图 10-17 所示的梯形图是在图 10-16 的基础上按照新的要求修改而成的。按照控制流程的要求我们知道，小车在第一次压下限位开关 I0.5 和压下限位开关 I0.4 时都应停止右行，所以将它们的常闭触点串接在控制 Q0.1 输出线圈的电路中。但是这样一来，当小车第二次压下限位开关 I0.5 时，仍将在中途停止而不能达到最右端处。为了解决这个问题，在设计中我们首先引入一个具有记忆功能的编程元件（一个“软继电器”），即内部标志寄存器位 M0.0 位，以它来记忆小车是第一次还是第二次压下限位开关 I0.5，并将其中限位开关 I0.5 的触点与 M0.0 位的触点相并联，使 I0.5 停止右行的作用受到 M0.0 位的制约。M0.0 位在这里的作用是记忆第几次压下限位开关 I0.5。它在图 10-17 中 I0.3 至 I0.5 行程内接通，因此小车在第二次右行经过限位开关 I0.5 时不会停止右行。

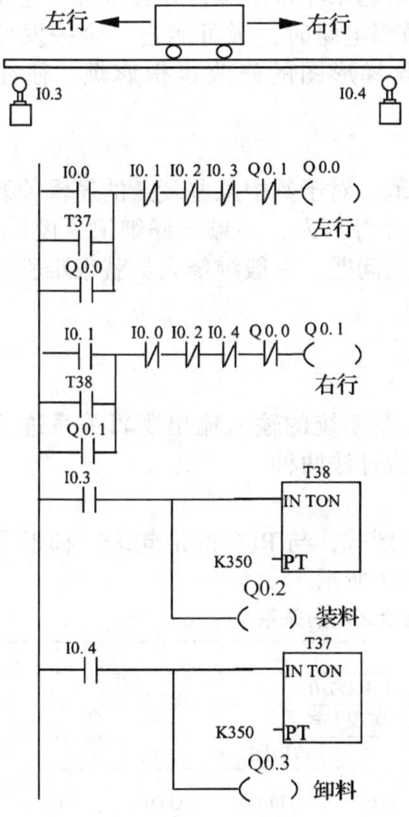

图 10-16　小车自动装卸料控制

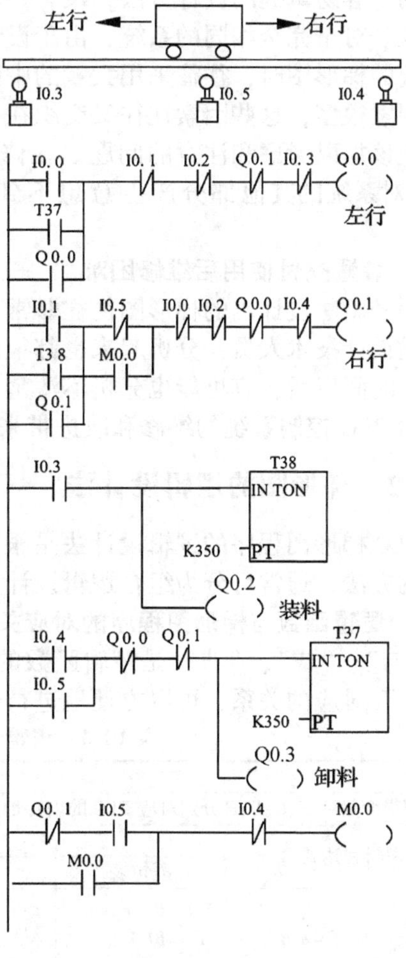

图 10-17　两处卸料小车的自动控制

这里一个关键的问题是如何设计对“软继电器”M0.0位的控制。从图上可见，因为我们规定其在图中I0.3至I0.5行程内接通，因此似乎是当小车压下限位开关I0.5时置位M0.0位，而当小车压下限位开关I0.3时清零M0.0位。如果是这样设计，我们将在调试时发现小车从限位开关I0.4开始左行，经过限位开关I0.5时M0.0位也被接通，使小车下一次右行到达限位开关I0.5时无法停止运行。显然，在这个记忆电路中还应当记下点什么。让我们仔细分析在整个循环中三次压下限位开关I0.5究竟有何不同。我们可以看出，当第一次压下限位开关I0.5时，进入在中间点卸料的延时阶段，小车既不左行也不右行；而当第二次压下限位开关I0.5时，小车正处于右行阶段，但同时M0.0位已置1，这一情况不在考虑之列；而当第三次压下限位开关I0.5时，小车正处于左行阶段。鉴于第一次和第三次的区别，我们以非左行和压下限位开关I0.5的与条件作为置位M0.0位的条件，即将Q0.2的常闭触点和I0.5的常开触点串联作为M0.0位的启动条件。

此外很容易知道，小车往返经过限位开关I0.5时，虽然不会停止运行，但会出现短暂的卸料动作。为解决这个问题，将Q0.0和Q0.1的常闭触点串入控制卸料的Q0.3输出线圈的电路。同时，为了实现两处卸料，将I0.3和I0.5的触点并联后驱动Q0.3和T38。

用经验法设计复杂系统的梯形图应用程序，存在着以下一些问题：

1. 设计方法不规范，难于掌握，设计周期长

用经验法设计系统的梯形图时，对于功能要求千差万别的控制系统，没有一种通用的、规范的、容易掌握的设计方法，没有一套完整、固定的步骤可以遵循，具有很大的试探性和随意性。对于完全相同的系统，由于设计人员不同，其设计结果可能会大相径庭。在设计复杂系统的梯形图时，往往采用大量的中间单元来完成记忆、联锁、互锁等功能。由于需要考虑的因素很多，这些因素往往又交织在一起，因此分析起来非常困难，并且很容易遗漏掉一些本应该加以考虑和注意的问题。在修改设计某一局部电路时，很可能会“牵一发而动全身”，对系统的其他部分产生意想不到的影响。因此梯形图的修改也很麻烦，往往事倍功半。

2. 装置交付使用后维修困难

用经验法设计出的梯形图往往非常复杂而且不规范。对于其中某些复杂的逻辑关系，即使同是设计技术人员，分析起来也都很困难，甚至设计者本人，如果不仔细记录设计文档，在一定时间以后，有可能也分析不清楚了。这样复杂的问题，一般维修人员就很难胜任。这些都给PLC控制系统的维修和改进带来了极大的困难。

10.4.2 梯形图的逻辑设计法

PLC梯形图程序的逻辑设计法是根据分析PLC控制系统的输入输出逻辑关系进行程序设计的方法，通常可分为组合逻辑设计法和时序逻辑设计法两种。

1. 逻辑函数与梯形图程序的对应关系

“与”、“或”、“非”是逻辑函数的三种基本表达形式，与PLC的语句表、梯形图指令有着相互对应的关系，可以方便地进行转化，如表10-1所示。

表10-1 逻辑表达式与PLC指令之间的关系

基本逻辑			
假定逻辑变量 A、B、C、D、F 分别对应PLC的内存地址 I0.0、I0.1、I0.2、I0.3、Q0.0			
逻辑表达式		PLC实现方式	
		语句表	梯形图
与	$F=A\ B$	LD I0.0 A I0.1 = Q0.0	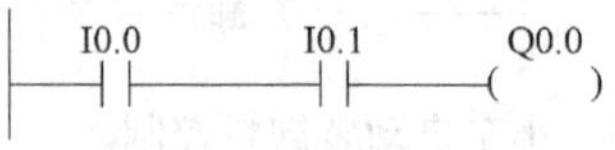

（续）

基本逻辑			
假定逻辑变量 *A*、*B*、*C*、*D*、*F* 分别对应 PLC 的内存地址 I0.0、I0.1、I0.2、I0.3、Q0.0			
逻辑表达式		PLC 实现方式	
		语句表	梯形图
或	$F=A+B$	LD　I0.0 O　I0.1 =　Q0.0	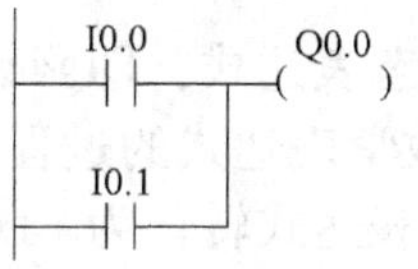
非	$F=\overline{A}$	LD　I0.0 NOT =　Q0.0	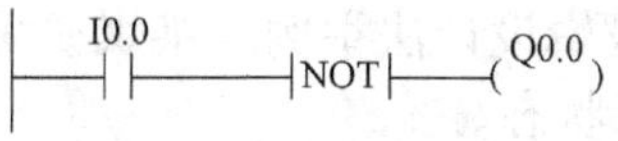
组合逻辑			
逻辑表达式		语句表	梯形图
与非	$F=\overline{AB}$	LD　I0.0 A　I0.1 NOT =　Q0.0	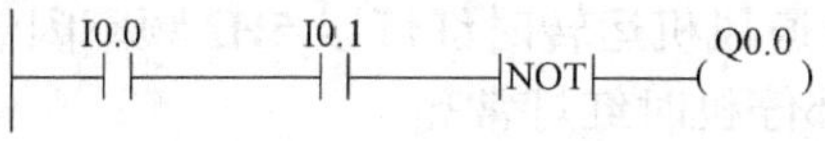
或非	$F=\overline{A+B}$	LD　I0.0 O　I0.1 NOT =　Q0.0	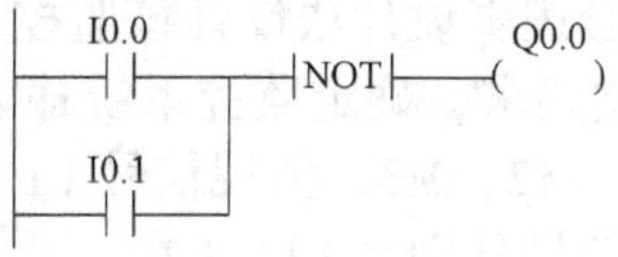
与或	$F=AB+CD$	LD　I0.0 A　I0.1 LD　I0.2 A　I0.3 OLD =　Q0.0	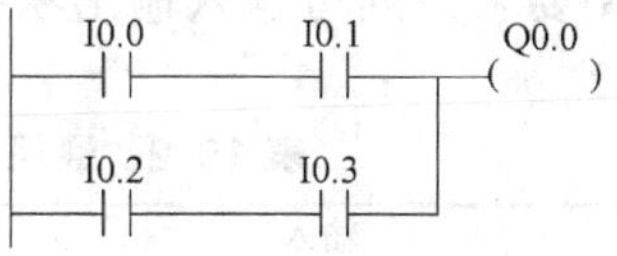
或与	$F=(A+B)$ $(C+D)$	LD　I0.0 O　I0.2 LD　I0.1 O　I0.3 ALD =　Q0.0	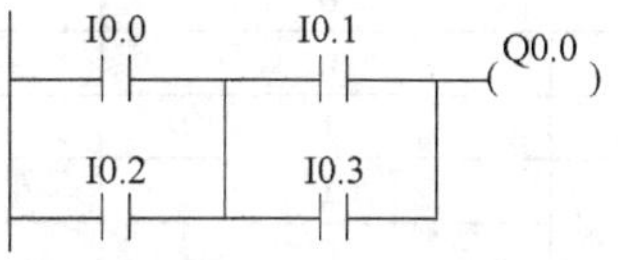

由表 10-1 可知，逻辑函数的基本运算表达式与 PLC 的指令程序有着一一对应的关系，这就为 PLC 的程序设计提供了一个非常简便的方法，只要能将控制系统的控制变量用逻辑函数表达式描绘，那么 PLC 的梯形图程序也就应运而生了。

2. 梯形图程序的组合逻辑设计法

组合逻辑系统的主要特征是输出信号的变化仅仅与输入信号的变化有关，即输入信号变化，输出信号就做相应变化，不受其他信号影响。组合逻辑设计法的关键是找出输入、输出信号之间的逻辑关系，并用逻辑函数来表达它们之间的关系。

在 PLC 梯形图程序设计中，组合逻辑设计法适合于设计开关量控制程序，它在对控制系统的控制任务进行逻辑分析之后，将控制系统中输入输出元件视为逻辑变量，通过列写元件状态表，理清输入输出变量之间的关系，进而写出逻辑函数表达式，再经过进一步化简后，可利用 PLC 逻辑指令顺利地设计出满足要求且较为简练的 PLC 程序。这种方法设计思路清晰，所编写的程序易于优化。

（1）用组合逻辑设计法进行梯形图程序设计的一般步骤

1）明确控制任务和控制要求。通过分析工艺过程明确控制任务及要求，进而明确输入输出变量的个数、符号及状态。

2）绘制系统输入输出状态表。通过绘制输入输出状态表，进一步明确各输入输出变量之间的关系。

3）列写输出状态表达式，即函数表达式，并用最简形式表示。这一过程实际上是一个将物理过程抽象为数学表达式的过程。

4）将逻辑函数表达式转化为 PLC 程序。

5）根据控制要求，结合编程者的经验，进一步补充完善 PLC 程序。

（2）组合逻辑设计法举例　某煤矿采掘井下设有通风机 3 台，拟采用绿灯和红灯监视 3 台通风机的运行状态。

1）控制要求

① 3 台通风机全部运转时绿灯常亮。

② 2 台通风机运转时绿灯以 5Hz 频率闪烁。

③ 1 台通风机运转时红灯以 5Hz 频率闪烁。

④ 全部停机时红灯常亮。

3 台通风机启停过程不在本例考虑范围之内。

2）采用组合逻辑设计法设计该监控系统

① 分析控制要求，确定监控系统输入与输出变量的符号及个数。设三台通风机的运转信号分别为 M1、M2、M3，监视信号 L1 为绿灯、L2 为红灯，则系统的输入信号分别是 M1、M2、M3，输出信号分别是 L1、L2。

② 根据控制要求，列写输入输出状态表。由通风机的监控要求，可列写出输入输出状态表，见表 10-2。

表 10-2　通风机监控系统输入输出状态表

输入			输出	
M1	M2	M3	L1	L2
0	0	0	0	1
0	0	1	0	1
0	1	0	0	1
0	1	1	1	0
1	0	0	0	1
1	0	1	1	0
1	1	0	1	0
1	1	1	1	0

③ 列出逻辑表达式。根据输入输出状态表，列写表达式如下：

$$L1=\overline{M1}M2M3+M1\overline{M2}M3+M1M2\overline{M3}+M1M2M3$$

$$L2=\overline{M1}\,\overline{M2}\,\overline{M3}+\overline{M1}\,\overline{M2}\,M3+\overline{M1}M2\overline{M3}+M1\overline{M2}\,\overline{M3}$$

④ 化简逻辑表达式。根据数字电子技术中逻辑表达式化简的规则，可得到化简的逻辑表达式如下：

$$L1=M1M3+M1M2+M2M3=(M2+M3)M1+M2M3$$

$$L2=\overline{M2}\,\overline{M3}+\overline{M1}\,\overline{M2}+\overline{M1}\,\overline{M3}=(\overline{M1}+\overline{M3})\overline{M2}+\overline{M1}\,\overline{M3}$$

⑤ 绘制梯形图程序。根据化简的逻辑表达式，绘制梯形图程序，如图 10-18 所示。在转化为梯形图之前，还需将监控系统的输入输出变量转换为相应的 PLC 内部变量。本例转

换结果见表 10-3。

表 10-3 PLC 内部变量分配表

输入		输出	
M1	Q0.1	L1	Q1.0
M2	Q0.2	L2	Q1.1
M3	Q0.3		

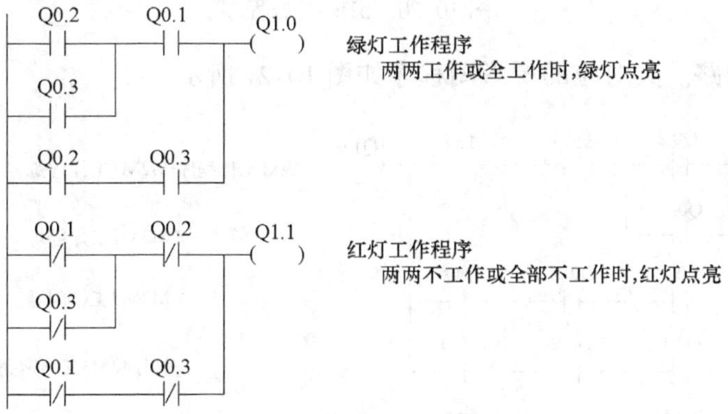

图 10-18 3 台通风机运行监控梯形图

分析图 10-18 所示梯形图程序发现，虽然程序能够完全实现输入输出状态表的要求，但存在着 3 台通风机同时运行或停止的状态不能直接反映的现象，因此，有必要将 3 台通风机同时运行或停止的逻辑补充到程序中，如图 10-19 所示。

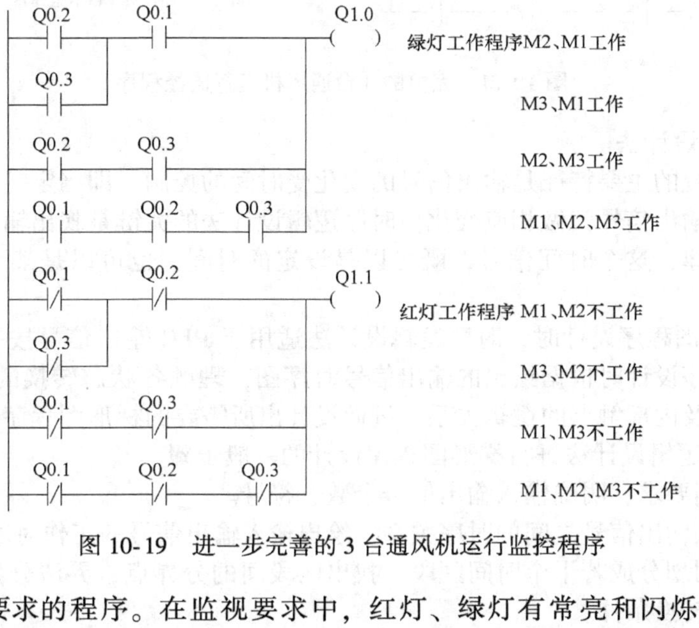

图 10-19 进一步完善的 3 台通风机运行监控程序

⑥ 添加特殊要求的程序。在监视要求中，红灯、绿灯有常亮和闪烁两种状态，而图 10-19所示梯形图程序则只有常亮一种状态，因此，需要将闪烁功能完善到梯形图程序中。

由第 3 章定时器一节的内容可知，实现 5Hz 闪烁的程序需由两个定时器完成，其程序如图 10-20 所示。图中定时器 T37 的位值即为 5Hz 脉冲。

由于绿灯 L1 是在 3 台通风机两两运行时闪烁，因此，5Hz 脉冲应插入在 3 台通风机两两运行回路；而红灯 L2 是在仅有 1 台通风机运行时闪烁，因此，5Hz 脉冲应插入到仅有 1

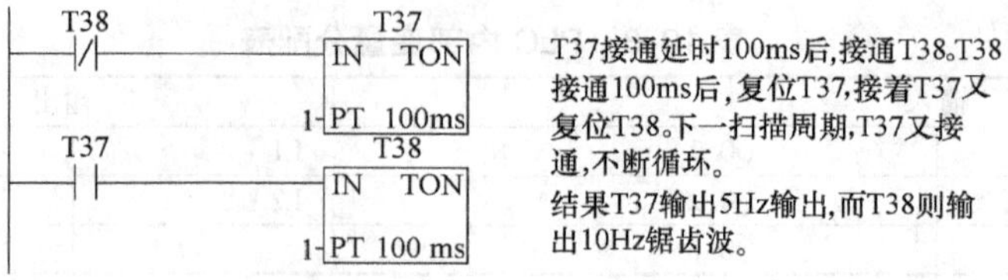

图 10-20 5Hz 闪烁程序

台通风机运行的回路。其对应的梯形图程序如图 10-21 所示。

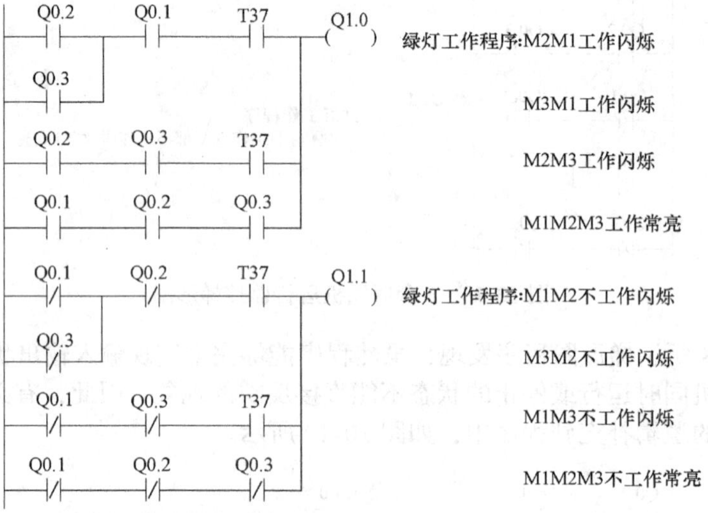

图 10-21 完整的 3 台通风机运行监控程序

3. 时序逻辑设计法

时序逻辑系统的主要特征是输出信号的变化受时间的控制，即当定时时间到时，或某工作环节完成时，输出信号就做相应变化。时序逻辑设计法的关键是找出输出信号在时间信号作用下的变化规律，这个时间信号，既可以是设定的时间，也可以是某个工作环节完成的时间。

在 PLC 梯形图程序设计时，时序逻辑设计法适用于 PLC 输出信号按一定的时间顺序工作的场合，在程序设计时根据绘出的输出信号时序图，理顺各状态转换的时刻和转换条件，找出输出与输入及内部触点的逻辑关系，进而设计出所需要的梯形图程序。

（1）用时序逻辑设计法进行梯形图程序设计的一般步骤

1）根据控制要求，明确输入输出信号个数、符号。

2）明确输入输出信号之间的时序关系，绘出输入输出信号的工作时序图。

3）将时序图划分成若干个时间区段，找出区段间的分界点，弄清分界点处输出信号状态的转换关系和转换条件。

4）对 PLC 的 I/O、内部辅助继电器和定时器/计数器等进行分配。

5）列出输出信号的逻辑表达式，根据逻辑表达式画出梯形图。

6）通过模拟调试，检查程序是否符合控制要求，结合经验设计法进一步修改程序。

（2）时序逻辑设计法举例 两台三相异步电动机交替运行控制。

1）控制要求

① 按下启动按钮后，M1 运转 10min，停止 5min。
② M2 的运行与 M1 相反，即 M1 运行时 M2 停止，M1 停止时 M2 运行。
③ 在按下停车按钮前，两台电动机不断交替运行。

2）系统变量分析

输入变量：启动按钮 SB2、停止按钮 SB1　　输出变量：M1、M2
　　　　　10min 定时 T0、5min 定时 T1　　中间变量：M

3）绘制时序图

根据控制要求，绘制输入输出时序图，如图 10-22 所示。

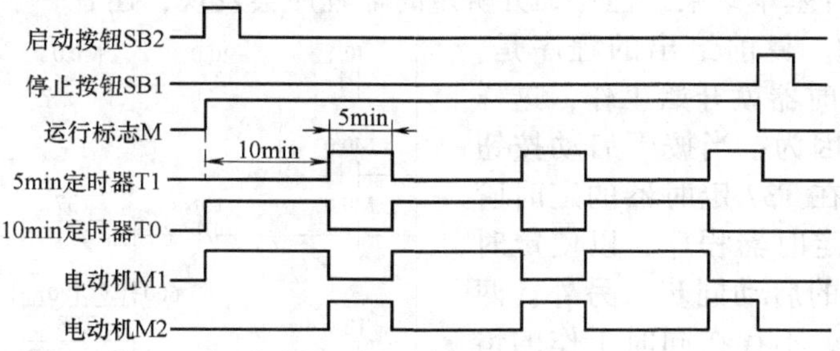

图 10-22　双电动机交替运行时序图

4）编写逻辑表达式。输出逻辑：

$$M1 = MT0 = M\overline{T1}$$

$$M2 = MT1 = M\overline{T0}$$

中间逻辑：

$$M = (SB2 + M)\overline{SB1}$$

5）PLC 输入输出端子及内存分配见表 10-4。

表 10-4　两台电动机交替运行 PLC 存储器分配表

输入		输出		内存	
启动按钮 SB2	I0.1	M1 接触器 KM1	Q0.0	10min 定时 T0	T37
停止按钮 SB1	I0.0	M2 接触器 KM2	Q0.1	5min 定时 T1	T38
				中间变量 M	M0.0

6）设计梯形图程序。由上述逻辑表达式可知，两台电动机的运行完全由两个定时器来控制，因此，首先要设计两个定时器的工作程序。两个定时器构成一个振荡器，其梯形图程序如图 10-23 所示。

根据定时器程序及上述时序图，可编写出输出变量对应的梯形图程序，即两台电动机的运行程序，如图 10-24 所示。

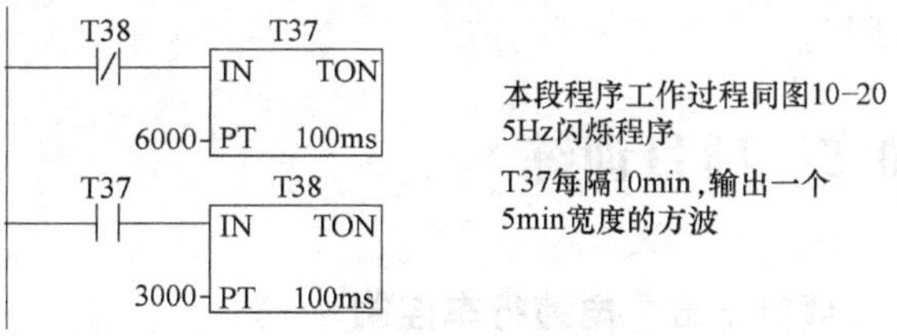

图 10-23　交替运行定时器程序

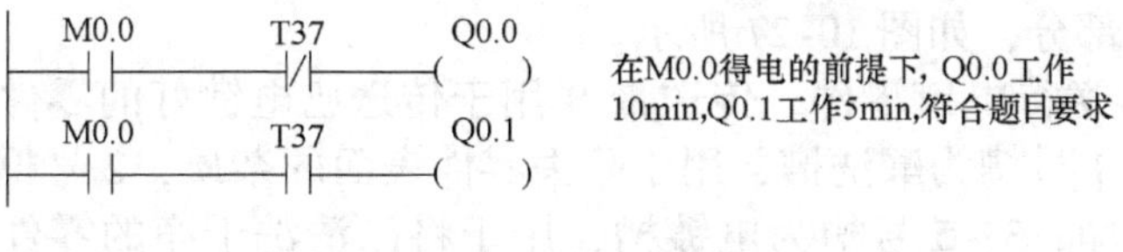

图 10-24 电动机运行程序

在图 10-24 程序中，M0.0 作为启动标志，由启动停止按钮控制，对应的梯形图程序如图 10-25 所示。

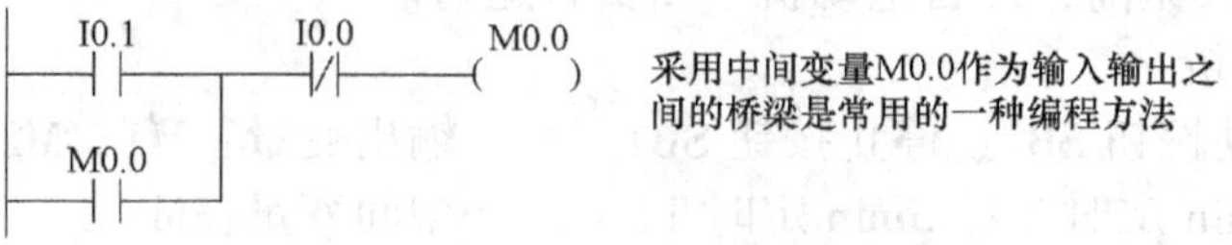

图 10-25 启停控制程序

至此，程序设计基本结束。但仔细分析定时器程序会发现，还有一个遗漏问题，那就是定时器的启动问题。目前给出的程序是，只要 PLC 上电，定时器就开始工作，这样不符合控制要求，因为，当按下启动按钮时，不可能正好按在 T37 定时器的定时阶段，为此需要修改定时器程序，以使定时器的启动与电动机的启动同步。另外，两台电动机交替工作，不存在同时工作的情况，为此可设置程序互锁。修改后的程序如图 10-26 所示。

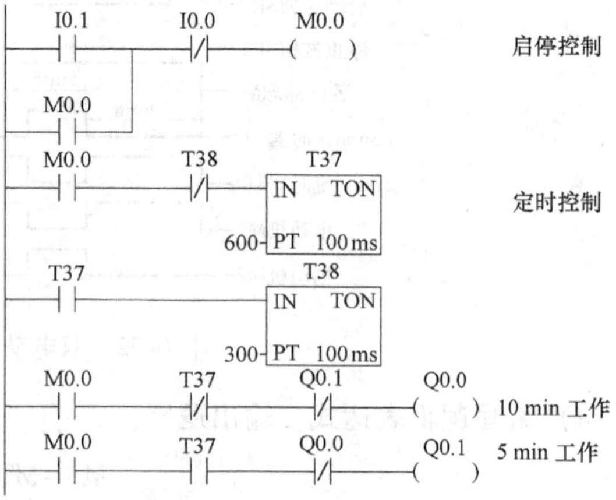

图 10-26 两台电动机交替运行梯形图程序

由图 10-21、图 10-26 所示梯形图程序编写过程可知，采用逻辑设计法设计 PLC 梯形图程序时，除了认真分析系统，按步骤开展程序设计外，还要根据编程经验，对程序进行不断的完善，这样才能使设计出来的程序更加符合生产实际要求。

10.4.3 梯形图的功能图设计法

功能图设计法又称状态流程图设计法，亦称为 Grafacet 法，是专门用于顺序控制的一种程序设计法。它由法国人根据 Petri 网理论所建立。法国已将 Grafacet 法的功能说明语言定为法国国家标准 NFC 03190。我国也颁布了功能图的国家标准 GB 6988.6。国际电工委员会（IEC）也公布了类似的“控制系统功能准备”标准 IEC 848。许多 PLC 厂家为此专门开发了一种功能指令，称为顺序控制继电器指令或步进指令，如西门子公司 S7-200 系列 PLC 的 SCR 指令、三菱公司 PLC 的 STL 指令等。具体设计方法参见“第 6 章 PLC 顺序控制功能及应用”。

10.5 项目训练

项目十五 电镀行车控制

电镀生产设备主要由传送带 A、传送带 B、行车和电镀槽等 4 部分组成，其中行车包括大车、小车和吊钩等部分，如图 10-27 所示。

传送带 A 用于传送待电镀零件，传送带 B 用于传送已电镀好的零件；1~5 号槽用于进行零件的电镀，其中 1 号槽为酸洗槽，用于除去零件表面的杂质，2 号槽为水洗槽，用于将酸洗过的零件清洗干净，3~5 号槽为电镀槽，用于将已清洗干净的零件进行电镀处理，或镀锌，或镀铬，或镀镍镉，每个槽又有 1~6 个电镀处理工位；行车用于将待电镀的零件，按照生产工艺要求起吊到相应的工位。

1. 电镀生产过程

系统启动前，电镀行车的吊钩处于传送带 A 的 1 号位上方。

按下启动按钮，传送带 A 向前，将装满待电镀零件的挂篮送到 1~6 号位，然后由电镀行车将挂篮从传送带 A 送到 1 号槽，以对产品零件进行除锈处理。

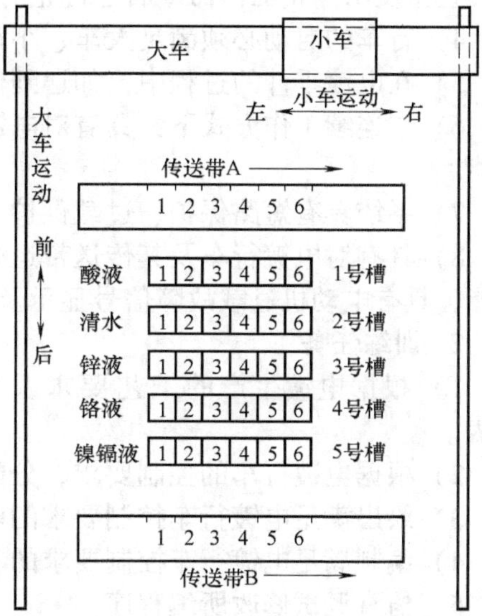

图 10-27　电镀生产设备布局示意图

传送带 A 传送到位后，电镀行车的吊钩开始下降，下降到位后，小车右移一小段距离，以使吊钩钩住挂篮。吊钩上升，将挂篮提升到位后，大车向前，将挂篮送到 1 号槽的 1 号位上方。挂篮到位后，吊钩下降，将挂篮送到 1 号槽中的 1 号位，以对零件进行除锈处理。吊钩下降到位后，小车左移一小段距离，以使吊钩脱离挂篮。吊钩上升，上升到位后，大车向后，小车向左，拖动吊钩到传送带 A 的 2 号位上方。吊钩到达传送带 A 的 2 号位上方后，吊钩下降。以后重复上述过程，依次将各挂篮从传送带 A 的 2~6 号位送到 1 号槽的 2~6 号位。当行车将第 6 个挂篮送到 1 号槽的 6 号位后，吊钩上升到位后，大车不动，小车向左，拖动吊钩回到 1 号槽的 1 号位上方，等待下一步传送工作的进行。

当 1 号槽 1 号位挂篮中的零件经酸液进行了 5min 除锈处理后，电镀行车再次启动，重复上述过程，依次将各挂篮从 1 号槽中的 1~6 号位送到 2 号槽的 1~6 号位，以对零件进行清洗。将各挂篮送到位后，应使吊钩回到 2 号槽的 1 号位上方，等待下一步传送工作的进行。

当 2 号槽 1 号位挂篮中的零件经清水进行了 2min 的清洗后，若需对产品零件进行镀锌处理，则应重复上述过程，依次将各挂篮从 2 号槽中的 1~6 号位送到 3 号槽的 1~6 号位，以对产品零件进行镀锌处理。将各挂篮送到位后，应使吊钩回到 3 号槽的 1 号位上方，等待下一步传送工作的进行。

当 3 号槽 1 号位挂篮中的零件经过了 10min 的镀锌处理后，重复上述过程，依次将各挂篮从 3 槽中的 1~6 号位送到传送带 B 的 1~6 号位，以将经镀锌处理过的零件运走。将各挂篮送到传送带 B 后，应使吊钩回到传送带 A 的 1 号位上方。等待下一个循环的传送工作的进行。

若希望镀铬或镀镍镉处理，则是将 2 号槽已清洗的零件送往 4 号槽或 5 号槽，过程同上述，其处理时间则分别为 15min、20min。

2. 电镀行车控制要求

1）传送带 A、B 及行车的大车、小车、吊钩均采用三相异步电动机拖动，且均能正反向运行，其中行车的大车、小车以及吊钩的拖动电动机采用变频器供电。

2）镀锌、镀铬、镀镍镉可分别选择。

3）电镀行车需设置三种工作方式：手动、单周和连续。

① 手动方式：即每一步的运行，都由人工操作按钮完成，用于系统调试或遇到电镀特殊工艺要求时。

② 单周工作方式：即完成一个电镀生产流程后便自动停止工作。

③ 连续工作方式：即一个电镀生产流程完成后，紧接着进行第二个、第三个，不断循环，直至发出停止工作命令后才停止。

4）行车的启动必须满足大车、小车、吊钩均在初始位置的条件，否则不能启动。

5）在电镀零件的过程中，如遇到任何一步不能正常完成，应能使行车立即自动停车。

6）在连续工作方式下，具有对电镀行车工作循环次数和每个循环起始完成时间的存储功能。

7）系统具有短路保护、过载保护、失电压保护及吊钩紧急制动的功能。

8）具有对电镀行车及其传送带运行全过程、电源工作状态、系统工作方式的信号显示功能，具有电动机过载故障信号显示及音响报警功能。

3. 训练任务

1）根据电镀生产的工艺要求及对行车的控制要求，选择电气设备，给出设备明细表。

2）根据电镀行车的控制要求，分配PLC输入输出端子。

3）绘出满足电镀行车控制要求的电动机主电路原理图及PLC输入输出接线图。

4）编制满足电镀行车控制要求的PLC用户程序。

5）仿真调试修改所编程序。

6）编写训练报告，总结完成电镀行车PLC控制任务的全过程。

项目十六 小区恒压供水控制

居民小区恒压供水系统由蓄水池、水泵机组、用户以及控制水泵机组的PLC、变频器和有关检测设备组成。如图10-28所示。系统工作时，通过PLC闭环控制，使变频器驱动水泵向用户恒压供水。

1. 控制要求

1）系统设有手动/自动方式选择开关。手动运行时，可用按钮分别控制4台水泵M1～M2的启/停，用于临时应急或检修；自动运行时，由PLC程序控制水泵的启停运行。

2）系统设有白天/黑夜运行模式选择开关。白天模式系统设定值为满量程的90%，夜间模式系统设定值为满量程的70%，系统水压满量程为0.4MPa。

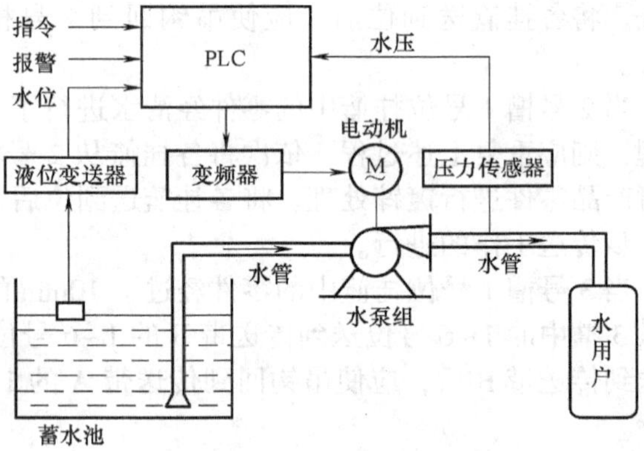

图10-28 小区恒压供水系统示意图

3）系统自动运行要求

① 按下启动按钮，首先启动变频器拖动水泵M1工作，若M1的转速使输出水压能够稳定在设定值，则系统不再启动其他水泵工作。

② 当用水量增加或减小时，通过PLC的PID闭环调节，应使供水压力始终保持在设定值附近。

③ 如果用水量不断增加，变频器输出频率达到50Hz仍不能使水压达到设定值，则系统在PLC的控制下将M1投入工频运行，同时将水泵M2投入变频运行，继续保证对水压的闭环调节，直到水压达到设定值为止。如果用水量继续增加，再次满足增加水泵的条件，则将再次进行如上切换，使水泵M3、M4依次投入运行。若变频器输出频率达到50Hz，压力仍

未达到设定值，则控制系统发出用水过量报警（管路破裂漏水等）。

④ 当用水量下降，使水压升高，变频器输出频率降至 20Hz，用户管网的实际水压仍高于设定压力值时，系统将根据先启先停的原则关掉工频泵 M1，继续进行对水压的闭环调节，使压力重新达到设定值。如果用水量继续下降，并且满足减少水泵的条件时，将另两台工频泵 M2、M3 依次关掉。

4）在用水量小的情况下，如果变频泵连续运行时间超过 3h，则要切换下一台水泵，避免某一台水泵工作时间过长。

5）供给水泵电动机的变频和工频两个回路不允许同时接通。

6）要求具有水位超限报警、变频器故障报警、电动机过载报警的闪光信号和警铃信号，警铃信号由值班人员停止，闪光信号在故障排除后消除。

7）要求具有白天/黑夜及各水泵运行/停止的信号指示灯。

2. 训练任务

1）根据小区恒压供水生产要求，选择电气设备，列出电气设备明细表。

2）根据恒压供水控制要求，计划分配 PLC 输入输出端子及内存所需地址。

3）绘制水泵电动机主电路原理图、PLC 输入输出端子接线图。

4）编制满足恒压供水控制要求的 PLC 用户程序。

5）仿真调试、修改所编用户程序。

6）编写项目训练报告，详细描述系统设计过程及其收获体会。

项目十七　3×6 升降横移式立体车库控制

升降横移式立体车库的基本结构如图 10-29 所示，它的存取车原则是：底层只能平移，顶层只能升降，中间层既可平移又可升降。除顶层外，中间层和底层都必须预留一个空车位，供进出车升降之用。当底层车位要存取时，无需移动其他载车盘就可直接进出车；中间层、顶层进出车时，先要判断其对应的下方位置是否为空，不为空时要进行相应的平移处理，直到下方为空时才可进行下降和进出车动作，进出车后载车盘再向上回升到原位。其总的运动原则是：升降复位，平移不复位。如 13 号取车，则底层 3、4、5 号以及中层 8、9、10 号车位需右移，空出 13 号车下方的位置后，13 号车便可下移出库，出库完成后，13 号载车盘返回原位置。

1. 升降横移式立体车库的组成

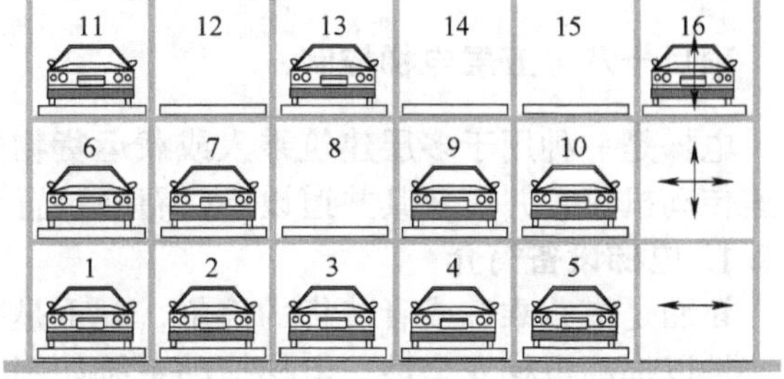

图 10-29　3×6 升降横移式立体车库示意图

升降横移式立体车库由主框架、载车盘、横移机构、升降机构以及防坠机构等组成。载车盘用于停放、存取车辆，载车盘上安装有横移机构，通过专用减速电动机带动载车盘在横移导轨上平行移动，横移定位靠安装在横移导轨规定位置的行程开关来完成；升降机构安装在相应车位的纵梁上，通过专用减速电动机带动链轮链条（或钢丝绳）实现载车架上的载车盘升降移动，升降定位靠安装在地面和载车架规定位置的行程开关来完成；防坠挂钩安装于中、上层相应车位上方的纵梁上，通过电磁铁和复位弹簧控制它的弹出与复位，用于悬挂载车盘。

底层设有横移导轨，载车盘可以沿导轨平行移动；中层的载车盘装设在能够升降移动的载车架上，可随载车架上升或下降，载车架上安装有横移导轨，载车盘可以沿载车架上的横移导轨平行移动；顶层的载车架不再安装横移导轨，其载车盘仅随载车架进行升降移动。

2. 升降横移式立体车库控制要求

1）升降机构采用的专用减速电动机功率为4~5.5kW，横移机构采用的专用电动机功率为0.37~0.55kW。

2）底层及中层的载车盘可以双向横移，中层及上层的载车盘可以升降，且能准确定位。

3）车库运行时，不允许有其他物体进入车库工作区域，一旦有物体进入，需发出警告信息，警告信息的取消需由工作人员操作。

4）汽车入库后，中上层的防坠（安全）挂钩必须钩住载车盘上的挂环，当载车盘上升或下降时，安全挂钩必须移开载车盘上的挂环。

5）系统的启动与停止由按钮操作。

6）系统正常运行时，各个载车盘自动有序运行，系统调试或故障时可手动操作每个载车盘。

7）存车时通过存车、复位按钮操作，取车时通过取车、车位按钮操作。

8）为便于监视车库运行状态，需有以下信号：运行指示灯、手动指示灯、自动指示灯、存车指示灯、取车指示灯、可存车指示灯及报警信号（车未到位、故障、安全、轮廓）。

3. 训练任务

1）根据升降横移式立体车库存取车的控制要求，选择相应的电气设备，编制电气设备明细表。

2）编制满足升降横移式立体车库控制要求的PLC输入输出端子分配表。

3）绘制满足升降横移式立体车库控制要求的驱动电路原理图及PLC输入输出端子接线图。

4）绘制满足升降横移式立体车库控制要求的PLC控制流程图。

5）编制满足升降横移式立体车库控制要求的PLC用户程序。

6）仿真调试、修改所编PLC用户程序。

7）编写训练报告，总结升降横移式立体车库PLC控制系统设计的全过程及其收获与体会。

项目十八 五层电梯控制

电梯是一种用于多层建筑乘人或载运货物的升降机械，它由轿厢及配重、拖动电动机及减速传动机械、井道及其井道设备、召唤装置及其安全防护装置等构成。

1. 电梯设备简介

轿厢是搭载乘客或者装货的部位，配重是平衡轿厢的设备，可改变电梯拖动电动机的负载特性以提高电梯安全性，电梯拖动系统如图10-30所示。

井道是用于安装电梯并提供电梯运行的通道。井道内各层安装有楼层感应器，它们与轿厢上的隔磁板配合，实现轿厢的位置显示，如图10-31左侧所示。

井道内每层都安装有隔磁板，它们与轿厢上方安装的上、下平层感应器配合用于实现电梯的平层停车，如图10-31右侧所示。电梯上行时，若某层隔磁板插入上平层感应器，则电梯进入减速状态，继续低速上行，当该层隔磁板插入下平层感应器时，电梯停止。若电梯下行，则隔磁板首先插入下平层感应器，这时电梯减速下行，待隔磁板插入上平层感应器时停止，如图10-32所示。

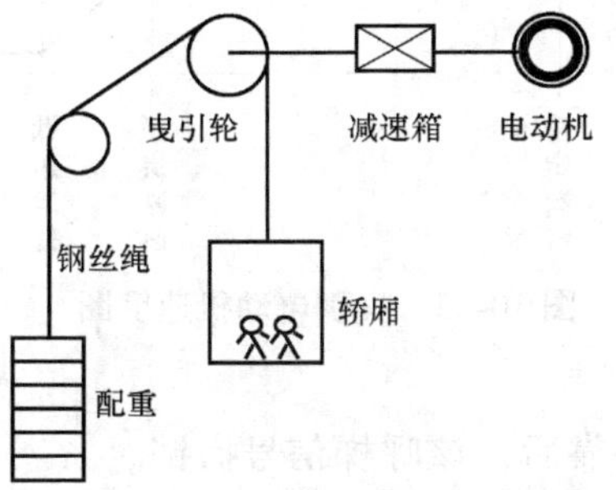

图 10-30　电梯拖动系统示意图

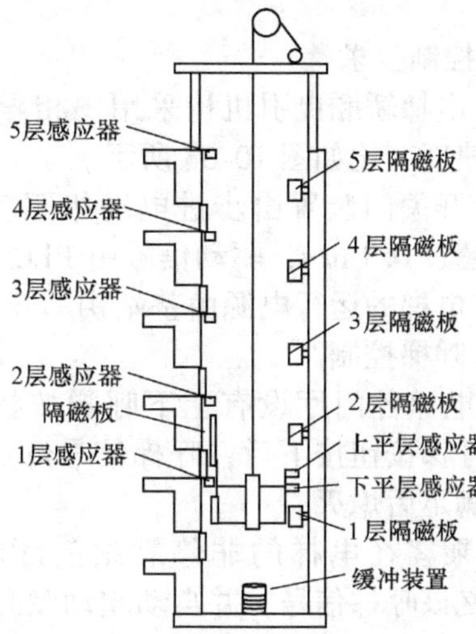

图 10-31　电梯井道示意图

井道的顶部和底部还设有冲顶及蹲底的缓冲装置。

井道在各楼层都设有门厅及其呼梯设备。门厅有门厅门，厅门顶部有楼层指示器，用于指示电梯的运行方向及其电梯所在位置。门厅还设有呼梯盒，用于在每层站召唤电梯，呼梯盒通常安装在厅门外距地面 1m 左右的墙壁上，基站与顶站只有一个按钮，中间层站有上呼和下呼两个按钮，按钮带有呼梯指示记忆灯，基站的呼梯盒上还设有钥匙开关，供司机开关电梯用。

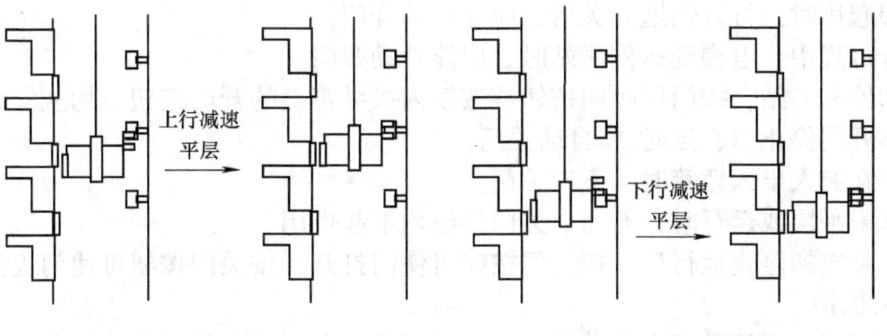

a) 电梯上行平层停止　　b) 电梯下行平层停止

图 10-32　电梯平层停止示意图

电梯门分为门厅门及轿厢门，当电梯停靠在某层时，此层厅门在轿厢门带动下开启或关闭。轿厢内装有电梯操纵箱，上面设有与电梯层站数目相同的选层按钮（带有选层记忆指示灯），上下行启动按钮（带有上下行记忆指示灯），开关门按钮，急停按钮，风扇、照明的控制开关以及电梯运行状态选择钥匙开关（可选择自动运行或检修）等。

电梯的安全设备有：安全窗及其开关，安全钳及其开关，限速器及其开关。安全窗位于轿厢的顶部，供紧急情况下快速疏散乘客，当安全窗打开时，电梯不准运行。安全钳是为了防止拽引钢绳断裂或超速运行的安全装置，用以在上述情况下将轿厢夹持在轨道上。限速器是检测电梯运行速度的装置，当电梯超速运行时，限速器动作，带动安全钳使电梯停止运行。极限开关和强迫换速开关是电梯位置安全装置，当电梯运行至上下极限位置时若仍不停车，则上下限开关动作，发出停车信号，若仍不能停车，将压下强迫停车开关，强制电梯停止运行，若还不能停车，将通过机械装置带动极限开关切断拽引电动机电源，以达到停车的目的。

2. 控制要求

1）电梯轿厢曳引机构采用三相异步电动机拖动，由 MM440 变频器供电，要求曳引电动机的速度变化如图 10-33 所示。

2）开关门装置由步进电动机驱动，开门速度不超过 0.1m/s，驱动信号由 PLC 提供。

3）电梯的运行电源由基站钥匙开关控制。

4）呼梯控制

① 电梯各门厅设有上下呼梯按钮及信号灯，当呼梯按钮按下后，呼梯信号灯点亮，并在响应满足后熄灭。

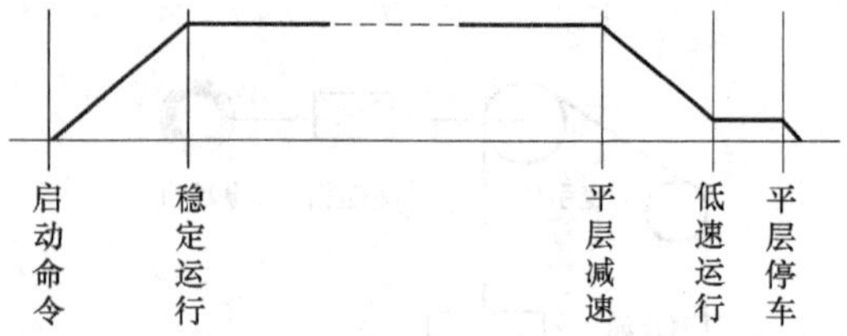

图 10-33 曳引电动机速度图

② 乘客在电梯的非停靠站门厅呼梯后，电梯记忆该呼梯信号，并自动起动驶向呼梯站停靠。停靠后，该呼梯信号撤销。

③ 在电梯运行途中，若有多处呼梯要求时，电梯按顺向停靠、反向等待的原则处理。

④ 电梯具有最远反向呼梯响应功能。例如电梯在一层，而二层、三层和四层同时向下呼梯，则电梯先去四楼响应四层向下呼梯信号。

5）选层控制

① 乘客进入轿箱后，按下选层按钮，电梯记忆该选层信号，并自动启动驶向所选楼层停靠。停靠后，该选层信号撤销。

② 若有多个选层按钮按下，电梯按就近原则顺序停靠。

6）开关门控制

① 电梯起用时，打开钥匙开关后，应能自动开门。

② 运行过程中，电梯到达停靠站时，应能自动开门。

③ 电梯停靠某站，按门厅呼叫按钮或按轿内操纵箱上的开门按钮，均应实现点动开门。

④ 上述开门停止后，延时 3s 自动关门。

⑤ 电梯在有人出入轿箱时，不应关门。

⑥ 电梯未平层或运行时，开门、关门按钮均不起作用。

⑦ 平层且电梯停止运行后，按开门按钮可使门打开，按关门按钮可使门提前关闭。

7）联锁保护

① 所有厅门、轿门及安全窗关闭，安全钳开关、上下限开关、强迫开关均处闭合状态，电梯方能上行或下行。

② 电梯在停靠站出现过载时，应能自动开门，并在超载消除后自动关门运行。

③ 自动关门时若有乘客出入轿箱，电梯应能再次开门，并在确认无出入乘客后自动关门。

④ 轿箱的上行或下行均设有极限保护。

8）检修控制

将检修开关投入检修侧，电梯将进入检修状态，此时：

① 厅外呼梯及轿内选层全部失效。

② 点动轿内操纵箱上的上行、下行按钮，可实现轿箱的上下移动。

③ 点动轿内操纵箱上的开、关门按钮，可实现厅轿门的开启与关闭。

3. 训练任务

1）根据电梯的结构及控制要求，确定 PLC 的选型。

2）根据已选 PLC 型号，给出 PLC 的 I/O 分配表。

3）根据 I/O 分配表，绘出电梯 PLC 控制系统原理图及主电路的电气原理图。

4）编制满足五层电梯控制要求的 PLC 用户程序。

5）下载五层电梯控制用户程序至 PLC，进行程序运行的空载调试。

6）连接五层电梯控制输入输出设备，进行有载仿真调试。

7）编写五层电梯控制系统设计调试报告。

本章小结

PLC 控制系统的设计是使用 PLC 的前提，能否充分利用 PLC 的资源，实现系统的最优配置，是 PLC 控制系统硬软件设计要解决的关键问题。

1. PLC 控制系统的设计原则是：①最大限度地满足被控对象的控制要求；②在满足控制要求的前提下，力求使控制系统简单、经济，使用、维修方便；③保证控制系统的安全、可靠；④考虑到生产的发展和工艺的改进，应适当留有扩充裕量。

2. PLC 控制系统的设计步骤主要是：①分析生产工艺过程，明确工艺过程对电气控制的要求；②确定控制方案；③选择可编程序控制器机型；④硬软件设计；⑤总装调试；⑥编制技术说明书。

3. PLC 的机型选择主要包括以下内容：①机型的选择；②输入/输出的选择；③内存的估计；④响应时间。

4. PLC 控制系统硬件设计的主要内容是：①PLC 输入/输出电路的设计；②PLC 供电系统的设计；③电气柜结构设计；④现场布线图设计；⑤器件、导线选择。

5. PLC 控制系统的软件设计步骤是：①绘制系统控制系统流程图；②编制程序；③程序测试；④编写程序设计说明书。梯形图程序设计方法常用的是：经验设计法、逻辑设计法和功能图设计法。

思考与练习题

10-1　PLC 控制系统设计的基本原则及步骤有哪些？

10-2　如何选用 PLC？

10-3　PLC 控制系统的硬件设计主要考虑哪几个方面？

10-4　PLC 控制系统软件设计的常用方法是什么？

10-5　试设计一时间原则控制的自动换向系统的 PLC 程序。

电动机起动后正向运行，以后每隔 15s 自动换向运行，当按下停止按钮时电动机停止。设起动按钮输入地址为 I0.0，停止按钮输入地址为 I0.1，正反向输出分别为 Q0.2，Q0.1。

10-6　试设计某风机监控 PLC 系统。

某设备有 3 台风机，现采用一个指示灯指示 3 台风机的 4 种状态：正常、一级报警、严重警报、设备停止。其工作过程是：当该设备处于运行状态时，如果有 2 台以上风机工作，则指示灯常亮，指示“正常”；如果仅有 1 台风机工作，则该指示灯以 0.5 Hz 的频率闪烁，指示“一级报警”；如果没有风机工作了，则指示灯以 2Hz 的频率闪烁，指示“严重警报”。当设备不运转时，指示灯不亮。

10-7　用电器有限控制电路 PLC 程序设计。

两台交流加热器 R1 和 R2 以及一台交流电动机因功率太大不能同时工作，交流电动机要有正反转控制功能，3 台电器的相互关系是：

1）两台加热器 R1 和 R2 分别通过 KM1 和 KM2 接通工作，一旦电动机运行，不管是正转（KM3 接通）还是反转（KM4 接通），两个加热器都将断电。

2）如果只有一台加热器 R1 或 R2 工作，则电动机的运行不影响加热器工作。

3）在第一种情况下，当电动机停止运行时，两个加热器恢复工作；如果电动机运行期间有 R1 或 R2

的停止信号输入，则该加热器不会恢复接通。

该题对应的PLC输入输出端子分配情况见表10-5，试设计满足上述要求的限电控制PLC程序。

表10-5 限电控制PLC输入输出端子分配表

SB1	%I0.1	加热器R1停止按钮，常闭触点	SB7	I0.7	电动机反向起动按钮
SB2	%I0.2	加热器R1起动按钮，常开	FR1	I0.0	热保护元件
SB3	%I0.3	加热器R2停止按钮，常闭触点	KM1	Q0.2	加热器R1接触器线圈
SB4	%I0.4	加热器R2起动按钮，常开	KM2	Q2.1	加热器R2接触器线圈
SB5	%I0.5	电动机停止按钮，常闭	KM3	Q2.2	电动机正转接触器线圈
SB6	%I0.6	电动机正向起动按钮，常开	KM4	Q2.3	电动机反转接触器线圈

10-8 自动恒温及状态监控PLC程序设计。

某恒温设备的温度要求控制在一个规定的范围内。当温度实际值小于950℃时，状态指示灯HL慢闪；当温度实际值大于1050℃时，状态指示灯HL快闪；当温度实际值在950℃和1050℃之间时，HL长亮。提示：温度的变化是一个渐变的过程量，对该过程量的监控不必采用循环控制方式，应采用时间中断控制方式。在控制系统的调试中可以找到一个最佳采样及控制时刻，如该时间为2s。

10-9 反应器的恒压控制PLC程序设计。

在一个大型反应器中，其化学反应过程要求始终在一个特定的温度和压力下进行。对于该系统分别安装有用于测温的温度传感器和用于测压的压力传感器。而反应器的温度和压力调节是通过加热器H、冷却水供给装置K和安全阀S来实现的，如图10-34所示。

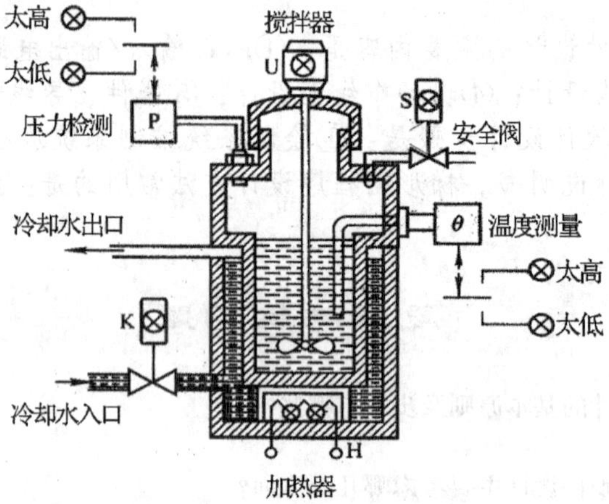

图10-34 化学反应器示意图

工艺要求：

安全阀S在下述条件下启动：压力P太大，同时温度T太高或温度T正常。冷却液供给装置K在下述条件下启动：温度T太高，同时压力P太大或正常。加热器H在下述条件下启动：温度T太低，同时压力P不太大；或者温度T正常，同时压力太小。

第11章　PLC控制系统故障诊断与维护

学习目标

了解 PLC 控制系统的故障特点；掌握 PLC 控制系统故障诊断的方法及使用维护知识。

PLC 控制系统在运行过程中由于各种原因不可避免地要出现各种各样的故障。了解这些故障的特点，迅速及时处理故障，是保证系统正常运行的前提条件，是提高系统运行性能的关键。

11.1　PLC 控制系统故障特性与分析

11.1.1　PLC 控制系统故障特性

PLC 控制系统是以 PLC 为核心组成的系统，系统中除 PLC 以外，还有与 PLC 直接连接在一起的输入输出设备以及输出设备控制的各类负载对象。这一系统与其他自动控制系统一样，其故障率曲线也具有类似“浴盆曲线”的规律，分为早期故障期、偶发故障期、损耗故障期 3 个阶段，如图 11-1 所示。在第一阶段故障率从一个很高的指标迅速下降，可理解为系统设计、安装、调试后，存在一些设计缺陷、部分器件质量偏低等问题，使系统投入使用的最初期，这些缺陷就很快显露出来，随着时间的增长，由于不断的改进完善，使这些缺陷越来越少，也就形成了故障率迅速下降的现象；在偶发故障期，故障发生是随机的，其故障率最低，而且稳定，这是系统的正常工作期或最佳状态期。在此间发生的故障多因为设计、使用不当及维修不力产生的，可以通过提高设计质量、改进管理和维护保养使故障率降到最低；在损耗故障期，由于系统中的器件经过长时间的工作、老化，慢慢接近寿命终点，随着时间的增加，到达寿命终点的器件越来越多，故障率也就随之上升。

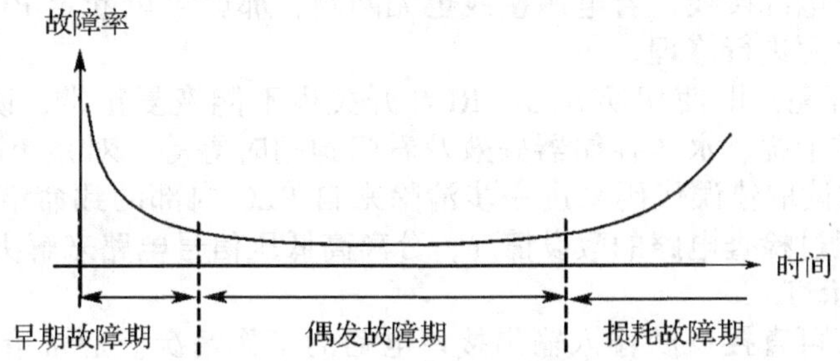

图 11-1　PLC 控制系统的故障率曲线

针对 PLC 控制系统的这一故障特性，在实际使用中，为延长其寿命并增大其平均无故障时间，一方面在系统设计时要进行反复论证，集思广益，采取必要的措施，使系统尽量完善；另一方面在损耗故障期开始之前，及时更换将要进入寿命终点的元器件。

11.1.2　PLC 控制系统故障分析

依据 PLC 控制系统的组成情况，其故障主要从两个方面入手分析，一是 PLC 本身的故障，二是 PLC 以外输入输出设备的故障。其分布情况如图 11-2 所示。

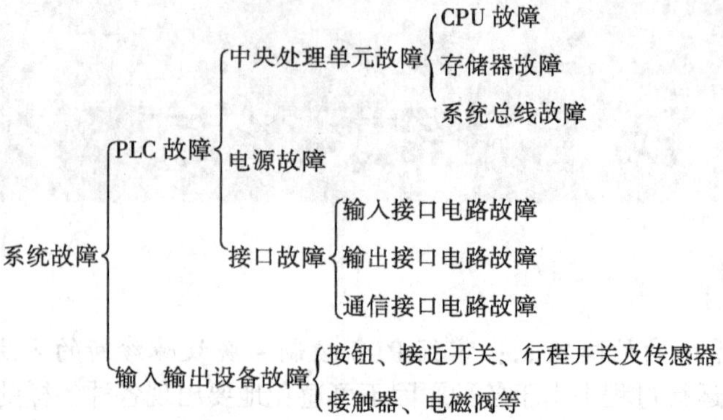

图 11-2 PLC 控制系统故障分布情况

1. PLC 故障

在 PLC 控制系统中，PLC 的故障率仅占系统总故障率的 10%，其可靠性远高于输入输出设备。在 PLC 的故障中，其接口故障占 90%，电源故障占 8%，中央处理单元故障仅占 2%，也就是说发生在 PLC 内部的 CPU、存储器、系统总线中的故障机率很小。

2. 输入输出设备故障

PLC 控制系统输入输出设备的故障率在系统总故障率中占 90%，是系统主要的故障来源。对输入设备，故障主要反映在主令开关、行程开关、接近开关和各种类型的传感器中；对输出设备，故障主要集中在接触器、电磁阀等控制执行器件上。

11.2 PLC 控制系统故障诊断

11.2.1 PLC 故障诊断

PLC 故障诊断主要通过 PLC 面板上各种状态指示灯进行。

1. CPU 状态指示灯

1）通电后 STOP 或 RUN 灯应亮，若不亮则说明电源出现问题。需要检查电源本身是否有电，若有电再检查电源接线，若电源接线也无问题，那就可以断定 PLC 的内部电源出了问题，可拆卸后对电源进行修理。

2）通电后 SF 灯亮，即使切换 STOP/RUN 开关也不能恢复正常，说明系统出现故障。系统故障主要有电磁干扰、永久存储器失效及看门狗超时等等。对系统故障可通过 STEP7-Micro/WIN 编程软件读取错误代码来进一步清除来自 PLC 内部的致命错误；对电磁干扰引起的系统故障，须通过检查电路的敷设情况，分离高低压信号电路来解决。

2. 输入输出指示灯

输入输出指示灯可直接反映输入输出接口电路的工作情况。通常情况下输入信号出现时，输入指示灯亮；输出信号输出时，输出指示灯亮。如输入信号到来时，输入指示灯不亮，则说明输入接口电路出现故障，该点可能因为输入电流过高而损坏，主要是接入了错误的信号导致；对输出指示灯不亮，则需通过 STEP7-Micro/WIN 编程软件的监控来进一步落实，若监控软件中应该输出的点已接通，而输出接线端子对应的输出指示灯不亮，则说明该输出点已损坏。若已明确 PLC 的输入输出点损坏，则可拆卸修理。

11.2.2 输入输出设备故障诊断

输入输出设备的故障诊断通常也是通过 PLC 的输入输出状态指示灯进行。在 PLC 工作正常的情况下，输入输出指示灯工作正常，而实际工作设备工作不正常，则其故障一定发生在 PLC 接线端子以后，且与 PLC 接线端子相对应。

1. 输入设备故障诊断

当 PLC 的输入状态指示灯正常，而系统不能正常工作时，应以信号传递顺序依次检查故障源。首先检查电路连接是否正常，即端子接线是否松动、电路有无断线等情况，若正常则进一步检查输入器件本身是否能够正常工作，若确认器件已坏则立即更换。对接近开关、传感器等一些有源器件，要检查接线的正确性，否则也不能正常工作。

2. 输出设备故障诊断

当 PLC 的输出状态指示灯正常，而系统输出工作不正常时，则可以肯定故障发生在输出设备回路。输出回路的故障不外乎也是接线不良、器件老化损坏等问题。这时可断开器件的接线，直接加电至器件进行试验，若器件损坏，便更换器件；若器件正常，则故障就出在电路上。

11.2.3 PLC 控制系统故障软件诊断

PLC 具有丰富的软件资源，利用 PLC 的软件资源，进行早期事故诊断及报警有着非常重要的意义。特别在使用触摸屏及组态软件场合，不增加 PLC 的输出点数就能方便地显示故障出处，使得技术人员可方便地据其显示内容直接查找故障点。

1. 故障显示的实现

在触摸屏或组态软件的用户窗口，创建一个故障报警人机对话界面。在这一界面中，利用软件提供的各种显示工具，设计所需显示的故障报警方式。每种故障报警方式对应一个数据对象，将所需要显示的输入输出点与数据对象连接起来，在系统运行时即可通过这一报警方式将出现故障的输入输出点的状态一目了然地显示出来。具体操作可参阅有关触摸屏或组态软件使用手册。

2. 故障报警程序的设计

（1）通用故障报警程序设计 通用故障报警的控制要求是当过程变量超过规定值时，故障报警装置发出声响，操作人员根据信号灯的标志来识别是哪一个过程变量超过了限值，该报警信号表示什么性质的限值，操作人员了解报警信号的性质后，按下确认按钮，信号灯由闪光变为常亮，声响报警消除。当操作人员排除了故障后，该过程变量恢复到正常工作范围，常亮信号灯熄灭，故障报警系统恢复正常状态。

设过程变量保存在 VW100 单元中，当其小于等于 100 时，发出下限故障报警信号；当其大于等于 1000 时，发出上限故障报警信号。报警信号具有闪光警铃功能。报警信号被确认后，警铃停止，闪光灯变为常亮，直至过程变量恢复到规定值范围。为检查报警装置的工作情况设一试验按钮。与此对应的 PLC 输入输出端子分配及内存位和内存分配情况见表 11-1，时序图如图 11-3 所示，梯形图程序如图 11-4 所示。

表 11-1 PLC 输入输出端子分配及内存位和内存分配情况

输入		输出		内存位及内存单元	
I0.1	故障确认按钮	Q0.0	下限故障报警灯	M10.0	下限故障报警标志
I0.2	报警装置试验按钮	Q0.1	上限故障报警灯	M10.1	上限故障报警标志
		Q0.2	上下限故障警铃	VW100	过程变量存储单元

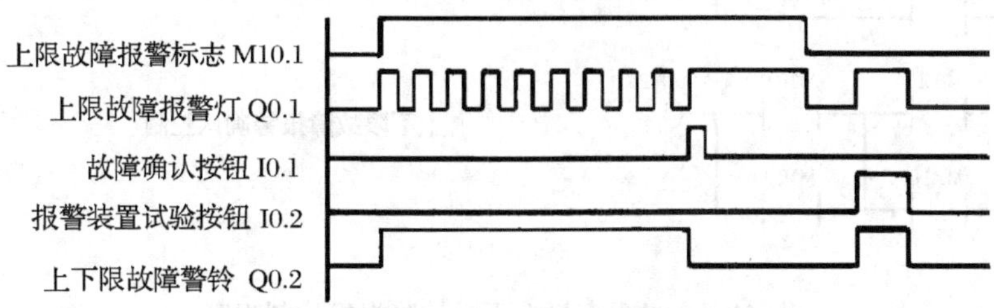

图 11-3 过程变量上下限故障报警时序图

（2）首发故障报警程序的设计　通用故障报警控制程序，可以用于多个过程变量的报警控制，但当其多个故障信号同时出现时，故障报警装置不能确定谁是首发信号源。为了对首发故障进行识别，要设计能区别首发故障的报警程序。该报警程序的主要目的是使操作人员能在第一时间将首发故障源分辨出来。设计的思路主要是解决首发故障的记忆问题。

设有两个过程变量分别存储在 VW104 和 VW100 中，现为其设计可分辨首发故障的故障报警程序。对应的 PLC 输入输出端子分配及内存位和内存分配情况见表 11-2，时序图如图 11-5 所示。梯形图如图 11-6、图 11-7 所示。

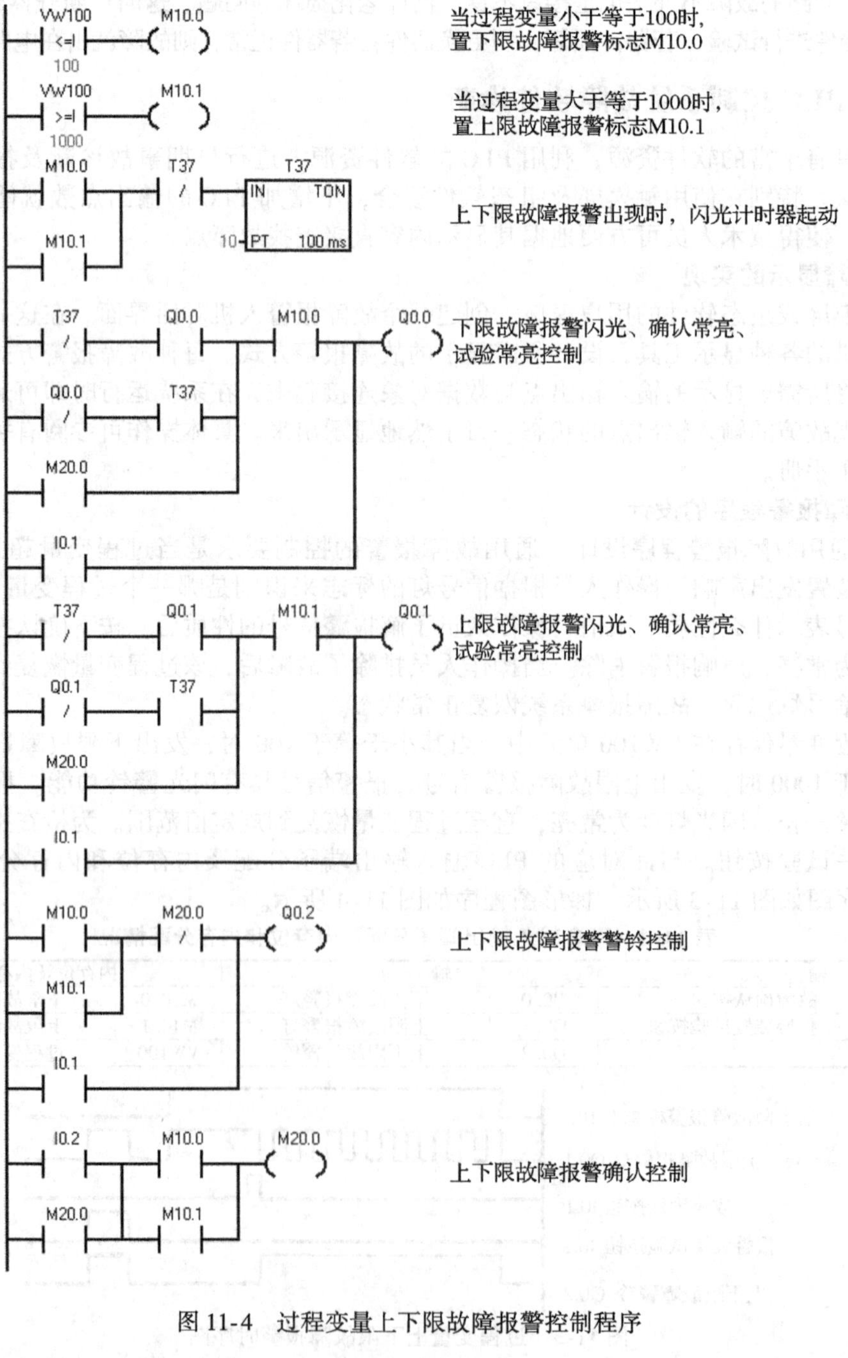

图 11-4　过程变量上下限故障报警控制程序

表 10-2　PLC 输入输出端子分配及内存位和内存分配情况

输　入		输　出		内存位及内存单元			
I0.1	故障确认按钮	Q0.0	过程变量 1 上限故障报警灯	M10.0	过程变量 1 上限故障报警标志	M10.2	过程变量 1 上限故障首发记忆标志
I0.2	报警装置试验按钮	Q0.1	过程变量 2 上限故障报警灯	M10.1	过程变量 2 上限故障报警标志	M10.3	过程变量 2 上限故障首发记忆标志
		Q0.2	上下限故障警铃	VW104	过程变量 1 存储单元	VW100	过程变量 2 存储单元

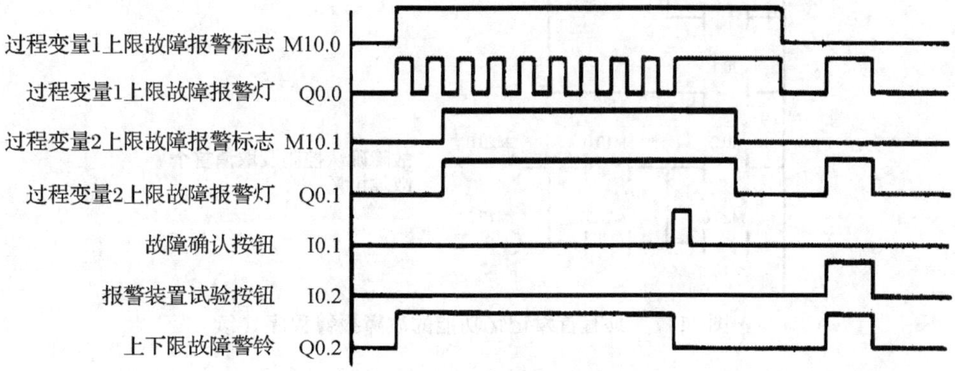

图 11-5　首发故障记忆报警时序图

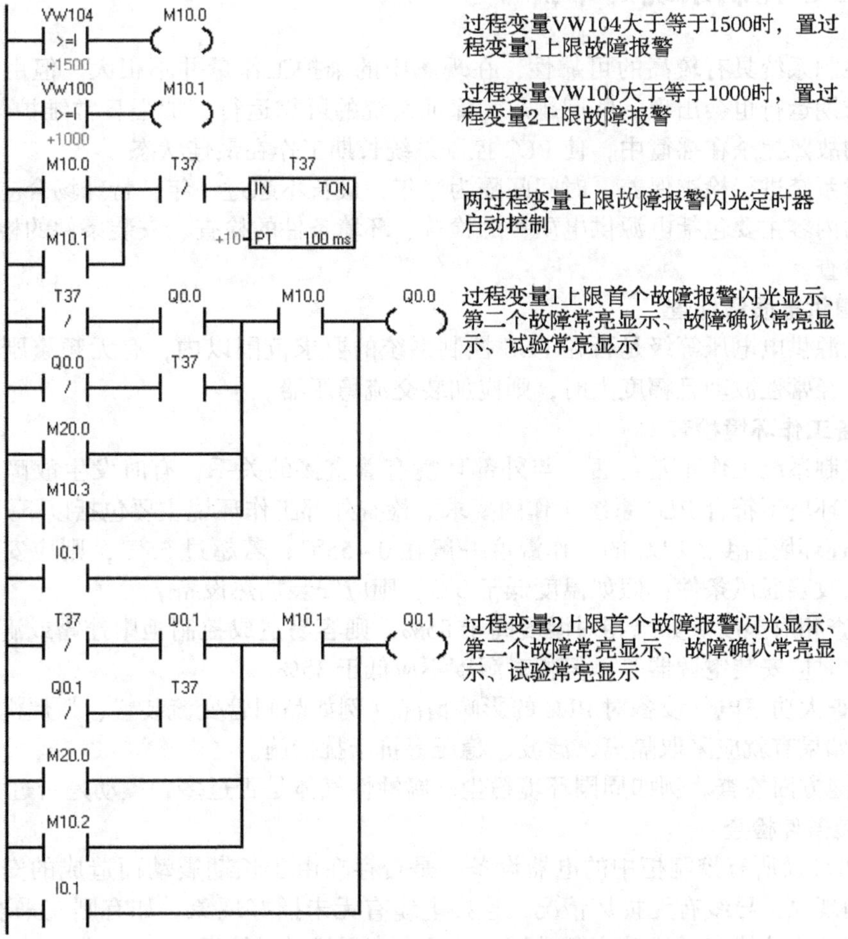

图 11-6　具有首发记忆功能的故障报警程序

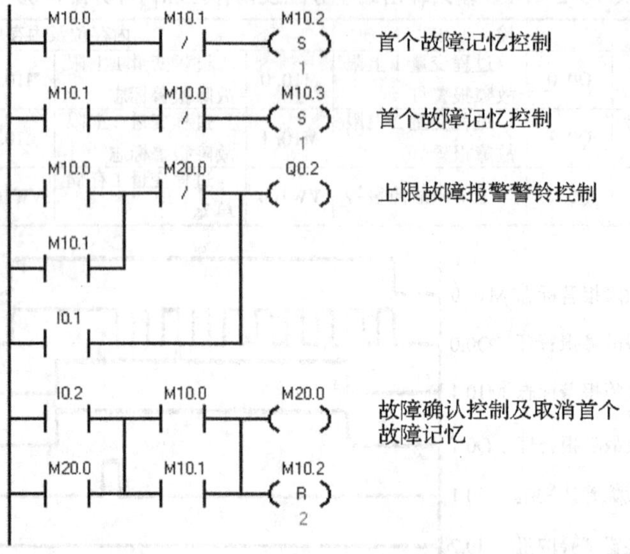

图 11-7 具有首发记忆功能的故障报警程序（续）

11.3 PLC 控制系统的维护

PLC 控制系统具有较高的可靠性，在现场中的维护工作量并不很大。但由于工作环境的影响，长期运行也会出现一些问题。为保证系统的可靠运行，加强日常维护与定期检查，可将潜在的故障扼杀在摇篮中，使 PLC 控制系统长期工作在最佳状态。

定期对系统进行检查保养，时间间隔为半年，最长不超过一年，特殊场合应缩短时间间隔。检查的内容主要包括电源供电质量的检查、环境条件的检查、安装条件的检查及使用寿命方面的检查。

1. 电源供电质量检查

检查电源供电电压等级是否在 PLC 控制系统的要求范围以内，有无频繁剧烈变化的现象。如果有经常性波动且幅度大时，则应加装交流稳压器。

2. 设备工作环境检查

PLC 控制系统工作正常与否，与外部环境有着直接的关系，有时发生故障的原因可能就在于外部环境不符合 PLC 系统工作的要求。检查外部工作环境主要包括以下几个方面。

1）检查环境温度。PLC 的工作温度一般在 0~55℃，若超过 55℃，则应安装电风扇或空调器，以改善通风条件；假如温度低于 0℃，则应安装加热设备。

2）检查相对湿度。如果相对湿度高于 85%，则容易造成控制柜中挂霜或滴水，引起电路故障，此时应安装空调器等；但相对湿度不应低于 35%。

3）检查大功率电气设备对 PLC 的影响情况（例如晶闸管变流装置、弧焊机、大功率电机起动）。如果有就应采取隔离、滤波、稳压等抗干扰措施。

4）其他方面检查。例如周围环境粉尘、腐蚀性气体是否过多，震动是否过大等。

3. 安装条件检查

检查 PLC 及所有控制柜中的电器设备，是否存在由于长期震动而造成的安装螺钉、接线螺钉松动现象，导线有无损坏情况，连接电缆有无未插好现象。如有则应采取措施加固。检查设备安装、接线有无松动现象及焊点、接点有无松动或脱落。

4. 设备使用寿命检查

对已经到期的设备，要给予特别的关照，及时检查、及时更换。锂电池寿命通常为3~5年，当电池电压降低到一定值时，其用户程序将不能被存储，故需及时更换；对继电器输出型的PLC，其继电器的使用寿命通常在100万次左右，待达到使用期限时，也应及时更换。

本章小结

本章从PLC控制系统的实际应用出发探讨了系统的故障特性、故障点的分布状况及系统故障的诊断与维护问题。

1. PLC控制系统的故障特性同其他自动控制系统，具有“浴盆特性”，即在系统投入运行早期故障最多且不断减少，在系统运行的绝大部分时间内故障的出现情况基本上是偶然发生，数量有限；而在系统的损耗故障期则故障又出现上升趋势。

2. PLC控制系统中的故障90%以上发生在PLC的外部设备上，PLC本身的故障只占总故障的10%，且主要发生在PLC的电源和输出接口电路上。

3. PLC控制系统的维护，主要是保证系统的正常运作。通过定期不定期的各种检查可有效地防止事故的发生，提高系统的运行效率。

思考与练习题

11-1 PLC控制系统的故障有何特点？

11-2 PLC控制系统故障的分布规律如何？

11-3 PLC控制系统故障的诊断方法主要采用的是什么方法？软件故障诊断有何意义？

11-4 PLC控制系统的维护检查内容有哪几个方面？

第12章　S7-200 SMART PLC简介

学习目标

了解 S7-200 SMART PLC 的外部结构，了解 S7-200 SMART PLC 的特点，熟悉 S7-200 SMART PLC 的编程软件 STEP7-Mcro/WIN SMART 的操作，能使用 S7-200 SMART PLC 开发小型自动化工程项目。

12.1　S7-200 SMART 简介

S7-200 SMART 系列小型 PLC 是 S7-200 的升级换代产品，其外部结构如图 12-1 所示。

图 12-1　S7-200 SMART 系列 PLC 的外部结构

1. S7-200 SMART CPU 的型号

S7-200 SMART CPU 分为可扩展的标准型（S）和不可扩展的紧凑型（C）两种。两种类型中，又根据输出回路的不同，分为晶体管输出（T）型和继电器输出（R）型两种。各型号 S7-200 SMART CPU 见表 12-1。

表 12-1　S7-200 SMART CPU 型号

型号	CR40	CR60	SR20	ST20	SR30	ST30	SR40	ST40	SR60	ST60
紧凑型	C	C								
标准型			S	S	S	S	S	S	S	S
继电器输出	R	R	R		R		R		R	
晶体管输出				T		T		T		T
I/O 点	40	60	20	20	30	30	40	40	60	60

2. S7-200 SMART CPU 的扩展模块

S7-200 SMART CPU 的扩展模块见表 12-2。这些模块与标准型 CPU 模块搭配，可灵活地满足实际工程的复杂需求。目前，CPU 最多可扩展 6 个模块，数字量点数最多可扩展到 252 点。

表 12-2 S7-200 SMART CPU 的扩展模块

类型	仅输入	仅输出	输入输出组合
数字信号模块	8 个直流输入	8 个直流输出 8 个继电器输出	8 个直流输入/8 个直流输出 8 个直流输入/8 个继电器输出 16 个直流输入/16 个直流输出 16 个直流输入/16 个继电器输出
模拟量信号模块	4 个模拟量输入 2 个温度传感器输入 4 个热电偶输入	2 个模拟量输出	4 个模拟量输入/2 个模拟量输出

3. S7-200 SMART CPU 的信号板

S7-200 SMART CPU 在前面板设有信号板插槽，可根据需要插入通信信号、数字量输入输出信号、模拟量输入输出信号和电池四种信号板，其型号、规格及功能见表 12-3。在不额外占用电控柜空间的前提下，信号板扩展能更加贴合用户的实际配置，提升产品的利用率，同时降低用户的扩展成本。

表 12-3 S7-200 SMART 信号板的型号、规格及功能

型 号	规 格	功 能
SB DT04	2DI/2DO	提供额外的数字量 I/O 扩展，支持 2 路数字量输入和 2 路晶体管输出
SB AE01	1AI	提供额外的模拟量 I/O 扩展，支持 1 路模拟量输入，精度为 12 位
SB AQ01	1AO	提供额外的模拟量 I/O 扩展，支持 1 路模拟量输出，精度为 12 位
SB CM01	RS232/RS485	提供额外的 RS232/RS485 串行通信接口，在软件中简单设置即可实现转换
SB BA01	实时时钟保持	支持普通的 CR10 纽扣电池，能维持时钟运行 1 年

4. S7-200 SMART CPU 的通信

S7-200 SMART CPU 模块本体集成 1 个以太网接口和 1 个 RS485 接口，通过安装一块 RS-232/RS-485 信号板 SB-CM01，其通信端口数量可增至 3 个，以满足小型自动化设备连接触摸屏、变频器等第三方设备的众多需求。

（1）以太网通信　S7-200 SMART CPU 本体标配以太网接口。S7-200 SMART 的以太网通信支持西门子 S7 协议、TCP/IP 协议、支持多种终端连接，可以作为程序下载端口（使用普通网线即可），可以与 SMART LINE HMI 进行通信，也可以通过交换机与多台以太网设备进行通信，实现数据的快速交互。

（2）串行口通信　S7-200 SMART CPU 本体集成 1 个 RS485 端口（端口 0），可以与变频器、触摸屏等第三方设备通信。如果需要额外的串口，可通过扩展 CM01 信号板（端口 1）来实现，信号板支持 RS232/RS485 自由转换，最多支持与 4 个设备进行通信。

5. S7-200 SMART CPU 的运动控制功能

S7-200 SMART CPU 最多集成 3 路 100kHz 的高速脉冲输出，支持 PWM/PTO 输出方式以及多种运动模式，能够实现主动寻找参考点功能，绝对运动功能，相对运动功能，单/双速连续旋转、速度可变功能及曲线功能。

S7-200 SMART CPU 的运动控制需占用本体上的相关 I/O 地址，如表 12-4 所示。这些地址一旦被使用，便不能作为其他用途。

表 12-4 S7-200 SMART CPU 运动控制占用 I/O 点列表

<table>
<tr><th>类型</th><th>信号</th><th>描　述</th><th colspan="3">CPU 本机 I/O 分配</th></tr>
<tr><td rowspan="5">输入</td><td>STP</td><td>STP 输入可让 CPU 停止脉冲输出。在位控向导中可选择所需要的 STP 操作</td><td colspan="3" rowspan="4">在位控向导中可被组态为 I0.0~I0.7、I1.0~I1.3 中的任意一个，但是同一个输入点不能被重复定义</td></tr>
<tr><td>RPS</td><td>RPS(参考点)输入可为绝对运动操作建立参考点或零点位置</td></tr>
<tr><td>LMT+</td><td rowspan="2">LMT+和 LMT-是硬件限位</td></tr>
<tr><td>LMT-</td></tr>
<tr><td>ZP
(HSC)</td><td>ZP(零脉冲)输入可帮助建立参考点或零点位置。通常，电机驱动器在电动机的每一转产生一个 ZP 脉冲</td><td colspan="3">CPU 本体高速计数器输入(I0.0 I0.1 I0.2 I0.3)可被组态为 ZP 输入</td></tr>
<tr><td rowspan="4">输出</td><td></td><td></td><td>轴 0</td><td>轴 1</td><td>轴 2</td></tr>
<tr><td>P0</td><td rowspan="2">P0 和 P1 是源型晶体管输出，用以控制电动机的运动和方向</td><td>Q0.0</td><td>Q0.1</td><td>Q0.3</td></tr>
<tr><td>P1</td><td>Q0.2</td><td>Q0.7 或 Q0.3</td><td>Q1.0</td></tr>
<tr><td>DIS</td><td>DIS 是一个源型输出，用来禁止或使能电机驱动器</td><td>Q0.4</td><td>Q0.5</td><td>Q0.6</td></tr>
</table>

注：如果轴 1 组态为脉冲+方向，则 P1 被分配到 Q0.7。如果轴 1 组态为双向输出或 A/B 相输出，则 P1 被分配给 Q0.3，但此时轴 2 不能使用。

S7-200 SMART CPU 具有 13 条运动控制指令，如表 12-5 所示。这些指令中初始化运动轴 AXISx_ CTRL 指令不需要用户选择，由运动控制向导自动为用户生成，其他 12 条指令则需要用户根据实际工程的控制要求，在向导中对轴参数进行组态结束后进行选用。多条指令的组合选用，可以实现较为复杂的工艺控制要求。

表 12-5 S7-200 SMART CPU 的运动控制指令

指　令	功　能	指　令	功　能
AXISx_CTRL	初始化运动轴并启用它	AXISx_SRATE	更改向导设置的加减速及 S 曲线时间
AXISx_MAN	手动模式	AXISx_DIS	使能/禁止 DIS 输出
AXISx_GOTO	命令运动轴移动到所需位置	AXISx_CFG	重新加载组态
AXISx_RUN	运行曲线	AXISx_CACHE	缓冲曲线
AXISx_RSEEK	搜索参考点位置	AXISx_ABSPOS	读取绝对位置
AXISx_LDOFF	加载参考点偏移量	AXISx_RDPOS	返回当前轴位置
AXISx_LDPOS	加载位置		

6. S7-200 SMART CPU 的高速性能

S7-200 SMART CPU 采用西门子专用高速处理器芯片，基本指令执行时间可达 0.15μs，在同级别小型 PLC 中遥遥领先。

7. S7-200 SMART CPU 的扩展存储卡

S7-200 SMART CPU 本体集成 Micro SD 卡插槽，使用市面上通用的 Micro SD 卡即可实现程序的更新和 PLC 固件升级，极大地方便了用户，也省去了因 PLC 固件升级返厂服务的不便。

8. S7-200 SMART CPU 的软件

在继承西门子编程软件强大功能的基础上，STEP7-Micro/WIN SMART 融入了更多的人性化设计，如新颖的带状式菜单、全移动式界面窗口、方便的程序注释功能、强大的密码保护等。

12.2 S7-200 SMART CPU 与 S7-200 CPU 的比较

1. 硬件方面

1）S7-200 SMART CPU 采用西门子专用高速处理器芯片，使得扫描速率更快，基本指令执行时间可达0.15μs，而S7-200 CPU则为0.22μs。

2）S7-200 SMART CPU本体最多支持3轴运动控制，输出脉冲频率可达100kHz，而S7-200 CPU则最多2轴，输出脉冲最大频率为20kHz。

3）S7-200 SMART CPU本体I/O点数最多可达60点，而S7-200 CPU则最多40个点。

4）S7-200 SMART CPU存储区可设置为永久保存，大电容只用来支撑时钟；S7-200只有M存储区的前14个字节可以设置永久保存，其他需程序编程进行。

5）S7-200 SMART CPU既可以通过本体集成的RS485端口或信号板连接支持PPI协议的西门子HMI设备，也可以通过本体集成的以太网口来连接支持S7协议的西门子HMI设备。而S7-200只能通过RS485连接smart line触摸屏。

6）S7-200 SMART CPU扩展模块需在软件中组态使用，S7-200则不需要。S7-200 SMART CPU支持的最大扩展模块数为6个，而S7-200 CPU则为7个。

7）S7-200 SMART CPU和S7-200 CPU都支持扩展卡功能，S7-200 SMART PLC所使用的存储卡为市场上通用的micro SD卡，可方便地实现程序的更新和固件的升级，而S7-200 PLC的扩展卡必须是西门子专用扩展卡。

8）S7-200 SMART CPU没有手动RUN/STOP开关，只能通过编程软件设定。

9）S7-200 SMART CPU两个通信端口不能同时作为Modbus RTU主站或者同时作为Modbus RTU从站。可以一个通信端口作为Modbus RTU主站，另外一个通信端口同时作为Modbus RTU从站。但是可以通过S7-200程序移植，实现两个端口同时为Modbus主站，移植后可以直接使用，但注意Port1对应于S7-200 SMART的信号板模块CM01。

因为SMART的Modbus库两个端口用的是一个库存储区，所以不能同时作为主站或作为从站；而S7-200的Modbus库两个端口用存储区是分开的，0口与1口都有作主站的库程序，所以S7-200 PLC可以同时作为主站或从站。

10）S7-200 SMART CPU输入点在上方，输出点在下方，S7-200 CPU则相反。

11）S7-200 SMART CPU有4路高速计数器，最大计数频率可达200kHz，S7-200 CPU有6路高速计数器，最大计数频率为30kHz。

2. 软件方面

1）S7-200 SMART PLC的指令系统和监控方法与S7-200 PLC基本相同，熟悉S7-200 PLC的用户几乎不需要任何培训就可以使用S7-200 SMART PLC。

2）S7-200 SMART PLC的编程软件STEP 7-Micro/WIN SMART短小精干，仅有80MB多点，而S7-200 PLC的编程软件则大于300MB。

3）STEP 7-Micro/WIN SMART编程软件自带Modbus RTU指令库和USS协议指令库，而S7-200 PLC的编程软件则需要用户安装这些库。

4）STEP 7-Micro/WIN SMART编程软件与STEP 7-Micro/WIN编程软件一样，均集成了简易快捷的向导设置功能，只需按照向导的提示，设置每一步的参数就可以完成复杂功能的设定。

5）STEP 7-Micro/WIN SMART编程软件的变量表、输出窗口、交叉引用表、数据块、符号表、状态图表均可以浮动、隐藏和停靠在程序编辑器或软件界面的四周，浮动时可以调节表格的大小和位置，可以同时打开和显示多个窗口。项目树窗口也可以浮动、隐藏和停靠在其他位置。而STEP7-Micro/WIN则不能浮动。

6）STEP 7-Micro/WIN SMART编程软件的帮助增加了搜索功能，指令的帮助不像STEP7-Micro/WIN有固定的区域，整个窗口区都可以滚动。

7）光标放到STEP 7-Micro/WIN SMART编程软件的指令树或程序编辑器中的指令上时，将显示出该指令的名称和输入、输出参数的数据类型，而STEP 7-Micro/WIN则不能。

8）STEP 7-Micro/WIN SMART编程软件的堆栈层数为32层，而STEP 7-Micro/WIN编

程软件的堆栈层数为 9 层。

12.3 STEP 7-Micro/WIN SMART 编程软件的使用

S7-200 SMART 系列 PLC 使用 STEP 7-Micro/WIN SMART 编程软件进行编程。STEP 7-Micro/WIN SMART 编程软件摒弃了传统的下拉式菜单，采用了新颖的带状式菜单设计。所有菜单选项一览无余，由形象的图标显示，操作更加方便快捷；双击菜单即可隐藏，给编程窗口提供更多的可视空间。主要用于开发程序，也可用于实时监控用户程序的执行状态。

12.3.1 STEP 7-Micro/WIN SMART 窗口组件

STEP 7-Micro/WIN SMART 主界面与 STEP 7-Micro/WIN 主界面相似，如图 12-2 所示，顶部设有快捷访问工具和主菜单及其下方的功能区、左下侧部分设有主要窗口快捷操作按钮，包括符号表、状态图表、数据块、交叉引用、系统块、通信和项目树，右下侧部分为程序编辑区，底部设有状态条和控制程序编辑区网格的缩放滑动条。

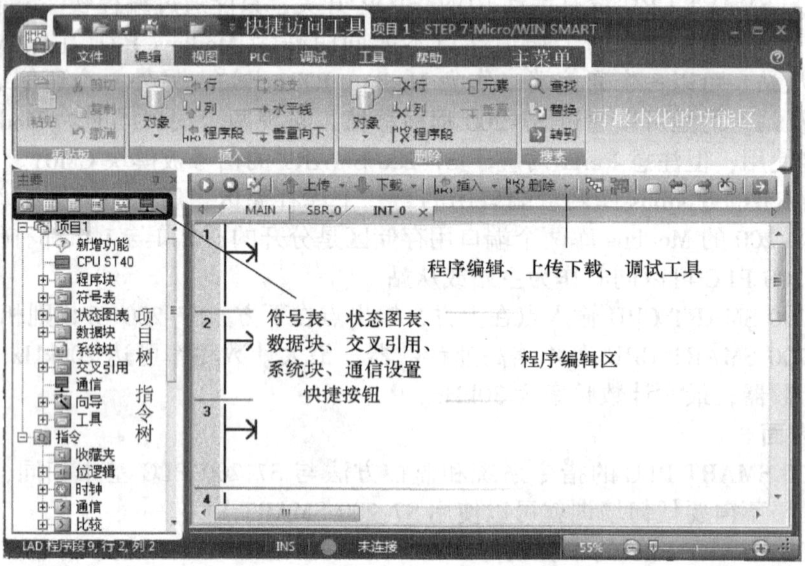

图 12-2 STEP 7-Micro/WIN SMART

1. 快捷访问工具

用于文件的快捷访问，可通过其右侧的按钮自行定义显示或隐藏，还可在此自定义所有工具的快捷键。

2. 主菜单及功能区

主菜单中的 7 个菜单均可分别显示在功能区中，菜单中的所有工具均由形象的图标及文字显示。

（1） 文件菜单

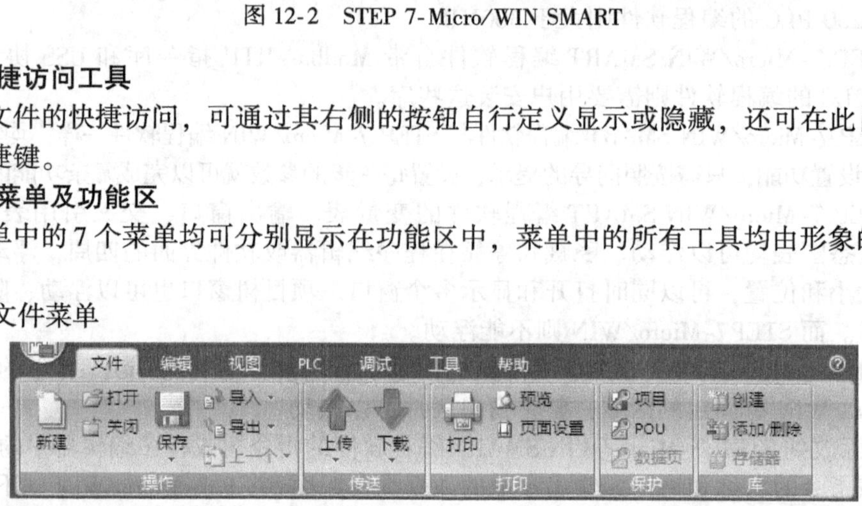

文件菜单可用来新建项目、打开或关闭项目、保存、导入或导出 POU（程序组织单

元)、打开上一个项目、从PLC上传项目（程序块、系统块、数据块)、把项目下载至PLC、打印当前程序、为项目增加密码保护、创建、添加或删除库。

（2）编辑菜单

编辑菜单可以通过剪贴板对当前正在编辑的程序进行剪切、复制、粘贴等操作；插入栏可对项目插入对象（包括状态图表、数据块、子程序、中断、符号表、系统符号表、I/O映射表、创建未定义符号表等)、可在程序编辑器中为程序插入行、列、程序段以及分支、水平线等；删除栏可删除已选中的对象以及在程序中选中的行、列、程序段、元素块等；搜索栏可快速查找到想要搜索的条目，对想修改条目进行替换，快速转到当前项目的指定程序段、行或行号。

（3）视图菜单

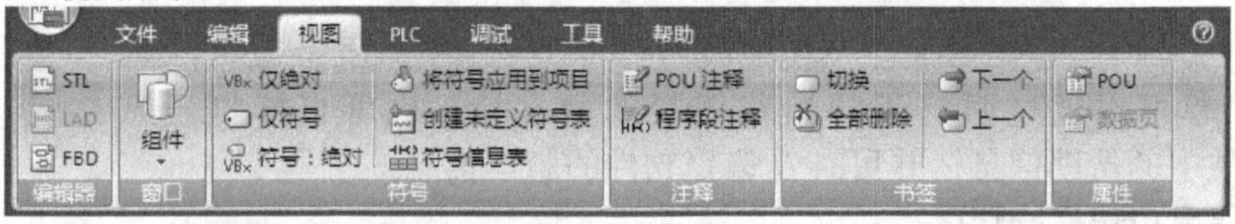

视图菜单中的编辑器栏可以选择当前程序编辑方式，包括语句表、梯形图、函数块图三种；窗口栏中的组件可以打开想要查看的图表或窗口（包括符号表、状态图表、数据块、交叉引用、系统块、通信窗口、变量表、项目树、输出窗口和复位视图等)；符号栏可选择显示变量的绝对地址、符号地址或符号和绝对地址同时显示，也可创建符号、将符号应用到项目或打开符号信息表；注释栏可切换显示或关闭程序组织单元和程序段的注释；书签栏包括通过切换对当前行添加或删除书签、全部删除、将光标移动到上一个或下一个书签；属性栏可打开POU和数据页的属性。

（4）PLC菜单

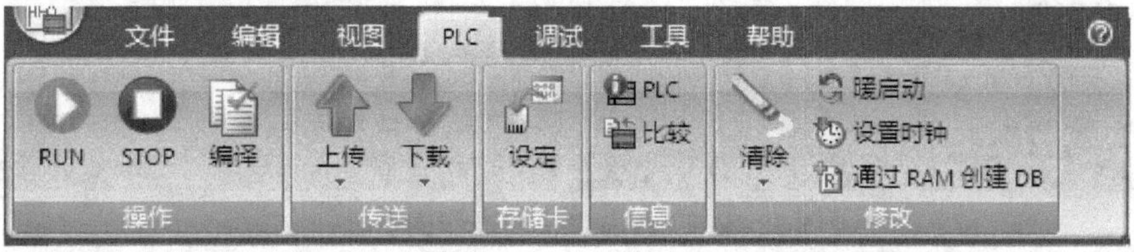

PLC菜单可对已连接的PLC进行操作，如切换PLC的运行或停止状态、对当前程序进行编译、上传或下载程序、对PLC上的内存卡进行设定或编程、查看PLC信息、把当前项目与PLC中的项目进行对比、清除PLC中的数据（可分别选择清除程序块、系统块、数据块或全部清除)、对PLC进行暖启动、设置PLC时钟、创建DB数据块。

（5）调试菜单

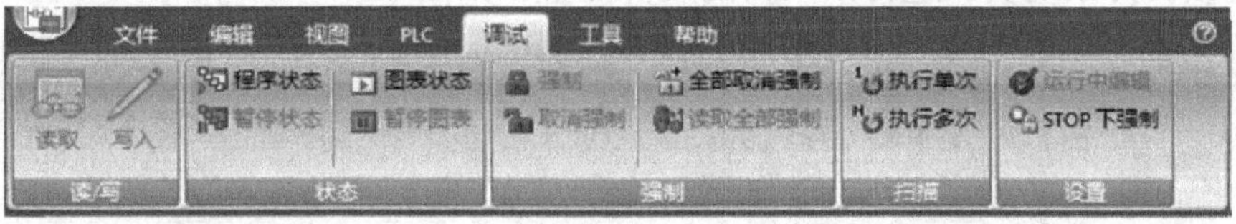

调试菜单可以对当前连接的PLC进行调试，如从PLC的CPU中读取或写入变量、监控

程序和图表状态、对PLC进行强制或取消强制、执行扫描、在运行状态下对PLC中的程序进行编辑、在停止模式下对PLC进行强制。

(6) 工具菜单

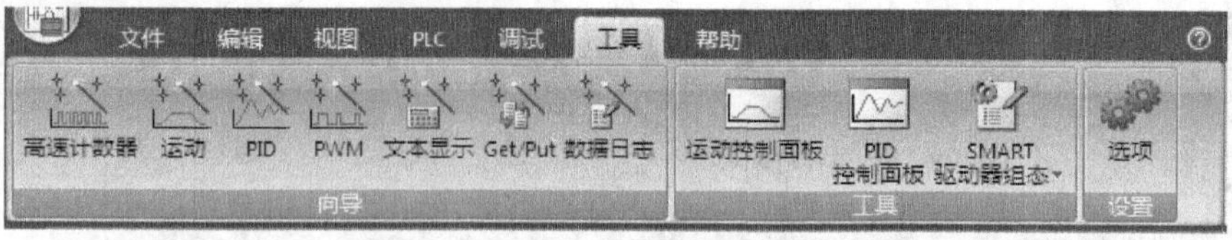

工具菜单包含多个向导，可快速打开进行配置；可在联机状态下通过运动控制面板检查运动轴接线是否正确、调整组态数据和测试各条运动曲线，通过PID调节控制面板可修改PID参数、监视回路对设定值阶跃变化的响应，通过SMART驱动器组态面板可方便地检查组态存在的问题。

(7) 帮助菜单

帮助菜单可以通过西门子网站获得帮助及支持，也可直接打开STEP 7-Micro/WIN SMART软件中的帮助信息，并可查看编程软件的版本信息。

3. 主要窗口快捷操作区

(1) 符号表、状态图表、数据块、交叉引用、系统块、通信的快捷操作　点击相应按钮，窗口便被打开，除系统块、通信窗口外，其他窗口都可以方便地进行拖曳，可悬浮在桌面任意位置，可根据提示嵌入在程序编辑器右左上下位置，还可嵌入到主要快捷操作窗口里，如图12-3所示，通过窗口下方的标签进行不同窗口切换。

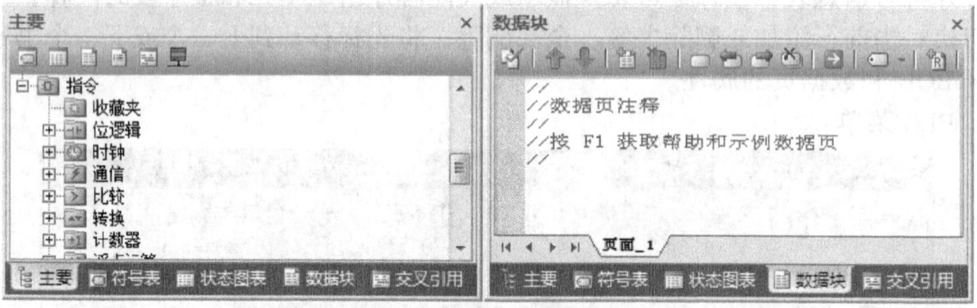

图12-3　主要窗口快捷操作图示之一

这些窗口在STEP 7-Micro/WIN SMART软件中的作用与STEP 7-Micro/WIN相同。

(2) 项目树　以树型结构提供对项目的硬软件快捷操作。可分为项目分支和指令分支。项目分支用于组织项目的软硬件配置，指令分支用于在程序编辑时提供各类指令。

与STEP 7-Micro/WIN编程软件不同的是，在项目树中单击CPU，不仅仅是选择CPU型号，而是直接打开系统块，进行该项目的硬件配置，如图12-4所示。

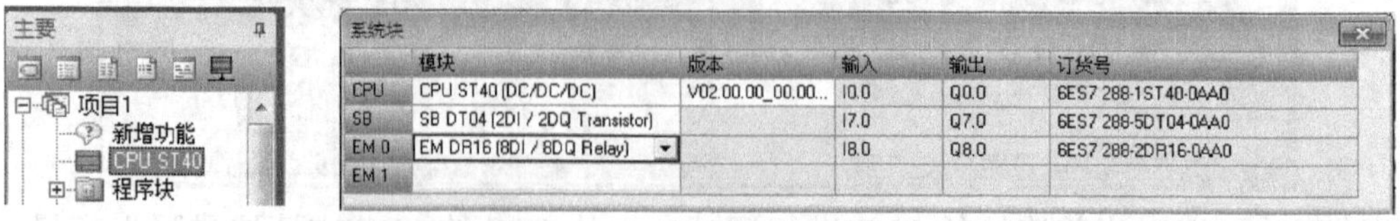

图12-4　项目的硬件配置

4. 程序编辑区

与 STEP 7-Micro/WIN 编程软件不同的是，STEP 7-Micro/WIN SMART 编程软件将指令输入、程序编辑、上下载操作、程序调试、监控的工具全部集成在程序编辑区的上方，便于用户选用。但工具里缺少 STEP 7-Micro/WIN 编程软件中的趋势图监控方式。

5. 状态条

提供有关在 STEP 7-Micro/WIN SMART 中操作的信息。

12.3.2 程序的新建、上传、下载与调试

1. 程序的输入与编辑

(1) 新建项目 通过菜单命令“文件”→“新建”或单击工具栏中“新建”快捷按钮，新建一个项目，命名为“项目 1”。此时，程序编辑器将自动打开。

(2) 硬件组态 双击项目 1 中的“CPU ST40”，打开系统块窗口，根据实际使用设备进行硬件组态设置。

(3) 定制符号 为了方便地阅读、修改程序，用户需在符号表中为指令地址命名熟悉的符号。在新建一个工程项目后，系统符号表（特殊继电器 SM 的地址符号）和 I/O 符号表（本机及扩展单元的 I/O 地址符号）已被自动插入，用户可根据需要修改符号名称，并进行必要的注释，如图 12-5a 所示。系统符号、I/O 符号以外的符号需要用户单击符号表上方的插入符号表按钮，新建一个表格 1 来自行输入完成，如图 12-5b 所示。各类符号表的切换，通过符号表下方的标签进行。

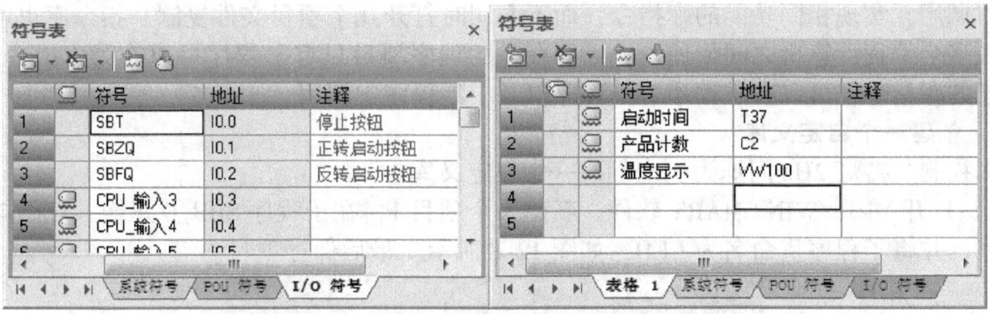

a) b)

图 12-5 符号表的修改及插入

(4) 输入、编辑程序 用鼠标单击选中程序编辑区指令所在位置，从指令树选择所需指令或单击程序编辑区上方的插入触点（线圈、框）中选出所需指令，软件会要求立即从下拉式表格中选择指令所对应的地址（或操作数），如图 12-6 所示，也可按下 Enter 键继续输入下一条指令，待部分指令输入结束，再进行地址（或操作数）的输入。

程序输入、编辑的方法大部分与 STEP 7-Micro/WIN 编程软件类似。

2. 程序的上传下载

程序的上传或下载需在计算机与 PLC 之间建立了通信之后方可操作。建立通信的方法是：在主要窗口快捷操作区单击“通信”按钮或单击文件菜单、PLC 菜单以及程序编辑区上方

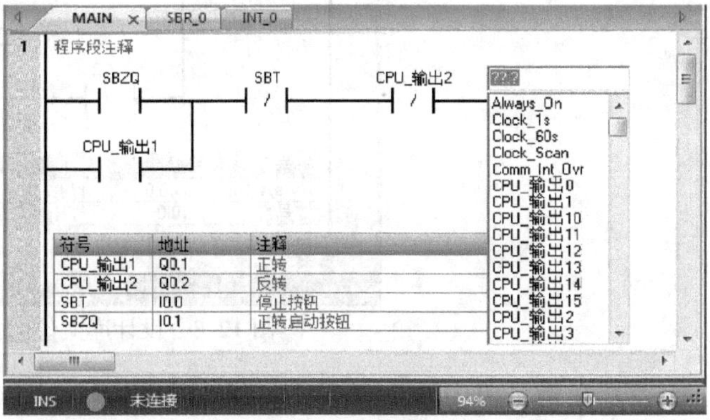

图 12-6 指令地址的输入

的上传下载按钮，均可打开通信窗口。在此窗口中，首先正确选择网卡，然后单击查找CPU按钮，找到CPU后，单击选中该CPU，按下闪烁指示灯按钮，观察PLC的状态指示灯是否持续闪烁，若是，则表明计算机与PLC已建立通信，单击确定按钮关闭通信窗口。如图12-7所示。

通信建立起来后，即可进行上传下载操作，其过程与STEP 7 Micro/WIN编程软件的操作相同。

3. 程序的调试与监控

程序下载到CPU以后，单击程序编辑区上方左边第一个按钮，或在PLC菜单下单击运行按钮，可使CPU进入运行状态。CPU进入运行状态后，用户可以通过程序状态监控及状态图表监控对用户程序进行调试。监控调试的方法与STEP 7-Micro/WIN相同。

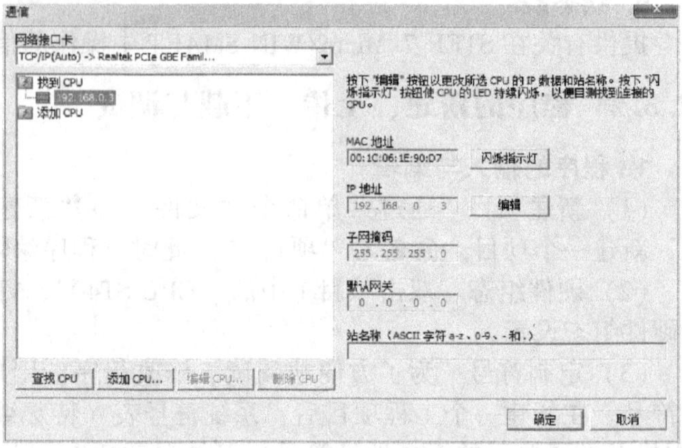

图12-7 通信设置窗口

12.3.3 用户自定义指令库的创建与添加

用户可以把自己编制的程序集成到编程软件STEP 7-Micro/WIN SMART中，这样可以在编程时调用，实现相同功能的库指令，而不必同时打开几个项目文件复制。指令库也可以方便地在多个编程计算机之间传递。一个已存在的程序项目只有子程序可以作为库指令创建，被创建的库指令，可以在主程序、子程序以及中断程序中调用。

1. 创建一个自定义库

以控制一盏灯2Hz闪烁为例来创建一个自定义库。

1）打开Micro/WIN SMART软件，新建一个项目1，在子程序SBR_0里输入灯闪烁的控制程序，并将子程序重命名为LED，如图12-8所示，最后保存项目。

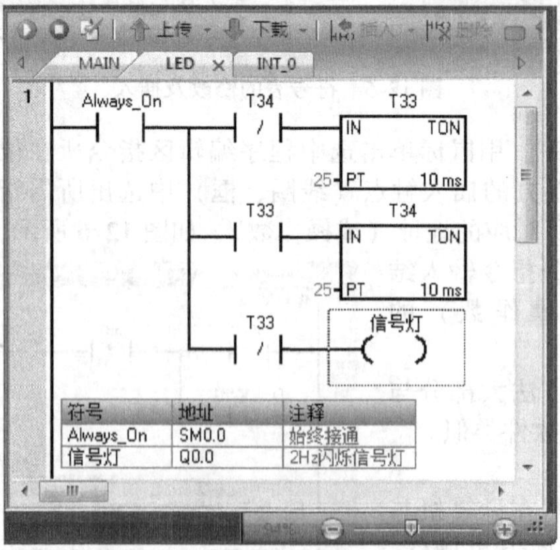

图12-8 设计库文件的控制程序

2）在指令树中选中库右击，弹出创建库、添加/删除库菜单，单击创建库，弹出创建库窗口，如图12-9所示。

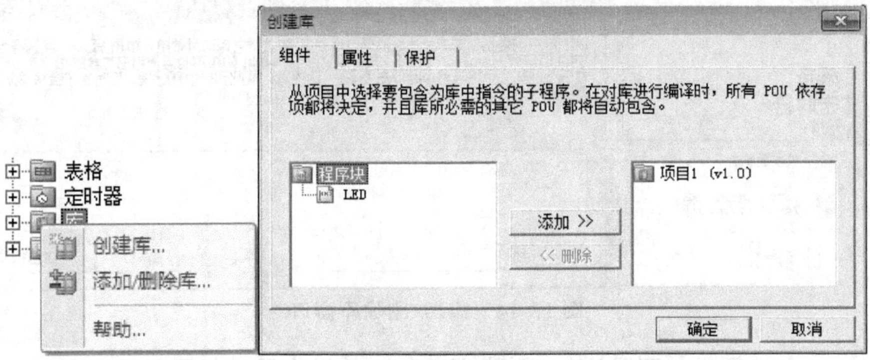

图 12-9 创建库

3）选择创建库窗口中的 LED，单击添加按钮，将 LED 添加到库中。如图 12-10 所示。

4）在属性窗口，输入库文件名称和存储路径，如图 12-11 所示。

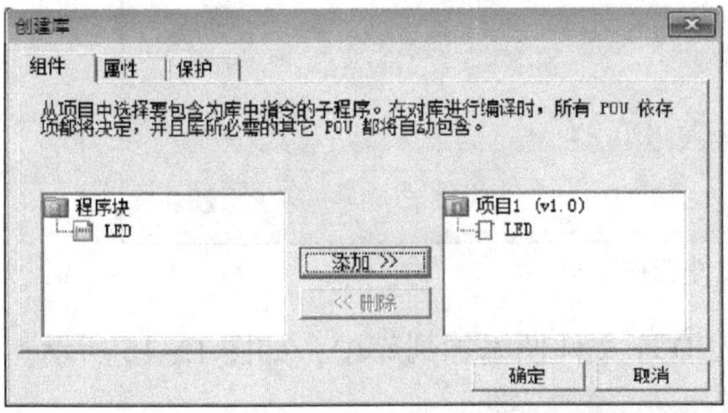

图 12-10 添加库

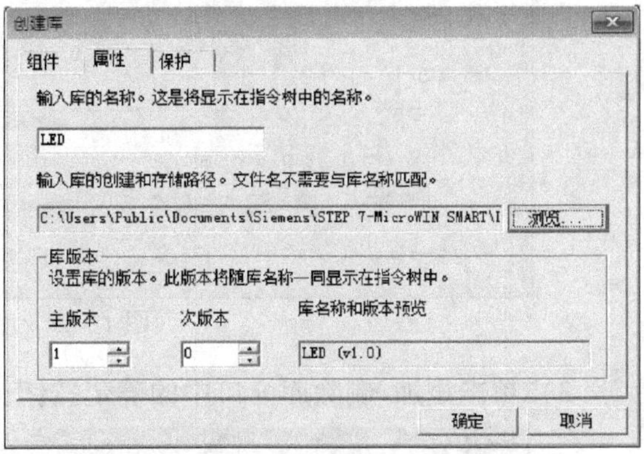

图 12-11 输入库文件名及存储路径

5）若要密码查看库中代码，需在保护窗口设置密码，如图 12-12 所示。

6）保存库。当上述操作无误后，可单击确定按钮，完成库指令的创建。这时，输出窗口将显示系统对创建库指令的编译情况及保存地址。如图 12-13 所示。

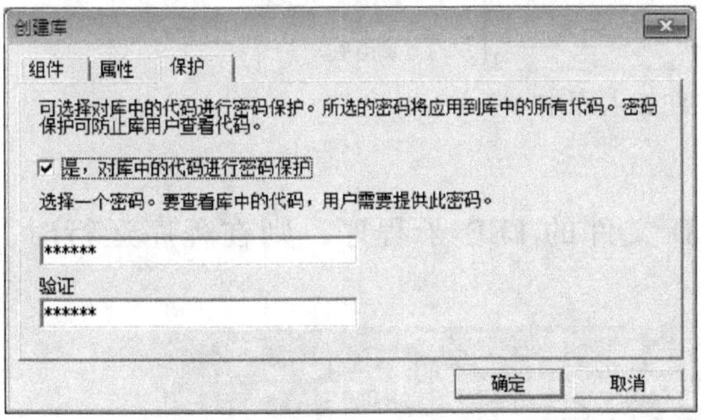

图 12-12 密码保护的设置

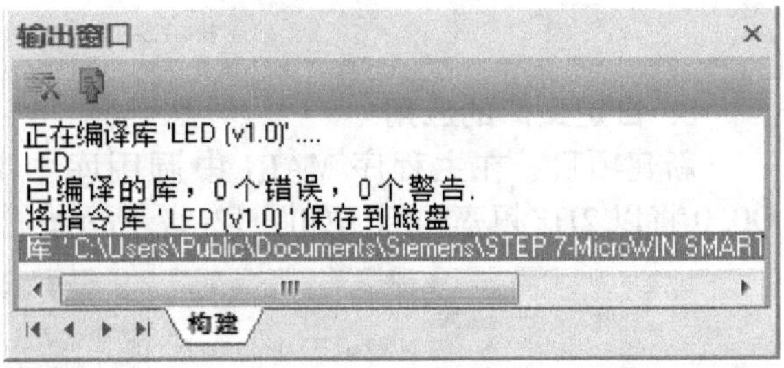

图 12-13 创建库指令的编译、保存结果

2. 增添自定义库

1）在指令树中右击库，在弹出的菜单中单击添加/删除库，这时弹出添加/删除库窗口，如图 12-14 所示。

2）在添加/删除库窗口，单击添加按钮，弹出库文件选择窗口，单击所需库文件，按

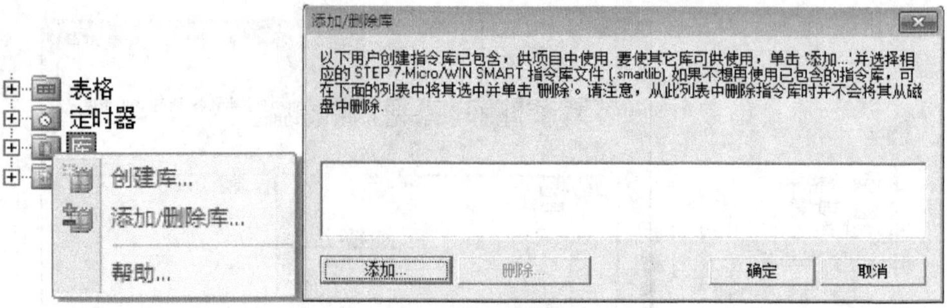

图 12-14 添加/删除库窗口

下保存按钮，库文件便添加到了添加/删除库窗口，其操作界面如图 12-15 所示。

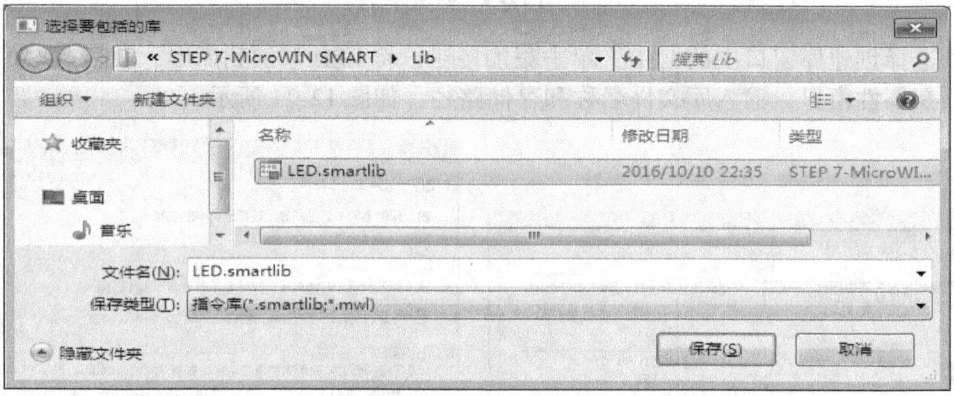

图 12-15 库文件选择窗口

3）单击添加/删除库窗口中的确定按钮，LED 库文件便添加到库中，如图 12-16 所示。

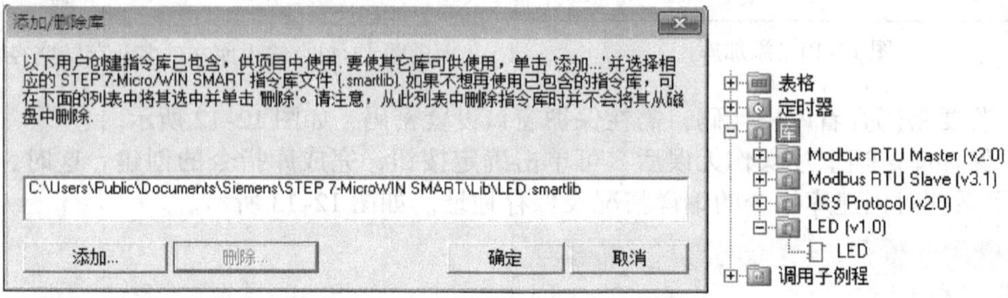

图 12-16 将库文件加入库中

3. 自定义库的应用

新建项目，在主程序 MAIN 中调用库中 LED 文件的 LED 子程序，则在程序运行时，Q0.0 将以 2Hz 频率闪烁。如图 12-17 所示。

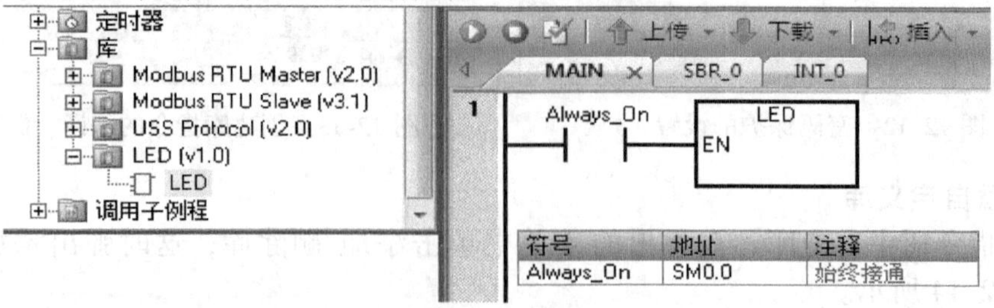

图 12-17 调用库

12.4 S7-200 SMART 应用举例

12.4.1 以太网通信应用举例

1. 控制要求

建立 ST30 和 SR40 的通信，用 SR40 的 I0.0 控制 ST30 的 Q0.0。

2. PLC 输入输出端子及内存分配（见表 12-6）

表 12-6 PLC 输入输出端子及内存分配

SMART SR40 PLC		SMART ST30 PLC	
控制按钮	I0.0	指示灯	Q0.0
发送数据区	IB0	接收数据区	VB1
IP 地址	192.168.0.2	IP 地址	192.168.0.3

3. 通信设置

1）首先打开编程软件，在系统块里，选择 PLC 类型为 SR40，修改其 IP 地址为 192.168.0.2。单击确定，如图 12-18 所示。

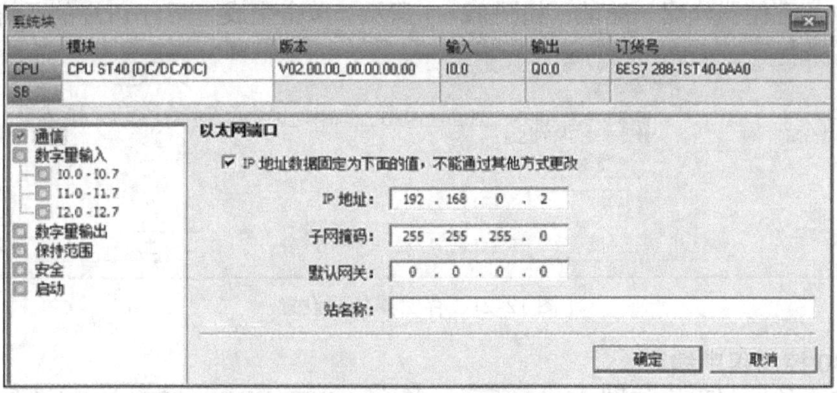

图 12-18 设置 CPU 型号与 IP 地址

2）在向导中找到“Get/Put”，双击打开。

3）打开之后，单击“添加”，出现“Operation0”，单击“Operation0”，出现图 12-19 所示的界面。

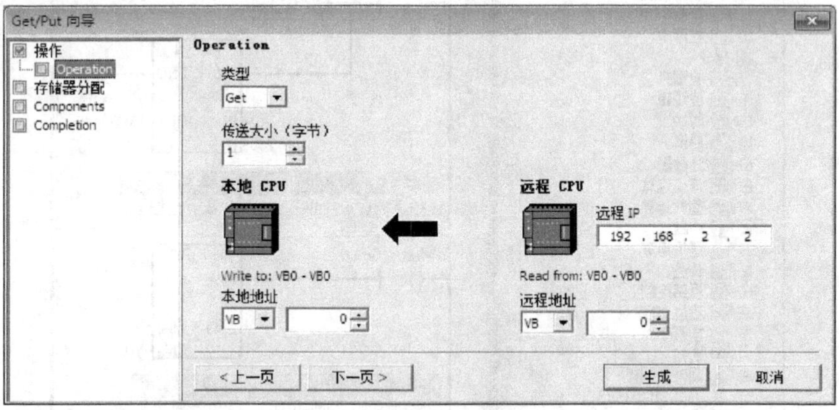

图 12-19 Get/Put 属性窗口

修改“类型”、“远程 IP”地址，如图 12-20 所示。图 12-20 中所示的本地地址和远程地址的意思是：将 SR40 中的 IB0 数值传到 ST30 中的 VB1 中，即 SR40 中的 I0.0 得电，则 ST30 中的 V1.0 得电。

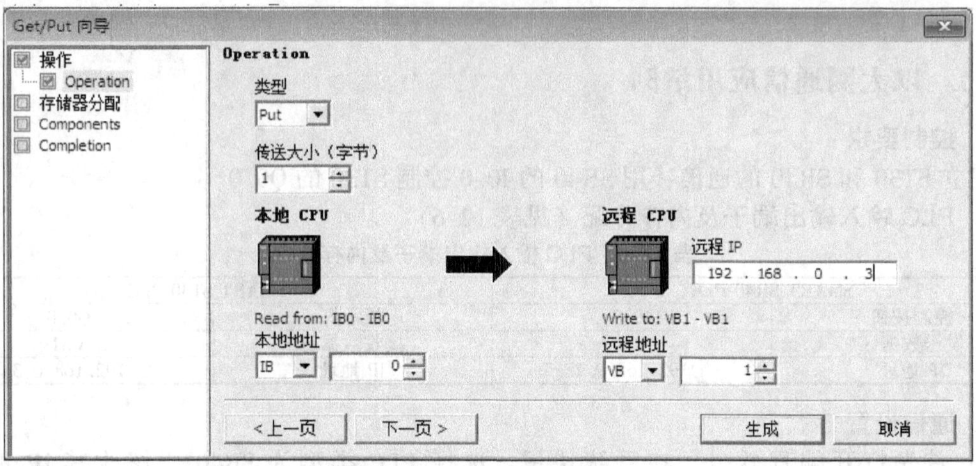

图 12-20 GET/PUT 向导设置

4）修改“存储器分配”地址，如图 12-21 所示，单击生成。两台 PLC 的通信建立完成。

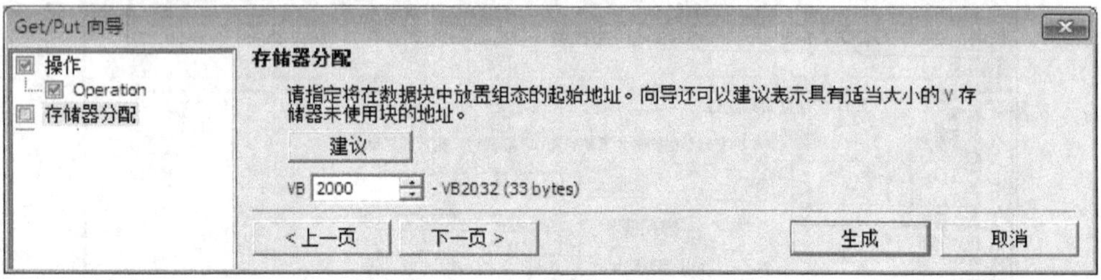

图 12-21 存储器分配设置

4. SR40 控制程序编写

SR40 PLC 的控制程序如图 12-22 所示。其中“NET-EXE（SBR1）”指令在调用子例程文件夹中，双击即可引用。

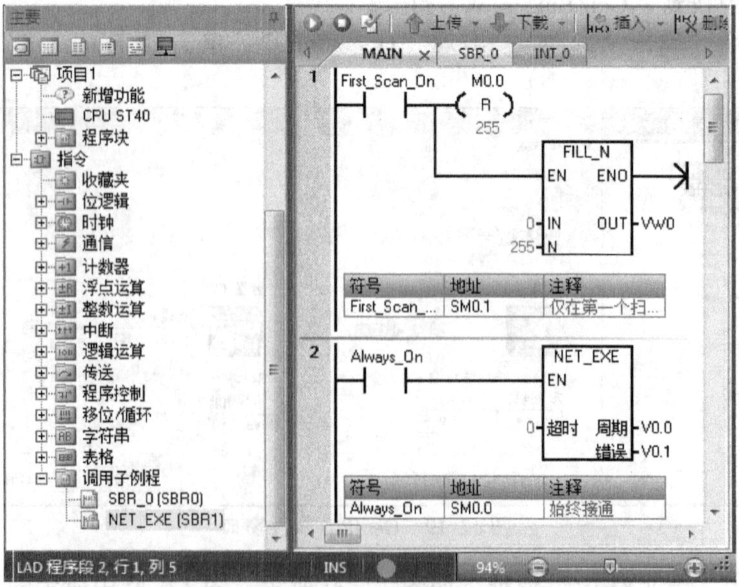

图 12-22 SR40 PLC 控制程序

5. ST30 PLC 控制程序编写

1）新建项目，选择 PLC 类型为 ST30，修改其 IP 地址为“192.168.0.3”，如图 12-23 所示，ST30 的 IP 地址与图 12-20 通信设置中远程 CPU 地址一致。

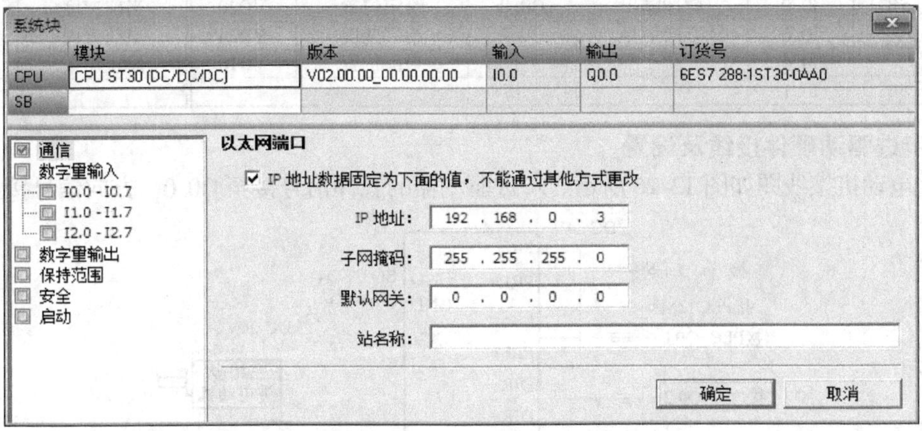

图 12-23 设置 ST30 PLC 的 IP 地址

2）ST30 控制程序，如图 12-24 所示。单击下载，把程序下载至 ST30 的 CPU 中。

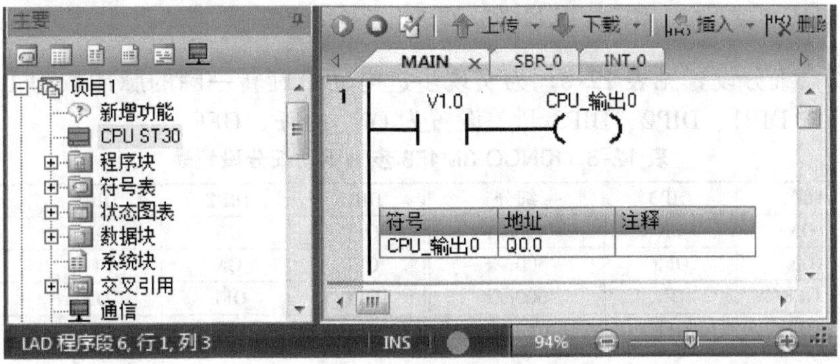

图 12-24 ST30 PLC 控制程序

6. 联机运行

按下 SR40 的 I0.0，ST30 中的 V1.0 得电，继而 ST30 中的 Q0.0 得电。

12.4.2 运动控制应用举例

1. 控制要求

码料小车运行示意如图 12-25 所示。码料小车由 KINCO 3M458 步进电动机通过丝杠驱动，丝杠的传动螺距为 4.0mm，步进电动机驱动脉冲为 1000p/r，SQ1、SQ2 分别为原点和终点限位开关，SQ3、SQ4 分别为两侧极限开关。

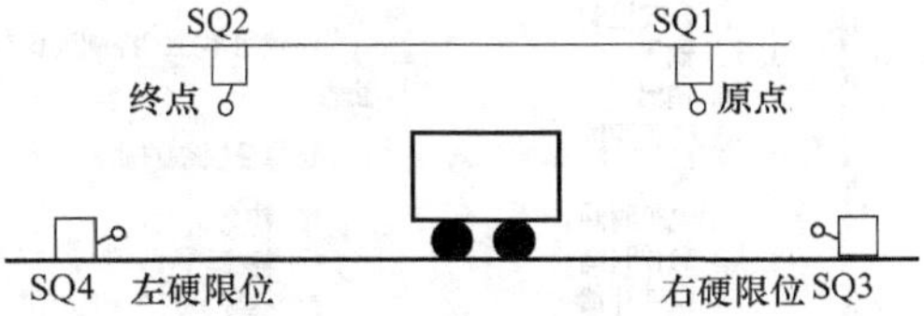

图 12-25 小车运行示意图

按下启动按钮 SB1，码料小车由原点以 10.0mm/s 的速度驶向 SQ2 方向，到达 SQ2 后，停止 3s，码料小车又以同样的速度返回原点 SQ1 停止，码料小车的加减速时间均为 100ms。若码料小车越过 SQ1（或 SQ2）而撞下 SQ3（或 SQ4），则码料小车立即停止。

2. PLC 输入输出端子及内存分配（见表 12-7）

表 12-7 码料小车控制 PLC 输入输出及 V 存储器分配表

输入		输出		V 存储器			
名称符号	地址	名称符号	地址	名称	地址	名称	地址
启动按钮 SB1	I0.0	脉冲输出	Q0.0	给定位置	VD20	当前速度	VD14
原点 SQ1	I0.6	方向信号	Q0.2	给定速度	VD24	当前方向	V0.1
终点 SQ2	I0.4			当前位置	VD10	停止命令	V0.2
急停按钮 SB2	I0.1						

3. 步进驱动硬件接线及设置

步进电动机接线图如图 12-26 所示。步进驱动器的脉冲信号接至 Q0.0，方向信号接至 Q0.2。

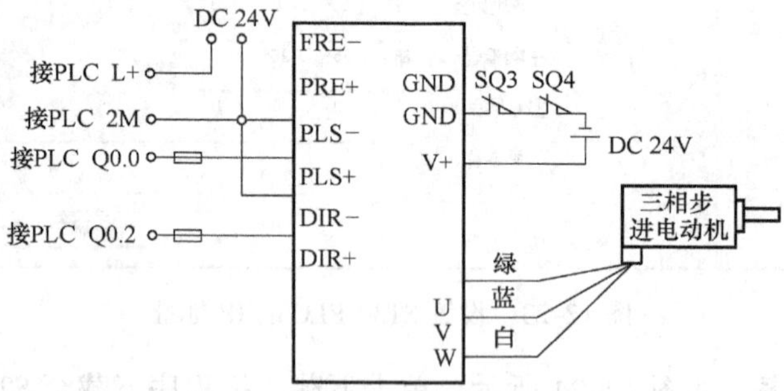

图 12-26 步进电动机接线图

步进驱动器细分设置见表 12-8。为实现步进电动机旋转一圈的脉冲数为 1000 脉冲，需将步进驱动器的 DIP1、DIP2、DIP3 开关设置为 ON、OFF、OFF。

表 12-8 KINCO 3M458 步进驱动细分设置表

DIP1	DIP2	DIP3	细分	DIP1	DIP2	DIP3	细分
ON	ON	ON	400p/r	OFF	ON	ON	2000p/r
ON	ON	OFF	500p/r	OFF	ON	OFF	4000p/r
ON	OFF	ON	600p/r	OFF	OFF	ON	5000p/r
ON	OFF	OFF	1000p/r	OFF	OFF	OFF	10000p/r

4. 运动向导设置

1）首先打开编程软件，找到“向导”中的“运动”，双击“运动”，运动控制向导窗口弹出，选择“轴 0”进行组态，如图 12-27 所示。

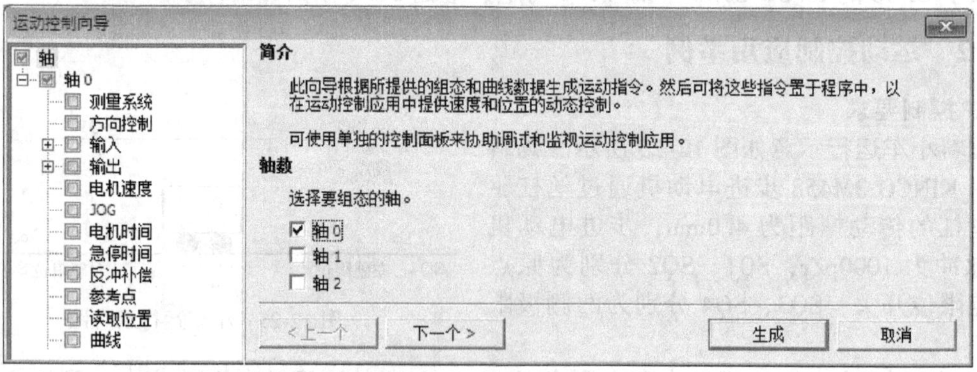

图 12-27 组态轴 0

2）单击测量系统，设置驱动步进电动机所需的脉冲数及位移参数，如图 12-28 所示。由题目可知，本例选择测量的基本单位为“mm”（工程单位），步进电动机旋转一周所需的脉冲个数为1000，产生的位移为4.0mm。**注意：步进电动机每转的脉冲数由步进驱动器上的拨码开关来细分。**

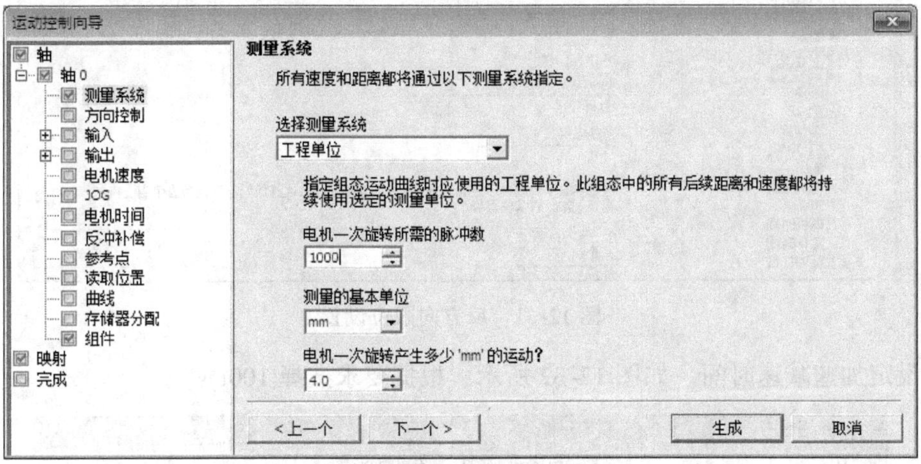

图 12-28　设置轴 0 测量系统

3）方向控制设置。选择“单相（2输出）”，一路脉冲输出，一路方向控制输出。选择负极性控制运行方向，为“1”时，反向运行，为“0”时，正向运行。如图12-29所示。

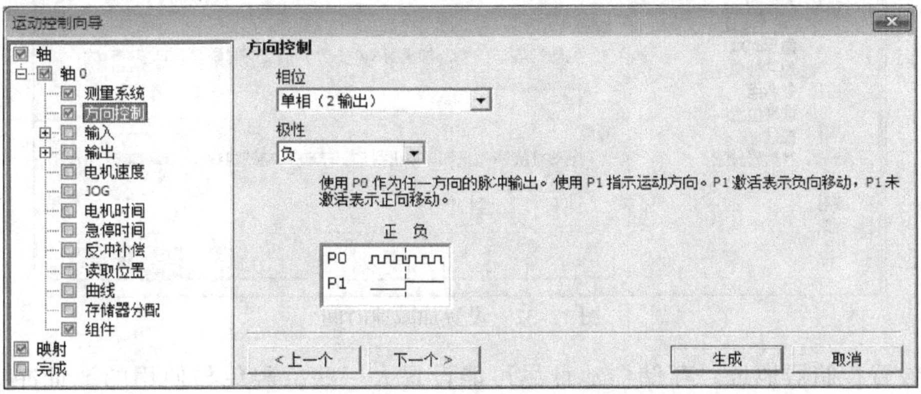

图 12-29　运动向导方向设置

4）正反方向限位设置。正向限位选择 I0.4，立即停止，反向限位选择 I0.6，立即停止，如图 12-30、图 12-31 所示。

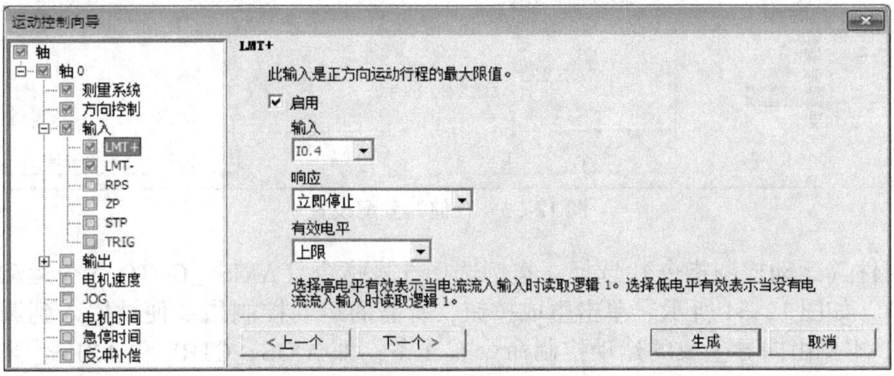

图 12-30　正方向限位设置

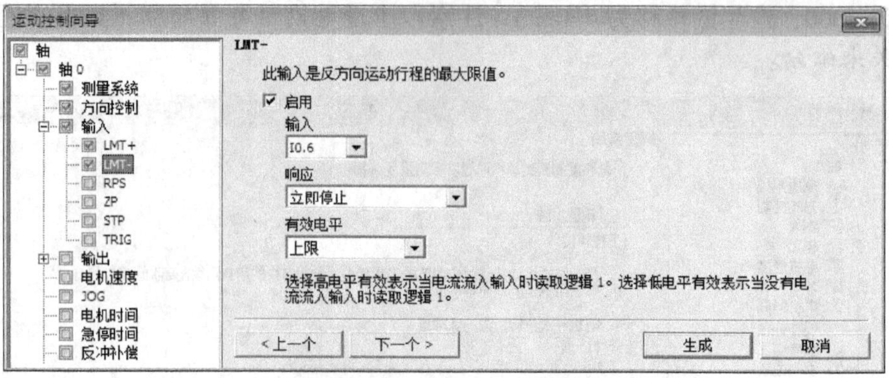

图 12-31 反方向限位设置

5）设定加速减速时间。如图 12-32 所示，根据要求选择 100ms。

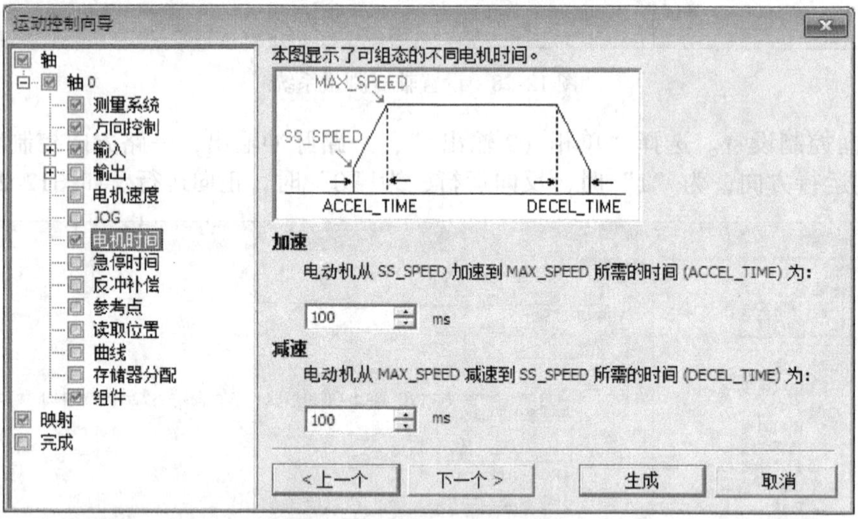

图 12-32 设置加减速时间

6）设置存储器地址。存储器地址尽可能设置大一些，避免与使用的地址冲突。如图 12-33 所示。

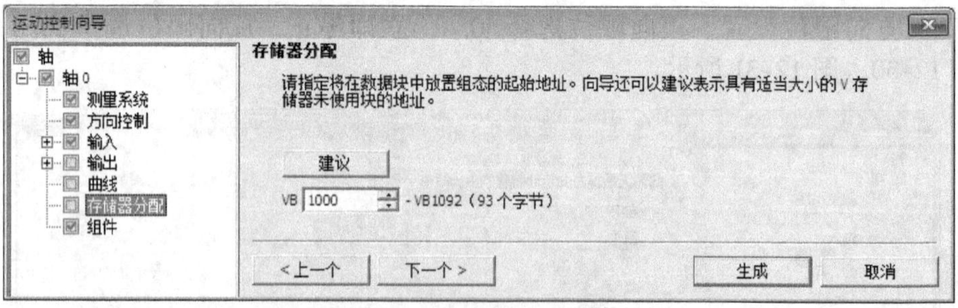

图 12-33 存储器分配设置

7）组件（运动控制指令）选择。本例选择 5 号指令（AXISx_GOTO 命令运动轴移动到所需位置），如图 12-34 所示。单击生成按钮，所需的运动控制指令便被嵌入到调用子例程文件夹中。本例由向导生成的运动控制命令有 2 条，即 AXISx_CTRL 和 AXISx_GOTO 指令，它们的格式及各参数功能见表 12-9、表 12-10。

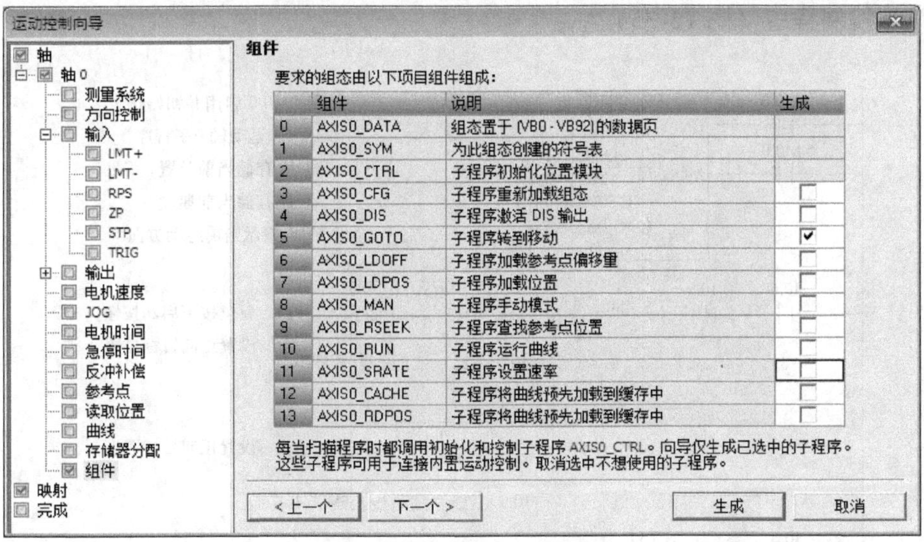

图 12-34　运动组件选择

表 12-9　AXISx_ CTRL 指令参数功能表

梯形图	输入输出	数据类型	操 作 数	功　能
AXISx_CTRL EN MOD_EN Done Error C_Pos C_Speed C_Dir	MOD_EN	BOOL	I、Q、V、M、SM、S、T、C、L、能流	该参数必须为“1”,才能启用其他运动控制子程序向运动轴发送命令。如果该参数为“0”,运动轴会中止所有正在进行的命令
	Done	BOOL	I、Q、V、M、SM、S、T、C、L	当运动轴完成任何一个子程序时,该参数会置位
	Error	BYTE	IB、QB、VB、MB、SMB、SB、LB、AC、* VD、* AC、* LD	存储该程序运行时的错误代码
	C_Pos	DINT、REAL	ID、QD、VD、MD、SMD、SD、LD、AC、* VD、* AC、* LD	表示运动轴的当前位置。根据选择的测量单位,该值可以是脉冲数,也可以是工程单位数
	C_Speed	DINT、REAL	ID、QD、VD、MD、SMD、SD、LD、AC、* VD、* AC、* LD	提供运动轴的当前速度。根据选择的测量单位,该值可以是脉冲数,也可以是工程单位数
	C_Dir	BOOL	I、Q、V、M、SM、S、T、C、L	表示电动机的当前方向:信号状态 0 = 正向;信号状态 1 = 反向

表 12-10　AXISx_ G0T0 指令参数功能表

梯形图	输入输出	数据类型	操 作 数	功　能
AXISx_GOTO EN START Pos　Done Speed　Error Mode　C_Pos Abort　C_Speed	START	BOOL	I、Q、V、M、SM、S、T、C、L、能流	该参数为“1”会向运动轴发出 GOTO 命令。该参数在当前程序不忙时执行一个扫描周期,因此,需使用边沿检测指令触发 START 参数
	Pos	DINT REAL	ID、QD、VD、MD、SMD、SD、LD、AC、* VD、* AC、* LD、常数	该参数包含一个数值,指示要移动的位置(绝对移动)或要移动的距离(相对移动)。根据所选的测量单位,该值是脉冲数(DINT)或工程单位数(REAL)。
	Speed	DINT REAL	ID、QD、VD、MD、SMD、SD、LD、AC、* VD、* AC、* LD、常数	该参数确定轴移动的目标速度。根据所选的测量单位,该值是脉冲数/每秒(DINT)或工程单位数/每秒(REAL)
	Mode	BYTE	IB、QB、VB、MB、SMB、SB、LB、AC、* VD、* AC、* LD、常数	Mode 参数选择移动的类型。0:绝对位置,1:相对位置,2:单速连续正向旋转,3:单速连续反向旋转
	Abort	BOOL	I、Q、V、M、SM、S、T、C、L	该参数会命令运动轴停止执行此命令并减速,直至电动机停止

5. 编写控制程序（图 12-35）

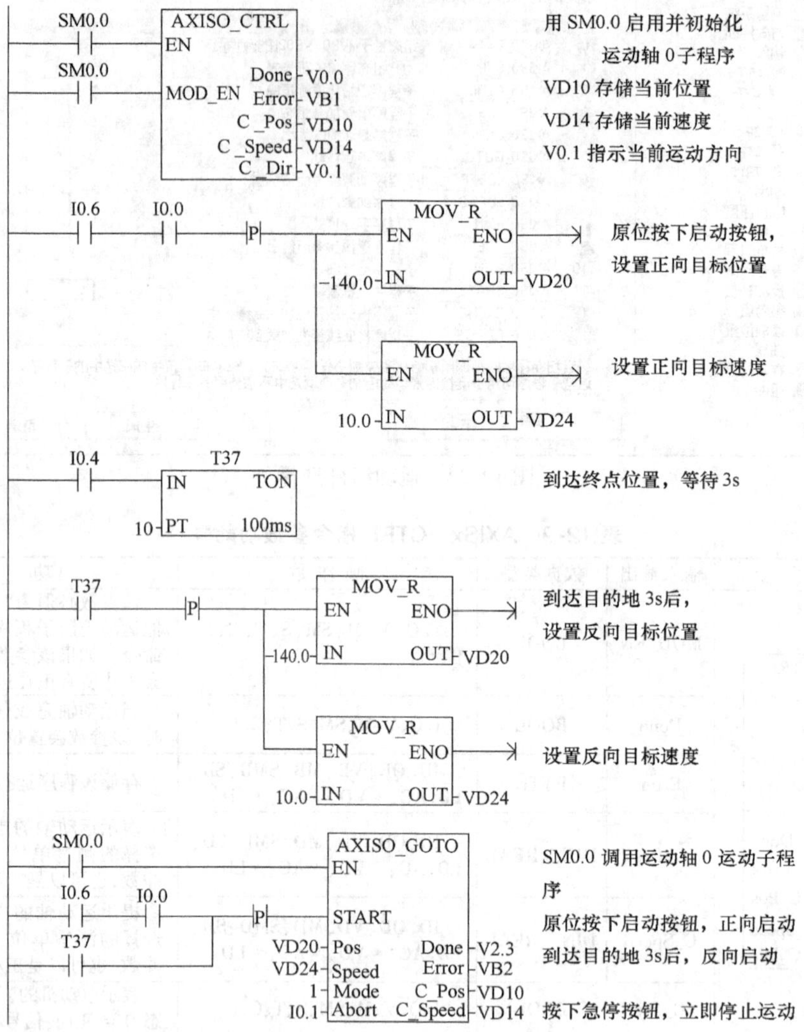

图 12-35 小车运行控制程序

本 章 小 结

本章介绍了 S7-200 SMART 系列 PLC 的特点、STEP 7-Micro/WIN SMART 编程软件的应用。

1. S7-200 SMART 系列 PLC 本体机上的信号板接口，可对 PLC 进行有限的 I/O 扩展或通信扩展；以太网接口，可通过网线直接实现与计算机的通信以及与其他以太网设备的通信；3 轴高速输出，可满足具有 3 轴生产设备的控制要求。

2. STEP 7-Micro/WIN SMART 编程软件，采用了新颖的带状式菜单、全移动式界面窗口等，使操作更加方便快捷。

3. 以太网通信、运动控制应用举例，展示了 STEP 7-Micro/WIN SMART 编程软件对 S7-200 SMART CPU 进行硬、软件组态的应用过程。

思考与练习题

12-1　S7-200 SMART CPU 的型号是怎样命名的？

12-2　S7-200 SMART CPU 最多可扩展几个模块？最多可扩展数字量 I/O 到多少点？模拟量 I/O 呢？

12-3　S7-200 SMART CPU 本体上的信号板接口有何用途？

12-4　S7-200 SMART CPU 本体上的哪些输出端子可通过向导设置组态为 PWM 输出或高速脉冲输出？

12-5　S7-200 SMART CPU 本体最多支持 3 轴运动控制，输出脉冲频率可达多少 kHz？

12-6　S7-200 SMART CPU 的基本指令执行时间是多少？

12-7　用 STEP 7-Micro/WIN SMART 编程软件设计一个频率为 0.25Hz 的闪光程序，并将其创建为库指令，命名为 shanguang。

12-8　两台 S7-200 SMART 以太网通信，用 ST30 PLC 上的按钮 SB1，控制 ST40 PLC 上的电动机Y-△减压启动，Y-△转换时间为 5s。

12-9　如图 12-25 所示，码料小车在原点 SQ1，按下启动按钮 SB1，码料小车以 8.0mm/s 的速度往 SQ2 方向行驶，到达 SQ2 后停 5s，码料小车以同样的速度返回行驶到原点 SQ1 后停止 5s，往返运行，直至按下停止按钮。KINCO 3M458 步进电动机旋转一圈的脉冲数为 2000 脉冲，丝杠螺距为 3mm。

参考文献

[1] 廖常初. S7-200 PLC 基础教程［M］. 2 版. 北京：机械工业出版社，2009.
[2] 胡学林. 可编程控制器应用技术［M］. 3 版. 北京：高等教育出版社，2009.
[3] 孙海维. SIMATIC 可编程序控制器及应用［M］. 2 版. 北京：机械工业出版社，2013.
[4] 高钦和. PLC 应用开发案例精选［M］. 2 版. 北京：人民邮电出版社，2008.
[5] 齐占庆，等. 机床电气控制技术［M］. 4 版. 北京：机械工业出版社，2013.
[6] 何衍庆，等. 可编程序控制器原理及应用技巧［M］. 3 版. 北京：化学工业出版社，2010.
[7] 姜建芳. 西门子 S7-200 PLC 工程应用技术教程［M］. 北京：机械工业出版社，2010.
[8] 吕景泉. 自动化生产线安装与调试［M］. 2 版. 北京：中国铁道出版社，2009.
[9] 西门子（中国）有限公司. 深入浅出西门子 S7-200 SMART PLC［M］. 北京：北京航空航天大学出版社，2015.